民國建築工程期刊匯編

MINGUO JIANZHU GONGCHENG QIKAN HUIBIAN

②

《民國建築工程期刊匯編》編寫組 編

廣西師範大學出版社
GUANGXI NORMAL UNIVERSITY PRESS

·桂林·

第二册目録

復旦土木工程學會會刊

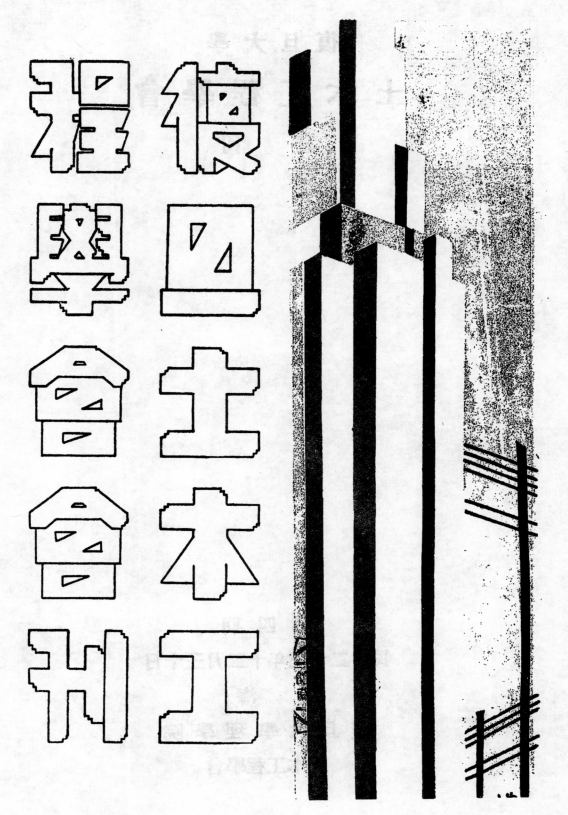

程復日土木工

學口

會

會刊

復旦大學
土木工程學會
會刊

第 四 期

民國二十三年十二月三十日

上 海

復旦大學理學院

土木工程學會

華字建築工程公司

營 業 要 目

設 計 房 屋 橋 梁
計 算 水 泥 鋼 骨
營 造 各 項 工 程
測 繪 土 地 礦 區
經 理 建 築 材 料

如 蒙 賜 顧 無 任 歡 迎

事 務 所

上海愛多亞路中匯大樓356—357號

電 話 30519

496

新民出版印刷公司

（地址）上海山海關路南興坊　　（電話）三三一三八號

承　印

* * * * * * * * * * * * * * *

中	報	學	西	五	鈔	證	表	仿	名	各	各
西	章	校	式	彩	票	書	冊	單	片	色	種
書	雜	講	簿	圖	支	股	單	商	賀	紙	零
籍	誌	義	記	畫	票	票	據	標	柬	簿	件

優　點

* * * * * * * * * * * * * * *

設	出	服	交	優	取
備	品	務	貨	待	價
完	優	精	迅	顧	低
善	良	細	速	客	廉

497

許祥泰 森記 鐵工廠

本工場專做建築鐵器工程鋼窗

鋼門自動捲門及鐵大料屋頂橋

椂等等用料堅固出品精良出貨

迅速限期不誤承蒙賜顧價目格

外克已請涖臨敝處接洽爲荷

上海閘北寶興路天通菴路口

復旦土木工程學會會刊
第四期　　目錄

計算土方應用之公式

馬 地 泰

Thomas U. Taylor 之 "Prismoidal Formutoe and Earthwork" 所載公式，有為他書所不常見者。爰譯其首章，以作介紹。但為便利後進計，將其次序，重行編排，而冠以定義一節。並於未能明瞭之處，略加推演，識以★號，附於篇末，間有錯誤。亦已悉爲改正矣。

定 義

角錐 (Pyramid) 是一以多角形爲底面三角形爲傍面的立體。角場 (Prism) 是以二並行而全相等的多角形爲底面，並行四邊形爲傍面的立體。角臺 (Prismoid) 爲由以並行於底面的平面斷截角錐而成，故其二底面爲並行而相同邊數的二多角形，其傍面爲梯形 (Trapegoid)。三角傍面臺 (Prismatoid) 之傍面爲三角形，爲角臺之一種特例。若二底面爲閉合曲線，則所成之體積稱 Cylindroid。

設有一直線，經過角臺（或 Cylindroid）之底面上一定點，如此移動，使常與角臺之母線 (Generating Line) 並行，則其在二底面間斷截成功的角錐（或 Cone）稱結角錐（或結 Cone）(Associate Pyramid)。又有所謂角臺之平均面者，即與高度之乘積等於體積的面積。

通常所謂角臺，統括上述立體取其廣義而言也。

Newton 氏 定 理

立體之體積，等於其二底面與四倍中斷面之和，乘其高度之六分之一。

設斷面積為與其並行的某標準斷面之距離之立方函數：

$$A_x = a + bx + cx^2 + dx^3 \cdots\cdots\cdots (A)$$

假如將高度 H 平均分為 n 段，在每分點處，作平面並行於底面。則除二底面外，有 (n−1) 斷面，而立體被分成 n 小立體，各高 H÷n 然後從第一底面起，在每斷面上，建立 Cylinders（或角堍）。如將各底面乘以各高度而加之，所得體積，大於或小於全體積。令 v = 任何 Cylinder 之體積；

$$M(v) = 諸 \text{Cylinders} 體積之和。$$

$$\therefore M(v) = (a)\frac{H}{n} + \left(a + b\frac{H}{n} + c\frac{H^2}{n^2} + d\frac{H^3}{n^3}\right)\frac{H}{n}$$

$$+ \left(a + \frac{2bH}{n} + \frac{4cH^2}{n^2} + \frac{8dH^3}{n^3}\right)\frac{H}{n}$$

$$+ \left(a + \frac{3bH}{n} + \frac{9cH^2}{n^2} + \frac{27dH^3}{n^3}\right)\frac{H}{n} + \cdots$$

$$+ \left(a + b(n-1)\frac{H}{n} + c(n-1)\frac{H^2}{n^2} + d(n-1)^3\frac{H^3}{n^3}\right)\frac{H}{n}$$

$$= \frac{H}{n}\left\{na + \frac{bH}{n}[1+2+3+\cdots\cdots+(n-1)]\right.$$

$$+ \frac{cH^2}{n^2}[1+4+9+\cdots\cdots+(n-1)^2]$$

$$\left. + \frac{dH^3}{n^3}[1+8+27+\cdots\cdots+(n-1)^3]\right\}$$

但　$1+2+3+4+5+\cdots\cdots+n = \frac{n}{2}(n+1)$；

$$1^2+2^2+3^2+4^2+5^2+\cdots\cdots+n^2 = \frac{1}{6}n(n+1)(2n+1)；$$

$$1^3+2^3+3^3+4^3+5^3+\cdots\cdots+n^3 = \frac{n^2}{4}(n+1)^2。$$

$$\therefore M(v) = \frac{H}{n}\left\{na + \frac{bH}{2n}(n-1)(n) + \frac{cH^2}{6n^2}(n-1)(n)(2n-1)\right.$$

$$\left. + \frac{dH^3}{4n^3}(n-1)^2 n^2\right\}$$

$$= H\left\{a + \frac{bH}{2}\left(1 - \frac{1}{n}\right) + \frac{cH^2}{6}\left(1 - \frac{1}{n}\right)\left(2 - \frac{1}{n}\right) + \frac{dH^3}{4}\left(1 - \frac{1}{n}\right)^2\right\}.$$

若n之數增大，$\Sigma(v)$漸近於立體之體積V，故如 n=∞，$\Sigma v = V$。

$$\therefore \quad V = H\left(a + \frac{bH}{2} + \frac{cH^2}{3} + \frac{dH^3}{4}\right)$$

$$= \frac{H}{6}\left(6a + 3bH + 2cH^2 + \frac{3}{2}dH^3\right),$$

如於(A)式中，使 $x = 0, \frac{1}{2}H$，以及H，得

下底面 $B_1 = a$；

中斷面 $S_{\frac{1}{2}} = a + \frac{bH}{2} + \frac{cH^2}{4} + \frac{dH^3}{8}$；

上底面 $B_2 = a + bH + cH^2 + dH^3$；

$$B_1 + 4S_{\frac{1}{2}} + B_2 = 6a + 3bH + 2cH^2 + \frac{3}{2}dH^3.$$

$$\therefore \quad V = \frac{H}{6}(B_1 + 4S_{\frac{1}{2}} + B_2) \dots\dots\dots\dots(1)$$

（原書第19節）

三角傍面臺之體積，可用上述公式(1)求得。

取中斷面上任何一點P，(圖1)與底
面之各頂點相連接。如是將三角傍面臺分
成以P爲頂點的三類角錐。第一爲P—EF
G,其底面爲三角傍面臺之上底面；第二爲
P—ABCD，其底面爲三角傍面臺之下底
面；第三爲以P爲頂點，三角傍面臺之傍
面ECD, CEF，……等爲底面所組成者。

設　M = 三角傍面臺之平均面；

B_1 = 三角傍面臺之下底面；

B^2 = 三角傍面臺之上底面；

H = 三角傍面臺之高度。

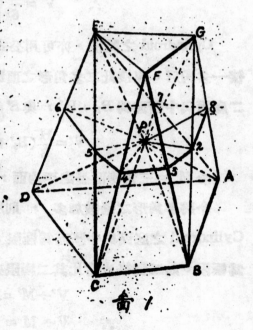

圖1

為便利計，令 $P56=a$；$P67=b$；$P78=c$；$P82=d$；$P23=e$；$P34=f$；以及 $P45=g$。

(1) P-EFG 之體積 $= \frac{1}{3} \times$ 底面 $\times$ 高度 $= \frac{1}{3}B_2H$。

(2) P-ABCD 之體積 $= \frac{1}{3} \times$ 底面 $\times$ 高度 $= \frac{1}{3}B_1H$。

(3) P-ECD 之體積 $=$ 四倍 P-E56 之體積，因同以 P 為頂點，而三角形 EDC $=$ 四倍三角形 E56。

但 P-E56 之體積 $= \frac{1}{3} \times$ 高 $\times$ 底面 $= \frac{1}{3}H \times E56 = \frac{1}{3}Ha$。 *(1)

$$\therefore \quad P\text{-}ECD = \frac{4}{6}Ha。$$

同樣　$P\text{-}ECF = \frac{4}{6}Hg$；　$P\text{-}BCF = \frac{4}{6}Hf$；……

是以三角傍面臺之體積

$$= \frac{H}{6}(B_1 + B_2 + 4a + 4b + 4c + 4d + 4e + 4f + 4g)。$$

但　$a+b+c+d+e+f+g =$ 三角傍面臺之中斷面 $= S_{\frac{1}{2}}$。

$$\therefore \quad V = \frac{H}{6}(B_1 + 4S_{\frac{1}{2}} + B_2)。$$
（原書第1節）

Cylindroid 之體積，亦可用公式 (1) 求得。於 Cylindroid 之每底面，內接一多角形。連接此二多角形之頂點，成一三角傍面臺。令此三角傍面臺之二底面與中斷面為 B'_1，B'_2，與 $S'_{\frac{1}{2}}$。則如以 V' 代其體積，得

$$V' = \frac{H}{6}(B'_1 + 4S'_{\frac{1}{2}} + B'_2)。$$

令 $M' =$ 三角傍面臺之平均面，　　$\therefore \quad V' = HM'$。

今將多角形之邊數加多，則所成之三角傍面臺之底面與中斷面漸近於 Cylindroid 之底面與中斷面為極限，其體積 V' 漸近於 Cylindroid 之體積 V 斷為極限。如二變格成常比其二極限亦成同常比。是以因

$$V' \div M' = H，$$
$$\therefore \quad V \div M = H = V' \div M'。$$

$$\text{limit}(V'+M')=V+M=H.$$

$$\therefore \text{ Cylindroid 之體積} = \frac{H}{6}\left(B_1+4S_{\frac{1}{2}}+B_2\right).$$

（原書第2節）

Hirsch 氏定理

以一並行四邊形ACDE，二三角形ACB與DCB，以及一扭曲面ABDE爲界之立體，其體積等於底面 ABC 與高度 CD乘積之半；扭曲面ABDE爲由一直線PR從DB至EA，如此移動，使其二端等速率同時移動而產生者。

作PQ並行於DC，(圖2)，連接QR，則 QR 爲與BC並行。完成三角墻ABC—DE3，作R2並行於B3，連接P2。則PQR2爲一並行四邊形。無論PR在任何位置，斷面PQR爲角墻之斷面之PQR2半。是以立體之體積，等於角墻體積之半。

$$\therefore \text{ ABC-DE} = \frac{1}{2}\times \text{ABC}\times \text{DC}.$$

（原書第9節）

以一並行四邊形FECD，二三角形EBC，ADF，一四邊形ABCD，以及一扭曲面ABEF爲界之體積等於其底面ABCD之半，與邊線（AF，BE）之投影以及其投射角之正弦乘積之十二分之一之差，乘高度之積。

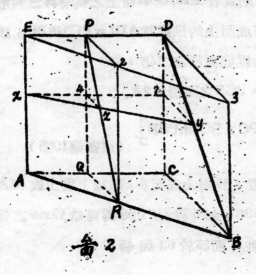
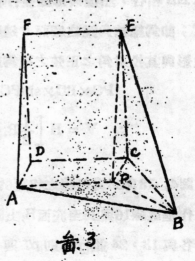

圖2　　　　　　　　圖3

從A，C作直線各與DC，DA並行，（圖3），連接PE，則全立體分成一楔APCD-FE。一三角錐 E-PCB，以及一由並行四邊形APEF，三角形 PEB與APB，與扭曲面ABFE為界的立體。

為便利計，令高度 EC=H；ABCD=B_1；APCD=x；APB=y；PCB=A.

楔FE—PCAD之體積 $= \frac{1}{2}$H(APCD)$= \frac{1}{2}$Hx；

角錐 E-PCB 之體積 $= \frac{1}{3}$H(PCB)$= \frac{1}{3}$HA；

FE-PBA 之體積 $= \frac{1}{2}$Hy。

∴ 全體積 $= H(\frac{1}{2}x + \frac{1}{2}y + \frac{1}{3}A)$

$= H(\frac{1}{2}x + \frac{1}{2}y + \frac{1}{2}A - \frac{1}{6}A)$

$= H[\frac{1}{2}(x+y+A) - \frac{1}{6}A]$.

但 x+y+A = B_1，

∴ $V = H(\frac{1}{2}B_1 - \frac{1}{6}A)$ ·················(2)

設想該立體為由一直線從EB至EC，從EC至FD，從FD至FA，復從FA至EB，如此移動，使母線分 FE與AB成比例。今如有一經過E點之直線，初與EB相合，然後與母線並行移動，則其在ABCD平面上之軌跡為三角形CBP，即為縮結角錐之底面。邊線之在底面上的投影為AD(=PC)與BC；該二投影與其投射角之正弦之積為縮結角錐底面積之二倍，即

PC×BC×sinPCB=2×PCB之面積=2A.

∴ $V = H\left[\frac{1}{2}B_1 - \frac{1}{12}PC \times BC\sin PCB\right]$. （原書第10節）

圖4，13與24為母線之相近的二位置。投射上底面與P點於下底上成65A與p。作垂直線16與25至底面B_1上。連接36，45。設p7，p8為縮結Cone之母線，各與13，24並行。則p7與p8各並行而等於63與45。

作弦12，65，34，78。1265為一並行四邊形。立體 12-3456 之體積為

$$H(\tfrac{1}{2}+3456 之面積-\tfrac{1}{6}\times p78 之面積).$$

如 2 與 1 極相近，弦21與弧21相合，其他諸弦亦各與其他諸弧相合。假如 p7 與 p8 成一極小角 θ，3456 之面積 = x，12-3456 之體積 = v，則如1與2相近，

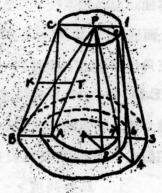

圖 4

$$v=H\left[\frac{1}{2}x-\frac{1}{6}\left(\frac{1}{2}r^2\theta\right)\right]$$

$$=\frac{1}{2}Hx-\frac{1}{12}Hr^2\theta.$$

三角形 245 從 136 繞行一周所產生之體積為 Σv，但

$$V=\frac{H}{2}\Sigma(x)-\frac{H}{6}\Sigma\left(\frac{1}{2}r^2\theta\right).$$

設 Cylindroid 之下底面 34EF = B₁，上底面 C₂ = 65A = B₂，

$$\Sigma v=\frac{H}{2}\Sigma(x)-\frac{H}{6}\left(\Sigma\frac{1}{2}r^2\theta\right),$$

而

$$\Sigma x=B_1-B_2,\qquad \Sigma\left(\frac{1}{2}r^2\theta\right)=A$$

$$\therefore \Sigma(v)=\frac{1}{2}H(B_1-B_2)-\frac{1}{6}HA.$$

全體積為由 Cylinder 與三角形 245 所產生之立體二者合成。

Cylinder 之體積 = H × B₂，

三角形 245 所產生立體之體積

$$=\Sigma v=\frac{1}{2}H(B_1-B_2)-\frac{1}{6}HA.$$

$$\therefore 全體積=HB_2+\frac{H}{2}(B_1-B_2)-\frac{1}{6}HA$$

$$=H\left[\frac{B_1+B_2}{2}-\frac{1}{6}A\right]\cdots\cdots\cdots(3)$$

（原書第11節）

三角傍面臺之體積，亦可用公式(2)求得。取任何一項點B，(圖5)，與其他諸項點相連接。則該三角傍面臺為由角錐B-EGF（其底為三角傍面臺之上面底）；E-BCD，E-ADB（其底在三角傍面臺之下底面）；以及四面體FE-BC與AB-GE所組成。如是有三種立體，造成該三角傍面臺。今先證明公式(2)能個別應用於每種立體。設

　　H＝高度，

　　M＝平均面，

　　B_1＝下底面，

　　B_2＝上底面，

　　A＝締結角錐之底面。

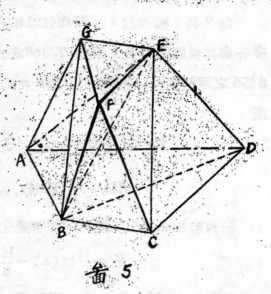

圖 5

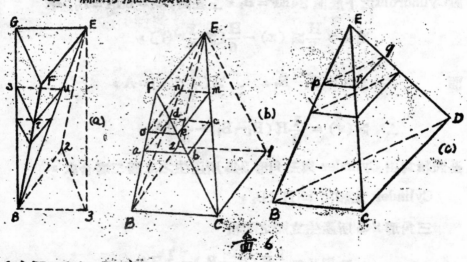

圖 6

(a) 圖6(a)，B-EGF，

$$V = \frac{1}{3}HB_2$$

但由公式(8)，

$$V = H\left[\frac{B_1+B_1}{2} - \frac{1}{6}A\right] = H\left[\frac{1}{2}B_2 - \frac{1}{6}B_2\right] = \frac{1}{3}HB_2$$

(b) 圖6(b)，FE-BC，由公式(1)，

$$V = \frac{H}{6}(B_1 + 4S_{\frac{1}{2}} + B_2) = \frac{H}{6}(0 + 4S_{\frac{1}{2}} + 0) = \frac{4}{6}HS_{\frac{1}{2}}.$$

但由公式(3)，

$$V = H\left[\frac{B_1+B_2}{2} - \frac{1}{6}A\right] = H\left[0 + 0 - \frac{1}{6}A\right] = \frac{4}{6}HS_{\frac{1}{2}}.$$

$$\therefore \quad BC12 = 4(abcd)$$

$$或 \quad A = 4S_{\frac{1}{2}}.$$

但 abcd 與 BC12 二面積之方向相反，$\therefore \quad A = -4S_{\frac{1}{2}}.$

(c) 圖6(c)，E-BCD，

$$V = \frac{1}{3}HB_1.$$

但由公式(3)，

$$V = H\left[\frac{B_1+B_2}{2} - \frac{1}{6}A\right] = H\left[\frac{B_1}{2} + 0 - \frac{1}{6}B_1\right] = \frac{1}{3}HB_1.$$

同樣理論，可證明于其餘體積亦能應用。

立 體	中斷面	締結角錐之底面	上底面	下底面	體 積
B-EFG	d	4d	4d	0	$\frac{4}{8}Hd$
E-BCD	e	4e	0	4e	$\frac{4}{8}He$
E-ABD	f	4f	0	4f	$\frac{4}{8}Hf$
GE-BA	g	−4g	0	0	$\frac{4}{6}Hg$
FE-BC	k	−4k	0	0	$\frac{4}{u}Hk$

三角傍面臺之締結角錐之底面。等於三角傍面臺之上下二底面和與倚在底邊的四面體之締結角錐之底面之差。今欲證明締結角錐之母線括到諸此面積。

圖7表圖4中三角傍面臺之締結
角錐。將三角傍面臺與締結角錐兩相
比較，得

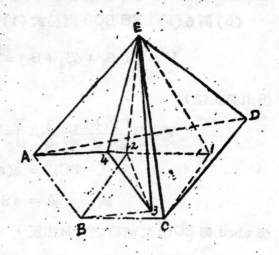

　　　　C_1 相等而並行於 FE；

　　　　21 相等而並行於 BC；

　　　　23 相等而並行於 FG；

　　　　34 相等而並行於 AB；

　　　　4A 相等而並行於 GE。

圖 7

並行四邊形 BC12 與 B34A 為四面
體 FE-BC 與 GE-AB 之締結角錐之底
面。若將此二並行四邊形減 ABCD 以及 B23，則所餘者為締結角錐之底面
ADC1234A.

　　從上表之最後行，得

$$V = \frac{H}{6}\big[8d+8e+8f+4g+4k\big]$$

$$= \frac{H}{6}\big[12d+12e+12f-(4d+4e+4f+4g-4k)\big]$$

$$= \frac{H}{6}\big[3B_1+3B_2-(4d+4e+4f-4g-4k)\big]$$

但從第三行，

$$A = 4d+4e+4f-4g-4k;$$

$$V = \frac{H}{6}(3B_1+3B_2-A)$$

$$= H\left(\frac{B_1+B_2}{2}-\frac{1}{9}A\right).$$　　　（原書第6節）

　　綜上所述，任何立體之體積，其二底面為並行者，等於二底面之和與半
高度之積，減去每二連讀邊線之投影與其投射角（或正或負）之正弦以及高度
之十二分之一連乘積之和。

Koppe 氏 定 理

任何角臺。等於一角墻與一角錐之和。角墻與角錐之高度等於角臺之高度；其底面與角臺之二底面角度相當；而角墻底面之邊為角臺二底面之邊之半和，角錐底面之邊為角臺二底面之邊之半差。

設 ABC-DEF 為一三角臺。作中斷面789；經過7與8，作65，14 並行於CF，經過8，作283並行於AD。連接12與34。三角形789之邊等於其所並行諸邊之半和，因其連接梯形之中點。三其形 B12之邊等於其所並行諸邊之半差。設三角形 ABC 與 DEF 之邊，各以其所對角之小字母代之，則

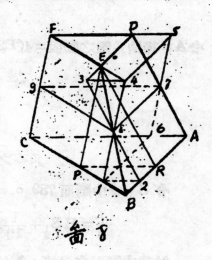

圖 8

$$89 = \frac{1}{2}(a+d) \, , \; 87 = \frac{1}{2}(c+f) \, , \; 97 = \frac{1}{2}(e+b) \, \circ$$

$$B1 = a - \frac{1}{2}(a+l) = \frac{1}{2}(a-d)$$

$$B2 = \frac{1}{2}(c-f) \, , \qquad 12 = \frac{1}{2}(b-e) \circ$$

$$ABC\text{-}DEF\text{之體積} = C16\text{-}54F + 8\text{-}B21 + 8\text{-}F34 \, , \quad (2)$$

但角墻C16-54F之體積 $= H \times 789$ 之面積，

角錐 8-B21 之體積 $= \frac{1}{6} H \times B21$ 之面積 $=$ 角錐8-F34。

$\therefore$　角臺之體積 $= (789)H + (B21)\dfrac{H}{6} + 2$

$$= (789)H + \frac{H}{3}(B21) \, \circ$$

設想傍面為由一直線依循多角形之邊緣，等速移動，使其一端從E至F，

他端從B至C，再從F至D，從D至E所產生。則如有一直線，經過E點，（或在上底面上之任何其他一點），如此移動，使常與母線並行，其所到成之角錐E-BDR稱縮結角錐。

$$角錐\ E\text{-}BRP : 8\text{-}B21 = \overline{BP}^3 : \overline{B1}^3 = 8 : 1.$$

$$\therefore\ E\text{-}BRP = 8(8\text{-}B21).$$

令A＝縮結角錐之底面＝4(B21)＝PBR.

$$\therefore\ E\text{-}BRB = \frac{1}{3}AH,$$

$$8\text{-}B21 = \frac{1}{24}AH.$$

$$\therefore\ 角臺之體積 = V = (789)H + \frac{1}{12}AH.$$

令 $S_{\frac{1}{2}}$ // 中斷面 789 。

$$V = HS_{\frac{1}{2}} + \frac{1}{12}AH = H\left(S_{\frac{1}{2}} + \frac{1}{12}A\right), \cdots\cdots\cdots(4)$$

注意中斷面之邊綠，等於二底面邊綠之半和，縮撓角錐中斷面之邊綠，等於二底面邊綠之半差。（原書第3節）

公式(4)可推廣應用於任何邊投之角臺。

設 ABCD-KGFE 爲一角臺。（圖9）。引長其上底之任何二邊，如KG與EF，使相交於P。復引長其所並行的下底之二邊（PC與AB）使相交於5。連接P5。則

ABCD-KGFE 之體積 = A5D-KPE 之體積 - 三角錐BC5-PGF 之體積。

作中斷面6789。引長 76 與 89。使與P5相交於Q。三角墻 A5D-KPE 之中斷面爲7Q8，BC5-CPE之中斷面爲6Q9，作直線P₁，

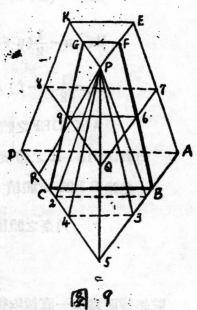

圖 9

P_2，P_2，P_4 各與 EA，FB，KD，GG 並行。連接12與34。則從前節知 P-125 為三角墙A5D-KPE之締結角錐；P-345 為三角墙 B5C-PGF 之締結角錐。所以P-1234為角臺ABCD-KGFE之締結角錐，于是得

$$A5D\text{-}EPK \text{ 之體積 } = H[7Q8 + \frac{1}{12}(521)].$$

$$BC5\text{-}PFG \text{ 之體積 } = H[66Q + \frac{1}{12}(534)].$$

相減得

$$ABCD\text{-}KGFE \text{ 之體積 } = H[6789 + \frac{1}{12}(1234)]$$

$$= H(S_{\frac{1}{2}} + \frac{1}{12}A).$$

同理可推演至任何邊投之角臺。設想有一直線自GC順鐘向移動至GD，再從DG至DK，……今如有一直線，經過上底平面內之任何一點，如 P，則與P4相合，然後與角臺之母線並行移動。當母線在DG，此線在PR，母線由DG移動至DK，此線從 PR 移動至P2，其結果為42。實際此線順鐘向移動4R，逆鐘向移動R2，結果為42。　　　　（原書第4節）

倘立體有一傍面為扭曲的，則角墙與締結角錐中斷面之邊緣，等於二底面邊緣之半和與半差一語，不能成立，但無此一語，亦不妨事。

設FE-ABCD之體積以一並行四邊形FECD，二三角形ADF與BCE，一四邊形ABCD 以及一扭曲面ABFE為界。則

$$V = H(\frac{1}{2}B - \frac{1}{6}A),$$
$$B = ABCD \text{ 之面積 },$$
$$A = CPB \text{ 之面積 }。$$

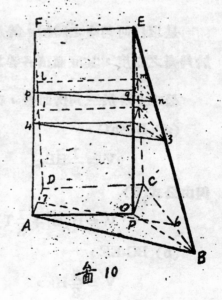

圖 10

設一平面1234並行於底面ABCD而平分FD，EC，等。則1234為中斷面（$S_\frac{1}{2}$），235為縮結角錐之中斷面，DCPA為並行四邊形，CPB 為縮結角錐之底面。

今　　　DCPA之面積＝二倍1254之面積，

APB 之面積＝二倍 354 之面積，

A＝CPB 之面積＝ 4 倍 253 之面積＝4T．

相加，得

DCPA＋APB＋CPB＝B＝2(1254)＋2(354)＋4T

$$= 2[(1254)+(354)+(235)]+2T.$$

但　1254＋453＋253＝$S_\frac{1}{2}$．

$$\therefore \quad B=2(S_\frac{1}{2}+T).$$

將B之此值，代入體積式中，得

$$V=H(S_\frac{1}{2}+T-\frac{1}{6}A)=H(S_\frac{1}{2}+T-\frac{4}{6}T)$$

$$= H(S_\frac{1}{2}+\frac{1}{3}T)\cdots\cdots(5)$$

是以任何角臺之體積，等於一角墻與一角錐之和，角墻與角錐之高度等於角臺之高度，其底面積各等於角臺與縮結角錐之中斷面。

（原書第13節）

公式(5)於三角傍面臺，亦可應用。參見圖5, 6, 7與列表。

(a) B-EFG，

$$V=\frac{1}{3}HB_2.$$

但由公式(5)

$$V=H(S_\frac{1}{2}+\frac{1}{3}T)=H(d+\frac{1}{3}d)=\frac{4H}{3}d=\frac{1}{3}HB_2.$$

(b) BC-EF，

$$V=\frac{2}{3}Hk;$$

但由公式(5)，

$$V = H(S_2 + \frac{1}{3}T) = H(k - \frac{1}{3}k) = \frac{2}{3}Hk.$$

(c) E-BCD，

$$V = \frac{1}{3}HB_1.$$

但由公式(5)，

$$V = H(S_2 + \frac{1}{3}T) = H(e + \frac{1}{3}e) = \frac{4}{3}He = \frac{1}{3}HB_1.$$

如是繼續。從表之末行，得

$$V = \frac{H}{6}(8d + 8e + 8f + 4g + 4k)$$

$$= \frac{H}{6}\big[(6d + 6e + 6f + 6g + 6k) + (2d + 2e + 2f - 2g - 2k)\big]$$

$$= \frac{H}{6}(6S_2 + 2T) = H(S_2 + \frac{1}{3}T). \qquad \text{(原書第8節)}$$

立體ABC-DEF，為一以三角形ABC，DEF為底，以及挺曲面 ABDF，BCDE，ACEF 為傍面。

將上底面ABC投射於下底面上成abc。作 EP 與 bP 各與cb與 cE 並行；EQ與aQ各與ac與cE並行；aR與DR各與bD與ab並行。連接PD,FQ,與FR。於上底面ABC內取任何一點S，圖12；作直線 SN,SL,SG 各並行而等於圖11中之BD,CE,AF。S-GNL為ABC-DEF 之縮結角錐。三角形 DPb,FQa,FRa 各為CB-DEbc，AC-EFac，AB-FDab 之縮結角錐之底面。作SM(圖12)並行於Bb(圖11)；穿越三角形GNL 之平面於M。連接 MN，ML，與GH。SM等於Bb。今因SN與SM各並行而相等於BD與Bb，三角形SMN與BbD相等，所以Db＝MN。SNL與BDP二三角形之邊SN與SL 各與BD與BP並行而相等，所以NL與DP並行而相等。三角形MNL與DPb之邊MN與NL各並行而等於Db與DP，所以相等，且邊ML與Pb並行而相等，但Pb並行而等於Ec與Qa。

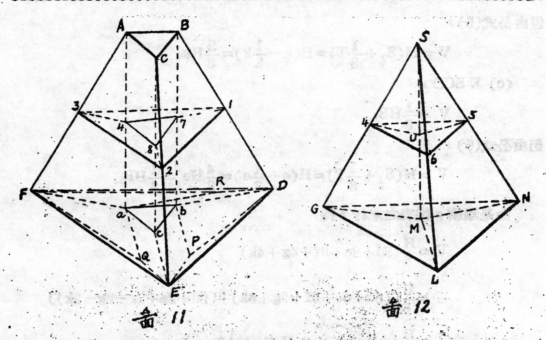

圖 11   圖 12

三角形 SGL 之二邊 SG 與 SL 並行而等於 AFQ 之 AF 與 AQ，則 FQ 並行而等於 GL，所以三角形 GML 與 FQa 相等。同樣可證明三角形 CMN，FaR 相等。是以造成全立體的各小立體 之締結角錐之底面和等於締結角錐 S-CLN 之底面。

令 123784 與 45·U 為該立體以及其締結角錐之中斷面。

CB-DEcb 之體積 $= H[1278 + \frac{1}{3}(U65)]$；

AC-FEac 之體積 $= H[2843 + \frac{1}{3}(U64)]$；

AB-FDba 之體積 $= H[1743 + \frac{1}{3}(U45)]$。

亦   角墻 ABC-abc 之體積 $= H(ABC) = H(784)$。

相加，得

ABC PFE 之體積 $= H[123 + \frac{1}{3}(456)] = H[S_{\frac{1}{2}} + \frac{1}{3}T]$

$\qquad\qquad\qquad = H[S_{\frac{1}{2}} + \frac{1}{12}A]$.

（原書第15節）

若用公式(2)，

$$CB\text{-}DEbc \text{ 之體積} = H\left[\frac{1}{2}(DEbc) - \frac{1}{6}(DPb)\right];$$

$$AC\text{-}FEac \text{ 之體積} = H\left[\frac{1}{2}(FEca) - \frac{1}{6}(FQa)\right];$$

$$AB\text{-}FDab \text{ 之體積} = H\left[\frac{1}{2}(FDab) - \frac{1}{6}(FRa)\right];$$

$$ABC\text{-}abc \text{ 之體積} = H(ABC).$$

將DPb，FQa，與FRa以其等面積LMN，CML，與CMN代之，相加，得

$$V = H\left[\frac{1}{2}(EDbc + FEca + FDab + ABC)\right.$$

$$+\frac{1}{2}ABC - \frac{1}{6}(LMN + GML + GMN)\right]$$

$$= H\left[\frac{B_1 + B_2}{2} - \frac{1}{6}A\right]. \qquad \text{(原書第16a節)}$$

Kinklin 氏定理

立體之體積，等於其一底面以及距該底面三分之二高的平行斷面積之三倍之和，乘高度之四分之一。

加於(A)式中，令 $x = 0$，$\frac{1}{3}H$，$\frac{2}{3}H$，H，得

$$B_1 = a;$$

$$S_{\frac{1}{3}} = e + \frac{1}{3}bH + \frac{1}{9}cH^2 + \frac{1}{27}dH^3;$$

$$S_{\frac{2}{3}} = a + \frac{2}{3}bH + \frac{4}{9}cH^2 + \frac{8}{27}dH^3.$$

$$B_1 + 3S_{\frac{2}{3}} = 4a + 2bH + \frac{4}{3}cH^2 + \frac{8}{9}dH^3.$$

但

$$V = \frac{H}{4}\left(4a + 2bH + \frac{4}{3}cH^2 + dH^3\right)$$

517

$$= \frac{H}{4}\left(B_1 + 3S_{\frac{2}{3}} + \frac{1}{9}dH^3\right).$$

若斷面積為x之二次函授，即d＝0，于是

$$V = \frac{H}{4}\left(B_1 + 3S_{\frac{2}{3}}\right) \dots\dots\dots\dots\dots\dots(6)$$

同樣

$$B_2 + 3S_{\frac{1}{3}} = 4a + 2bH + \frac{4}{3}cH^2.$$

$$V = \frac{H}{4}\left(B_2 + 3S_{\frac{1}{3}}\right) \dots\dots\dots\dots\dots\dots(6)$$

（原書第20節）

圖10，設斷面 lmnp 並行於底面 DCBA 且與相距三分之二高。

由式（　），

$$V = H\left(\frac{B}{2} - \frac{A}{6}\right).$$

為簡便計，令

x ＝ 並行四邊形lmpq之面積；

y ＝ 三角形 pqn 之面積；

z ＝ 三角形 mqn 之面積；

T ＝ lmnp ＝ x＋y＋z.

則

DCPA 之面積 ＝ 3x；

APB 之面積 ＝ 3y；

CPB 之面積 ＝ 9z ＝ A.

相加，得

B ＝ 3x＋3y＋9z.

將此B之值，代入V之式中，得

$$V = H\left(\frac{1}{2}(3x + 3y + 9z) - \frac{1}{6} \times 9z\right)$$

$$= \frac{H}{4}[(3x+3y+9z)+3(x+y+x)]$$

$$= \frac{H}{4}(B+3T).$$

倘 ABFE 為非扭曲，ABP 與 y 當然消失。圖 11、令 T_3，T_4，T_5，T_6 為距底 FDE 三分之二高的 CB-DEbc，AC-FEac，AB-FPab，ABC-abc 之斷面，其底面為 B_3，B_4，B_5，B_6。於是

$$CB\text{-}DEbc \text{ 之體積} = \frac{H}{4}(B_3+3T_3);$$

$$AC\text{-}FEac \text{ 之體積} = \frac{H}{4}(B_4+3T_4);$$

$$AB\text{-}FDab \text{ 之體積} = \frac{H}{4}(B_5+3T_5);$$

$$ABC\text{-}abc \text{ 之體積} = \frac{H}{4}(B_6+3T_6)。$$

相加，得

$$V = \frac{H}{4}[B_3+B_4+B_5+B_6+3(T_3+T_4+T_5+T_6)]$$

$$= \frac{H}{4}(B_1+3T).$$

（原書第17節）

於三角傍面壹，上述公式，亦可應用。圖 6 (a)、(b)、(c)，令 stu，mno，pqt 為並行於底面而與下底相距三分之二高的斷面。

圖 6 (a)，

$$stu = \frac{4}{9}EFG = \frac{16}{9}d.$$

圖 6 (b)，

$$lm = \frac{4}{3}bc，$$

$$mn = \frac{2}{3}dc，$$

$$\therefore \quad lm \times mn = \frac{8}{9} bc \times dc.$$

$$\therefore \quad lmno = \frac{8}{9}k.$$

圖 6 (c)，

$$pqr = \frac{1}{9} BCD = \frac{4}{9}e.$$

E-ABD 與 GE-BA 之斷面為 $\frac{4}{9}f$ 與 $\frac{8}{9}g$.

$$\therefore \quad S_{\frac{2}{3}} = \frac{16d}{9} + \frac{8}{9}k + \frac{8}{9}g + \frac{4}{9}e + \frac{4}{9}f.$$

但 $V = \frac{H}{6}[8d + 8e + 8f + 4g + 4k]$

$$= H\left[\frac{4e + 4f}{4} + \frac{3}{4}\left(\frac{16d}{9} + \frac{8k}{9} + \frac{8g}{9} + \frac{4k}{9} + \frac{4e}{9}\right)\right]$$

$$= H\left(\frac{B_t}{4} + \frac{3}{4} S_{\frac{2}{3}}\right)$$

$$= \frac{H}{4}(B_t + 3S_{\frac{2}{3}})$$

$$= \frac{H}{4}(B_t + 3T).$$

（原書第18節）

Echols 氏公式，Sinepson 氏法則

倘於 (A) 式中，令 $x = \frac{H}{6}(3 - \sqrt{3})$，$\frac{H}{6}(3 + \sqrt{3})$，而以 Sx，Sy 代斷面，可推得體積之公式

$$V = \frac{H}{2}(Sx + Sy).$$

因

$$Sx = a + \frac{b}{6}(3 - \sqrt{3})H + \frac{c}{6}(2 - \sqrt{3})H^2 + \frac{d}{36}(9 - 5\sqrt{3})H^3;$$

$$Sy = a + \frac{b}{6}(3 + \sqrt{3})H + \frac{c}{6}(2 + \sqrt{3})H^2 + \frac{d}{36}(9 + 5\sqrt{3})H_。$$

$$\frac{1}{2}(Sx + Sy) = a + \frac{bH}{2} + \frac{cH^2}{3} + \frac{dH^3}{4}.$$

但

$$V = H\left(a + \frac{bH}{2} + \frac{cH^2}{3} + \frac{dH^3}{4}\right).$$

$$\therefore \quad V = \frac{H}{2}(Sx + Sy). \cdots\cdots\cdots\cdots\cdots\cdots (7)$$

計算土方時，如二測站相距100'，Sx與Sy應取與一底面相距21'與79'，其所差極小，實際距離應為21'.14與78.'86。　　　　　（原書第20節）

圖13，設374為曲線之一部。若3、4二點，甚為相近，可將374視作一拋物線。如97為其中縱距，連接34，作56相切于7。56並行於34，而(347) $= \frac{2}{3}(3564)$。

令 $04 = y_1$，$79 = y\frac{1}{2}$，$23 = y_2$，$02 = H$。

（02374）之面積 ＝（0234）之面積 ± (473) 之面積

$$= \frac{H}{2}(y_1 + y_2) \pm \frac{2}{3}(4856)$$

$$= \frac{H}{2}(p_1 + y_2) \pm \frac{2}{3}H\left[y\tfrac{1}{2} \pm \frac{1}{2}(y_1 + y_2)\right]$$

$$= \frac{H}{6}(3y_1 + 3y_2 + 4y\tfrac{1}{2} - 2y_1 - 2y_2)$$

$$= \frac{H}{6}(y_1 + 4y\tfrac{1}{2} + y_2).$$

欲求曲線形之面積，將其底線（其投影或任何直線）分成偶數段，各闊 h。令第一縱距為 y_1，末一縱距為 y_2；則

$$A = \frac{2h}{6}(y^1 + 4y_2 + 2y_3 + 4y_4 + 2y_5 + 4y_6 + \cdots + y_{n-2} + 4y_{n-1} + y_n)$$

$$= \frac{2h}{6}\left[ey + y_n + 4(y_2 + y_4 + \cdots + y_{n-1}) + 2(y_3 + y_5 + \cdots + y_{n-2})\right]$$

就是，相加兩端縱距，偶數縱距之四倍，以及奇數縱距之二倍，而將其和以

每底邊闊之三分之一乘之。計算土方體積時，應用此法則。以體積代面積，以面積代縱距。　　　　　　　　　　（原書第21節）

總　　結

綜上所述，得下列公式，M爲代表平均面積：

Newton 氏公式：　　　$M = \frac{1}{6}(B_1 + 4S_{\frac{1}{2}} + B_2)$；

Hirsch 氏公式：　　　$M = \frac{1}{2}(B_1 + B_2) - \frac{1}{6}A$；

Koppe 氏公式：　　　$M = S_{\frac{1}{2}} + \frac{1}{12}A$；

Kinklin 氏公式：　　　$M = \frac{1}{4}(B_1 + 3T)$；

Echol 氏公式：　　　$M = \frac{1}{2}(Sx + Sy)$。

$$x = \frac{1}{6}(3 - \sqrt{3}), \quad y = \frac{1}{6}(3 + \sqrt{3})。$$

*(1)　$P\text{-}E56 = E\,P56 = \frac{1}{6}H \times P56 = \frac{1}{6}Oa$。

*(2)　$ABC\text{-}DEF = AB16\text{-}78 + C16\text{-}789 + 789\text{-}DEF$；

　　　$AB16\text{-}78 = A216\text{-}78 + 8\text{-}B12$；

　　　$A216\text{-}78 = 345D\text{-}78 = 45DE\text{-}78$
　　　　　　$+ 8\text{-}E34$；

　　　$ABC\text{-}DEF = 45DE\text{-}78 + 8\text{-}E34 + 8\text{-}B12$
　　　　　　$+ C16\text{-}789 + 789\text{-}DEF$；

　　　$C16\text{-}789 + 789\text{-}DEF + 45DE\text{-}78$
　　　　　　$= C16\text{-}54F$；

$\therefore ABC\text{-}DEF = C16\text{-}54F + 8\text{-}B12 + 8\text{-}E34$。

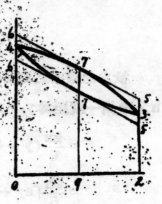

圖 13

道 路 溝 渠 施 工 淺 識

孫 乃 祿

都市設計首重道路溝渠之建設，吾人知之諗矣，故凡一市區之市容，全賴乎道路整潔溝渠健全，再加以優美之建築物，始成完善之外觀，此道路溝渠建設之不容忽視也明矣。都市之區，多外人足跡，在在足以給與不良之影像，有關國體至大。凡此種種，全憑施工時之注意，始克達良好之結果，目今吾國各地建設正屆勃興時期，茲將關於道路溝渠施工常識，以管見所及，略書以後，或足以供參攷焉。

道　　路

普通在城市之中，主管建設之機關，必有若干常備工人，名曰常工，但此項工人人數有限，當工作增加之時，或有整個計劃工程之類，常工不足應用，則委包工或點工任之，常工受主管人直接指揮，甚易就範，包工則反是，因包工工人受工頭之指揮，工頭受主管人之指揮，其間每易生偷減之弊，蓋彼無時不在準備偷工減料，此純為經濟問題而影響及工作之成績至巨，今姑以包工為目標，將有關於施工者詳述如下。

道路可分為二部：（一）人行道，（二）車行道

人　行　道

鋪築人行道亦分二部：（一）側平石（又稱雙側石），（二）人行道面側平石（圖一）。凡開闢一新路或翻修老路，必先定路脊之高度及坡度，所有兩旁側石頂，其高度及坡度與路脊高度坡度相等，故先着手排公側石，則路面有所

標線。在工作地點將規定高度，就鄰近較永久之建築物上，用紅油標明之，工頭即據此線用平尺板及水平尺平出，在縱距離間可用一種三夾板量定之，將一切規定高度移至小木椿上，以便進行工作，茲將三夾板之用法及式樣附後（圖二）。

三夾板形同丁字尺形狀，每付計三塊，上口平，用時將二塊使二人手持平置於竟線上之任何二點，（即已知之高度點上）任何一人用目觀察平頂線重另一塊之頂線。試望至二線符合止，然後另一人用第三塊置於需求高度之任何點，升高或放低，至觀望者認為三塊在同一平線時即可矣。此法甚簡，置落準確，但此項工具，不便用於彎線上，在直線上起劃便利可換，故特為說明之。

側平石基　雙側石之底脚，其寬度及深度視用料之大小而定，雙側石普通用分石質（金山石）及水泥質，有6″×12″及5″×10″二種，凡擬挖掘之街衢，宜先用白灰線劃定地位，其寬度及深度，應須挖如下（尺寸須依照路界面量出）：

內線……人行道寬度－平石寬度－2×側石寬度

（此為便於工作之寬度如略放大更佳）

外線……人行道寬度＋平石寬度＋2×側石寬度

深度（自規定高度線以下）側石厚度＋底基厚度

工人於工作時掘不足之深度及不足之寬度，可少挖泥土而省工，則底基因之不固，工作速度固然增加，而工程則大受影響矣。

覆查工作非常重要，因一經排築之後，始發現不合之處，拆除既費工料，更多周折，故凡溝槽掘好，即須詳細覆勘深度寬度地位及底部平整與否，然後排石，則可以無誤矣。基礎材料各有不同，普通用兩層，底層需老實之碎磚（約六寸）面層鋪拍結之混凝土 1：2½：5（自二寸至六寸不等），或全用混凝土(約六寸至八寸)，視經濟力量，定底腳之種類。亦有祇用碎磚者，但不克持久耳。

排匱工作　側石分直線灣線兩種，在直線部份最易引起不良影像，蓋直線之中，偶帶灣曲，在遠處已能見之。故凡排直線側石時，其外口地位，必先用花桿(又名紅棒)三根，緊直釘椿，排時用蔴線或鉛絲或弦線繫於兩木椿之上，作為側石外口標準，庶不致有較顯著之參差，用鉛絲拉緊，成直線最佳。

平石排法異於側石蓋平石之間，尚有茄莉在也，茄莉卽英文名 Galley 之譯音，卽 Catch basin 是也，普通平石離側石頂至少三十，至多七寸，再多恐側石有外倒之虞，靠茄莉之點，卽離側石頂最低之點平石流水之坡度，須視茄莉之地位而定之，大概每一茄莉相距約十丈左右，在未排平石之前，先用墨線在側石側面彈明有坡度之墨線，然後依此排置，則可免日後積水，使路面不潔之弱點(圖三)。

人 行 道 面

人行道面種類甚多，凡可築路面之材料，皆得舖築人行道，其中最潔淨悅目者屬水泥類，通常有澆水泥面及水泥方塊兩種，水泥方塊有二尺方者，有一尺二尺長方者，有二尺半二尺者，內又分光面及淡眼子面二種，方塊之大小，視規定人行道之寬度而定。

舖排工作　人行道須有相當之坡度以洩水，普通採用 $\frac{1}{48}$ 基之底層為夯實約四寸之碎磚，上舖黃沙或細煤屑或石屑，上再舖水泥板，最近滬工部局用化垃及廠內之餘滓作為舖水泥板人行道道基之材料，誠一經濟之用度也，舖水泥板時，用一種人行道坡板，上面平，下面有規定坡度，舖時祇須將水平尺置其上，水泡正中，卽知其準確之程度，此種工具，臨時備置亦甚易易，用之可免水泥板不平或過高太低之弊，澆水泥即爲混凝土臨時拌好，澆於人行道上，用木質拍板拍結，至漿水拍出爲度，厚度普通約三寸，直接澆於碎磚基上面加約厚半寸之1：2水泥黃沙，用薄木板刮平，至相當坡度止，凡做燒水泥人行道，須用過橋板，俾行人不致踏壞未硬之澆水泥面。

路　　面

　　路面工作進行之前，苟欲保工程進行順利，必先考慮種種問題，關於交通往來，備料送料，出清障礙物（如移電桿路牌等）升高或改低路面固有物（如窨井測量鐵樁自來水凡而鐵蓋等）諸事宜，妥爲研究，從事預備，則一經正式動工，可免中途停頓，蓋以上種種，皆足以隨時阻止工程之進展，不可忽視其一也。

　　路面施工時，應先定路中線路脊之高度，前已述及之，倘兩旁已排有側石人行道，則高度已知，較爲便利，路縱面坡度無完，視地形而異，橫斷面坡度有用$\frac{1}{48}$者，亦有用$\frac{1}{40}$者，凡鋪底基及路面，皆須依照規定路形坡度。進行工作時，宜用路形板（或稱路冠板）Camber board，隨時用水平試像，則做就後可得較整齊之路茲面附路面種類表如下：

路面及路基種類表

路面種類	略　　　　　　　註	路基種類
小方石塊	碎磚基或小石塊基用黃沙或石屑舖砌整齊成條	大石塊
長方石塊	仝　　　　　　　　上	碎磚
彈　街	有基或無基用煤屑或石屑或水泥黃泥舖砌	混凝土
方頭彈街	有基或無基用煤屑或石屑用扁形平頭石片舖砌	各種舊路作基
砂石路	碎磚基或大石塊基上舖自$2\frac{1}{2}'$至4'砂石路	壓實之煤屑

澆柏油砂石路	在砂石路上掃淨澆熱柏油一或一批上撒石屑
熱灌柏油路	在有基砂石路上滾實約三寸石子用熱柏油灌加石屑再滾平
冷灌柏油路	在有石砂石路上滾實約三寸石子用冷的水柏油加石屑再滾平
柏油砂路	在10'混凝土基上舖1½'至2'柏油砂滾實（在廠拌好運至工作地點）
冷拌柏油路	在砂石路上舖1½'至2'冷拌柏油石子分底層面層分別滾實（同上）
煤屑有基路	碎磚基上舖4'至6'煤屑澆水壓實
煤　屑　路	土基上舖4'至6'煤屑澆水壓實
混凝土路	土基上或煤屑基上澆6'至10'混凝土（有用鋼骨者）
土　　路	土地做成路形滾壓卽成

　　各種路面之舖法，各有不同，因限以篇幅略述，目下各處最普遍通用而適合我國經狀况者，約有三種如下：（一）煤屑路面，（二）彈街路面，（三）砂石路面。

　　煤屑路面　煤屑質宜粗，以有硬粒者或大塊者為上品，形同粉末而帶有垃圾者為劣品。滾壓以前，務須以水澆透。則易堅實而耐用，普通六寸煤屑可壓實至四寸弱，如用滾路機壓，最為合宜，倘用人力石滾，其重量須在二噸以上，方屬合用，太輕者不相宜矣。滾壓時須自邊線起，漸至路中，滾壓次數，至少須三遍，凡類似煤屑之物料，如近海邊之貝殼沙質物，亦有採用為舖路材料者，但不及煤屑之佳耳。凡多工廠之區，煤屑出產必多且價廉，確為最經濟之舖路材料，惟其短處在多灰塵，晴天常阻車行視線，而雨時路面每易冲壞，須常年修理，在人工低廉之處，尚屬經濟合用焉。

　　彈街路面　此種路面用石片和較細之煤屑或石屑砌成，屑片須含石英粒者方耐用。蘇州之金山石為最佳，石片不宜過大，高約六七寸。而扁形者最合用，小三角形者亦可用。多邊形而巨大者，須剔除或打小後方可應用。砌時宜注意石片下脚打緊，邊與邊緊貼至最少空間爲止則滾壓之後，不易移動或下沉，此種路面除其弱點在不平外，餘皆適合經濟原則，蓋石質不易損壞。倘翻修老路，舊料仍可應用。所添材料大概自二成至五成不等。視原有之舊料質地而定之。鋪工約合料價十分之一。此種路面，凡沿海各處城市之中。皆可見之也。

砂石路面　砂石路面用一寸石子及半寸石子（俗名瓜子片）鋪於基上。先壓滾結實。然後用黃泥漿澆灌。再經滾壓。乾透後，即可通行矣。但做法微有不同之處。其主要點在澆黃泥漿。蓋此爲惟一之黏合成份。若日後即欲於砂石路面上澆柏油者，則黃泥不宜過濃，宜分二批滾壓。先於基上略鋪一稀薄之黃泥。上鋪一寸子（或和以寸半子），倘路面厚度在二寸以上，澆清水壓實。或先鋪石子一部份壓實。用黃泥澆一薄層，鋪於石子上。再加一寸石子澆水滾壓堅實。使底層黃泥嵌足。再澆較稀之黃泥漿滾壓，隨時以少量瓜子片加鋪於面上。作嵌縫用。則砂石路面可較平坦，滾妥後，上撒石屑一層，待其乾燥即可矣。如能於撒石屑之翌日，用石滾拉滾一過，則最易使路面平整。倘將來不澆柏油。則面上所澆之黃泥漿宜稍濃，經滾壓之後，泥漿深入，再加澆較稀之黃泥漿於面，滾壓後即成。（黃泥成份太濃，日後恐路下潮氣使泥漿自石縫中湧出，致柏油面易以脫殼，成片剝下。尚黃泥成份太稀，無柏油面保護，砂石路面易壞，因黏合力薄弱之故也。

溝　　渠

溝管種類不一，有蛋形有圓形，其大小亦不等，視流量多少而用之，蛋形應用漸稀，普通皆採用圓形。瓦筒爲混凝土質，溝管在十八寸徑以下者，內無鋼筋。十八寸以上者，用之。市上瓦筒作之出品，有用煤屑水泥者，或成份不足者甚多。此種瓦筒不能受巨大壓力。不宜應用於公路之下。

溝管基礎與雙側石基相同，亦有加用鋼筋混凝土者，視瓦筒之大小，路面之壓力，土壤之性質而定之。溝身長度，每隔自百尺至百五十尺，築窨井一處，作為日後通溝之用。餘如高低地位及坡度，須事先依照計劃圖樣定明，俾工人依照挖掘。溝身坡度普通用 .0％ 或 .02％，惟六寸管作百腳溝者不在此例。凡挖掘溝槽，深度離地面一公尺以上者，須備板樁。普通用 8″×12″ 洋松，長約十二尺或二十尺。鋪樁法有用排樁式（圖四），有用橫樁式（圖五）。前者用於甚深之溝槽及鬆土中，後者用於較淺之溝槽，足以擋開勞之土，不致下倒為度。溝槽寬度不可過狹，每因開槽不合，常妨礙工作，致底腳雜泥土。排溝不妥，而後患無窮。茲將溝槽寬度列表以後：

挖溝寬度表

溝管直徑	溝管厚度	挖溝槽寬度
6″	1″	1′–6″
12″	1$\frac{1}{2}$″	3′–0″
18″	2″	3′–6″
24″	2$\frac{1}{4}$″	4′–0″
30″	2$\frac{3}{4}$″	4′–6″
36″	3″	5′–6″
48″	3$\frac{1}{2}$″	6″–6″

溝槽寬度須依溝管直徑及其二倍厚度，加四倍樁板厚度，再加相當工作空間（每面至少八寸），此為最低限度，如遇特殊情形，為便利工作起見，宜再酌量放寬之。

排溝工作　排溝惟一之座右當為「無縫莫漏」四字。因流水每因灣曲受阻，而減低沖刷力，致管中淤泥滯留，使溝管有阻塞之虞。此所以每段溝管務必排成一直線也。無縫者即不漏水之意，凡各個瓦筒接縫，四週必須用1：2水泥黃沙，嵌足粉光，時時潤濕，至水泥乾硬堅固止。據滬市閘北區方面而言，凡路面發現下陷者，其原因有三：（一）溝管一部份本身沉下（此乃無良好底腳之故）；（二）溝管裂縫漏水（此因潮水每日漲落，水壓力甚大，每日沖去縫口小部份泥土，日積月累，縫上成一大空洞，再受路面壓力，突然下陷）；（三）溝身不堅，受壓破碎。三者之中，小半數屬瓦筒縫漏水。即第一項亦未始非漏縫之果也。故對於溝管能漏水之部份，宜特別加以注意也。

　　窨井　窨井用磚砌成，最少用十寸牆，牆身宜平直，磚須先浸濕，砌時用水泥黃沙（1：3成份）刮足。內牆下部須先用1：2水泥黃沙粉光。基用混凝土，至少須六寸厚，亦有用特製基座板者，底腳用夯實碎磚六寸，牆身下部因有地下水之故，往往浸入水內，應預備手搖幫浦或機器幫浦，不停抽水，至水泥乾硬爲度。先行將內牆下部粉光，因磚浸水過久，水泥粉不上矣。漸漸砌上，再粉光。則底層不致漏水矣。

　　茄莉　普通路上皆用翻水茄莉。因此種式樣，汚泥不能流入溝管中。平時較少臭味，茄莉者現成製就。混凝土質，可以移用，不如用磚砌者祇能用一次。

　　還泥　溝管排成後泥土應分層還入。每層不得過一尺深，拉平用大號木人提高夯實。再還再夯。則日後路面溝槽地位不易下沉矣。

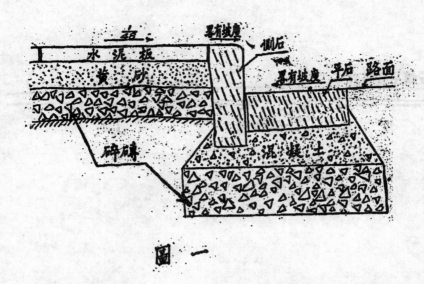

圖一

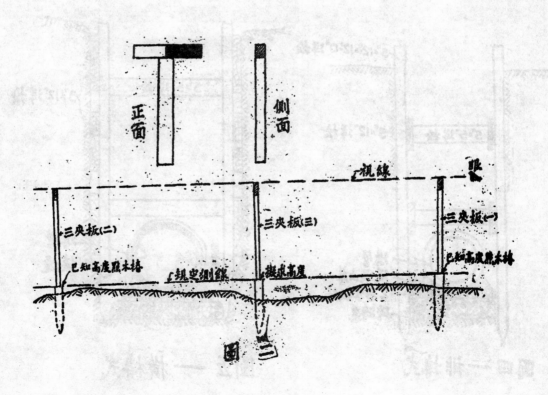

圖二

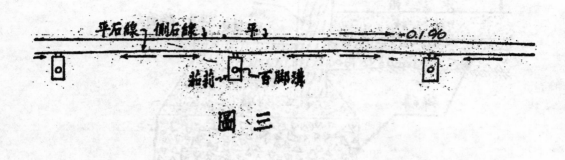

圖　三

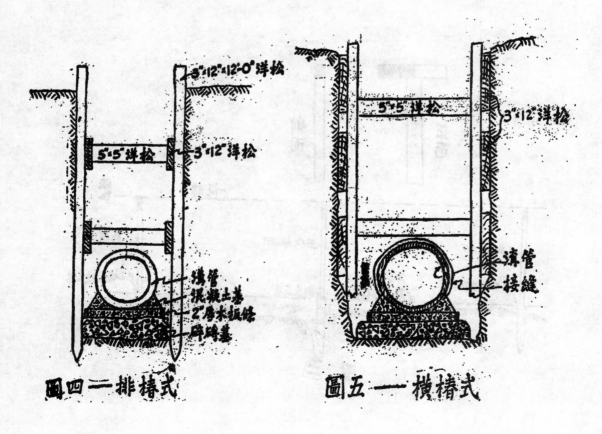

圖四——排椿式　　　圖五——橫椿式

飛機場之設計與建築

吳華甫
楊哲明　合著

一　緒　論

(1) 飛機在交通及國防上地位之重要

自飛機之構造進步以後，世界交通之情勢，即爲之一變。在二十世紀以前之交通，如輪船火車等等交通之利器，均屬於平面之行駛；自飛機發明與進步以後，世界交通，即一變其爲平面之交通而成爲立體之交通。不但在交通事業上，因飛機構造之進步而創立一新紀元，即在軍事方面之戰術上及戰略上，亦因飛機構造之大成功，化平面戰場而爲立體戰場。可知飛機構造進步，影響於交通及軍事進步之大。

近代各國對於飛機，一方面視爲戰爭實力，一方面即認爲交通利器。歐戰以後，各國咸轉移飛機之用途，即將其昔日充作軍用飛機，改爲商業航運飛機。故自歐戰告終以後，發展民用航空之口號，在歐美各國，亦曾煊極一時。但自「九一八」以後，各國均致力於軍用飛機之製造與購買，於是從前認發展民用航空爲誤國之要務者，至今日已一變其昔日所持之態度，積極主張擴充軍用飛機，甚至大呼「將來戰爭之命運，取決於空中」之口號。可知飛機在交通及軍事上所佔據地位之重要矣。

我國自「九一八」以後，迭受暴寇空軍之蹂躪，東北同胞在暴寇飛機炸彈下之犧牲者，不可以數計。「一二八」之役，淞滬抗日軍以缺乏空軍，致忍痛以血肉之軀，供敵機之從容擲彈以轟炸。淞滬精華，摧燬殆盡，於是「航空救國」之呼聲，即高唱入雲。各地捐款購機，充實國防者，絡繹不

起，此實足以證明國人對於「航空建設」之注意。政府於對航空建設，亦竭
力從事，試觀最近一二年來我國航空建設之進步，即可以知舉國上下對於航
空建設之努力。

(2) 空中交通之便利與前瞻

空中交通，較陸地及海洋面交通爲便利：陸地之鐵路交通，未嘗不便
利，但必須根據鐵路軌道以進行，否則，鐵路交通，即須發生問題；公路交
通，亦未嘗不便利，但必須先行修築公路及橋梁等等，然後才可以通行長途
汽車；在海洋面上通行之輪船，亦爲水面交通利器，但必須根據航綫以進
行，否則，必發生觸礁及擱淺等等之危險。所以空中交通，較鐵路，公路及
航海等等爲便利。飛機在空中飛行，往來固極其自由，進退亦極其如意。不
如在地面交通，時時須受交通法規之限制與交通警察之指揮。換言之，空中
交通，即可以省却「停止」，「進行」，「轉彎」以及「不准停車」等等之限
制。空中交通，不但可以免除交通法規上之種種麻煩，而且可以在高空中俯
瞰地面之景物，此種鳥瞰之景物，遠非乘火車輪船之乘客所能見及。所以乘
飛機翱翔天空，大有列子凭虛御風之概。飛機在空中交通事業之前途，如能
與陸地及海面之交通利器，採取切實聯絡，其前途自未可限量也。

在歐美各國，利用飛機搭載旅客，運送郵件以及運輸貨物等等，已視爲
極通常之事件，我國對於飛機利用，無論在交通上及軍事上均在萌芽時代，
爲準備應付非常時期計，自非積極從事航空建設不可。

(3) 飛機場之需要

飛機場 Airport 之需要，實緣於航空事業之發達而產生。蓋飛機航行，
如達到目的地或需要降落時，必須降落於地面上，故歐美各國，有「航空之
將來，仍在地上」之口號。此種口號，雖語近神秘，但思之亦有至理存乎其
間。飛機雖遠飛數千里，續航數百小時，結果則終須降落於地面。如旅客之

上下。郵件及物貨之裝卸，燃料之補充以及機械之修理等等，無不有賴於飛機場之建築。他如在濃霧中飛機之降落，則利用無線電以指揮，夜間飛行，則利用探照燈以指示航行之方向。故航空事業之發達，與飛機場建築之完備與否有密切之關係，初不僅僅在於飛機數量之多與機械之精良而已也。歐美各國，航空事業發達，已一日千里，但對於飛機場之建築，以最初不甚注意之故，致時有落伍之恐懼。美國之飛機場，爲數已達三千以上，但仍不敷應用。可知飛機之構造，必須與飛機場之建築相輔而行，然後航空事業，始有長足之進展。如按照現代民用航空之需要以計算之，則每隔二十英里，卽須有一飛機降落場，如在人煙稠密之區，此種規定之距離，仍須縮短。我國現在所有之飛機場，連臨時降落場以共計之，爲數不過四十有奇，與美國相較，大有望塵莫及之槪矣。

　飛機場之建築，與鐵路之火車站，公路之汽車站以及輪船停泊之海港與碼頭等等，同居必要之地位。飛機場之用途，實與火車站，汽車站以及海港與碼頭相等。故現代建築工程學中，特有飛機場建築卽 The Construction of Airports 一科，專事研究飛機場之建築工程以及飛機場之設計等等，以應時代之需要。歐美各國專門學者，對於飛機場之設計與建築上之種種問題，或著成論文，發表於建築工程雜誌中，以供研究，或著爲專書，以供關心於飛機場之建築及研究者之參考。故近年來歐美各國之出版界，對於討論「飛機場」專門著作之印行，頗具相當之努力。本文之重要任務，卽將飛機場之設計與建築工程等等，作簡明之介紹，以供國內關心航空事業者之參考。

二　飛機場址之選擇

（1）飛機場址之選擇

　飛機場址之選擇，實爲設計飛機場之重大問題。關於此重大問題，歐美各觀察家之意見甚多，難以縷舉。但第一點須先行解決者，即為飛機場對於都市中心距離之規定。世界各國大都市之飛機場，距離都市中心三英里者，約在一百所以上；此外，距離都市中心四分之一英里者有之，距離都市中心十八英里者亦有之。總之，飛機場距離都市中心之遠近，與都市本身之大小，亦有密切關係。都市愈大，則飛機場距離市中心之距離亦愈遠。茲略舉歐洲著名大都市之飛機場與市中心之距離如左：

(1) 克勞頓 Croydon 飛機場距離倫敦市之 Trafetgar Square 十英里，

(2) 探卜爾荷夫 Tempelhof 飛機場距離柏林市中心三英里；

(3) 布克靠 Le Bourget 飛機場距離巴黎市中心七英里。

以上三大都市，為英德法三國之首都，因其地位與設施之不同，飛機場之距離亦因之而異。如在商業繁盛之都市，則飛機場與市中心之距離，最遠不得超過汽車行駛二十至二十五分鐘之距離。一九三〇年，美國都市計劃會開會時，對於飛機場址之選擇問題，曾規定下列之原則：

(1) 須與都市中心距離適中；

(2) 須與都市交通中心相銜接；

(3) 必要時，除須有汽車路直達以外，更須建築鐵路支綫以利交通；

(4) 為求便於水陸兩種飛機起見，須於都市之河流及海濱附近之區，選擇飛機場址。

(5) 理想中之飛機場址，須設置於都市最大鐵路車站及港灣附近。

飛機場址選擇之原則，已如上所述。茲更引用戴偉生氏（Rebort L, Davison 所規定選擇飛機場址之標準如左，（一九二九年五月，戴氏在建築雜誌 Architectural Record 中發表論文一篇，題為「飛機場之設計與建築」The Design and Construction of Airport，關於選擇飛機場址的標準，規定頗詳。）以供參考。

戴民規定之標準，可分為兩部份：一部份是關於飛行便利者，一部份是關於公共便利，特分別列舉之如下。

甲　關於飛行便利者	百分率
無水草之障礙	八五
霧須求減少	六
避免濃烟之區	一
少雪之區	四
航行便利	二
附近之環境須佳	八
場址之面積適宜	四
場址之形式適當	一
旋風須求避免	三
安全之入口處	四
風向調查表	四
其他關於航行安全者	
共計	五〇

乙　關於公共便利者	百分率
飛機航行之中心	八
距離及方向須予航業以便利	七
距離都市地理中心須近	四
距離都市人口中心須近	八
距離鐵道總車站須近	二
距離給水地點須近	一
距離郵局須近	六

距離旅館業中心須近　　　　　　　　　五

距離商業中心須近　　　　　　　　　　三

距離都市經濟中心須近　　　　　　　　三

距離飛機製造廠須近　　　　　　　　　三

共計　　　　　　　　　　　　　　　　五〇

合甲乙兩項共計之，則得百分。由此可知飛機場地址選擇之不易。

此外，可引證白克爾氏 Mr. Baker 所定選擇飛機場地址之標準如左，以資對照。

選擇飛機場址之標準

環境適宜　　　　　　　　　　　　　一〇

交通便利　　　　　　　　　　　　　一〇

運輸便捷　　　　　　　　　　　　　一二

管理便利　　　　　　　　　　　　　五

共用事物供給便利　　　　　　　　　五

場址之大小適當　　　　　　　　　　一四

避免障礙物　　　　　　　　　　　　一四

避免旋風　　　　　　　　　　　　　一〇

便利飛行　　　　　　　　　　　　　一二

機場之價值　　　　　　　　　　　　一〇

共計　　　　　　　　　　　　　　　一〇〇

白克氏並主張最好之飛機場，須佔上述百分率中自九〇至一〇〇；其次則爲自八〇至九〇；至於自七〇至八〇，則爲最劣之場址矣。試將戴偉生及白克爾二人所規定之標準以研究之，則對於飛機場場址之選擇問題，可以得着相當之解決矣。

(2) 飛機場之面積及形式

飛機場場址選擇之原則及標準，已詳述如上。茲乃進而討論飛機場面積及形式。關於討論飛機場面積問題，意見亦頗多。最普通之原則。即為「須選擇一方而平之場地，範圍愈大愈妙；場地之四週，須無礙航行之障礙物，而且場地上須密被天然之淺草，泥土須求其堅實。」此原則固好，但欲求合乎此原則之飛機場，事實上亦不易尋獲。且以「愈大愈好」四字以規定面積，亦似不着邊際。茲舉美國各大部市之飛機場場址之面積如左。

(1) 美國克利夫倫 Cleveland 市之 Mitchel Field 面積為一〇〇〇英畝。

(2) 波斯頓及卜子蒙市之飛機場面積為四〇英畝。

其他，則二十五英畝者亦有之。總之，飛機場面積之大小，與飛機場本身之等次亦有密切關係。此外，如飛機之種類不同，場址大小，亦因之而異。例如輕便飛機航行時，須在地面飛行四〇〇呎至八〇〇呎以後，方能昇飛；重飛機航行時，須在地面飛行一〇〇〇呎至二〇〇〇呎以後，方能飛昇。因此可以規定飛機場之面積——最低限度之面積，為每邊長約二〇〇〇呎至二五〇〇呎。

至於道納爾氏 Jay Dawner 則主張飛機場之面積，須作圓形，直徑須三〇〇〇呎左右。

但因地勢之不同，飛機場的形式，亦因面積之不同而異。故飛機場之形式。約舉之有下列三種：

    (1) 長方形
    (2) 二等邊三角形或直角三角形
    (3) 如英文字母之乙形

茲將以上三種飛機場之形式及其大小之呎度，圖示如左：

飛機場形式，雖大約如上列三圖所示。但究其實在之情形，其形式亦不僅僅屬於上列三種。要在因地制宜以為斷。特將一九二九年五月號。美國建築雜誌所發表 E. P. Goodrrich 搜集歐洲各國飛機場面積之大小及形式圖，特錄於左，以供研究飛機場形式者之參考。

Scale

0 5,000 1,0000

540

　　如飛機場附近有障礙物，則亦影響於場址面積之擴大。故場址四週之障礙物。亦為決定飛機場面積大小之要素。飛機場邊有障礙物，飛行員自不能不變更離地飛昇之辦法。換言之，即須增大上昇之斜度。但普通之飛行員，擅用此種上昇方法，對於飛行安全，亦自無相當把握。 Donald Duke 在其所著之「飛機場與航空路線」一文中，則謂如地面風速為零哩，地點在海平線上，阻力為十分之一，則重一萬零五百磅之商用飛機，平常離地須五百八十五呎；離地後每上昇一千呎須距離五百八十五呎；此種飛機如無輪製，落地後更須滾駛九百二十五呎。故此種商用飛機之離地角，上昇角及落地時之飄落角。約等於前進每七呎中之一呎。因此則飛機場四圍，如有高五十呎樹木或其他障礙物，則飛機場面積須加大三百五十呎。換言之，所加大之面積，即須七倍於障礙物之高度。

　　茲將美國航空委員會之報告第二四九號，有關於飛機場面積大小之參考者，擇錄兩表如下。

第一表　A　飛機的重量與離地及降落之關係

美國航空委員會報告第249號	機重磅數	翼載每方呎磅數	平等力載每馬力磅數	離地滾跑呎數	離地空速每小時里數	降落滾跑呎數	降落空速每小時里數	兩翼與地面所成之投射角
SE—5a	2,080	8.67	11.5	300	53	450	54	14
Jn—6h curtiss	2,767	7.85	18.5	410	48	575	51	13.2
SPAD—Ⅷ	1,625	8.40	9.0	315	58	485	58	15.4
VE—7 Vought	2,152	7.57	12.0	275	50	800	51	12.7
DH—4b	4,000	9.10	10.0	340	51	925	56.5	12.3
CO—4 Fokker	4,155	10.10	10.4	380	52	950	56	11
Srerry Messenger	965	6.5	16.0	320	42	400	44	17.2

MB-3Thomas-Morse	2,777	9.63	7.6	325	57	875	57	15
MB-2Mastin Bomber	10,520	9.7	13.2	585	63	925	56	13

第一表　B　速度的比較與飛升之距離

美國航空委員會 報告第249號	速度（每小時哩數）	距　離　（呎數）
1. Sperry Messenger	42	310
2. JN—6h Curtiss	48	390
3. VE-7 Vought	50	275
4. DH—4b	51	340
5. Co—4 Fokker	52	382
6. SE—5a	53	300
7. SPAD—Ⅶ	58	315
8. MB—3Thomas—Morse	58	325
9. MB—2Martin Bomler	63	550

　　飛機場地址愈高，則昇降區域所需之距離亦愈大，故飛機場在海平綫以上高度如何，亦為決定場址大小之要素。在海平綫上，例如Mitchell Field, Hong Island, New York 等地；普通飛機離地時僅須滾映一千五百呎；在 Denver Colorado （高出海平綫五二八〇呎）約須二千三百呎；在 Choyenne Wyoming （高出海平綫六千二百呎）須二千七百呎。

（未完）

工程預算如何成立？

陳 鴻 鼎

廿三，十一，廿一

余服務工程界已數載於茲矣，雖不敢謂爲有心得，然對於細微之問題，每欲加之以研究，使自己能得到新見地，而對人亦可有互相討論之餘地。如能以一得之微，貢獻給新進工程界同志，則於心亦可稍安！惟遇有研究不澈底，討論不精到，亦希國內工程界老前輩有以指正之，則幸甚焉！

工程上之預算，在未開始施工以前，其價值之重要，可想而知。如單價失之過小，則總價不敷，即預算超出，因其無此項預先籌畫，每工款無從出，而功虧一簣者有之！臨時變更計劃者有之！致不能達到原有之目的，其關係不可謂不大，此指自行採購材料並支配工人而勤工建築者言之，如以該工程招工投標，以預算過小，則求有不超出者，當無人願意承包。所有以前費去莫大精神與時間而製成之預算，則一切付諸流水，良可慨嘆！或有時承包人意圖取巧，特別降低單價，其目的在求偷工減料、朦混欺人，此亦防不勝防，而結果得到不良之成績，可在意料之中，此種辦法亦非所採取作爲正當途徑，工程界中應當特別注意此點！反之，如預算過大，其工程本爲輕而易舉之事，以此之故，只可望洋興嘆，莫敢造次。以良好有爲之機會，不知不覺失之於瞬息之間，實爲可惜！即使能籌到充分款項，如係自己採辦材料及支配等工事，則一切自無問題。否則若交他人承辦，其金錢上無謂之損失，亦爲非是，且可惜孰有甚於此，其愚亦可知也！故提起預算一事，談何容易，今姑就應注意重要各點述之。

預算時應注意之點有四：一爲參考爲預算單價，因單價不能憑空定之，必有所參考以為根據，使不失過高或過低；二為注意材料時價，因時價有早晚不同，非永久不變，故應切實注意；三為注意工程所在地點，因地點有遠近高低，如材料運到近當然價廉，遠當然價貴，山下當然價廉，山頂當然價貴，其價格非常懸殊，故不能不注意及之；四為注意數量之多少，即數量少價貴，數量多價廉，因內包含同樣損失費，譬如建築一間房屋用一人管理之，建築十間房屋亦可用一人管理之，此理至明，故數量多少一項亦當切實注意。以上四點，俱為製預算時不能不注意之事，幸勿忘之！

余在南京市工務局數載，嘗觀多數新由學校畢業同學，因不知如何著手編製預算，乃隨便覓一舊預算單價，一抄了事，聊以塞責。致每失之過高或過低，予人以預算不合理之批評，此乃的確之事實，無可掩飾，他人之批評亦不能不承認。余有鑒於此，乃就個人所知，予以錄出，以便與工程界新同志互相研究，使問題討論有適宜之效果，則不失有研究之價值，並希母校新畢業之同學對於將來著手編製預算時，此數點特別加以注意！

所有上述四點，余現以簡單算式說明，俾易於明瞭，並如何核算單價之價值，其算式如下：

設 T 為工程某部分最近之單價，

T' 為工程某部分以前之單價，

因材料時價不同，其影響於 T 為 $\pm \dfrac{x}{100} T'$，

因所在地點不同，其影響於 T 為 $\pm \dfrac{y}{100} T'$，

因數量多少不同，其影響於 T 為 $\pm \dfrac{z}{100} T'$，

故 $T = T' \pm \dfrac{x}{100} T' \pm \dfrac{y}{100} T' \pm \dfrac{z}{100} T'$，

$$T = \left(\dfrac{100}{100} \pm \dfrac{x}{100} \pm \dfrac{y}{100} \pm \dfrac{z}{100} \right) T',$$

$$T_1 = \frac{100 \pm x \pm y \pm z}{100} T'$$

以 $\dfrac{100 \pm x \pm y \pm z}{100} = C$，

$\therefore$　$T = CT'$

因 C 為係數，

　　故由此觀之，可知以前與最近之單價，截然不同，其相差之高下，當視 C 之多少而定。以此簡單算式，諒新同學當能一目了然！

　　余最後再對諸同學說數句話：即為『有工程必有預算，有預算必注意此數點。以免蹈他人之覆轍！而受無謂之謗也！』　　　　　（完）

　　附註：　所謂單價，即為單位價，如 1：3：6 洋灰三和土每立方公尺工料洋廿五元十寸牆每平方公尺工料洋三元四角是也。

光面方鋼筋斷面積及重量英制公制換算表

鋼筋尺寸	公分	光面圓鋼筋 斷面積 平方英寸	平方公寸	重量 磅/呎	公斤/公尺	光面方鋼筋 斷面積 平方英寸	平方公分	重量 磅/呎	公斤/公尺
1/4″	0.635	0.0491	0.317	0.167	0.248	0.0625	0.403	0.213	0.317
3/8″	0.953	0.1104	0.713	0.376	0.560	0.1406	0.907	0.478	0.711
1/2″	1.270	0.1963	1.266	0.668	0.996	0.2500	1.613	0.850	1.265
5/8″	1.588	0.3068	1.979	1.043	1.552	0.3906	2.519	1.328	1.976
3/4″	1.905	0.4418	2.852	1.502	2.235	0.5625	3.628	1.913	2.847
7/8″	2.225	0.6013	3.879	2.044	3.042	0.7656	4.938	2.603	3.873
1″	2.540	0.7854	5.070	2.670	3.973	1.0000	6.452	3.400	5.059
1 1/4″	3.175	1.2272	7.917	4.172	6.205	1.5625	10.078	5.313	7.906
1 1/2″	3.810	1.7671	11.399	6.008	8.940	2.2500	14.513	7.650	11.388

簡 易 水 流 施 測 法

李 次 珊

　　水文測量，可大別分爲雨量記載，及實測流量。尤以流量施測，爲水文測量中最繁難而且重要者，非選定適宜地點（流量站），審慎從事，始可得完善成績。施測流量之方法雖多，但能適用於天然河流者，惟面積流速法而巳。卽分測斷面面積及流速，相乘而得流量。但挾沙之河流，含沙量亦爲設計治理河道者，所不可少之資料，蓋其能影響河床之變遷，故於此亦當有精密之測驗。

　　（一）流量站之選擇　實測流量之地點，名曰流量站，站之設立，宜在河身之平直，及橫斷面稍爲規則之處。此平直河身之長度，約在一中里上下卽公。因河身彎曲則易有轉動水流，在河身無規則處，又失其本身常態，二者與流速，流量，及水位，含沙量等均發生密切關係，故均非所宜。

　　（二）橫斷面之求法　測流站地點卽巳選定，卽在該處河之兩岸上，各插二支約二公尺高之桿，頂附一小紅旗（如圖一），圖中 ABCD 爲四桿，須在一直線上，且與河流成直角。在BC之方向處，兩岸間繫一長繩，如圖，繩之每二公尺處，繫一紅色布條，條上注明號碼，然後測者乘一小木船，或木筏，持一約五公尺之測桿，（其長

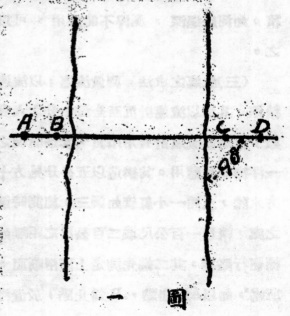

圖　一

短因水之深淺定之，）於每二公尺處各直探水之深度若干，即求圖二中之

EFGH各線深度是

也。同時另一人（或

同一人）持一小冊，

繪一草圖，記載其結

果，如從B至E二

公尺距離處EF為若

干公尺深，從B至G

四公尺距離處GH為

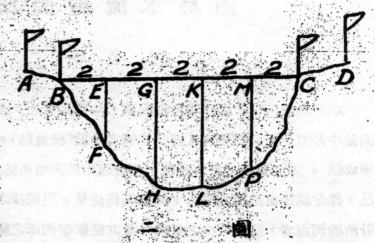

二　　圖

若干公尺深，從B至K六公尺距離處KL為若干公尺深，……依BC方向進

行，測至對岸，連BFHL等各點而得河底形狀，連BEGK等各點而得河之水

面，為得河之斷面圖，如圖二。此斷面即EFHG與GHLK等諸四邊形面積

之和。例如EFGH之面積為EF＋GH平方公尺是也。求其餘諸四邊形之

面積，可依此類諸四邊形面積之總和，即此橫斷面面

積。如河底過深，測桿不能應用，可以測深繩錘代

之。

　　（三）流速之求法　測量流速，以流速計測之為最

精確。其法以流速計沉至全深十分之六處而計其迴轉

數；但購置流速計費用昂貴，其最簡便之一法，為製

一浮標即足應用。其構造以五公分見方十公分高之長

方木牌，上插一小紅旗如圖三，施測時選擇河身平直

之處，精量一百公尺或二百公尺之距離如圖四，為浮

標徑行路程，其二端先測定上下兩斷面，測法如上節

所述，如以A為起點，B為止點，放置浮標應在上斷

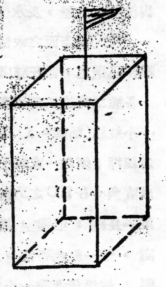

三　　圖

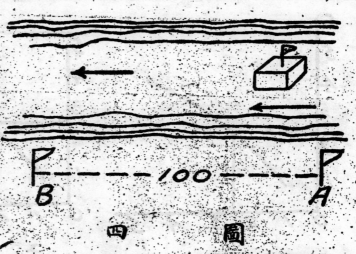

第 四 圖

面以上數十公尺處，投入水中，俟其隨水而下，記其經過上下兩斷面間之距離，並記其兩斷面間經歷之秒數，以所記秒數除兩斷面間之距離。即得水面流速。水面流速乘以系數0.90，即得垂直平均流速。計算流量，以河之平均橫斷面面積乘以水之平均流速即得。

$$水面上之流速（每秒鐘若干公尺）=\frac{AB距離（公尺）}{浮標經歷AB之時間}$$

水之平均流速＝（水面上之流速）×0.90

水之流量（每秒鐘若干立方公尺）＝河之橫斷面面積（平方公尺）×水之平均流速（每秒鐘若干公尺）

如此測量數次，而求其平均數則較準確。

（四）利用水標求流量法：

（甲）在同一斷面同一時間。測得河之流速與水標高度之兩個數目施測若干次後，所得之若干兩個數目，以點標之，連諸點畫一曲綫圖形，以水標數值為縱標，以流速為橫標，如圖五，由此圖可得任何水位之流速，或任何流速之水位。

（乙）再用水位高度與橫斷面積之關係，作一曲綫圖形，如圖六，可於任一水位高用此圖以求其相當之橫斷面積，在該水位其面積與流速之積即為該河於在該水位高時之流量，因之自水標之讀數可以直接求其流量。

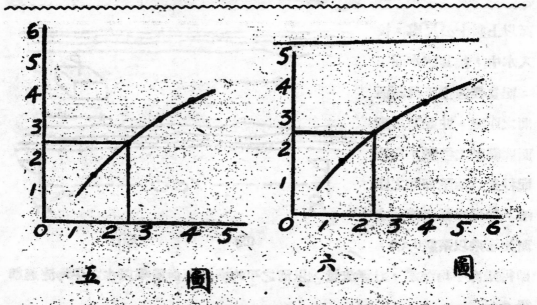

五　　圖　　　　　　　六　　　圖

　　(五)水面坡度測流法　大汛時期，河面寬廣，水流湍急，施測流量頗多困難；(一)河寬恆達數百公尺，在岸上向河心拋擲浮標難達河心，近岸處與河心速度相差甚遠，所測流速必多錯誤。(二)水流過急，無法駕駛測船，故施測斷面及拋擲浮標法，皆不能應用，但此時之流量記載，實非常重要，故必設法實測。其施測方法，以採用水面坡度法為最宜。河流速率等常皆因水面坡度，水半徑，及河底性質而變，水面坡度及水半徑成正比例，而與河底粗糙程度成反比例，然表示其關係之公式繁多，如 Chezy 之公式：

$$V = C\sqrt{RS}$$

　　C 為常數，R 為觸水半徑，S 為水面坡度，C 之值可用：Bazin 公式，

$$C = \frac{87}{0.552+\sqrt{\frac{m}{r}}}, \quad \text{或 Kutter 公式：}$$

$$V = \frac{41.6+\frac{1.811}{n}+\frac{0.00281}{s}}{1+(41.6+\frac{0.00281}{s})\sqrt{\frac{n}{r}}} C\sqrt{rS} \text{ 而得之。}$$

　　上項公式為以單位每秒英尺計，m 為粗糙系數，化為每秒公尺計之，則 Bazin 之公式為

$$V = \frac{87}{1 + \frac{n}{\sqrt{r}}} \sqrt{rS}, \quad C = \frac{87}{1 + \frac{n}{\sqrt{r}}}, \quad \text{或 Kutter 之公式,}$$

$$V = \frac{23 + \frac{n}{i} + 0.00155}{1 + (23 + \frac{0.00155}{S}) \frac{n}{\sqrt{r}}} \sqrt{rS} \text{而得之。}$$

以上各式，雖各有所本，惟其可用之程度若何，實未能確定。加以計算時之手續太繁。故普通應用，每感不便。近年歐美工程界中。復屢經試驗，倡爲簡單公式，在美有 Manning 氏，在德有 Forchheimer 氏，此兩公式大致相同：今畢如下：

Manning　　　$V = \frac{1}{n} R^{\frac{2}{3}} S^{\frac{1}{2}}$

Forchheimer　$V = \frac{1}{n} R^{0.7} S^{0.5}$

式中 V 爲河流平均流速，以每秒公尺計，n 爲河底粗糙系數，R 爲觸水半徑，以公尺計，S 爲水面坡度。

n 之値因河床性質而異，河底愈光滑平整者，系數愈小；反是愈大。上兩式所引用者，皆本於 Kutter 氏之實驗所定之値，今將天然河流應採用之値，列表如下：

河　流　狀　況	n　之　値
河底光滑有沙磧及小卵石者	.020 至 025
河底粗糙者	.030 至 025
河底漫溢而兩岸有植物者	.040 至 .055

R 之値以河道之濕週除斷面面積而得，惟河面甚寬者，即以河面之寬除斷面面積所得之値，亦可應用。求此値時須先有測量斷面之記載，當以標準斷面爲記算之用。

S 之値可由上下二水尺觀讀水位之差，除以二水尺間之距離而得之。惟觀讀之時應求十分準確耳。

　　計算流量　上述二式中之 n，R 及 S 各值，即可分別測定，故河流平均度，即可計算而得。計算流量之法，當以河流平均流速乘斷面總面積，但此項總面積，不能僅以標準斷面作準，須取標準斷面及觀讀坡度處上下斷面面積之平均數為計算之用。

　　(六)利用漂浮物求流量法　如河面過寬，流勢過急，拋擲浮標，每感不易，則惟有觀查隨水漂流而下之浮物。因其返在河中心，故可得水面最大流速，此水面最大流速，於水面平均流速之關係，如河床甚整齊者，約為三與二之比。而垂直平均流速與水面流速之關係，則約為九與十之比，故欲得總平均流速，須以最大流速乘系數0.60，再乘上下斷面之平均總面積，即可得流量，

　　(七)含沙量之求法　含沙量試驗，為研究海道及設計治理者不可不知之資料。蓋不論整治或渠化河流工程，皆當於此有精密之探討始可着手。否則，未有不徒勞而無功者。據多數水利學者試驗，求含沙量諸方法中，其最簡便者，為自某標準斷面河岸起，至河寬四分之一處，水深二分之一處，如圖七之P點，取水一桶為水樣，用洋油桶即可。俟其沉澱，用濾紙濾過，若無濾紙，用表心紙，元書紙，或燒紙亦可。乾後計算水與泥沙之百分數即公。或用比重法，如按上法取河水一桶，秤後，再取井水一桶秤之，其重量之差，即為該一桶水之含沙量。含沙量與桶水重之比，為所求之百分數。

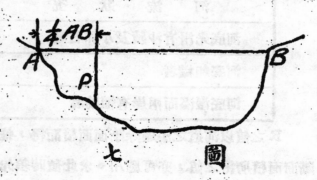

圖 七

$$含沙量（百分計算）＝\frac{沙量（公斤）}{水沙共重（公斤）}。$$

　　（八）水標之設立及記載　測量水位高低之尺，名曰水標。其製法以堅木為之，其長度因地勢而不同，尋常以長二公尺至三公尺，寬十二公分，厚三公分為宜。每二公分作一分畫，尺寸數字可左右大小參列，以示明顯。安置時宜擇避免逆流與冰漸之地，以求穩固。在岸壁或橋磜等處，均可安設，以垂直為佳，若遇必須傾斜安設方稱穩固時，須先明其傾斜之度數再計算其高水標之零點，宜設在最低水位之下。觀讀水標次數之多寡，應視河流情形而異，為審慎計，可每兩小時（日間）觀讀一次，填具表內，其表式詳後。

　　附山東建設廳第五水利區各河設置測流站水標安裝計劃書

　　欲知各河流量，必先測其流速；欲得各河水位，必先安裝水標，今就第五區各河擇定測流站地點如下：

縣屬	河　流	地　　點	節　數	備註
蒙陰	梓　　河	舊　　寨	長一公尺者一節 長一、五公尺者一節	
蒙陰	汶　　河	縣　城　南	全	
蒙陰	汶　　河	高　　莊	全	
萊蕪	文經流（當地名曰匯河）	秦　　襄	長一公尺者一節 長二公尺者一節	
萊蕪	嬴　　汶	方　　下	長一公尺者一節 長二公尺者一節	
萊蕪	牟　　汶	縣　城　南	長三公尺者一節	
萊蕪	牟　　汶	魯　　西	長一公尺者一節 長二公尺者一節	
新泰	小　汶　河	孫村龍池河平陽河會流處	長二公尺者一節	
新泰	小　汶　河	磑　籇　頭	長一公尺半者二節	
新泰	羊　流　河	繫　河　莊	長一公尺者一節 長一公尺半者一節	
泰安	汶經流牟汶合流處	漸　汶　河	長二、五公尺者二節	
泰安	大汶柴流合流處	大　汶　口	長二公尺者三節	

泰安	柴　　　汶	北　　　宋	長二、五公尺者二節	
泰安	北汶 亦名 汴河	下　　　村	長二、五公尺者一節	
泰安	石　　　汶	佟　家　莊	長二、五公尺者一節	
泰安	獨　　　河	三　岔　口	長二公尺者三節	
甯陽	汶　　　河	高　橋　村　後	長二公尺者三節	
汶上	汶　　　河	王　海　子	長二公尺者三節	
汶上	汶　　　河	温家口 王家河 分岔處	長三公尺及一、五公 尺各一節	
汶上	王　家　河	攬　　　莊	長三公尺者二節	
汶上	泉　　　河	鹿　家　橋	長三公尺半者一節	

以上凡二十一處，各安裝水標一套，以誌水位，並量流速。但各處之眞高點，尚付缺如，擬暫據各河之單獨水位，安設水標，以記錄之。俟各河通盤測量後，再將各處之水標，按眞正高度而改正之，則各河之眞正高度已悉，而各河可以易治矣。茲將設置測流站及安裝水標之計劃述之如下：

（1）各測流站設立在河身平直及橫斷面稍規則處。

（2）各測流站安裝水標一套，以誌水位，購置浮標一個，以測流速。

（8）各測流站雇測記員一名，以勤愼誠實者訓練後用之。

（4）因水標過長，易於毀折，茲定每節長一公尺至三公尺半不等，河之高低水位相差少者用一節，其相差多者用二節或三節。

（5）各水標之位置宜擇避免逆流處以求穩固，用二節及三節者，各使高節之底之高度，等於低節之頂之高度。

（6）水標之安裝，先打木樁二根，使順水流方向而並列，二公尺長之水標，用二公尺長之木樁，使入地一、四公尺，上露六公寸。三公尺之水標，用三公尺之木樁，使入地二公尺四公寸，上露六公寸。中間置以與水標同寬，長六公寸，厚六公分之方木，用帶帽螺釘結合之，再將水標用螺絲釘聯合於方木上，以便水標折斷時易於更換。

(7)水標上之尺度每二公分作一分畫，公寸以阿拉伯數字誌之，公尺以羅馬字誌之，左右參列，以資明顯。

(8)木樁採用杉木或柏木，以其整直而腐朽較難。

(9)木樁以臭油塗遍，以防腐朽，水標分畫面漆以白磁油，而以黑磁油畫分之，然後以桐油油之。

(10)各水標之上游，用一、五公尺木樁打入地中，以作拉樁。以鐵絲連於水標之頂，以增加水標抗水之力及漂浮物之衝擊。

(11)測記水標規定每日三次，（上午七時，十二時，及下午五時）大水時臨時記載之，所得結果詳列表內。

(12)水標木樁等料均在各該縣城購買配製完備，運往測流站地點安裝之。

附施工方法概說　測流站既經選定，及至設立時，工人如非素經訓練者，往往至安設地點而無所措手足。蓋安裝水標時，爲減省旅費計，須至安設地點臨時雇工，而當地工人，鮮有經驗者，督工者如不預爲籌劃與指示，廢費時日，多耗工價，必至弄巧反拙。施工方法極簡，施工用具僅需鐵錘一個，斧頭一柄，繩子兩條，鐵鉗一支，鐵鑽一支，平鏟兩把，鋸一個，及木桿兩根，（長三公尺至四公尺直徑一公寸）木板一個（長六公水寬四公寸），即可。工人約需五人至六人。下木樁法，先將兩木樁按照設計圖排列安當，樁頭繫以繩，懸二木桿於左右，使左右齊平，然後將木樁豎立於安設地點，將木板沒置於近樁處之木桿上，以便打樁者隱立其上，如圖八，木桿之他端，以二人立起置肩上支持之，更以二人緊扶木樁，勿使搖動，樁頂覆以廢鞋底，以防劈裂，打樁者持鐵錘上，（錘重四五十斤即可）輪流打之，及至預定高度，再將方木及水尺聯結其上，更於上游打木樁以鐵絲拉之。督工者用水標視測法，測尋他點，依次安裝。如土質較堅者，使工人先開掘相當深度，然後下樁。若用水標二節及二節以上者，安裝後，須復測一次至二次，查驗高節之底之高度，是否等於低節之頂之高度。如有錯誤，即將水尺上下移動，然後固結之，此小規模施工最簡易之方法也。

圖八

（附註）圖八與上述施說明人數不符此畧示其大概狀況

（編者誌）　是稿爲余服務山東建設廳第五水利區撰作，以備各測流站測記員講義之用，方法槪以簡易而實用爲標準，適母校會刊社來索稿，因付斯篇，讀者幸指正焉。二十三年十一月十七日，泰安。

　　　　　　　　　　— 完 —

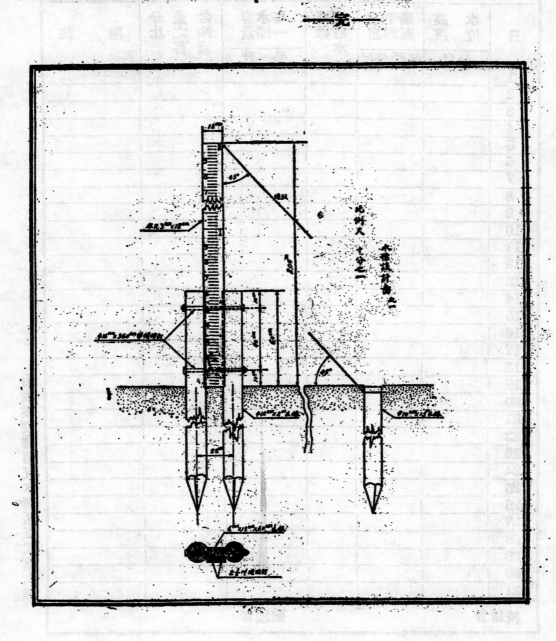

第五水利區　　縣測流站
含沙量記載總報告

河流			測站			年		月份
日	水位 高度 公尺	斷面 平均流速 每秒公尺	所取樣數水	每一樣水容量 公、升	含沙量 重百分比之		附　註	
1								
2								
3								
4								
5								
6								
7								
8								
9								
10								
11								
12								
13								
14								
15								
16								
17								
18								
19								
20								
21								
22								
23								
24								
25								
26								
27								
28								
29								
30								
31								
校核者			記載者					

山東建設廳第五水利區表式第六種

山東建設廳第五水利區表式第一種

第五水利區　縣　水位記載表

河流	測站	自 年 月 日起 至 年 月 日止	備考
水尺號數			
日			
上午七時			
上午十二時			
下午五時			
總　數			
平均水位			
最高水位			
最低水位			

記載者　　　　校對者

山東省設立第五水利區表式第二種

第五水利區測流站 流量記載表

河流：── 測站：── 天氣：──

風向 風力

施測日期：── 年 ── 月 ── 日　旋測時刻：── 始 終

1.浮標測量次數	2.水尺上之水位高度	3.浮標經過所經距離間所經過之時間（以公尺計）	4.浮標在前項距離間所經過之時間（以秒計）	5.流速（以每秒公尺計）		6.橫斷面積（以師方公尺計）	7.流量（以每秒立方公尺計）	附註
				a.實測之流速	b.垂直流速			
1.								
2.								
3.								
4.								

注意：

(1) 第5 a.項系第4項除第8項之得數

(2) 第5 b.項系第5 a.項乘0.9係數之得數

(3) 第6.項乃依據水項上水位之高度再由所繪給之該地橫斷面積曲線圖中求之

(4) 第7.項系第5 b.項與第6.項相乘之積數

施測者：

計算者：

校技者：

第五水利區　縣測流站

含沙量記載表　　　第　頁

河流			測站		年　月　日起第　年　月　日止				
水樣號	取水樣時				水樣位置	水樣容積	沙之淨重	百分比沙重與水重	含沙量斷面內平均	均流速斷面內總平	備註
	月日	時分	水位高度	水勢(漲落)						

校核者　　　　　　　　　　記載者

山東建設廳第五水利區表式第三種

第五水利區　縣測流站

水位記載總報告表

河流		測站		年	月份
日	水標記載	最高水位	最低水位	平均水位	附　註
1					
2					
3					
4					
5					
6					
7					
8					
9					
10					
11					
12					
13					
14					
15					
16					
17					
18					
19					
20					
21					
22					
23					
24					
25					
26					
27					
28					
29					
30					
31					
一月統計					
校核者			記載者		

山東建設廳第6水利區表式第四種

第 五 水 利 區　　縣 測 流 站
流 量 記 載 總 報 告 表

河 流		測 站			年　　月 份	
目	施測方法	水位高度	斷平流面均速	斷面面積	流　量	附註
		公 尺	每秒公尺	平方公尺	每秒立方公尺	
1						
2						
3						
4						
6						
6						
7						
8						
9						
10						
11						
12						
13						
14						
15						
16						
17						
18						
19						
20						
21						
52						
23						
24						
25						
26						
27						
28						
29						
30						
31						
校閱者			記載者			

山東建設廳第五水利區表式第五種

方鋼筋圓鋼筋斷面積及重量公制換算表

尺寸名稱	鋼筋尺寸	方鋼筋 斷面積		方鋼筋 重量		圓鋼筋 斷面積		圓鋼筋 重量	
	公分	平方英寸	平方公分	磅/呎	公斤/公尺	平方英寸	平方公分	磅/呎	公斤/公尺
$\frac{1}{4}''$	0.635	0.06	0.387	0.22	0.327	0.00	0.000	0.00	0.000
$\frac{3}{8}''$	0.952	0.14	0.903	0.49	0.729	0.11	0.710	0.38	0.566
$\frac{1}{2}''$	1.270	0.25	1.613	0.86	1.280	0.19	1.226	0.66	0.982
$\frac{5}{8}''$	1.587	0.39	2.516	1.35	2.009	0.30	1.935	1.05	1.563
$\frac{3}{4}''$	1.905	0.56	3.613	1.94	2.887	0.44	2.839	1.52	2.262
$\frac{7}{8}''$	2.222	0.76	4.903	2.64	3.929	0.60	3.871	2.06	3.066
$1''$	2.540	1.00	6.452	3.43	5.104	0.78	5.052	2.69	4.003
$1\frac{1}{8}''$	2.868	1.26	8.129	4.34	6.459	0.99	6.387	3.41	5.074
$1\frac{1}{4}''$	3.175	1.55	10.000	5.35	7.962	1.22	7.871	4.21	6.265

雲石之性質與裝置

朱 起 莊

雲石使用之沿革

　　人類自穴居野處，搆木架屋，進而與宮室建叢廈，歷數千年之遞進，而成今日之世界，各國之演進，無不皆然。近世以還，吾人對於房屋除能蔽身以外，更求其舒適，美觀與偉大。於是匠人運用其心，鈎心闘角，各種裝修，日新月異而生矣。

　　雲石卽大理石，我國最初發現於雲南省之大理縣，因地而名焉。該石磨之生光，作為裝修，極為莊嚴。明清以來，雲石用於房屋者，已屬不少，吾嘗遊於京滬線一帶，見南京鎮江之住戶，以雲石作門楣，耀光猶在，過金壇又見如是，亦有舖地者。而墓碑等物，採用尤多，後遊武進之天王寺，見其金剛及羅漢之須彌座，均用雲石塗成，匠巧工精，極為堂皇。但其旁並未載年月，問之僧亦云不知，考其房屋建築為清代遺物，其內部裝修多在清代也。愚淺陋，不敢武斷雲石使用始於何時，北方多皇帝故都，諒能幫助考證，望海內明哲有以教焉。

　　近數年來，國內通商大埠，受歐風吹爛，雲石使用漸廣，豪富之家，及銀行大廈建築，無不採用，一則可顯其富有，一則以表其建築物之偉大一不知外人從中取利，推銷出產，每年漏巵，亦頗驚人。而國人惟利是圖，自欺欺人，將劣貨低價出售，而主顧以虛榮心切，不論其為何國貨物，惟低價是求，於是心意兩合，劣貨逐活躍於市上，試觀上海南京路一帶之商店及天津路甯波路一帶之銀行，裝置劣貨雲石者，在在皆是。甚至有名曰國貨公司者亦以劣貨雲石裝置門面，其亦聊表愛國心歟？國人乎不再認清目標，將來大禍將更甚於九一八，一二八矣！

雲石之產地

我國境內，山川交錯，雲石埋於地而未發現者，安可勝計，茲以愚見所及，略述一二。發現最早者雲南之大理縣近有江蘇之鎮江、無錫，蘇州，海州，山東之青島，浙之湖州，青田皆產之，惜其質大牛不佳耳。

日本國境雖小而雲石發現之處頗多，加以人民能運用手腕，銷廣源旺，各色均有。

歐洲的阿爾伯斯（Alps Montain）山脉一帶均有出產，該山綿亘於巴爾幹半島，意大利，法國，瑞士，比利時，德國及英國。其產額依山脉正幹爲比例，故意大利，法國，比利時產額尤多。據熟悉該石情形外人談，在法國境內，於雨後夕陽西照之時，用望遠鏡察諸山，迴光閃爍，氣象萬千，蓋雲石著溼而光顯，反光照射而更美之故也。他如西班牙葡萄牙產額亦不少。非洲比屬剛果，法屬摩洛果亦有大量出產。

雲石之性質

雲石本爲炭酸鈣（Calcium Carbonate）之化合物，因各種雲石所含雜質之不同，與分子組織疏密之各異，其所生色澤花紋，亦因之而異。不透水與酸鹹類溶液，而以前者爲更甚，過高熱大火易爆裂，且能變成石灰塊。茲將通常所見之雲石，分別述其特性如下：

1. 白雲石——此處所述白雲石包括一慨白色雲石，或略有藍紋黑筋，無論所謂白玉，霞玉，薄雲石（日本名），Bianco Chiaro, Statuaris, Piastraccia 等俱包括在內。此等雲石名目雖異。而其性不相上下，質較鬆，易雕刻，亦易着色。凡紅黑藍等顏色着於其上，能滲入其微孔（Pores），不能滌淸。油類最易着漬，亦不能除去。若鐵器之類，置於其上，日久生銹，銹入石內使白雲石能變黃色或橙色。白雲石最易着漬如此，必須設法除之，使白璧依然，茲略述去漬法如下：

甲、當白雲石着色後，第一步當然用淸水洗之，不然用少許肥皂再洗，若其漬仍不能去，可用石膏粉少許與水調和，成爲漿狀，卽將此漿着於漬處，待石膏乾後，將其取下，其漬色較淡，數次之後，其色或覺潔白矣。

乙、白雲石着漬後可用亞麻尼亞水（Ammonia）洗抹之，洗法，先倒少許亞麻尼亞水於漬上，用淸布往返抹之，或用亞麻尼亞水調石膏粉用上法除之。

丙、用稀鹽酸洗滌之，但切忌硫酸。因鹽酸與硫酸，雖同爲酸類，性質各有不同，否則弄巧成拙。茲以化學公式說明之。

$$CaCo_3（雲石）+2HCl（鹽酸）\rightarrow CO_2\uparrow 炭氣 +H_2O（水）+CaCl_2\downarrow$$

白色沉澱物　　　白粉與石相混毫無關係

$$CaCo_3+H_2SO_4\rightarrow CO_2\uparrow +H_2O+COSO_4\downarrow　黃色沉澱物$$

此黃色物仍能使白雲石變色，故宜忌之。

此等白石質雖較鬆，若裝之室外，雖有風雨之剝蝕，若無其他雜物之關係，亦不發生任何影響。空氣中含有多量炭酸氣，經雨水相溶而成炭酸（Carbonic acid）炭酸與雲石化合，卽生白色之雲石粉，蓋白粉仍不改白雲石之本色也。

白雲石以其質鬆關係，不能使其十分光亮。其出產於中國及日本者質更鬆，能傳電；其產於意大利者質較佳而不傳電，可作電錘石刀（Switch board）之用。

2.綠雲絲——綠雲石日因其花紋之不同，亦有數種之別。其名雖異，其性則一。產於日本者，日本人自名之曰蛇紋石，因綠色之中有黑黃白色，縱橫錯綜，顏似蛇紋，定名思義，亦云宜矣。產意大利者色較深（黑色居多），其花紋多似波浪形，細視之即可分辨。此石堅硬不一，磨光費時，但其光彩遠勝白石，蓋亦因其質堅所致耳。該石因花紋色澤不同關係，每於其花紋變色處，即為不同分子所組織，兩種分子之間未能十分緊附，致有一紋一縫之虞，施工其上易成瓦解，遇水洗滌，亦能滲入其內，裝之室外，天為不宜。因雨水入其內，若氣候寒冷，隙內成冰，綠石因之而碎，又因分子力弱，因炭酸作用之關係，亦使綠石減短壽命也。

綠石為多種雜分子所組成，已如上述。一遇破碎膠之極易，用特製之水泥，調以顏色使與本色相符，或稍有出入亦無大礙，即運用魚目混珠之理也。將此調成之水泥黏着於碎處，再將碎石符上使固即得，此亦處置綠石之一法也。

3.紅雲石——紅雲石大都質較堅，不滲油漬，磨光較難，而光澤顏閃。裝之室外，亦無不可，不過色太顯耳。該石花色繁多，我國日本，歐洲均產之。

4.黑雲石——黑雲石以全黑無筋為最佳，產比利時，他國均尚未發現。其他黑中作別色者，產處頗多，我國亦有之，茲再分述之。

甲、全黑雲石——全黑雲石在比利時名 Black Belgian，日人名之墨玉，但無出產，其所售多來至比利時，用其改頭換面之慣技以欺人也。此石性剛質堅，磨光較難，匠工雕琢一不留意，易生廥却。光閃爍，不滲油。若裝之室外，大為不宜。因天外受炭酸之沖洗，使雲石發生化學作用，細細粉抹浮於黑雲石上，此石粉因分子組織極鬆，將原質黑石鬆成灰色，積月累年，失去黑石真面目而成灰石矣。

乙、黑色間金絲石——此石意大利名 Portoro 黑底黃金絲條，雜與其間，成波浪起伏，景緻異常，亦有大小花紋之別，產於希臘。質甚堅，惜花紋起處易於破裂。中國亦有產此，惟質稔色淡，其破碎程度，較希臘產為更甚。

丙、黑色間白紋——此石全黑底，生柳葉狀白斜紋，黑白顯明，頗為美麗。產比利時者最佳。名 Blr.e Belge。質剛而堅，未若 Portoro 之易碎，我國鎮江附近產此頗豐，但質略遜耳。其他黑色雲石繁多，不能盡述，其質亦大同小異耳。

5. 黃雲石——黃雲石在中國亦有之，略透明，意大利名曰 Onyx，質不佳。其色如上述而不透明者，曰 Yellow Siena，產於意大利，光澤閃爍，極為悅目，但多暗裂，有是花紋皆裂縫之概。因其易碎故，價亦因此而貴矣。日本亦產此石，質堅而重，其色略淡，其破碎程度，並不如他國出產之烈。有一種老黃色而有蜂腰狀花紋濃淡者，名曰 Yellow Morri 產於意大利與葡萄牙，質堅硬，少傷痕，頗合裝於室外，惜其光澤不甚閃爍耳。

6. 圈花石——圈花石意大利名曰 Verona，產自該國。有黃紅之別，頗精緻，但每圈之邊，有小痕，不宜作鋪地用。其產日本者，色淺而質較佳。

7. 蜂窩石——該石一如蜂窩，有無數小孔點綴其上，頗藝術化，意大利名曰 Travertino，產於意大利，比利時，及德國，而產於德國者為尤佳，該石有白，黃及淡紅三種之分。其面雖作蜂窩小孔，而其質仍佳，善磨之而光彩煥然，頗宜室內護壁之用。

上述數種，僅略言其性質與色澤，不能置於閱者之前，以供觀覽，深覺遺憾！其他如產葡萄牙者，色和而淡者居多，用作護壁，鋪地，及室外裝飾均可。產於法國者，各色都有，花樣繁多，難以盡述，但其色澤與上述相符者，性質亦同也。

雲　石　裝　置　法

在未談裝置之前，先述其如何成片磨光及切塊如下：

（1）鋸片法——雲石在山上採下時，當爲大塊，運往工作場所，依其材之大小，與所需之厚薄，規定尺寸或用人力或用機器，鋸成薄板，然後裝置，以適合經濟美觀之原則。其最簡方法，可用鐵片一條，厚約二公厘左右，寬約五六公分，其長度須依石之長度更長六七十公分，釘成鋸木之鋸狀。在石塊上用墨線規劃厚薄，再於墨線之處，鑿一條小槽，以便安插刀片。在刀片之旁置水箱一隻與粗砂一堆，使水箱內之水，涓涓流入砂堆，而砂亦隨水流入小槽，如是佈置旣畢，鋸置機中，用二人往來推送，積久而石片隨得。其所須粗砂與水之理由：因刀片往返，祇能鋸成小縫，片陷其內，阻力極大，爲減除阻力起見，亦不得不使小縫稍大。置粗砂於片之左右下三方，亦卽減除阻力增加速率之理。所爲涓涓之水，一則可洗滌石粉，一則可送其砂粒也。機器剖板，同時可架刀四五十把，一次推送，就可得四五十片之多，至其原理與上述無異。

（2）磨光上蠟與塡補——磨光雲石片得之旣如上述，仍凹凸不平，波紋叢生，非磨光不足以稱美觀。其法將已成之石片，置於平木架或大平石上，其上置圓盤一隻，盤下裝鋼砂塊（Carborundum Virgola）盤上接轉軸與壓重。（在軸之外更電裝如手臂式開接，使其左右可動。）機扭一開，軸無轉動，左右四方可隨意推動，同時開放水管冲洗石粉。所謂圓盤者，須有粗細不等數種之分，以粗糙程度而分別施用之。

雲石經上述磨工之後，雖平而無光，須再用草酸粉抹少許於石上，用氈盤旋轉，此時宜將水管關住，否則將草酸粉盡付東流矣。轉約十餘分鐘，用水洗淨，則光彩霍然。如光彩尚厭不足，可用白色鉛粉（Lead oxide）再照上法施用，其光管更佳矣。

上蠟——在平時因磨光費時，而商人不免用上蠟之法，以救一時之急。即用地板蠟塗於石上，待乾而擦之即得有時或厭其價昂，則可自製之。製法用松節油置於鍋內加蠟塊（wax）加熱使溶，並使蠟飽和於松節油之內，待冷即得。若雲石顏色黑晦，可用機器油脂，因其價廉而功用略同也。但切宜注意。此種機器油脂不能施於白雲石上，否則油漬斑斑，弄巧成拙。

上蠟與磨光截然不同，其磨光者若裝之室內，光彩可持十餘年之久，即使裝置室外亦可維持三四年之效，上蠟者，待油揮發盡後，則光彩全失，缺點畢露，且上蠟過重，抹盡反難，塵埃之屬，反着其上，是即與磨光之不同也。

填補——填補為雲石工程不可省之事，蓋雲石本身有結合之究不能十分均勻時生小孔，或脫皮，必需填補法以補救，否則大好材料，棄之顧為可惜。其填補法有二，一為浸補法先將雲石曬乾，將特製之水泥關以適當之顏色，使其與雲石相做，補入孔內，待乾再磨。一為熱填法，取樹脂漆（Shaljac）或名洋乾漆類屬之物，用鐵鉗鐵塊各一。先將雲石孔處用火使熱，以熱鐵塊榨溶漆片，使漆片成液體而流入小孔，待乾，鏟其餘而平之即得。但此鐵片不能過熱，因過熱而致漆片爍燒，其剩餘之榨，即為黑色之炭，填補其上，反生斑紋。

(3). 切塊法——雲石已成片磨光，可任意切取，切法將雲石置於鐵廠中刳狀式活動床上，用鉸板鉸牢，使其隨車床而進退，於車床適宜之處，置鋼砂圓片（Carborudum Saw），與車床垂直，其中心插於機器中軸，但此軸須有特別裝置，能上下左右以便斜正寸尺。機扭一動，機軸旋轉，圓片即隨之而轉，同時開放水管刷洗石粉，車床因機動而前進，時雲石成塊。此種機器刳用阻止推進車床。

（4）裝置——雲石既成塊片，若裝於桌椅者，用玻璃裝法裝置之，若裝於房屋及其他建築物，稍較困難，茲將舖地，踏步，護壁與天頂分述之，如下：

甲、舖地——舖地在雲石裝置中最爲簡便，或因簡便關係，易於忽略，故特提醒之。在大川堂中舖設地板，先量得眞確尺寸，繪圖設計，依圖配料。施工時宜先劃定中線，就中線而四面擴開，則雖有滾縫，四週仍相對稱，否則邊塊小有不勻，便礙觀瞻。其所用水泥漿，通常概用1：3，卽一份水泥，三份黃砂，該水泥漿以水份較少爲好，須滿舖於地然後將雲石放上。因雲石既薄且弱，不能任重，其能任重者，全賴背景之襯托。雲石之背以粗糙爲佳，使易與水泥結合。水泥之舖實與否，可用擊聲法（Sounding）以試之實則聲堅虛則聲宏也。

乙、踏步——踏步裝法與舖地略同，其踢脚部份，所用灰漿，須含多量水份，使灰漿到處流入，與雲石背結合更牢。又踏脚所用石料，宜較規定尺寸放寬一公分左右，使踢脚放置其上，以此法舖設，於觀瞻格外齊整也。若將踢脚置踏脚之裏邊（卽不踏其上）則接縫顯然，易留塵埃，未免不大美觀。若踏步兩旁，裝雲石踢脚板（Skirting），宜將踢脚板先行放入裝牢，然後再裝踏步，以省裝工也。

丙、護壁——本節所述護壁包括櫃台，柱子，護壁等所用石料除圓柱無線脚（Moulding）者須眞實大塊雲石外，餘均由薄片拼搭而成，其線脚愈多者，愈有拼搭之機會。其裝法宜先將踢脚線裝好內滿澆1：3水泥漿待固，再置雲石於其上。該雲石片因位置較高裝牢較難，在未裝之先，宜在石塊頂上，打一小孔，用一圓銅絲，鈎牢，銅絲之一端鈎於壁上，更於雲石之外着以石膏於鄰近雲石片上或可生力之處，然後再澆水泥漿，雲石與壁間所需澆漿之定位，約自二公分至三公分左右。乾後將外面石膏銼去，再層層上疊至規定尺寸而後巳。

關於所用水泥，係通常水泥巳足，若裝極薄之白礬石或類似之白石時，非用白水泥不可，以防後襯作黑色也。但切忌石膏，蓋石膏第一次着水而變硬力固甚大，以後受潮濕而減力，力失之後，再不能漲，故宜忌之。

丙、天頂(Ceiling)——天頂高懸空間，裝宇殊屬不易，若四週無邊可靠，更非易事，茲將愚見所及聊述一二於后：

1.打眼法——此法裝天頂時為最簡便之一法。其法先將水泥天頂內鑿一小洞，用木塊打入，再將礬石打洞用銅鈎絲絞於木塊上，（切忌鉄鈎絲，因鉄鈎能壞礬石）再澆水泥漿。於螺絲穿洞之處，可用漆片或顏色調之特製水泥以補之，使與礬石無異。

2.鈎裝法——此法覺稍麻煩，在未裝之先，將礬石上之一邊，銼去少許，其零一塊亦錯去少許，使成吞口與吐口之別，吞吐相合，其厚度仍等於一塊礬石之厚，再於吐口之兩端打小孔幾枚，以備銅絲鈎插其中，預備既竣，可將礬石攔起以銅絲鈎之於水泥頂上再澆水泥。待固後，再裝第二片礬石，其一端可靠巳裝之吐口上，一端亦以銅絲鈎之，如是可接連裝成。裝天頂時，若有邊綠可靠，宜盡力利用，以固工程。

礬石裝法已如上述，不過所用厚度，宜盡量減少，以減輕業主之負担，至其所有線脚均可拼錯而成，茲將礬石應用處所須之厚度，列表如下：

舖　　地	$\frac{3}{4}$"厚
踏步踏脚	1"—2"
踏步踢脚	$\frac{3}{4}$"
踢脚板	$\frac{3}{4}$"

牆壁	$\frac{3}{4}$"
牆壁石壓頂	$\frac{3}{4}$"—1"$\frac{1}{2}$
窗盤石	$\frac{3}{4}$"—1"$\frac{1}{4}$
櫃台面	1"—2"
椅座	$\frac{3}{4}$"　4"
墓碑	$\frac{3}{4}$"—4"
坟墓緣石	4"

溧武路工程計劃簡要說明書

汪　自　省

一、路綫之勘定　本路綫東起武進，西經丹陽，金壇，句容，而止於溧水，地經五縣，路長九十五公里又四百零九公尺，其武進至句容縣屬之天王寺鎮一段，係七省聯絡公路網預定路綫之一，因事關軍運，奉蔣委員長之命，提前趕築。天王寺至溧水一段，係溝通京杭京建兩幹路之交通，附帶楂建本路綫在武進起點處與鎮澄武宜兩公路相啣接，南通宜興，東達江陰要塞，在金壇復與鎮丹金溧路相正交，南至溧陽，北通丹鎮，綜觀全綫與京滬鐵路及各聯絡公路成丹字形，本年一月間開始勘測，所有踏查初測及定綫測量，同時並進，實測僅四十餘天完成全綫外，而路綫亦因之以勘定矣。

二、沿綫地勢　人口物產以及農工商礦之槪略情形。全綫地勢東段自武進起至金壇縣屬之珠琳止，良田萬頃，一望平疇，自珠琳以西，因經過江南道敎著名地之茅山脚下，地勢漸高，屢多起伏，但峯迴路轉，亦並無較大之坡度。沿綫人口以武丹金三縣較密，句溧兩縣則較疏，物產以米麥爲大宗，金壇之絲，丹陽之綢，武進之篦箕，牙梳，尤爲特產，工商業除武進縣外，均不甚發達，礦產僅薛埠鎮附近方山脚有煤礦一處，據稱煤質尚佳，但因開採不得法，現已停辦，其餘亦無著名者發現。

三、沿路交通槪況　本路綫自武進以至金壇，經過卜弋橋及皇塘兩鎮，雖有水道可通，但均須繞道三四十里乃至八九十里不等，頗感不便，故行旅率由旱道，小車乘傭，自金壇至珠琳鎮，以至薛埠有小河通航，大都運載貨物，行旅仍遵陸路，以小車代步，自薛埠經茅山以至天王寺，而達溧水，則全係旱道，水運不通，行旅苦焉，非乘竹輪，即騎驢馬，貨物亦都以牲口小車載運，預測此路告成後，運輸必繁，且與京滬路及其他各公路，均有聯絡關係，將來客貨特運，自能更形發達。

四、全路坡度及曲綫之規定　全路坡度大都平坦，最大者亦不過百分之五，且僅一處，距離亦短，曲綫半徑，大都以二百公尺及三百公尺爲最多，最小者不過八十公尺，亦僅有壹處，均適合於經委會之各種規定也。

五、全路施工計劃

甲、施工程序及期限　本路自測量完竣後，即行繪製各種圖表，首先將路基工程之圖件規劃充公，發交所經各縣征用民工興築，於三月間成立工程處，計劃橋涵路面等工程，編造預算，分別先後招商承包，預計本年十月間，武進天王寺段可完成土路通車，溧天段因劃入東南交通週覽會關係，趕於雙日節前完成路面通車。

乙、路基工程　本路全綫路基之寬度，定爲七公尺半，所有填挖土方，除間有少數之石方及硬砂（約計二千方）外，概由縣府徵用民工修築，總計全綫填挖土方約七十萬方，均限於五月底完竣，惟民工所築路基頗難適合規定，在鋪路面前，尚須加以整理及滾壓也。

丙、橋樑工程　本路東段路綫因地勢平坦，所越港河較多，西段則多經山崗，川流較少，總計全綫橋樑共三十六座，除利用老橋三座，加以修改外，餘三十三座均須新建，合計總長四百公尺，自武進至天王寺一段內，橋樑三十一座，除修建懷德橋下塘橋兩座老橋外，均採用半永久式木面橋，其橋台橋墩有用石砌及鋼筋混凝土樁兩種，其自天王寺至溧水一段，內僅有新建橋四座，改建橋一座，因欲趕速通車起見，均採用臨時木橋。

丁、涵洞工程　本路全綫所用涵洞之式樣，可分爲二種，一爲頂蓋式，一爲管式，頂蓋式涵洞之徑闊有一公尺方一公尺半方及二公尺方三種，管式涵洞之徑間有三十公分四十六公分及六十一公分三種，視實際之需要情形，以定徑間之大小，務使宣洩水量及工程經濟，兩得其當，庶殼涵不虛設，款不虛糜，至於建築材料，則均採用石砌及鋼筋混凝土澆製，以期永久，惟句溧兩縣境內，應設之涵洞，因運輸困難，且須限期通車，故改用純鐵綯紋管，以期迅速。

戊、水管工程　本路爲顧及農田灌溉起見，除設置上項管式涵洞外復設置一種二二‧五公分小水管，以利農田，每兩公里預定平均埋設七道，再視實際分配情形，酌量增減。

己、路面工程　本路路面工程，因感於經費之限制，困於材料之缺乏，故暫築路面寬度爲三公尺，其壓實總厚度爲十九公分，分碎石路面及碎石碎磚混合路面兩種，除丹陽之皂塘鎮，金壇之附郭以及句溧兩縣，尙有相當之碎磚，可資利用，作爲碎石碎磚路面外，其餘均須惟築碎石路面，一俟將來運輸繁盛，營業發達，則寬度及厚度方面，尙須加以改進。

庚、築路材料及運輸　本路沿線築路材料，極感缺乏，運輸方面，除東段尙有數處可通水運，較爲便利外，其西段則自薛埠鎮起，直至溧水縣止，均屬旱道，運輸更感困難，所有由滬採辦之橋涵材料，爲水泥洋松鐵筋等，東段則自上海起經由蘇州無錫而達常州，中段則往蘇錫後再繞道宜興溧陽等處，而至金壇，西段則全恃卡車運輸，或由鎮江轉句容，而至天王寺，或由南京轉京建路而至溧水，至於所需大宗塊石與石子黃沙等，除西段溧水縣境及金句交界處尙有山石可資開採外，東段則均採自無錫之寶蓋山，常州之鷄籠山，金壇之大悲山，宜興之戴埠等處，所有水運均在七八十華里乃至百里以上，再行分運至各工地，綜此情形則本路築路材料之缺乏及運輸之困難，槪可想見矣。

隧 道 放 闊 法

程 延 昆

　　在這樣日新月異，時代底巨輪，不斷地向前推進中；東也發明，西也改進，各種事業，無不猛飛突進，鐵路事業，當然也不能例外，譬如客車的尺寸，都較從前放闊放高了不少。同時因為鐵路的興築，致使都市繁盛，本來單軌的鐵道，都有改建雙軌的必要。雖說中國國內鐵道，有隧道的，沒有幾條，不過過去因為經濟上的關係，時代上的關係，所有的隧道，大半是狹而低地單軌隧道，不合乎現代標準，他的放闊方法，也許在最近的將來，要重要起來。

　　放闊隧道，和新開隧道，有點不同，同時放闊隧道，也比新開隧道的困

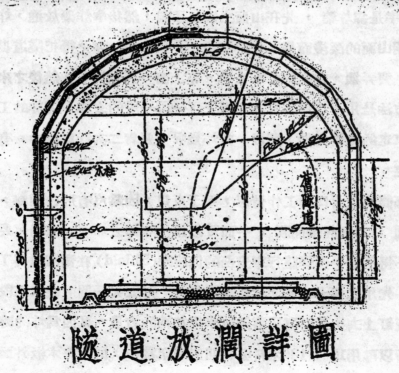

隧道放闊詳圖

難較多些，因爲新開隧道，可在測定線上，任意開掘，放闊舊隧道，必須同時顧慮到交通，所以方法就因此不同了。美國最近有很多隧道，由單軌改成兩軌，幾條底當中，尤是其一條叫做 Stretchers Neck Tunnel 的，困難最多。現在把牠的幾種困難，和補救方法，寫在下面，來做放闊隧道的參攷。

那條鐵道，本來只有十四呎闊，十四呎半高，當然就是照現在普通單軌標準——十六呎闊，廿二呎高——也不合格，無怪要把牠改成卅二呎闊，廿二呎高，合乎現在標準的雙軌隧道了。

放闊工作中最先遇到地困難，就是隧道西口上的泥，非常地鬆，容易滑下。從前嵌幾行磚頭到裏面，來增加牠的力量，也不濟事。改做雙軌，做的時間，固然困難不少，即使做好了，也時時有泥滑下來的問題發生，所以最後決定，是將有鬆土的一段，完全挖去，一直挖到崖端平石層爲止。這挖的工作，大半是靠炸藥，先在山面上鑽好了洞，然後拿炸藥放進，炸藥的分量，因離開山面的深淺而異，愈近隧道，分量愈少，才免得把隧道裏面拱形的撐架，一齊弄壞，立刻影響到交通。等上面一齊挖清了，然後才來廢除拱形撐架。方法是用小炸彈，放在鋼板上，一段一段的去炸，這炸的工作，是乘沒有火車走的時候去做，所以一次炸幾呎，要看二次行車當中。有多少空的時間而定。

這是那條隧道西口的工作情形，至于東口，因爲沒有那種困難，所以只要直接開闊，不過直接開闊，一面可以用小炸彈去炸，一面仍舊要維持交通，所以不得不做一個保護行車安全的保護架（Shield）在舊隧道裏了。方法是這樣的，先用二個十二吋凹形鐵，背對背，每五呎一個，曲成三段做頂，外面用木板釘上去，裏面再用舊鋼軌來增加牠的力量。又因爲炸的時候，震動很大，所以再用12″×12″木料墊在凹形鐵架當中，同時在木板外面，再添上一層鋼板。這種笨重的保護架，是卅呎一節，裝在車輪上，一齊共用四節，做好一步，向前開進一步，來保護行車。

至于炸的方法，是在隧道南口，開始鑽洞，先炸出一條直道來，然後再繼續地炸到要炸的高度闊度，立刻用七段12″×12″木料，做成新拱頂，底下再用12″×12″木柱撐住牠。不過這種爆炸，一定要在沒有車子走的時候，同時要十分小心，才不會把保護架弄毀。

炸藥的氣，火車底煙，充滿了隧道裏，對于衞生，很不合宜，所以當工作進行的時候，新鮮空氣，要不住地打送進去。

隧道已經炸大了，新木架已經撐好了，後來再在兩邊和上拱，做上一層一呎半厚的鋼骨混凝土，同時再在地上兩旁留好出水路，做上一層混凝土地脚，最後再把石子，枕木鐵軌鋪上去。這個手續是半邊半邊做的，先把北邊的舊軌，維持交通，建造南邊，等南邊建好了，再拿南邊通車，來做北邊。

還有一種問題，是因為炸藥發生的，就是在舊拱形撐架上，有很多地方，本來撐得很好，不會發生意外，不過因為放闊隧道，受了炸藥的震動，致使舊撐架支力不夠，一部分泥合在一起，上面發生了很多隙洞。這種泥暴露在空氣裏，會發生不穩定底狀態，所以在放闊工作上，更要隨時隨地留意這個問題，倘使發見了隙洞，要立刻用臨時木柱來撐起。

含砂量對于混凝土性質之影響

張　壽　昌

　　混凝土 Concrete 的混和，我們有很多要研究的，當混和的時候，我們應用石子和砂的成分多少，對于混凝土的性質，是有相當的影響，我們看到 Abrams' 水和水泥比率的定律 Water-cement ratio law，就能用來知道牠的性質是那樣，普通的認識，一般都以爲含砂的成分多，就需要水和水泥的比率大，結果密度 density 和力 Strength 減低，同時這樣的建築也不甚堅固。但是這種情形在理論方面是如此，我們實際工作上並不需顧問，在這一篇裏討論的是關于混凝土的許多原素，受着含有砂量的多少，很敏捷的感應對于牠堅固等性質的影響。

　　我們研究這一個問題。我們可以說：混凝土的混合，有兩種不同的混合 vermortared mixture 和 Designed mixture 兩種，我們用充分量的砂在混凝土裏，自然的趨勢能保持混合物的黏着力，使得安全。所以在 Designed Mixture 我們很希罕用很少灰泥 Mortar，我們有許多例證，可以說，例如我們平常應用着的隨意的混合像 1：2：4 或 1：3：6 等比率，缺乏膠黏性，皆由于少用了砂，因爲膨脹的因子 bulking factor，我們疏忽了，沒有加以討論到。

　　或許是極有不利，我們必需避免，否則多量的砂，我們必需要增加混合的用水量，來保持混凝土的流動力，並且連帶的對于壓力，密度，和堅固耐用都有不好的影響，反而言之，缺少了細砂，在建築上就會發生許多孔隙，所以要避免有孔隙，必需多用砂，多用砂就要多用水量，除非絕對有害，我們避免用多的水量。

在這一篇裏，我們討論的，僅僅包括 designed 和 overmortaud mixturas 因為我們相信在現在的一般的應用上，砂的多少，對于混礙士的確有影響。

Overmortardd mixtures 裏含有超過需要量的砂時，那多量的砂，就填補在石子的空隙裏，並且推動石子，使得石子裏互相的距離很遠，比較石子自然的堆壘還遠，Illinois 大學教授 Talbot 曾經指明，在這樣的情形之下，Mortar 的力量可用來計算混礙士的力量；實際工場的經驗，更能確切證明混礙士最優的成分比率，是需要含有適當量的 Mortar，足夠黏結石子成一緊密堅固的勻和體質；還需要一小部分的作為潤滑劑；假使含有水泥的成分是一定了，那麼砂在石子和砂的總量內，所佔百分率要最低；假使水泥的成分沒有一定，這混合的比率，需要顧慮到最堅固耐久而經濟各點；不幸，我們不能知道確數或證明出耐久堅固和壓力的關係，但力量，我們可以量計出來，我們需要堅固耐久，就需要牠力量力，因此，我們需要含有水泥成分多，我們做試驗，根據這試驗結果加以討論，在這種試驗，水泥混合的成分，我們始終保持一定的。

在上面我們已說明 Overmortared mixture 能使得石子分散，我們在圖一的上面一條弧線 A 來表明，含砂的百分率增加，使得混礙士的體積也增加，這種增加一部分因為空氣的滲入，在單位重量上面，則正相反，因為物體的單位重量是同樣重量的物體，體積的比較；體積大，則單位重量輕，體積小，則單位重量小，例如一物體，牠的重量是一百磅一立方呎，那就正好是兩錯速度，比那五十磅一立方呎重量的物體；在圖一裏，是根據一立方呎一百磅重含最大的二吋體積的石子，含百分之29的砂的混礙士，造成一單位體積；如若含有百分之四十的砂混合，這體積一定大增加，因為含砂的成分增加，則體積同樣增加。

我們做這試驗的時候，我們用的砂僅有一種砂，石子有二種 1 吋和 2 吋

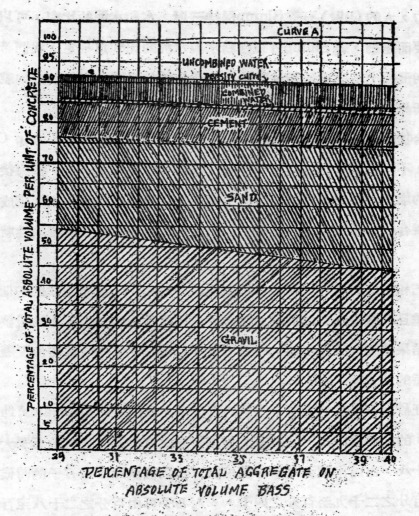

混礙土含砂和石子百分率之分析
（砂和石子總量對水泥的比率是一定除去一些小的變
動爲了水和水泥比率的關係石子最大體蹟是二吋）

（最大體積），這些物質的性質，我們在表一和表二裏，都很明白的表示出來，假如我們在混合時，每一立方碼的混礙土內，額外加入40磅的水泥，當用水和水泥比率來計算水量時，這額外的重量，一定要算在水泥的總量內。

工作効力（Workability），我們是根據着來比較不同的混合的，不固定性(Mobility)，是比較流動性(Flowability)較重要的因子，影響于混合物的工作效力，大的（2吋）石子Slump保持三吋，水和水泥的比率，可以根據混合的需要而變動，若Slump可以變動水與水泥的比率這一定，我們希望能用數目指明混礙土不同定性和流動性，作爲比較的根據，工作效力，就是這兩種因子所組合而成，互相有密切的關係。

混合物的流動性，我們可根據A. S. T. M.的說明，用Slump Cone 方法計量，不同定性可測量出用一塊薄的木板，當 Slump Cone 移去後，放在混礙土的堆上，加上平衡的壓力，至混礙士很平坦的舖出時止，壓成漿狀，則指示混合物含有最低成分的砂，砂的增加，石子的減少，礙結性就因之增加。

我們相信許多現在用來設計混礙土成分的法子，祇能給我們一個近似的價值，並且那些流行着的試驗方法，可以因爲很少很少混礙士的訛誤，發生很大的結果錯誤，下面所說的一個方法，是展仰Fuller's試驗使混礙士得最大密度時的法子。

砂在砂與石子的總量內，所佔的百分率，我們可以用Abrams' fineness modulus 的法子算，二吋的石子大約用百分之三十五，½吋的石子大約用百分之三十八，由這兩種百分率作爲根據，我們做試驗 2 吋石子的時候，百分率可由百分之二十九至百分之四十，½吋石子可由百分之二十八至百分之三十八，各種的成分，都是根據絕對的體積；百分率的計算，也根據絕對體積，砂在總量內所佔百分率，在表一和表二裏，都用絕對體積說明的，並且是由絕對體積一立方呎九十四磅重的水泥，除以絕對體積的砂和石子混合物，計算出來。

混礙土一個單位體積在上面的試驗裏，我們都設爲 .45 立方呎，因爲便于計算，正巧是一袋之 $\frac{1}{12}$ 或 $\frac{1}{10}$，一個半立方呎的鋼的圓桶形的量器，在美國社會裏，用來試驗材料，也可用來量混合後的混礙土，混合成分加入混合都根據了重量的計算，用手來在一避水的板上混合三分鐘，混礙土的流動性和不固定性，都可照上面的與法子量出，然後混礙土放到銷量器內；加力壓緊，使達到最可能的最小體積，擠壓混礙土；在每次壓力施之後，量體積有無減小，達到僅有 $\frac{1}{32}$ 吋緊縮的時候，我們認為達到完全緊密的程度，第二步將這樣品的重量，除以牠佔有的體積，求出牠每一立方呎佔的重量，每一個樣品，都這樣試驗，給我們一個關于砂在砂和石子中的百分率變動時，工作效力和單位重量的比較，在每一個情况之下，我們試驗三個樣品，用三個樣品試驗的結果的平均數來做紀錄，表一和表二內第四項，是所增加體積，超過理論體積 .45 立方呎，因為增加砂量，同樣情形也增加體積，在圖一裏也畫出。

混礙土的單位重量，在應用重力的建築上最要緊，例如堤墻單位重量，對于設計有很大的明顯影響，並且因此可節省或是浪費金錢，因為單位重量，可以影響到堤墻的橫斷面的面積，在設計一種混礙土的豎轉橋（吊橋之一種）。使得平衡重單位重量是要求最大可能的數目，並且全橋要一致。

表一和表二裏第五項是表明含有百分之29的砂，造成每一立方呎，單位重量是150.1磅，含有百分之四十的砂，僅有 140.6 磅，這種重量的損失，是有兩種原因，第一水和水泥的比率增加，第二混合物體的增加，在表二內則還甚明顯，雖然也是同樣情形，因為各種混合時水與水泥的比率，是保持一樣的，僅僅膨大體積，因為砂推離石子的空隙，我們可以看見含砂百分之二十八至三十三，是沒有增加，至理論體積 .45 立方呎之上，所以單位重量減低了，上面討論都是含有石子和砂的，在不含石子的混礙土的情形，也是體積的增加，使得單位重量減低。

混礙土的密度（表內第三項），我們可由水和水泥的比率，算出第三項的些數目，我們用來畫在圖一的上面，上面的些數目聯成一條線，在水化合與混合之間，下面的數目聯成一條線，在混合與未化合之間，我們圖一水化合的那部分，可以算出散袋的水泥，一立方呎需要 2½ 加侖（gal.）的水，經過化學的變化，成功一種新的固體化合物，我們可以看出密度也同樣的趨向，根據水和水泥漸漸的低，也根據砂和石子的比率，在表二內，水與水泥的比率是一定；在表一裏，指明密度，根據水和砂變動；在表二內工作效力是根據單位重量。

我們知道豐裕水泥的混合，能增加混礙土的力量，並且由試驗中看出，同時降低密度和單位重量，我們比較表內水和水泥的比率。是 0.785 時水泥的混合成數 1.25，給我們一個較高的單位重量和密度，比較水泥的混合成數是 1.5 時，這由于水量的增加，不顧水和水泥的比率降低。

在上面我已經說過，工作的效力是比較含有不同百分率的砂，對于砂和石子總量的混合物的根據，2吋的石子 Slump 保持一定，水的含量變動；1吋的石子 Slump 是可以變動。我們考查表一，我們可以看到保持三吋的 Slump 砂由百分之二十九增加至百分之四十水的比率可自 0.76 增加到 0.867，我們考查表二同樣情形，表明當砂在砂和石子總量內，自百分二十八增加至百分之三十八時 Slump 自 3½吋降低至1吋，Slump 降低，不固定性增加因之減小離散；表一則表明同樣趨勢，用不同的方法，表明，當含砂的成分增加時，會加其不固定性。

在各種情形之下，大的石子含有砂和石子，總量百分之三十一的砂給我一種適當混合，可是任何含有低的百分數的砂雖然造成很重的緊密的混礙土，但是這種混合不能讓我們很經濟的用手，混合反而言之，高的百分數造成一種砂過剩的混合物，在工作效力壓力密度重量和緊縮的立場上不經濟普通的說法，各種粗的混礙土砂在砂和石子的總量內，成分是近似等于壹減去石子的絕對體積〔砂的成分＝（1－石子絕對體積）〕，反而言之，我們求得在細的石子含百分之三十四的砂，給我們很好的混合，這足夠填補石子中的容隙需要。

　　我們有下面的結論：

(一)設計混合的成分，完全用計算的方法，我們很少的機會得到細砂對總量的百分率，很正確在每一情形或大部分情形之下。

(二)許多機械的方法，用眼力判斷，可以證明什麼是最有效力的方法去求各種混合物的互相比例。

(三)我們用普通辦法來調勻混礙土，來造成最密度最強和耐久堅固的混礙土，是不可能，因爲工作效力的因子，我們是可能求砂對總量的百分率出，這種比例能造成最經濟最耐久的混礙土。

(四)許多關係混礙土性質的因子，很靈敏的變動，因爲含砂的數量。

表　　一

混礙土混合其砂量對于水與水泥比率密度及其重量之影響

Unit of Sample: $1/12$ bag mix Theoretical volume: 0.45 cu.ff.

Sand—Range in size: 0—No.4; F.M.=3.3;

　　　　Voids 31 percent; U.W.=112.0 1b/cu.ff.

Apparent specific gravity of sand and gravel:2.60

Cement factor: 1.25; Admixture factor:0.106

Total factor:1.356

Siump to be maintained: 3in plus or minus

Sieve ANALYSIS OF AGGREGATES

GRAVEL		SAND	
Sieve No.	Per cent Ret.	Sieve No.	Per cent Ret.
3"	0	3/4"	0
2"	7	4	8
1 1/2"	30	8	28
1"	45	14	42
3/4"	66	28	62

3/8"	90		48		88	
4	100		100		99	
(1)	(2)	(3)	(4)	(5)	(6)	(7)
Precentage Sand to total Aggregate	Effective w/c Ratio (by Vol.)	Mix (Absolute Volume)	Actual Vol. of Concr.	Unit wt. Lb. per Cu. ft.	Density	Nominal w/c Ratio (by Vol)
29	0.701	1:0.085:2.47:6.06	0.45	151.1	0.858 .922	0.760
30	.714	1:0.085:2.54:5.95	.45	151.0	.856 .920	.775
31	.724	1:0.085:2.62:5.84	.451	150.3	.854 .917	.785
32	.733	1:0.085:2.70:5.73	.452	150.0	.852 .916	.795
33	.742	1:0.085:2.78:.62	.453	149.4	.850 .915	.805
34	.747	1:0.085:2.86:5.55	.454	148.9	.849 .913	.810
35	.751	1:0.085:2.94:5.46	.455	148.5	.848 .912	.815
36	.760	1:0.085:3.01:5.36	.456	147.9	.846 .910	.825
37	.768	1:0.085:3.09:5.27	.456	147.6	.844 .907	.835
38	.777	1:0.085:3.17:5.18	.456	147.3	.842 .905	.845
39	.788	1:0.085:3.25:5.08	.457	146.8	.841 .904	.855
40	.799	1:0.085:3.32:4.98	.457	146.6	.839 .902	.867

表　二

混凝土含砂量對于單位重量及工作効力之影響

Unit of Sample: 1/15 bag mix. Theoretical volume: 0.45 cu. ft.

Sand: Range in size: 0 No. 4; F. M. = 3.3; Voids 30 per cent
　　　U. W. = 113.5 lb/cu. ft.

Gnavel: Range in size: No. 4 to 1/2 in. F. M. = 66. Void. 31 per cent.
　　　U. W. 112. 0 #/cu. ft.

Apparent specific gravity of sand and gravel: 2.60

Cment factor: 1.5; Admixture factor: 0.106 Totalfactor -1.606

Effective water-cement ratios held constant at 0 733

Normal water-cement ratios held constant at 0.785

Sieve ANALYSIS OF AGGREGATES

GRAVEL		SAND	
Seive No.	Per cent Ret.	Seive No.	Per cent Ret.
3/4"	8	3/8"	0
3/8"	56	4	8
4	97	8	28
8	100	14	42
		28	62
		4S	88
		100	99

(1) Percentage Sand to Total Aggregete	(2) (I'nches) Slump	(3) Mix (ABsolute volume)	(4) Actual Vol. of Coucrete	(5) Unit We. Lb Per. cu. Ft	(6) Oensity
28	3¼	1:0.066:1.85:4.76	0.45	148.5	0.825 / 900
29	3	1:0.066:1.92:4.69	.45	148.5	825 / 900
30	4	1:0.066:1.99:4.62	.45	148.5	825 / 900
81	3	1:0.066:2.05:4.56	.45	148.5	825 / 900
32	2½	1:0.066:2.12:4.49	.45	148.5	825 / 900
83	2	1:0.066:2.18:4.43	.45	148.5	825 / 900
34	1½	1:0.066:2.25:4.36	.451	148.0	825 / 900
35	1½	1:0.066:2.33:4.20	.452	147.7	825 / 900
86	1½	1:0.066:2.88:4.23	.453	147.3	825 / 900
37	1+	1:0.066:2.44:4.17	.454	147.0	825 / 900
38	1−	1:0,066:2.51:4.10	.454	147.0	825 / 900

道 路 排 水 法

(Drainage for Highways)

張 紹 載

　　道路交通之繁簡，須以時代文化經濟程度爲進退；而文化經濟發展之程度，又以道路之優劣爲轉移。故道路與文化經濟，互爲表裏者也。然道路交通，旣有繁簡之分，則道路本身之結構，必有强弱之別。若以軟弱之路基，而應繁劇之交通，則車輛駛行，危害隨生。或車輛陷落，車身傾覆，在所難免。若欲得一强硬，堅固，耐久之道路，必須有良好排水之設備，方可免上述覆車之危險。

　　本來水爲人生必需之物，當無待言。但此中亦有利害相關，水能用以載舟，而亦可以覆舟，全在吾人效用取捨之方法爲何如耳。取其有利之功用，除其爲害之濫流。應爲吾人所認其熟利熟害之處者也。其利害倚伏，本爲水性使然。惟於道路，徒有害而無利，並爲唯一之仇敵。故欲求道路之優良，不能不力求防範之法。此排水設施，爲道路設計上最重要之工事，較任何迫切，而不可玩忽者也。

　　在研究排水方法之前，吾人必須究其水之所由來，而後施以適當之排水設置。大凡水之所由來，除天然降落之雨水外，其他有依毛細管現象而入於路床者，以及道路下部或側面來者。雨水旣有來向之不同，故其排水之方法，均須分別設施。概其大要。不外利用大自然之力，及人力工事之設備二種。

　　所謂利用大自然之力者，卽多植森林草芥，以調節雨水流量之謂因雨水驟降，山洪暴漲，雖有一部之水爲土壤吸收，但另一較多之部份，仍趨下奔流。或橫蝕，或直剝，皆有危害道路之可能。而剝蝕程度，雖與坡度有關，而與水量之多寡，速率為尤大。故能於道路附近各處，多植草木，以調節流量。對於道路之壽命，裨益匪鮮。

其次為人力工事之設備，其方法多因地制宜，不一而足。故有所謂路面排水，地下排水，橫切排水三種，名目雖各書微有不同，而其概別，大約如此。茲分別述之如下：

（1）路面排水：——所謂路面排水者，係使降在路面之雨水，得速為流去，以免路面之鋪砌，為其所侵蝕。其方法係將路面中部隆起，做一橫切坡度，各向兩側成一若干之斜度，使水易於流入路旁所設置之側溝。再由側溝導出路線以外。若路面橫斷坡度過小，行車雖覺利便，但雨水不易流入側溝；若過大，則行車既感不便，且土砂易為水所冲刷，有阻塞側溝之虞。如係土路，或鵝卵石路時，路面將冲成小溝，而修理又較費事矣。因此，其坡度之大小，及形式，當有規定之必要。但以建築之質料不同，所以便有平緩陡急之分。路面堅實而較平滑者，可稍平坦；否則須較陡急為宜。各國規定，微有不同，法國規定之橫斷坡度，不得小於二十五分之一；英國為八十分之一；美國為二百分之一，而通常為一百一十五分之一。然以路面種類之差異，其分別又如下表：

路面種類	中心隆起與路寬之比例	路面種類	中心隆起與路寬之比例
土　　路	1:40	石　塊　路	1:70—80
石　子　路	1:50	磚　　路	1:90—100
碎　石　路	1:60	地瀝青路	1:90—120
地瀝青面碎石路	1:70	木　塊　路	1:100—120

橫斷坡度既有規定，其形式亦當研究。

大凡各工程所見者，有為圓弧之一部者；有為橢圓形之一部者；有取拋物線之一部者；有在中心一部分作弧形，兩旁聯以直線者；各各不同，各有利弊。但普通最慣用者，爲取拋物線之一部。

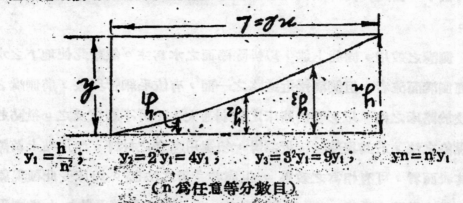

$$y_1 = \frac{h}{n^2} ; \qquad y_2 = 2y_1 = 4y_1 ; \qquad y_3 = 3^2y_1 = 9y_1 ; \qquad yn = n^2y_1$$

（n 爲任意等分數目）

以上所述，不過就平坦線路而言。若線路有大坡度時，如上山坂路，既有縱坡度之設置，雖有橫斷坡度，其水未必能與線路成直角而流入側溝。據工程經驗家言，在坂路中心之水，多與線路成銳角角度而流入側溝。以此故在坂路上橫斷坡度，儘可不設。以其不惟無益於排水，而反影響車輛行駛之不便也。

路面排水，既如上述，均排至兩旁之側溝，以轉導其流於線外之趨向，則側溝之形式，以及排流之速度，不能不有相當之規定。普通可取之形式爲V形，梯形及肩與路面取連續狀態之三種。玆繪圖以朋之。

但上之三種形式，又以梯形用之者爲最多。溝之廣狹。視地質水量之不同而有差別。大抵設於山畔或濕地者，較爲寬闊。通用底幅約爲三十五公分至六十公分。側壁斜度，亦視土質而規制。大約 $1:1$，$1:1\frac{1}{2}$，$1:2$ 等不同之比例。而欲使側溝之水，速達於線外，則側溝亦須有坡度之設置。但究取若何坡度？則又視其構造之不同，而異其設置。最普通者，取自一百五十分之一，至一百八十分之一。若傍山之側溝，如山腹道路，其外側爲深谷者，則可低下一公尺，向外橫安斜管，使水由管流入山谷中，不致有侵蝕斜坡之患。

側溝之效用，固如上述，以排除路面之水爲主。然藉此使地下之水，亦可經側溝而流者。但側溝接近道路之一面，有依毛細管現象，將側溝之水，吸收於路床之內，以影響於路床之强弱甚大，不可不顧慮及之。欲防起毛細管現象之法，於其與線路接近部份，須選用適宜之材料。如用粘土及黑炭油塗其表面者，可有相當之效果。但尚非完善之法也。路床受此種現象之侵害，幾成道路之通病。現各國築路者，莫不籌劃防範及此。如美國混凝土路，亦易於破壞！原因雖甚複雜，然主要癥結，即如上述，多由側溝接近線路部份之起毛細管現象故也。

（2）地下排水：——所謂地下排水者，係排除路基部份之水也。但路基爲何有水之存在？照普通現象言之，雨水降於路面後，通過路床之間，僅供給路床所需要之水分外，其餘水分，必盡能排除於路床之外。但實際上，實有未盡然者。其多餘之水，因毛細管之作用，仍多停滯於路床之間。故對此地下水，不得不有相當排水之設備。亦即地下排水之所由來也。其排水之法，亦多因地制宜，視其水量之大小，左右地勢之高低，及地之區分，而異其設施。若欲防止因毛細管作用而存留之水，則可鋪一層六寸厚之鵝卵石，或碎石，或其他多疏孔之石材，置於鋪砌路面之下，留疏密不等之孔隙，以便空氣之輸入，環流其間，以蒸發地下所湧出之水量，而鞏固其路基。

若地勢有一面傾斜，則可作 Λ 形小溝。橫過路底，導水竪下傾流，殊屬裨益。若因地勢及土質情形，而使地下水量過大，則非裝設水管不可。然水管之大小，固須視水量而定，但普通多用五吋徑以上者，沿線路以六百分之一坡度。埋設二三列，自可無患。又地下排水之最感困難者，在不得已使用土管時，因受路面之壓力，使土管相接處，有下垂之事。若遇有此情形，其附近之水，固失排除之效，且結果所及，而土壤之支持力減少，使路床軟轉，而不能受多大之壓力。故排水管之設置，須求其不受路面衝擊力所及，然後可保有效。

（3）橫切排水：——所謂橫切排水者，係使路線橫截溪谷溝渠河流時，所有水量，均爲涵洞水管，以及大小橋樑通導之謂。至於何處應設橋樑，何處應安水管涵洞，均須視水流之多少，面積之寬狹，而各定其設施。若路基不高，而須留一公尺，至五公尺之地位以流水者，則須視地質如何，而建開孔橫樑，若在極高路基之下，而欲留水道以通過雨水，或山谷溪流者，則有建造拱形或箱形涵洞之必要；若所跨越之溪流，在平時爲乾涸，僅於下雨融雪時，而有水量流過者，則用圓溝或方溝以通導之。但須注意者，各種設施，均須使水量可以自由通過爲原則。若過小，則有泛濫及冲蝕路基之虞；若過大，則又徒增耗費，而失工程之本意耳。故設計者，務須熟審其情，方得其宜。

計算之法，當以確定水道之斷面積，而定設施之程度。普通計算水道之斷面積，可依下之公式得之。

$$A_1 = C_1 \sqrt{河流域之平方公里數} \quad\cdots\cdots\cdots\cdots (1)$$

$$A_2 = C_2 \sqrt{(河流域之平方公里數)^3} \quad\cdots\cdots\cdots (2)$$

A_1 與 A_2 均爲水道斷面積，單位爲平方尺；C_1 與 C_2 均爲定數，但因地而異。第一公式之 C_1 在平原時爲 1；在山嶺及岩山之地爲 4。在第二式之 C_2，平原時爲 $\frac{1}{2}$；絕壁及懸崖之地爲 $\frac{3}{4}$ 至 1。但此種定數，甚難測定。既難得精密之測度，則所得之面積，亦不能準確，此亦非良好之辦法。在事實上，最容易及最可靠者，還是觀察附近有無相似之多年老管或老洞。若有，則儘可利用其大小，以作新設之準繩。如附近未有如此相似者，或竟全無者，可暫設置一臨時木材之涵洞，經過數年之觀察，究竟在此幾年內，最高水位在何處，以便將作一永久之混凝土或石材之設置。但爲臨時者，必須有足夠之排水量，以便將來換造永久者，可以直接安置其中，不必將路基切開，而阻檔交通。

　　涵洞水管，名目各異。有土製，三和土製，鋼骨混凝土製，以及生鐵管等。名目旣是如此，其形式又各有不同。有圓形，橢圓形，箱形，拱形等。所取之形式及材料，均須視地勢之情形，以及工程之久暫爲轉移。至於橋樑涵洞之設計，容待另章討論之。

箕式護土牆之設計

徐 爲 然

在本刊第二期中，曾有「護土牆之設計」一文，閱之頗感興趣，茲爲補充該題之例題起見，爰特作本題，其中不無錯誤，尚祈讀者子以指正爲。

箕式護土牆，雖然前牆可以极薄，但因有間墙之參插及造時木架費用之加大，其造價往往比較別種護土牆爲貴。但在二十呎以上者，則可反而便宜（前牆比較狹薄之故），是以此種護土牆必須有二十呎以上之高度，方爲經濟。

今先假定此牆之尺寸（如圖），然後試算之是否合用。

牆高 $= 21' - 9''$

間牆之距離 $= 10'$

間牆之厚 $= 1' - 6''$

平面加重（Horizontal Surcharge）$= 4'$　泥土

泥土抗壓力 $= 4,500\%$

泥土重量 $= 100\%$ 立方呎

混凝土重量 $= 150\%$ 立方呎

泥土之天然坡角，$\phi = 33°42'$　　　　$\dfrac{1-\mathrm{Sin}\phi}{1+\mathrm{Sin}\phi} = .286$

鋼筋之單位引力，　　　　$f_t = 16,000\%$

混凝土之單位壓力，　　　$f_c = 600\%$

混凝土之最大剪力，　　　$V = 60\%$

混凝土與鋼筋之最大黏力，$U = 150\%$

$n = 15$.

$$P = \tfrac{1}{2} \times 100 \times 21.75(21.75+8)(.286)(10) = 92,500^{\#}$$

$$y = (21.75 \times 21.75 + 3 \times 21.75 \times 4)/3(21.75+8) = 8.23'$$

$$W_1 = (10 \times 1 \times 19.75) \times 150 = 29,600^{\#} \quad 集力點距 T 4.33'$$

$$W_2 = (19.75 \times 7.5 \times 1.5 \div 2) \times 150 = 26,650^{\#} \qquad 7.83'$$

$$W_3 = (12.33 \times 2 \times 10) \times 150 = 37,000^{\#} \qquad 6.16'$$

$$W_4 = (19.75 \times 7.5 \times 1.5 \div 2) \times 100 = 11,100^{\#} \qquad 9.83'$$

$$W_5 = (19.75 \times 7.5 \times 8.5) \times 100 = 126,000^{\#} \qquad 8.58'$$

$$W_6 = (7.5 \times 4 \times 10) \times 100 = 30,000^{\#} \qquad 8.58'$$

$$W = 250,350^{\#} \quad 集力點距 T 7.69'$$

P 與 W 之合力向綫與牆底之交接距牆趾 T 爲

$$a = 5.06 - (6.13 \times 5340/20,515) = 5.06 - 1.596 = 3.494'$$

此數大於 $\dfrac{L}{3} = 4.11'$，牆根 H 處不會發生引力，故可保安全。

今以一呎之長度爲單位，則在牆底 T 與 H 二角上所受之壓力爲

$$Pt = \frac{1}{10}(4 \times 12.33 - 6 \times 4.65)\frac{250,350}{12.33^2} = 3,530\%$$

$$Ph = \frac{1}{10}(6 \times 4.65 - 2 \times 12.33)\frac{250,350}{12.33^2} = 534\%$$

此二數均未超過 4,500% 之泥土抗壓力，故牆下木樁可以省去。

若並無平面加重，則

$$W' = 250,350 - 30,000 = 220,350^{\#} \quad 集力點距 T 爲 7.56'，則$$

$$a = 7.56 - (8.23 \times 92,500/220,350) = 4.11'$$

此數適等於 $\dfrac{L}{3}$，則 H 處之壓力爲零。此假定之尺寸可稱滿意。

傾覆之安全因數爲 $(220,350 \times 7.56) \div (92,500 \times 8.23) = 2.19$

滑溜之安全因數爲 $(220,350 \times 0.4 + 10 \times 4,000) \div 92,500 = 1.39$

旣證明此牆之安全之後，第二步之計算將各部鋼筋應用多少及其如何排法。

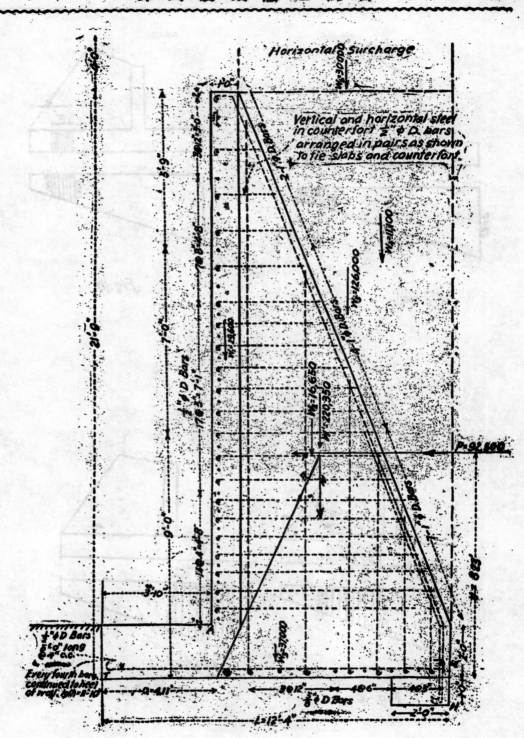

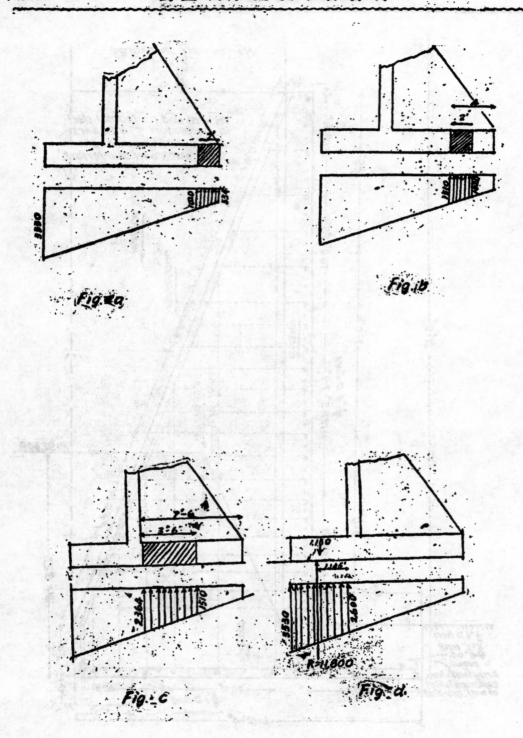

Fig. a

Fig. b

Fig. c

Fig. d

前　牆　一尺高爲單位。

$$P_1 = w \times c = 100(19.75+4)(0.286) = 680^{\#}$$

$$M = \frac{1}{8}wl^2 = \frac{1}{8} \times 680 \times 8.15^2 \times 2 = 73,500^{''\#}$$

(8.5'爲前牆在二間牆中之淨長(10—1.5=8.5))

$$d_m = \sqrt{\frac{73,500}{65 \times 12}} = 8.04''$$

$$V = \frac{1}{2} \times 680 \times 8.5 = 2,890^{\#}$$

$$d_v = 2,890/60 \times \frac{7}{8} \times 12 = 4.59''$$

此二數d_m及d_v均小於假定之9″厚度(1'—3″=9″)，此牆可無危險。

$$K = 73,500/12 \times 92 = 75.5$$

$$j = 0.892$$

$$A_s = 73,500/16,000 \times 0.892 \times 9 = 0.57^{\square''}每尺高。$$

每4″放一根$\frac{1}{2}$″徑之竹節鋼，則$A_s = 0.59^{\#''}$，其

$$u = 2,890 \div (3 \times 1.57 \times .892 \times 9) = 76.6\% 未超過 150\%$$

令再試一在6'—9″高處之斷面，其

$$P_1' = 100(15+4)(.286) = 543^{\#}$$

$$M' = \frac{1}{8} \times 543 \times 8.5^2 \times 12 = 60,000^{''\#}$$

$$V' = \frac{1}{2} \times 543 \times 8.5 = 2,310^{\#}$$

$$A_s' = 60,000/16,000 \times .6 \times 9 = 0.467^{\square''}$$

每5″放一根$\frac{1}{2}$″徑之竹節鋼足矣。

$$u' = 2,310/\frac{12}{5} \times 1.57 \times .9 \times 9 = 75.6\%$$

再試一在13'—9″高處之斷面，其

$$P_1'' = 100(8+4)(.286) = 343^{\#}$$

$$M'' = \frac{1}{8} \times 343 \times 6.5^2 \times 12 = 37,000^{''\#}$$

$$V'' = \tfrac{1}{2} \times 343 \times 8.5 = 1,456^{\#}$$

$$As'' = 37,000/16,000 \times .9 \times 9 = 0.285^{\square''}$$

每8"放一根½"徑之竹節鋼足矣。

$$u'' = 1,456/\tfrac{12}{8} \times 1.57 \times .9 \times 9 = 76.2\%$$

最後再試一在17'—9"高處之斷面，其

$$P_1''' = 100(4+4)(.286) = 229^{\#}$$

$$M''' = \tfrac{1}{8} \times 229 \times 8.5^2 \times 12 = 24,760^{\#''}$$

$$V''' = \tfrac{1}{2} \times 229 \times 8.5 = 974^{\#}$$

$$As''' = 24,700/16,000 \times .9 \times 9 = 0.19^{\square''}$$

每12"放一根½"徑之竹節鋼足矣，

$$u''' = 974/1.57 \times .9 \times 9 = 76.4\%$$

後平板底

以該底長度之每呎為單位。今自H至其左2'闊之壓力等：(如Fig. a)

$$P = [(19.75+4) \times 100 + (2 \times 1) \times 150] \times 2 - [(584+1,030) \div 2]$$
$$\times 2 = 3,796^{\#}$$

$$M = \tfrac{1}{8} \times 3,796 \times 8.5^2 \times 12 = 409,000^{\#''}$$

$$V = \tfrac{1}{2} \times 3,796 \times 8.5 = 16,100^{\#}$$

$$dm = \sqrt{409,000/95 \times 12} = 18.9''$$

$$dv = 16,100/60 \times .9 \times 24 = 12.4''$$

今用d=21"，可保安全矣。

$$As = \tfrac{1}{2} \times 409,000/16,000 \times .9 \times 21 = 0.68^{\square''}$$

每5½"放一根$\tfrac{5}{8}$"徑之竹節鋼(As=0.67"□)則

$$p = 0.3068/5.5 \times 21 = 0.00266$$

$$j = 0.919$$

以 $j = 0.919$，再算 A_s，則為 0.665^{*}"，是以所用之鋼筋巳足矣。

$$u = 16,100/\frac{24}{5.5} \times 1.964 \times .919 \times 21 = 98\%$$

今再試自右角H2' 至4'間之一段，（如Fig. b）

$$P' = [(19.75+4)\times100 + (2\times1)\times150]\times2 - [(1020+1510)\div2]$$
$$\times 2 = 2,820^{\#}$$

$$M' = \frac{1}{8} \times 2820 \times 8.5^2 \times 12 = 306,000^{"\#}$$

$$V' = \frac{1}{2} \times 2820 \times 8.5 = 12,050^{\#}$$

$$A_s' = \frac{1}{2} \times 306,000/16,000 \times .9 \times 21 = 0.509^{\square"}$$

每隔6"排一 $\frac{5}{8}$"徑之竹節鋼可矣。

$$u' = 12,050/\frac{24}{6} \times 1.964 \times .9 \times 21 = 81\%$$

再試自4' 至7'－6"間之一段，（如 Fig. c）

$$P'' = [(19.75+4)100 + (2\times1)150]\times3.5 - [(1510^2+364)\div2]$$
$$\times 3.5 = 2,560^{\#}$$

$$M'' = \frac{1}{8} \times 2.560 \times 8.5^2 \times 12 = 278,000^{"\#}$$

$$A_s'' = \frac{1}{3.5} \times \frac{278,000}{16,000 \times .9 \times 21} = 0.262^{\square"}$$

每12"用一根 $\frac{5}{8}$"徑之所節鋼足矣。

前平板底 （如 Fig. d）

下壓力 $= 8\frac{10}{12} \times 2 \times 1 \times 150 = 1,150^{\#}$

上壓力 $= \frac{1}{2}(3,530+2,600)\times3\frac{10}{12} = 11,800^{\#}$，其集力點自前端的邊

算起為 $3,530 \times 8\frac{10}{12} \div 11,800 = 1.145'$

$$M = [11,800 \times 1,145 - 1,150 \times 3\frac{10}{12} \div 2] \times 12 = 134,600''^\#$$

$$V = 11,800 - 1,150 = 10,750^\#$$

$$A_s = 134,600/16,000 \times .9 \times 2o = 0,468^{0''}$$

每隔4"用一1"徑之竹節鋼足矣，其

$$u = 10,750/3 \times 1.57 \times 0.9 \times 20 = 127\%_0$$

間　牆

$$P = .143 \times 100 \times 19.75(19.75 + 8) \times 10 = 78,200^\#$$

$$y = (19.75^2 + 3 \times 19.75 \times 4) \div [3 \times (19.75 \times 8)] = 7.55'$$

$$M = 78,200 \times 7.55 \times 12 = 7,100,000''^\#$$

間牆實際之厚度為自A點算起之垂直距離，故

$$d = 8.5 \times \frac{19.75}{21.1} \times 12 - 3 = 92.5''$$

$$A_s = 7,100,000/16,000 + 0.9 \times 92.5 = 5.32^{0''}$$

今用七根1"徑之竹節鋼（$A_s = 5.5$）排成二行，裏行三根，外行四根，則

$$p = 5.5/18 \times 92.5 = .0033$$

$$j = 0.911$$

$$u = 78,200/28 \times .911 \times 92.5 = 33\%_0$$

抵抗剪力之實際厚度為

$$d_1 = 8.5 \times 12 - 3 = 99''$$

$$v = 78,200/18 \times .911 \times 99 = 48\%_0 \ (小於60\%_0)$$

試一在8'—9"高處之斷面，其

$$P' = .143 \times 100 \times 13(13 + 8) \times 10 = 39,000^\#$$

$$y' = (13^2 + 3 \times 13 \times 4) \div [3 \times (13 + 8)] = 5.16'$$

$$M' = 39,000 \times 5.16 \times 12 = 2,415,000''^\#$$

$$d' = (7.5 \times \frac{13}{19.75} + 1) \frac{19.75}{21.1} \times 12 - 3 = 66.8 - 2 = 63.8''$$

$$A_s' = 2,415,000 / 16,000 \times .9 \times 63.8 = 2.63_{\square}''$$

用四根1"徑之竹節鋼足矣。

$$u' = 39,000 / 12.6 \times .927 \times 63.8 = 52.5\%$$

$$d_1' = (7.5 \times \frac{13}{19.75} + 1) \times 12 - 3 = 71.3 - 3 = 68.3''$$

$$v' = 39,000 / 18 \times 0.927 \times 68.3 = 34.3\%$$

今再試一在15'-9"高處之斷面，其

$$P'' = .143 \times 100 \times 6(6+8) \times 10 = 12,000^{\#}$$

$$y'' = (6^2 + 3 \times 6 \times 4) \div [3(6+8)] = 2.57$$

$$M'' = 12,000 \times 2.57 \times 12 = 370,000_{\square}''$$

$$d'' = (7.5 \times \frac{6}{19.75} + 1) \frac{19.75}{21.5} \times 12 - 3 = 36.8 - 3 = 33.8''$$

$$A_s'' = 370,000 / 16,000 \times .9 \times 33.8 = 0.76_{\square}''$$

實在只用一根1"徑之竹節鋼已頗有餘多，但為鋼筋之平衡起見，不得不用二根。

主要之鋼筋必須深入底牆，以鞏固之，其應深入幾何，可用下列公式計算之。

$$插入長度\ l_1 = \frac{f_s i}{4u} = \frac{16,000}{4 \times 150} \times 1 = 27''$$

鋼骨混凝土柱子之新公式

巢 慶 臨

經過了二年的時期，從許多長度大小正確的鋼骨混凝土柱子試驗以後，纔得了下面幾個新公式，而且得有美國混凝土協會的保證、這當然是很可靠的。

在主要試驗的結果方面又經過了一番討論，並且選定了設計公式以後，纔決定還須要的公式，同時，在應用這新公式的時候，關於加鋼骨及設計的規則，也都寫在下面。

A. 柱內鋼環之任受應力者（即用螺旋形鋼箍者）　凡是混凝土柱子中間放有直立鋼條，而又有很密的螺旋鋼箍繞成一圓心者，其最大的安全載重可用下面公式計算之

$$P = Ag(0.25f'_c + 0.45f_y Pg)$$

Ag等於柱子橫剖面之總面積。
Pg等於直鋼條有效面積和柱子之總面積之比。
f'_c等於混凝土之擠壓應力。
f_y等於直立鋼條極點（Yield Point）之應力。

在上列公式中，Pg的比數不能小於百分之一，也不能大於百分之八。直立鋼條至少須要有四根。在柱心圓周以內，鋼條的中心距離不得小於圓鋼條直徑之二倍半，或者方鋼條一邊之三倍。鋼條間的淨距離（clear spacing）不得小於一英吋，或者最大粗粒料之一又三分之一倍。即使在接筍處之鋼條的距離，也要依照這規定。

螺旋形鋼環的質料和數量的應力，須要能受直立鋼條四周混凝土應力之十五倍，要符合這項規定，則螺旋鋼比（spiral ratio）需用下列公式計算之

$$P' = \frac{0.43f'_c(R-1)}{f_s}$$

者所用鋼料是中等的，f's可作爲每方吋四十萬磅，若是上等質料的鋼，f's可作爲每方吋六十萬磅。

R等於柱子總面積和圓心內有效面積之比。P'不能小於上列公式的規定，或者小於百分之一·一二五，假如是中等鋼料；或者小於百分之·七五，假如是上等鋼料。

螺旋鋼箍須要連續不斷的，而且要有一定的間隔，並須有三根直鋼條支持之。若是螺旋鋼箍有接筍處，須用平頭錯合鑽接。鋼環的中心間隔不能超過三英吋，或者柱心直徑的六分之一，其淨間隔不能小於一吋半，或者最大粗粒料的一又三分之一倍。

B. 柱內鋼環之不任受應力者　凡是柱子內部有直立鋼條和不任應力之鋼環者，其安全柱軸載重。可以照下式求之

$$P = Ag(0.2 f'c + 0.36 fy Pg)$$

Pg等於直鋼條有效面積和柱子總面積的比。

在這公式中，Pg 不能小於千分之五，或者大於百分之三。直立鋼條至少要用四根，而且離開柱面至少二吋。

C.　直立鋼條之接筍處　若是混凝土柱子中直立鋼條用搭頭接筍（lapped splice）者，其搭頭的長度，須要照下例的規定：若是所用鋼條是有節鋼條，而且所用混凝土的應力有每方吋三千磅以上者，搭頭的長度可用中等質料的鋼條直徑之念四倍，或者硬質鋼條直徑之三十倍。若所用鋼條之極點顏高，則搭頭之長度可用正比增加之。若所用混凝土之應力在每方吋三千磅以下者，則搭頭的長度照以上規定者加三分之一。

若是所用鋼條是無節鋼條，其搭頭長度可以照上列規定者，加四分之一。

凡鋼條中間的距離不能容搭頭接筍者，可用平頭接筍（butt splice）。

　　　註：本篇譯自 "Concrete", Volume 41, No. 1.

測設公路單曲線的研究

黃鼎才

我記得三年前，在杭州實習測量時，王榮曠先生說過這樣一句話：「測量的要旨在於準確和迅速」，現在我們在公路上測量，準確當然很重要，可是迅速一層，常常因為限期短促的關係，却格外的重要了。

公路測量中以測設中心線上的曲線，為最費時間，平時每天可測三四公里的好測量員，遇着彎道特多的路線，有時竟測不到一二公里，所以我們要縮短測量時間，在這測設曲線上，求得簡便的方法，要便宜不少了。

用偏角來測設單曲線的方法，普通是設經緯儀於兩線的交點(P.I)上沿切線甲乙前視，量切線之長（T 之長度）得 B. C. (Begin of Curve) 點，同樣於乙丙線上，設 E. C. (End of Carve)，然後把經緯儀置 B. C. 上，

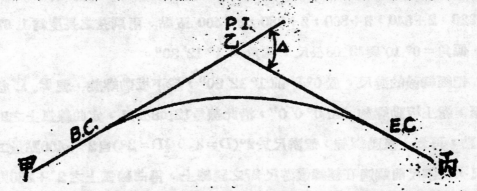

游尺在 0° 0′，用下版動螺旋覘 P.I.，旋鬆上板動螺旋，成預先算就之弦的偏角，或副弦的偏角，沿此線量弦或副弦之長度，而得曲線弧上之第一點，再鬆上板動螺旋，加轉弦之偏角，自第一點起置弦之長度，在經緯儀之視線上，得第二點，以後如法進行，則得三點四點至 E. C. 為止，但尚有較為簡便之方法，如 B. C. E. C. 兩點決定後，把經緯儀不搬到 B. C. 上，却

搬到 E.C. 上，來測設曲線上各點，並且游尺上尺數的布置，也有些不同，現把這樣的方法說明，並舉例如下：

當經緯儀在 P.I. 上測定 B.C. 和 E.C. 後，將經緯搬到 E.C. 上，用倒測法來設置曲線弧上各點，就是把曲線弧上的最後一點先定，漸漸由後而前的達到 B.C. 點，在測道倒數第一點時，游尺為 0°0′，因為經緯儀視 P.I. 時，游尺上的尺數已旋成弦或副弦的反向偏角，所以旋到倒數第一點為 0°0′以後，按弦之偏角次第增加，而設曲線弧上其他各點，假如有一偏角為 26°45′，P.I. 為 2″+346.45 公尺，若 E=8 公尺左右，則 D 可用 4°，計算結果：

T = 68.12 公尺

L = 133.75 公尺

B.C. = 2″ + 278.33 公尺

E.C. = 2″ + 412.08 公尺

曲線弧上各點之距離（弦之長度）為 20 公尺，則此曲線弧有 2+300，2+320，2+340，2+360，2+380，2+400 五點，兩副弦之長度為 1.67 公尺，偏角 = 0°10′與 12.08 公尺，偏角 = 1°12′30″。

把經緯儀的游尺，置 0°0′前 1°12′30″，鬆下板動螺旋，視 P.I. 後，轉緊，鬆上板動螺旋，至 0°0′0″，沿此線量 12.08 公尺，定曲線弧上之 2″+400 點，再鬆上板動螺旋，置游尺於 2°（D=4° ½D=2°）自 2″+400 點量二十公尺，使鋼尺前端適在經緯儀游尺 2°之視線上，得曲線弧上之 2°+380 點，同樣游尺轉至 4°，自 2″+380 點起，量二十公尺，為 2″+360 如法泡製，直至 B.C. 止，如曲線測設準確，則最後之偏角為 13°10′，（就是 ½△減去 1°12′30″），而 2″+320 至 B.C. 點距離為 1.67 公呎，或相差不出五公分者，則認為無誤。

以上二種方法的比較，前者是經緯儀移動三次，（在 P.I. ，B.C. 及 E.

C.)後者僅移二次。（從P.I.到E.C.）少移一次經緯儀，可以省却一些較準儀器的手續，換句話説，就可以改少時間了。

　　還有在測設曲線弧上各點時，後者將遣副弦的偏角1°12′30″在設置曲線弧上第一點以前除去，以後自0°起逐漸增加 $\frac{1}{2}D$），成 2°，4°，6°，8°，10°，等較 3°12′30″，5°12′30″ 等，來得簡單，游尺上數目易讀，如是在測量者可以減少游尺上的錯誤了。

冬季澆混凝土時適當溫度保持法

唐　允　文

　　近代之建築，以力求堅固耐久，已由磚石而改用混凝土，混凝土為水泥，石子，黃沙三種原素，加水攪和後，放入特製之木壳內，經過一定時期（自七日至念八日，時間愈久則凝結力愈強），取去木壳，再經修葺，則混凝土之建築物始告完成。

　　惟於冬季用混凝土建築，較為困難，因冬季溫度太低，木壳內之混凝土甚易凍結，一經凍結，則將來之建築物不能耐久；故冬季澆混凝土，須設法增高木壳內之溫度，以期混凝土在適當之溫度下，漸漸凝固。茲將其適宜之溫度及保持方法撮要言之如後：

（一）木壳內之溫度

　　用麻布圍繞木壳之四周，保持木壳內適當之溫度，至混凝土凝固時為止，通常混凝土在木壳內凝結時之溫度，不能低于華氏60度，但溫度亦不能過高，否則混凝土仍易毀壞，是以木壳內之溫度以60度為最合宜。

（二）火爐之位置

　　增高溫度最普通之方法，即用煤炭爐，或油爐，置于木壳之旁，但須置于適當處，如距離木壳太遠，則無影響于木壳內之混凝土，換言之，木壳內之溫度，仍不能增高；如離木壳太近，則木壳內之溫度，超過60度，則混凝土凝固甚快，亦非佳現象；因溫度過高，則混凝土中之水分蒸發迅速，以致混凝土之凝結力消弱，建築物之壽命不能持久。

（三）吊爐之用法

　　倘若用混凝土澆成之地板，火爐不能直接置于其上，必用吊爐以增高其溫度；在此種情形之下，在建築物之兩旁，安置木柱，繫鐵練數條於其上，用鐵練穿過吊爐之鐵環，再穿過另一柱之滑車，然後將鐵練收緊，則吊爐懸于空中，使此建築物得到適當之溫度。

(四)火爐之數目

凡以混凝土澆成之建築物，每180平方尺，必須置炭爐一具，爐中之煙，應用鐵管通入外面，尤要者，在木壳製好之後。混凝土未澆之前，火爐即應燃着。

(五)蒸汽之設置

增高木壳內混凝土之溫度，除用火爐方法之外，尚有蒸汽法，即將蒸汽管安置在木壳之旁，使木壳內得到適當之溫度，此法較燃火爐爲佳，惟不經濟耳。

以上種種，僅述其大概，事實上尚有在水中加鹽或綠化鈣等，以減低其冰點，方法雖夥，然工程界最普通採用者，厥爲生火耳。

(完)

混 凝 土 橋 之 特 性

王 廷 棟

橋建築後，每因交通發達，原來規定之最大載重，不敷應用，事實上常須載更大之重量。在此種情形之下，如果橋之設計所用單位應力很小，而且橋之強度極限亦未受損，負載之重量超過限度，恆可安全實現，尤其是混凝土橋具有一種特性，其載重能力與時俱增，更易達到上述目的。不過，載重能力增加後，載重量究可增加幾何，庶無危險發生，斯必須作進一步之研討，亦即本篇之主旨。

混凝土橋之設計，常根據混凝土 28 日之強度，以為設計標準。實際上混凝土橋建築後，其強度仍繼續增長，始初數月增加甚速，時間長久增加漸慢，關于混凝土此種特性，可以鋼骨混凝土梁為例說明之。

設　fc ＝設計所假定之混凝土內外限纖維質應力，

　　fs ＝設計所假定之鋼骨應力，

　　fc' ＝載重增加後之混凝土內外限纖維質應力，

　　fs' ＝載重增加後之鋼骨應力，

　　Ms和Mc ＝設計載重所產生之鋼骨和混凝土之抵抗彎羃，

　　Ms'和Mc' ＝載重增加後鋼骨和混凝土之抵抗彎羃、

　　k, k', j, j' 等符號與普通意義無異，(')號表示載重增加。

依比例原理，可得

$$fc' = \frac{fs' \ fc \ k}{fs \ k'} \cdots\cdots\cdots\cdots\cdots\cdots\cdots\cdots\cdots\cdots(1)$$

$$\frac{Ms'}{Ms} = \frac{fs' \ j'}{fs \ j} \cdots\cdots\cdots\cdots\cdots\cdots\cdots\cdots\cdots\cdots(2)$$

$$\frac{Mc'}{Mc} = \frac{fc' j' k'}{fcjk} \quad\cdots\cdots\cdots\cdots\cdots(3)$$

在(2)和(3)內，Ms和Mc可視作整數一，由此便可求得載重增加之多少。由(2)和(3)求得結果，應當相等，所以(2)和(3)可以互相對核。茲爲更求明瞭起見，特舉一例如下：

假設原來計劃中 fc＝700磅/方吋， fs＝16,000磅/方吋， n＝15

由查閱表， p＝0.0087， k＝0.396， j＝0.868。

現在限定載重增加後，鋼骨應力由16,000磅/方吋增至20,000磅/方吋，即增加百分率25%，同時混凝土之強度，亦必增加，以平衡外限纖維質應力與極大強度間之比率。因爲混凝土強度增大，用 n＝10，較爲適當，則，

$$k' = \sqrt{2pn + (pn)^2} - pn$$
$$= \sqrt{2 \times 0.0087 \times 0 + (0.0087 \times 0)^2} - 0.0087 \times 10$$
$$= 0.339。$$

$$j' = 1 - \frac{1}{3}k' = 0.887。$$

由(1)， $fc' = \frac{20,000}{16,000} \times \frac{700 \times 0.396}{0.339} = 1,022$磅/方吋，

由(2)， $Ms' = \frac{20,000}{16,000} \times \frac{0.887}{0.868} = 1.277$，

由(3)， $Mc' = \frac{1,022 \times 0.887 \times 0.339}{700 \times 0.868 \times 0.366} = 1.277。$

由此可知鋼骨應力增加25%，載重量可增27.7%，而混凝土應力亦自700磅/方吋增至1,022磅/方吋，即增加百分率46%。據美國鐵路局水泥聯合會實驗報告，混凝土之強度增加平均數，六月內增46%，一年內增58%，兩年內增64%，五年內增96%，十年內增102%。

尤有一點須注意者，利用混凝土強度與時俱增之特性，預備將來載重量可以增加，祇須顧及鐵之引力加強，自可達到目的，而混凝土本身可無問題，並且亦不影響原來計劃之成本。

編　　後

　　本會出版刊物已年餘每期幸均能準時出版；篇幅方面因本刊完全爲我復旦土木工程新舊同學，發表研究之心得，及歷年服務社會所得之經驗，供獻于世之有志于土木工程者；亦復致力于世界各國工程界新興學術之介紹，故出版三期，深得各界之讚許，而爲國內純粹工程學術之唯一定期刊物，本期籌備三月，幸得諸新舊校友踴躍惠賜大作，得保持本刊昔日之光榮，獻之于社會，編者殊深以爲欣慰者，但篇幅所限，排印匆促，後來稿件，未能全部刊出，深爲歉仄；惟有待諸下期，以不負諸校友愛護之誠。

　　本期之能按時出版者，編者不得不向徐爲然君深致謝意，蓋一切徵稿排印等事，徐君努力負責辦理者大半，編者實銘感無窮。

　　封面題字，爲程延昆君手筆，程君對于工程之字畫，有極高深之造就，復旦同學均能知之，誌此鳴謝。

　　校友調查表，希各校友收到後立卽填寄本會，如對于通訊處，現任職務，及近況有所訛誤，希速來函更正爲荷。

　　本刊附印匆遽，錯誤之處，定所難逃，閱讀諸君，幸垂教焉。

　　　　　　　　中華民國二十三年十二月三十一日張壽昌

歷屆畢業同學近況

姓名	字	籍貫	現任職務	通信地址
吳諄煥	華甫	江蘇上海	燕京大學工程師	北平燕京大學
吳銘之		浙江吳興	浙江省公路局	
王葉祺		浙江諸暨	浙江省公路局德蘭衢廣兩路聯合管理處工程師	杭州浙江省公路局
侯景文	郁伯	河北南皮		漢口瑪德租界六合路永砡里22號
陳慶澍	慰民	廣東新會	廣西建設廳技正兼廣西公路管理局柳江區工程師	香港德輔道中四十九號均昌出口洋莊
楊哲明	憶禪	安徽宣城	江蘇建設廳科員	安徽宣城北門外大街
董芝眉		浙江吳興	上海工部局工務處建築科設計工程師	上海工部局工務處建築科
王光劍	冕東	江蘇泰縣	南京新中公司建築師	南京張府園六十六號
周仰山	鑄生	湖南瀏陽	湖南省公路局段工程師	湖南瀏北洋春
施景元	明一	江蘇崇明	上海縣建設局技術主任	崇明橋鎮東河沿大豑衣莊
蔡繩曾	季武	江蘇寶應	美國密歇根大學留學	寶應南門大街合義祥號
徐文台	澤予	浙江臨海	浙江省教育廳科長	浙江省教育廳
湯日新	又齋	江西廣豐	紹興縣縣長	浙江紹興縣政府
謝槐珍	紀蓀	湖南東安	湖南東安縣教育局	湖南東安縣教育局
劉德謙	克讓	四川安岳	四川省公路局成渝路工程師	四川省公路局
潘文植		廣東南海	北甯鐵路管理局	北甯鐵路管理局
何昭明		江蘇金山	湖北武英路工程師	武昌湖北建設廳
王傳爵	晉藩	江蘇崑山	杭江路工務第四分段測量隊	金華
陳設	序安	江蘇泰縣	南京市工務局技士	南京市工務局
張有績	熙者	浙江鄞縣	寧波效實中學教員	寧波西門外膜垟記醬園

滑建山	卓亭	河南偃師	山東建設廳技士	濟南山東建設廳
吳 韶	諧廡	江西吉安		上海天津路新昌源福茂莊
蔣 炊	煥周	安徽霍邱	全國經濟委員會公路處	同前
劉際棠	會可	江西吉安	湖北省第四中學	江西吉安永吉巷吉豐油榨
錢宗賢	惠昌	浙江平湖	建壽路副工程師	建德洋溪鎮屯建壽路工程處
林孝富	文博	安徽和縣	全國經濟委員會公路處江西公路第三測量隊	全國經濟委員會公路處
許其昌		江蘇青浦		青浦大西門內
陳鴻鼎	禹九	福建長樂	南京市工務局技士	南京市工務局
徐 琳	振聲	浙江平湖	湖北建設廳技士	武昌湖北建設廳
徐以枋	馭羣	浙江平湖	全國經濟委員會	南京鐵湯池
汪德新		四川綦嵩	湖北建設廳老隄段工程處	湖北建設廳
沈澗溪	夢蓮	江蘇啟東	上海市工務局技佐	啟東北新鎮
陸仕岩	傅侯	江蘇啟東	上海市工務局技佐	啟東外沙三星鎮
胡 釗	洪劍	安徽績谿	上海康成公司建築工程師	上海河南路471號
賓希參		湖南東安	湖南省公路局桃晃段工程處	湖南省公路局杭晃段工程司
金澤新	希周	湖南長沙		
周書壽	觀海	江蘇嘉定	上海市工務局技士	上海市工務局
何棟材		廣西梧州	廣西梧州市工務局取締科科長	廣西梧州市工務局
馬樹成	大成	江蘇溧水	全國經濟委員會	西安全國經濟委員會工程處
徐仲銘		江蘇松江	松江縣建設局技術員	松江縣建設局
余西禹		湖南長沙	粵漢鐵路工程師	長沙瀏正街五十三號余宅轉交
陳家瑞	肖棻	安徽太湖	三省剿匪總部	潢川三省剿匪總部
葉 森	思存	江蘇松江	上海市工務局	上海市工務局
蔡鳳圻	仲橋	江蘇啟東	啟東敦行女子初級中學	啟東敦行女子初級中學

張文奇		廣西		
晶光增	守厚	湖南衡山	漢口第一紡織公司廠長	漢口第一紡織公司
潘煥明	欽安	江浙平湖	南京首都電廠	南京首都電廠
林華煜	君嶂	廣東新會	廣東南海縣技正	廣州太南路二十號四樓林華煜事務所
姚烽昌	昌烽	江蘇金山	河南建設廳技士	河南開封建設廳
鄔烈升	培鳳	浙江奉化	浙江省公路局長泗路工程處副工程師	浙江省公路局長泗路工程處
王斌	友韓	江蘇崇明	上海市工務局技佐	崇明南河鎮
汪和笙	幼山	浙江慈谿	華西興業公司工程師	重慶道門口
倪寶琛	珍如	浙江永康	浙江省公路局副工程師	浙江富陽富新路工程處
沈璘雙	景瞻	江蘇海門	蘇州太湖水利委員會	海門長興鎮
殷霓	秉眞	江蘇武進	江蘇海州中學	浙江餘姚縣政府
王鴻志	鵠侯	江蘇泰縣	南匯縣建設局技術員	泰縣彩衣街朱九霞銀樓轉
姜遂鑑	寶深	江西都陽	上海市工務局技佐	上海市工務局
曾觀濤	少泉	江蘇吳江	東方鋼窗公司	上海狹斐德路泓裳別墅三號
沈元良	安仁	江蘇海門	山東鄆城建設工程師	山東鄆城縣政府
伍朝卓	自鶯	廣東新會	廣州市工務局技佐	廣州市工務局
劉海通		河北沙河	河北建設廳技士	北平後門三產場
葉貽堯	永順	浙江鎮海	上海市工務局技佐	虹口公平路公平里八百號
孫乃聚	祿生	浙江吳興	上海市工務局技佐	上海市工務局
梁泳熙		廣東東莞	廣東建設廳南路公路處	廣東建設廳南路公路處
馮邦偉		廣東台山	廣州復旦中學教員	廣州復旦中學
韓睿第		河北天津	山東建設廳	山東建設廳
李育英	樹人	安徽舘邱	福建省公路局洪白測量隊	福建福州西關外白沙鄉瀛峽洪白測量隊
丘秉敏	英士	廣東梅縣	德國工專研究	汕頭松口麗學號

623

包甘德		江蘇上海	威海衛管理公署工務科	威海衛管理公署工務科
高朝珍		安徽合肥	京建路皖段段工程師	安徽省公路局
孫斐然	菲園	安徽桐城	安徽巢湖工務局	安徽桐城東門外錢三泰米行
王晉升	子亨	河北唐山	杭江路工務第四分段測量隊	金華
馬樂鵬		河北天津	財政部山東建坨委員會助理工程師	青島陵縣支路二號山東建坨工程處
趙承偉	淵渟	江蘇上海	浙江省公路局峽峯路工程員	浙江省公路局
徐祖源	澤深	江蘇宜興		宜興北門段家巷
馬喬飛	叁乎	廣東順德		香港大道西八四號二樓
粟　頤	少松	湖南寶慶	湖南建設廳	仝前
張兆泰		河北灤縣		北寧路唐山礦務局
孫辭萌		浙江紹興	江蘇建設廳指導工程師	江蘇建設廳
把若愚		江蘇泗陽	威海衛管理公署工務科	威海衛管理公署
吳厚湜	季餘	福建閩侯	福建學院附中教員	福州城內織緞巷十六號
照何芬	仲芳	浙江平湖	均縣均林路均林段第一分段段長	平湖方橋新大街41號
張文田	心芷	江蘇丹徒	威海衛管理署工務科	蘇州葑門十全街帶城橋巷三號
范維瀅	惟容	浙江嘉善	山東膠濟路局	嘉善城內中和里
沈克明	本德	江蘇海門	上海四川路四行儲蓄會建築部	上海四川路四行儲蓄會建築部
李達勛		廣東南海	香港華陸建築公司	廣州市永漢路東橫街四十五號三樓
李壽彭		江蘇上海	定中工程事務所工程師	上海愛多亞路中匯大樓定中工程事務所
傅錦華	立虛	浙江蕭山	浙江省公路局周曹段工程處	餘姚周巷周曹段工程處
陳　豪	重英	江蘇青浦	青浦縣政府	青浦城內公堂街下塘
李秉成	集之	浙江富陽	杭江路工務第四分段段長	金華
闞毓謨	禹昌	安徽合肥	安徽第四區行政專員公署	壽縣安徽第四區行政專員公署
葉　彬	壯蔚	廣西容縣	廣西建設廳技士	廣西容縣葉長發君轉

姓名	字	籍貫	現況	通訊處
朱鴻炳	光烈	江蘇無錫	成基建築公司工程師	蘇州大柳貞巷二七號
鄒 燊	光烈	江蘇無錫	浙江省公路局	杭州湧金橋厚德里○號
王茂英		山東牟平	葫蘆島務港局	同前
蔡維青		江蘇常熟	江蘇省公路局	常熟北大樹頭
張景文		廣東開平	平漢鐵路工務處技術科	漢口平漢鐵路工務處技術科
張賣山	秀峯	山東文登	威海衞公立第一中學校長	威海衞公立第一中學
何孝綱		福建閩侯	杭江路工務第四分段測量隊	金華
鄭慶成	維一	江蘇江陰	江蘇省土地局	鎮江將軍巷二十四號
朱祖莊	荐卿	浙江鄞縣	宜漂運河工賑處段工程師	甯波鄞江橋
曾越奇	光遠	廣東焦嶺	北平陸軍軍醫學校	廣東焦嶺鎮平新市
羅石卿		江西南昌	南昌工專教員	南昌富子巷鄒嘉興棧
徐信孚		浙江慈溪	中都工程行	上海河南路恆利銀行樓上
沈其頤	輔仲	湖南長沙	湖南省公路局	湖南長沙興漢路三十八號
鴻 詮	養貞	浙江諸暨	鄂北老隄段	漢口大王廟餘慶里五號
徐匯潛	伯川	山東益都	黃河水利委員會第三測量隊	山東齊河
蓋珙聖	聞遠	山東萊陽	山東建設廳	山東建設廳
殷天擇		江蘇武進		常州奏橋
梁曙光		湖南安化	杭州虎林中學總務主任	安化藍田濟園
駟 允	劍鋒	江蘇海門	杭江路工務第一段練習工程司	杭江路工務第一段
俞浩鴨		浙江奉化	青島市工務局	青島市工務局
張增康		廣東梅縣	廣東梅縣學藝中學	廣州文德路圖園
張坤生		福建廈門	坤泰工程公司	廈門中山路一七八號
何普沅	善侯	廣東樂會	廣東省政府廣州區第一糖廠工程師	廣州市三府新橫街一號精華公司
戚克中	履道	江蘇武進	南通建設局	南通建設局

楊 漆		福建仙遊		福建仙遊紅十字會
馬典午	國憲	廣東順德	廣州國立中山大學助教	廣東佛山大門樓五號
譚荊崇	小如	湖南湘鄉	漢陽兵工廠	同前
楊克觀		湖南長沙	鄂北老隄段工務處	漢口大王廟餘慶里五號
王志千	軼風	浙江奉化	上海閘北王輿記營造廠	上海閘北西寶興路王家宅六十八號
霍幕蘭		廣東南海	美國留學	上海寶樂安路248號
王 進	往倉	江蘇海門	上海楊錫鏐建築事務所	海門上三星鎮
黃 傑	卿才	浙江平湖	上海工務局技佐	上海市工務局
胡宗海	稚心	江蘇上海	軍政部技士	江陰北門大街茂豐北號
朱鳴吾	誠懇	江蘇寶應		寶應古朱家巷二十六號
張縈開	石渠	江蘇啓東	杭江路工程員	杭州裏西湖三號
郁功達		江蘇松江	上海市土地局	楓涇鎮
程 鋪	劍魂	安徽歙縣	湖北建設所	湖北建設所
金士奇	士驥	浙江溫嶺	浙贛鐵路局玉南段工務員	杭州裏西湖浙贛鐵路局玉南段工務組
朱能一		江蘇松江	上海市土地局	同前
陳理民		廣東羅定	廣東防城縣立中學	廣東防城縣立中學
牟鴻尚		四川巴縣	江津縣建設科	南京夫子廟平江府街二十四號
范本良		江蘇啓東	砲兵學校監工	南京湯山作廠村砲兵學校
王雄飛		浙江奉化	南京振華營造廠經理	南京鹽倉橋東街十七號
吳驛基	錫年	浙江杭縣	浙江省公路局麗梵路工程員	杭州上珠寶巷十一號
李昌運	國幹	廣東東莞	南京工兵學校建設組	南京工兵學校建設組
陳桂春	味秋	江蘇泰縣	江蘇建設廳工程員	鎮江口岸大泗莊
戴中瀋		江蘇嘉定	江蘇建設廳	鎮江江蘇建設廳
唐嘉袋	叔華	廣東中山	浙贛鐵路玉南段	江西上饒浙贛鐵路玉南段工務第二分段

姓名	字	籍貫	現職	通訊處
沈業沛	澤民	浙江嘉興		嘉興北門下塘街158號
劉齊芳		江蘇上海	津浦線良王莊工程處	仝前
程進田	潤邨	江蘇鎮鐵	軍政部軍需署營造司	南京軍政部營造司
丁配震	遁存	江蘇淮陰	山東武城第四科	仝前
李次珊		河南阜縣	山東建設廳第五區水利督察專員	泰安
董正擧		江蘇豐縣	軍政部軍需署技士	豐縣劉元集
蔣璜	伯泉	江蘇宜興	浙江省公路局奉新路工程處	奉化六詔奉新路工程處
于霖	澤民	浙江寧海	餘姚臨山周曹段二分段	仝前
鮑得冠		浙江紹興	浙江紹興中學	紹興姚江鄉高車頭
曹振藻		浙江紹興		杭州遲月閘下九一號
李球	廣中	江西蓮化	江西省公路局	南昌江西省公路局
鄭彤文	筱安	江蘇淮安	安徽省公路局助理工程師	安徽省公路局或江蘇淮安鳳谷村
周唐	順孫	江蘇淮陰	全國經濟委員會工程員	南京廬州街七號
王鑄恣	季雅	江蘇碭山	江蘇銅山縣技術員	仝前
王元善		浙江臨海	中央軍校校舍設計委員會	南京中央軍校校舍設計委員會
曹敬康	伯平	浙江海甯	基泰建築公司	上海麥特赫司脫路1139號
俞恩炳	誦淵	浙江平湖	安慶安徽省公路局甯國蕪屯路宣甯綫蜀洪第四分段工程處	安慶安徽省公路局
俞恩炘	詞源	浙江平湖	安慶安徽省公路局淳屯路工程處	歙縣北岸鎮
邱世昌		江蘇啓東	錫滬路工程處	無錫廣勤路永安街
丁同文		江蘇東台	陝西漢白公路工程師	陝西建設廳漢白路工務所
陶振銘	滌新	浙江嘉興	安慶安徽省公路局助理工程師	仝前
徐亨道		浙江象山	奉化中南建築公司	鄞谿洋埠
姜汝璋		江蘇丹陽	常州武進中學	奔牛義市合義興號

林希成	里桐	廣東潮安	香港民生書院教員	香港九龍民生書院
劉大烈	幹生	湖北大冶	鄂北老隄段作務处	武昌糧道街宜鳳巷
鮑 達	子堅	浙江瑞安	全國經濟委員會公路處技佐	南京經濟委員會或溫州瑞安小沙堤
駱培林	墨園	山東膠縣	山東建設廳	青島東鎮姜溝路十四號
季 偉		江蘇海門	河南建設廳技佐	河南開封建設廳
馮郅培		廣西北流	梧州廣西大學助教	廣西容縣西山圩廣芝堂博
王敬之	旭心	湖南湘鄉		湖南湘鄉潊水鄉局送十五都圩上區鶴山別墅
胡嘉誼	正平	江西興國	江西公路處計粵幹線牛行至萬家埠工程段第一段段長	南昌介公廟十號
盧 堅		福建閩侯	顧建廈門特種公安局工務處工務員	顧州錫巷八號
朱德堯		浙江嘉興		嘉興北門朱聚元號
章麟祥		江蘇武進		戚墅堰恆大號
金善琪		江蘇吳江	南京中山路中南公司工程處	吳江北門五號
吳瀠生	石	江蘇鹽城	全國經濟委員會水利委員會	南京鈜湯池經濟委員會水利委員會
王壯飛		浙江奉化	軍政部營造司	南京躗倉橋東街十七號
王家棟	孝禹	江蘇吳縣	泰康行工程師	上海新聞路展慶里 B44號
曹家傑		江蘇上海	本校土木系助教	上海老北門外恆盛米號
陸時南		陝西柞水	南京陸軍砲兵學校	南京湯山炮兵學校工程處
周說禮		江蘇常熟	安徽省公路局	仝前
馬地泰		浙江鄞縣	本校土木系助教	本校
殷增綬		湖南醴陵	山東日照縣建設工程師	山東日照縣政府
周志昌	合光	江蘇江都	江蘇建設廳硫浚鎮武運河工賑處工程員	京滬綫呂城站蘇建廳運河工賑處
李慶城	壽恆	浙江鄞縣	山東桓台縣建設工程師	山東桓台縣政府
陳篤銘	澤楡	廣東台山	陝西漢白公路助理工程師	陝西建設廳轉

姓名	字	籍貫	職務	通訊處
李之俊		江蘇海門	山東博平縣建設工程師	山東博平縣政府
葛繼垣		浙江平湖	南京首都電廠	同前
沙伯賢		江蘇海門	鄂南通半工程段工程員	湖北建設廳
陳嘉生		江蘇宜興	湖北崇陽縣崇通工程段工程員	湖北崇陽縣崇通工程處
陳順德	祖煌	浙江餘姚		嘉興同源祥公司
劉瀛初		廣東南海	廣州市工務局技佐	廣州市西關蓬萊正街26號
王長祿		山東濟南	山東建設廳工程人員訓練班	濟南南新街十九號
張承杰		江蘇嘉定		南翔御駕橋李源和第一支店
朱之剛		浙江平湖	江蘇省建設廳工程員	江蘇建設廳
張立祖	敬禮	江蘇南通		南通城南別業
徐金範			南京經濟委員會	武昌中和里四號
王紹文		江蘇泰縣	上海濬浦局	上海濬浦局
許壽詥		江蘇無錫		無錫獻喜巷七號
毛宗墬	爽佩	浙江奉化	莧橋防空學校設計股	杭州莧橋防空學校
蔡寶昌	大衛	江蘇上海	江蘇建設廳	上海閘北中興路四六六號
余德杰		廣東文昌	江蘇建設廳	瓊州文昌桃花市振興寶號
周頤文		江蘇吳江		上海君毅中學
許叢瀾		江蘇青浦	江南鐵路公司調查科	蕪湖江南鐵路公司
王明達		浙江鎮海	蕪湖工務局	蕪湖工務局
魏文聚		河北天津	河南開封同蒲鐵路工程處	河南開封同蒲鐵路工程處
譚奕安		廣東新會	上海市工務局	上海市工務局
蔣德馨		江蘇崑山	杭州錢塘江橋	杭州錢塘江橋工程處
胡嗣道		江西潯陽	杭州杭江鐵路	上海光華大學轉
黎儲材		廣西貴縣	廣西省建設廳	廣西貴縣木梓信昌號

已　故　同　學

金灼經		廣東新會
許　光	伯明	江蘇江寧
馮士驥	典若	江蘇啓東
育夏德		江蘇常熟
陳式琦		浙江定海
桃邦華	伯渠	四川重慶

畢業同學調查表

　　本會爲明瞭本系畢業同學狀況，並備將來續寄本刊起見，特製此表。敬祈本系畢業同學，詳細塡明，寄交本會出版委員爲荷。

土木工程學會啓

姓　名		字	
籍　　貫			
離 校 年 期			
現 任 職 務			
最近通信處			
永久通信處			
備　　註			

　　年　　月　　日　　塡寄

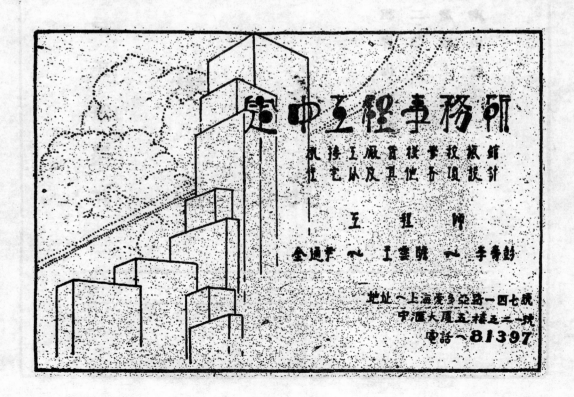
633

復旦土木工程學會

執行委員會

常務　唐允文　　文書　張孔容　　圖書　王善政

研究　張壽昌　　會計　劉　魋　　庶務　孫子培

體育　李昌熾

監察委員會

常務　王廷棟　　文書　徐震然

復旦大學土木工程學會會刊
廣告價目表

地　　位	價		目
	全　面	半　面	四分之一面
底封面之外面	五十元	三十元	不　　登
前封面之內面	四十元	二十五元	不　　登
底封面之內面	三十五元	十八元	不　　登
正　文　前	二十五元	十二元	不　　登
正　文　後	十五元	八　元	四　　元
製　版　另　議			

本期廣告索引

正文前

華字建築工程公司

久記木材公司

新民出版刷印公司

許祥泰孫記鐵工廠

正文後

康成工程股份有限公司

定中工程事務所

老胡開文廣戶氏華墨莊

635

復旦土木工程學會

出版委員會

主　席　張壽昌

總幹事　徐爲然

編　輯

王廷棟	程延昆	張紹載
唐允文	巢慶臨	徐爲然
張宗安	俞禮彬	潘維糧
楊祝孫	劉　灃	鮑傳繹
張孔容	張壽昌	葉禮發

民國二十三年十二月三十一日

復旦土木工程學會會刊

第　四　期

每冊定價大洋四角

上　海　復　旦　大　學

土木工程學會

出版委員會

637

復旦大學
土木工程學會
會　刊

第　五　期

民國二十四年八月一日

上　海

復旦大學理學院

土木工程學會

復旦土木程學會會刊

第五期　　目錄

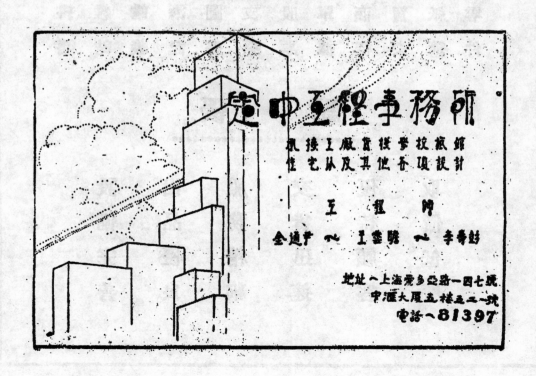
641

新民出版印版公司

（地址）上海山海關路寶興邨　　（電話）三一三八號

承　印

各種零件	各色紙簿	名片賀束	仿單商標	表冊單據	證書股票	鈔票支票	五彩圖畫	西式簿記	學校講義	報章雜誌	中西書籍

優　點

設備完善	出品優良	服務精細	交貨迅速	優待顧客	取價低廉

飛 機 場 之 設 計 與 建 築

吳　華　甫
楊　哲　明　合　著

三　飛機場之設計

I　飛機場設計之基本條件

設計飛機場，爲一種極複雜而且極縝密之工作。蓋設計時如有忽略之處，則一旦大錯鑄成，改良亦屬不易。故設計飛機場者，應具有縝密之思想，豐富之工程學識及經驗，以愼重將事，然後方可獲圓滿之效果。

設計飛機場時所應注意之基本條件甚多，概括之可分爲三種：(1)地理上之條件，(2)氣象上之條件，(3)經濟上之條件。茲將此三種基本條件分別說明之。

(1)地理上之條件　論及地理上之條件，則第一點須注意者，即飛機場址之大小及形式，在第二章第二節中，已有相當之討論。飛機場址之選擇，須根據土地面積之大小爲基礎。場址之選擇問題解決以後，即須注意於場中所有一切建築物之布置與飛機庫停車場等之設計。世界各國大都市中之重要飛機場，關於管理飛機場之建築物，如飛機場管理處 Administrative Office （與鐵路車站及管理處之性質相似），飛機庫 Hangar 以及修理處 Engineering Factor 等等之建築，必須求其設備之完全與建築之精美。

設計飛機場時所應注意於地理上之條件，已略如上述。而擇選場址所應注意者，即爲飛機場址面積之大小與在交通上之地位（指現交通之狀況與將來之發展程度而言）。至於飛機場中降落地帶之設計，亦有數種方式。(1)二路式昇降地帶 Two landing Strips，(2)四路式昇降地帶 Four landing Strips。

此外，則有八路式昇降地帶 Eight landing Strips。但實際上四路式與八路式昇降地帶之設計大致相同，故最普通之飛機場降落地帶，爲二路式與四路式兩種。設計降落地帶時，須注意場址之方向以及風向風力等等之統計。因其與飛機降落時之安全與否有莫大之關係也。

　　至於場址之大小，與飛機之大小亦有關係。故小號飛機，在飛行之前須有1000英尺之滑行然後方可以飛昇；大號飛機飛昇以前所需之滑行道，則在1000英尺以上。故飛機場中昇降地帶，最低限度之長度，必須1320英尺。因爲上述之需要，故飛機場之面積，最低不得小於40英畝。因40英畝之飛機場，最低限度，可以計劃二路式之降落地帶 Two landing Strips。換言之，卽可建築二條交义之降落地帶，其長度可各爲 1320 英尺也。參看第一圖。普通飛機場之面積，約自 100 英畝至 200 英畝。最大之飛機場，其面積亦有自 300 英畝以上至 400 英畝者。飛機場址之選擇，須注意下列兩點：

　　　1. 注意將來場址附近交通發展之趨勢；
　　　2. 場之四週須預留空地以爲將來擴展之用。

　　此外，須注意者，卽爲飛機場址本身問題之討論。從前各國對於飛機場址本身之工程，卽以求其平坦爲原則。其實此種見解，在今日已發生動搖，因爲祇求其平，則場址未嘗不美觀，但對於排水方面，卽發生困難問題。場址本身過於平坦，則場址卽失去其本身排水之效用，乃不得不假借工程上之排水方法，以爲補救之計。由此可知飛機場之初步建築工程實施時應注意者，卽爲求場址本身排水之便利，其專門致力於場址之平正者，亦非得策也。故在擇選場址時，應注意下列兩點：

　　　1. 飛機場址，須較其四週之地位稍高；
　　　2. 通常場址之坡度，爲1%至2%。

上述之兩種條件，實際上既為坡度問題，據經驗所得，1% 為適當之坡度，因其對於排水及飛機之昇降均有相當之便利。2% 則為最大之坡度，如超 2% 則為最劣之場址，必須以工程上之力量謀補救之道，方可合用。至於場址之週圍須注意者，則有下列各點：

　　1.場址不能與森林地帶相毗隣；

　　2.場址不能與高大之建築物相毗隣；

　　3.場址不能與高大之烟突相毗隣；

　　4.場址不能與最大之無綫電台相毗隣；

　　5.場址不能與其他有礙駕駛員視綫之障礙物相毗鄰；

　　6.場址不能與住宅區及工廠區相毗隣，因住宅區之炊烟與工廠區之煤

　　　烟，亦能迷惑駛員之目力。

飛機場址擇選問題中之重要事項，已如上所述。茲乃進行討論飛機場址土質問題之檢討，蓋土質之良窳，影響於場址及飛行者頗大，絕對不能忽視。如遇不良之土質，則經天雨以後，場址即呈濘泥混濘之現象，不但步履維艱，即飛機之昇降與乘客之上下，亦極感不便。故場址土質之檢查與考驗，亦為選擇飛機場址時所應切實注意之事項。土質不良之飛機場，天雨即感濘泥沒脛之苦，欲圖補救，勢非用極大之財力與工程不為功。不但此也，土質不良，則場址之排水問題，亦頗費周折。場址土質之檢查時，須注意下列各項條件：

　　1.土質之負重力須強大，且以經機輪磨擦之後，不起極大之飛塵為最

　　　佳；

　　2.土質之表層，須富含礦物質；

　　3.土質須堅實；

　　4.土質自身之排水力量須大。

飛機場址土質最良好之條件，下層必須為碎石或卵石，上層必須為粘土與砂之混合層，其厚度為自6英寸至8英寸。能如此，則場址本身之排水力量宏大，排水工程之費用，自可節省。否則，如土質鬆軟，土粒細小，則勢必遇風即塵土飛揚，遇雨則淋漓沒脛，排水工程之費用，亦必因而異常重大也。

空中交通，自較陸地與水面為便利，故飛機在交通上之地位重大，自不待言。選擇飛機場時，自宜求其與其他交通機關互相聯絡為主旨，能如此，則易收海陸空聯運之效力。此外，須注意者，為飛機場建築所用材料供給之便利，公路鐵路與港灣交通之聯貫等等。故公路鐵路與港灣等等地點之所在，亦為選擇飛機場址之良好參考也。

(2) 氣象上之條件　氣象上之條件所應注意者如下：

1. 不受氣流之影響；

2. 不受雨雪之影響；

3. 風向便利；

4. 通常航行能小於500英尺之高度。

(3) 經濟上之條件　飛機場之價值，實包括若干極重要之條件而言。吾人討論飛機場之價值，不但須注意目前經濟上之地位，尤須注意其將來經濟發展條件之估計。考察飛機場建築之經費，須注意者：(1) 最近之地價與利潤；(2) 將來之地價與利潤；(3) 建築之經費與利息；(4) 管理費及利息；(5) 場址中之一切公用設備費與利息；(6) 預備費；此六項費用，為建築飛機場所必須籌劃者。預備費一項，即為砍伐樹木與拆除各項建築物而列。其他如挖土與填土等工程，亦為建築飛機場之極大支出；至於排水工程，亦佔經費之重要部份，如不得經驗豐富之工程師主持其事，則所費當更可觀也。

II，四分圓式飛機場之設計

　　四分圓式飛機場，在設計上有種種便利，即能以最低限度場址之面積而能建築最良好之飛機場也。如第一圖所示，四分圓式之飛機場，可建築昇降道八條，再將八條昇降道中，各以交通棧連聯之，則可築成往來縱橫且有規律之昇降道十六條，在此十六條昇降道中，其最短之路棧，長度亦有3,500 英尺。因場址為四分圓之面積，則昇降道之計劃，可用幾何上等分弧作棧之方法以為設計之基本原則。蓋計劃時，可用圓規自中心點作四分圓，再將四分圓之弧分為四等分，各作半徑與圓心相連接，即得五條放射式之昇

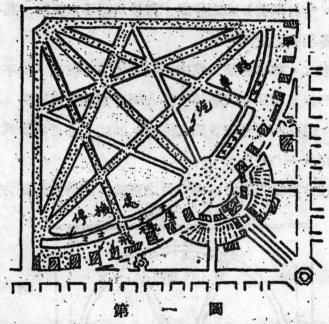

第　一　圖

降棧，各棧與圓心所成之中心角，皆為$22\frac{1}{2}°$。再自弧之兩端，各作$22\frac{1}{2}°$之昇降棧兩條，如此縱橫聯絡，全場即得昇降棧十六條。故在四分圓式之飛機場，八條昇降棧之交通系統，絕對適用，且對於風向亦無須顧及，故對於飛機之昇降，均有極大之便利也。

　　四分圓式飛機場之設計，遇必要時，可將十六條昇降棧改為八條，蓋將$22\frac{1}{2}°$二倍之，即得$45°$，角度既大至二倍，即昇降棧即可減少一倍。故此種

方式，對於昇降綫路之設計，有自由伸縮之餘地，爲其他各式飛機場之所不及。不但如此，四分圓式之飛機場昇降綫設計，汽車運輸之道路，在場亦得分布平均，尤屬難能而可貴。

III 正方形式飛機場之設計

今日之談飛機場之設計與建築者，莫不先行注意於各項飛機之形式與大小以及航空效能等等之研究。蓋飛機場之使命，即爲便利飛機之昇降與保藏以及旅客與貨物運輸之便捷，其功用與鐵路之火車站，輪船之碼頭以及公路之汽車站相等。今日歐美各國之專家，對於飛機場之設計，莫不用盡精神與腦力，以期獲得美滿之效果。

飛機場之形式，在本書第二章中，已有相當之討論，即不外乎三角形，長方形，正方形以及四分圓式等等。吾人研究飛機場之設計，不可不根據各國已有之實例，但亦不可墨守各國之陳規。如此，則有如岳武穆之論兵法，所謂應用之妙存於一心是也。

正方形與長方形之飛機場爲極普通之形式，茲特先以正方形爲研究設計

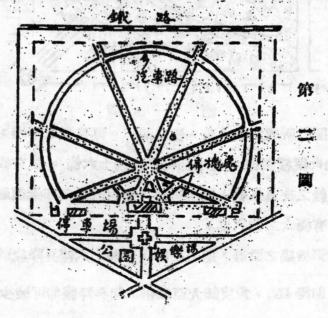

第二圖

之實例。至於長方形飛機場之設計，當於下節說明之。如第二圖所示，正方形之飛機場，有昇降綫八條，以揚之中心爲交通之中心，此種昇降綫聯絡之方式，實以便利風向爲原則。雖爲一種理想上之設計，亦易於見諸實施。

其他如飛機場中所應有之各項公共建築物位置之設計，如管理處之辦公室，飛機庫，飛機修理廠，機械電力以及消防處，商用飛機庫，公共候機場，旅館及公共汽車站，宿舍及停車場等等，均一一詳細註明於平面圖中。此外，如公園，運動場等等，亦爲飛機場中應有之公共建築，亦均於圖中詳示其地址之所在。

正方形飛機場設計之實例，除上述者外，另有一種設計之方式，亦頗新穎而富於興趣。如第三圖所示，爲初步設計之工作，蓋卽利用幾何學作圖之方法，設計正方形之飛機場，具有昇降綫六條。第四圖所示，則爲設計完成之平面圖，與上述之正方形飛機場相比較，則上圖之昇降綫作放射式；此圖

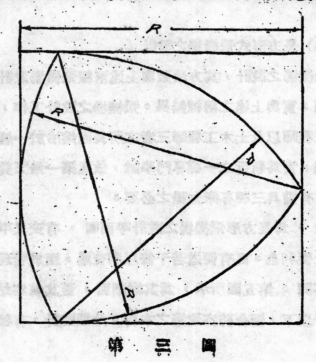

第 三 圖

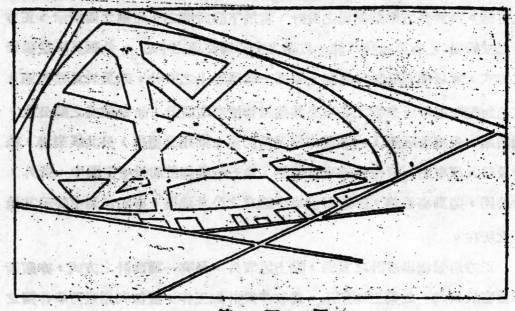

第　四　圖

之昇降線則採取交叉聯絡三角形式。以風向之便利而論，則以此圖之設計爲較佳也。

(4) 長方形式飛機場之設計

長方形式飛機場之設計，其方法雖與上述兩種飛機場設計之方式不同，但其設計之原則，實與上述之兩種無異。飛機場之設計工作，實集合都市計劃專家，建築工程師以及土木工程師三者之所長而熔冶於一爐。故飛機場之設計與建築工程，實爲新近之一種專門學識，故建築一最完美之飛機場者，在設計之初，實有備其三種專家知識之必要。

第五圖所示，爲長方形飛機場之設計平面圖，有交叉平行之昇降線八條，爲求風向之便利也。更有便道若干條以利交通，至於管理處之設計，則與上述之兩種不同。第五圖所示，爲其縱斷面，蓋其航空站及飛機庫之建築，均在地平行以下，極合防空建築之本旨。此種設計，有種種之便利，茲分別舉之如下：

1. 可以減低建築物之高度；

2. 可以節省建築費；

3. 可以使旅客於飛機昇降時，從容自隧道中出入，隧道交通，又分為

出入兩道，故旅客絕對不受擠擠之苦且可以順序進行；

4. 管理便利。

其他如飛機場中一切之公共建築物之位置，均詳註圖中，以供參閱。

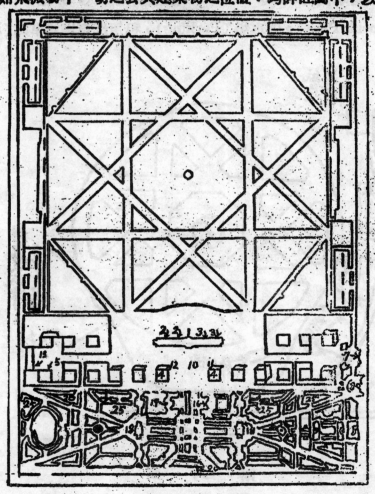

第　五　圖

1.旅客之過道　2.旅客上機之站台　3.旅客下機之站台　4.飛機庫　5.專用
及小號機之機庫　8.鐵路車站 10.隧道 11.旅客出站之隧道 12.旅客入站之
隧道 16.旅館 17.公共汽車站 18.公共娛樂場 20.無線電台 25.汽車停車場

V　圓形式飛機場之設計

圓形式飛機場之設計，如第六圖所示，其交通綫路，除一大圓道以外，則有交叉平行之昇降綫八條，蓋亦本諸風向便利之原則而設計者。

圓形式飛機場之四周空地之面積，以四角空地之面積為較大。設計時亦可利用此種空地，以為建築之用。如第六圖所示，左為住宅區，右為工業區；其他如航空學校（Flying School），航空俱樂部（Flying Club），娛樂園（Amusement Park），停車場（Parking），租用汽車場停車處（Parking,

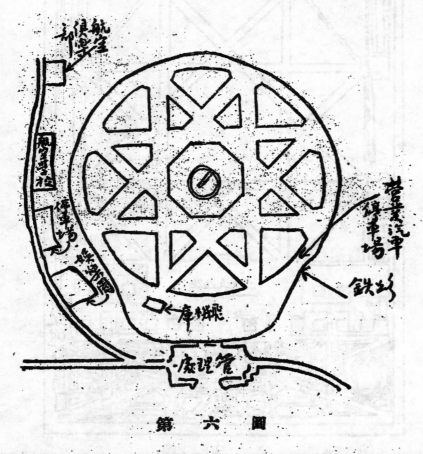

第　六　圖

Small Concession）等等，亦均利用場之四週空地以建築，亦為圓形式飛機場之特色。其附近工業區，則有鐵路以利交通。

四　飛機場之建築

I　場址

飛機場建築工程之初步，即為確定場址設計之方式。場址設計方式確定以後，即為擬定飛機場之全部建築計劃：如場址形式與面積之規定，飛機庫地位之選擇以及其他各種公用建築物位置之配布等等，均有待於詳細之商討與縝密之規劃，初非貿然從事所能奏效。尤須注意者，即為場址之初步整理時，必須注意全場之坡度以為場址本身發揮其排水能力之計。

飛機場中降落地帶 Landing Strips 與降落地面 Landing Area 之設計，當觀飛機場面積之大小與飛機場本身所具之各種情形以為定計之眼本（如飛機場交通之繁簡，飛機航行之便利等是）。就普通之情形而論，最低限度之飛機場面積，須自場之中心，向四方放射 1000 英尺長之降落地帶；或規定此降落地帶每條寬度為 400 至 500 英尺，長度為 1000 英尺。美國商務部 Department of Commerce 特根據飛機場址之大小與降落地帶之數目，將飛機場分為下列四等。

飛機場之等級表

飛機場之等級	全部面積用作降落地帶	僅局部可用作降落地帶
第一等飛機場	任何方向有 2,500 英尺之降落地帶	四路式降落地帶，各長 2,500 英尺，其交叉成 40°（降落地帶寬度為 500 英尺，以下均一樣）
第二等飛機場	任何方向有 2,000 英尺之降落地帶	四路式降落地帶，各長 2000 英尺，其交叉或輻合成 40°。二路式降落地帶，各長 3,000 英尺，最低限度之交叉或輻合成 40°

653

| 第三等飛機場 | 任何方向有1,600英尺之降落地帶。 | 四路式降落地帶，各長1,600英尺，最小角度為40°；或二路式降落地帶，各長2,500英尺，最小角度為40°。 |
| 第四等飛機場 | 任何方向有1,320英尺之降落地帶 | 四路式降落地帶，各長1,320英尺，最小角度為40°；或二路降路落地帶，各長1800英尺，最小角度為60°。 |

　　飛機場之等級及場址之大小與降落地帶之寬度與長度，已詳列於上表。表中所列者，其場址約在海拔1,000英尺以內，如場址之海拔較高，則場址必須加大，庶可減低空氣之密度。茲將美國商務部所規定之標準，列表如下：

場址高於海平(英尺)	增加之面積(%)
1,000	5
2,000	10
3,000	18
4,000	27
5,000	38
8,000	90
10,000	145

　　上表所列場址增加面積之數目，係皆指通常之場址而言。如場址過高，則又有下表中之規定：

場址高於海平(英尺)	增加之面積(%)
1,000	7.3—1
2,000	7.7—1
3,000	82.—1
4,000	88—1
5,000	97—1
8,000	13.8—1
10,000	17.8—1

第七圖　　第八圖　　第九圖　　第十圖

　　如場中之降落地帶決定以後，即須注意風向問題，因風向與降落地帶之方式（如二路式四路式等是）有密切之關係。降落地帶之佈置，大致不外乎四種，如第七圖所示，為兩條交叉之降落地帶；第八圖所示，為四條車輻之降落地帶。此兩種方式，為美國商務部所規定。第九圖與第十圖所示，為最通常降落地帶所採用之方式。如場址祇能設二路式之降落地帶，則必有一路降落地帶與風向相同。具有此種情形者，降落地帶之方式，以採用第七圖及第九圖所示之方式為最適宜。

　　飛機場中降落地帶之方式，已如上所述。茲乃進而作飛機庫 Hangar 以及其他建築物設計之討論。在小規模之飛機場，則建築一飛機庫已足應用，此種小飛機庫之面積，為60′×60′方英尺已足，因3,600方呎之飛機庫，除可以貯藏三架輕便飛機以外，尚可以其多餘之面積，供設立辦公室及修理廠之用。如在規模較大之飛機場，則飛機庫之建築面積必須加大，方足敷應用。至於規模最大設備齊全之飛機場，公共建築物，如辦公室，待機室，清潔室，行李室，圖書室，餐室，宿舍，駕駛員宿舍以及休息室等等，莫不應有盡有。其設備之完全及管理之周到，與鐵路之火車站相較，實有過之無不及也。

　　飛機場中公共建築物位置之選擇問題，必須首先注意者，即為對於飛機之昇降，不能有絲毫之障礙。換言之，即以不礙飛機之昇降為原則。建築管理處，則對於位置之選擇，須求其地點適中：一方面不礙飛機之昇降，一方面須能將全場景物，一律置於瞭望之下，則庶乎可以控制全場而便於管理。其他各種建築物，如飛機庫修理廠等等之位置，亦須求其與管理處能採取切實之聯絡，同時亦須注意其對於場外交通之便利。此外，飛機場中，亦須預留相當之空地，以備將來發展時擴充各項建築物之用。其他如停車場以及出租地帶之設計，亦須預先加以籌劃。一言以蔽之，飛機場中各項建築物之計劃與實施，須以經濟與美觀為必要之條件。

II．飛機場址及建築物

飛機場中各項設備應具之條件決定以後（如降落地帶，管理廳，飛機庫以及修理廠等等），即須開始計劃建築場址之工作，如場址坡度之決定與場面排水之設施，即為建築場址之初步工程。在初步工程開始之際，即須整理場址，填挖土方，在此工作期間，場址中原有之建築物，墳墓以及樹木等等，必須遷移，以求場址之坡度與原定之計劃相符合為原則。最劣之場址建築工程，即為建築一塊極平坦（水平）之面積，因其不便於場址本身天然排水力之發揮也。故飛機場之坡度，以1%為最佳，2%則為最劣之坡度矣。

在建築場址坡度工作開始之時，即須將全場之排水計劃系統，同時實施，以求工程之迅速與經費之節省。此種排水工程系統之實施，實負有兩大使命：(1)求飛機場場址本身排水之便利；(2)求飛機場中各項建築物排水之便利。換言之，即求全場之下水道工程，作有系統之完成。

飛機場場址之建築工程，對於飛機昇降時，須給予駕駛員以飛行之便利。此種便利，即為減低飛機場中灰塵之飛揚，以避免迷惑駕駛員之目力。故最好之飛機場，除建築極完善之降落地帶及跑道外，全場須密鋪草皮，以減少灰塵之飛揚。草皮之功用，除避免灰塵飛揚以外，尚有保護土質堅實之能力。因鋪植草皮後，草根即深入土中也。鋪植草皮之方法，為鋪蓋草皮與種植草子兩種。但此兩種方法，皆不甚經濟。鋪蓋草皮，必須預備密生青草之薄土塊，一一鋪植全場，如此，即以最低之價值計算，每方尺價銀一角，則鋪植全場，為數亦必可觀。種植草子，必須將一塊廣大之場址，全部佈種，佈種後，必須經長時間之經營及培補，然後可獲美觀。故最好之方法，即在經營場址之初步工程時，對於場址中原有之草地，加以整理與補植，則可以極廉之工價而獲美滿之成功。

　　草皮鋪植完成以後，必須有極完備之管理與保養。否則，一任飛機輪之研札，則結果勢必不堪設想，尤以在久雨初晴場濕未乾之時，不但草皮易受機輪之踩躪，即場址之常態，亦必因之而受影響。故舖築草皮之飛機場，必須於場中設置顯明之標識以防止機輪之研札，同時改進場中之跑道 Runway 及降落地帶，以便飛機之昇降。

　　飛機庫之設計與建築，亦爲建築飛機場之重要工作。茲先討論其位置，然後再論其建築之方法及設計之原理。良以飛機庫爲貯藏飛機之處所，其重要與管理處之建築相伯仲。故其位置之選擇亦頗重要。各國飛機場中飛機庫之位置，大都在飛機易於在高空瞭望之處，取其便利飛機之降落也。

　　規模較備之飛機場，飛機庫之位置，常面臨跑道或降落地帶，同時佔跑道及降落地帶之終點，所以如此者，在使駕駛員易於尋覓而使飛機之易於駛進機庫也。

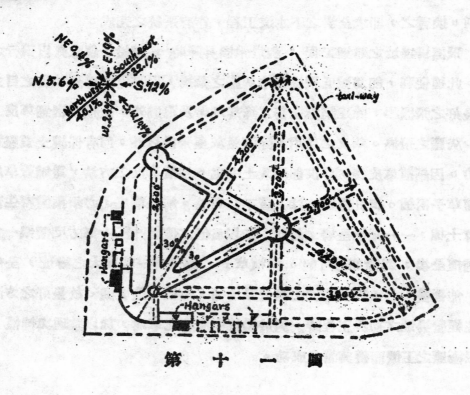

第　十　一　圖

　　根據上述各節之討論，則有飛機場建築之平面圖一幅，以供參考。第十一圖所示，為聖保爾 St. Paul 飛機場之平面圖，圖中將降落地帶與跑道之組織，作三角形。其實綫所示之部份，為已經建築成功之部份；虛綫所示之部份，為預定將來發展之建設計劃。

　　　　III　飛機場之標誌

　　飛機場中所應設之標誌，其目的在使翱翔空中之駕駛員，得識別飛機場場址之所在。飛機場標誌之種類甚多，如風向標誌，管理處最高層所設之標誌，場之四周所設之標誌，跑道及降落地帶所設之標誌等等，其目的除風向標誌以外，大都為給予駕駛員在空中得知場址之所在而便於降落。此外，場中所應設備極重要之標誌，則為於場中適中之地點，建築一極大之圓環，其最低限度之直徑為100英呎，圓環周綫之寬度最低限度為4英呎，以混凝土或碎石及卵石為建築材料。此種圓環標誌，在任何情形之下，必須保持其潔白之常態，以便於識別。飛機場建築物之房屋頂上，須用白色之油漆，書明都市及飛機場之名稱；或將此種名稱，註明於圓環之附近。

　　飛機場場址周圍標誌之設立，亦頗重要，通常皆用極經濟之方法以建築

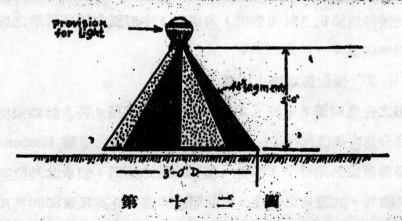

第　十　二　圖

之。建築之方式，則有兩種；一種為直徑4英呎之圓環，每隔300英呎建築一個；一種即於場之四周，每隔若干距離，舖築白色之平面。但此兩種標誌，

在高空中均不易於辨別。故最近新式之標誌，爲一圓錐體、如第十二圖所示。底部直徑爲36英寸，高度爲24英寸，此圓錐分爲八面體，各面間塗黃黑兩色頂端即安裝電燈，各面所成之角度爲45°。

飛機場中風向標誌設備之方式頗多，但通常所用者，爲丁字形之風向標誌，如第十三圖所示，爲用薄金屬片製成，各部份之呎寸，均一一註明於圖中，此爲美國商務部所規定之標準丁字形風向標誌。此種裝置，極爲靈活，

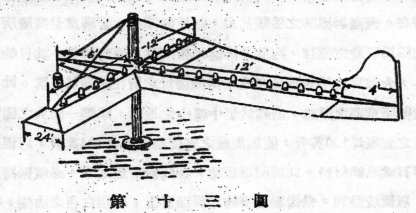

第　十　三　圖

得隨時指示風向之變更。丁字形標誌上安設電燈多盞，即在夜間，亦能藉電燈之力使駕駛明瞭風向之所在。如欲求風向之傳播迅速，可用無綫電報告，俾駕駛員於接得無綫電風向報告後，與場中丁字形風向標誌所示之風向相比較，則更爲準確也。

III 飛機場之燈火設備

飛機場之交通頻繁，則燈火之設備問題亦極重要。吾人討論飛機場之燈火設備，可分爲兩部份進行：一部份爲討論飛機場中之燈臺 Beacon 建設問題，一部份爲討論公用電燈之裝置。燈臺建設之原則，須求其地位適當，在高空中容易識別，其燈光之強度，須能照澈高空 500 英尺至2000英尺。燈臺之建築式樣有兩種：一種爲固定之燈臺，一種爲活動之燈臺。燈光則以白色爲最適宜，燈光支數至少爲1,000至1,500,000支。

場中之公用電燈。通常於飛機場四周，安設電燈，最大之距離為每隔100英尺，須安設一盞，至於面積較大之飛機場，電燈之距離，最大不得過40英尺。飛機場中之降落地帶，尤須有電號之裝置。降落地帶電燈裝置，通常皆為一迴光鏡附以100瓦極明亮發光2,000,000支燈光之電燈，並須設備自動之掉換裝置，即燈泡損壞時，可以自動掉換新燈泡。降落地帶所設置之標燈，其光綫之放射須作扇形，務使照徹通明，以引飛機安全降落。故降落地帶所用之電燈，為一種特別裝置，非普通商用電燈所能勝任。至於飛機場四周所用之電燈，即為通常之商用電燈，祇須求其光綫充足，使瞰映員於高空中得悉飛機場之所在而已。

飛機場之燈火設備，在航空學上稱為夜光系Night Lighting System 在此系統下之燈火設備，分為下列數種：

1. 飛機場四周所用之電燈；

2. 強光燈——設於降落地帶；

3. 風向指示燈——用發光信號以指示風向！

4. 照雲燈——以極強之電燈光，透澈雲層，予瞰映員以飛行或降落之號誌；

5. 信號燈——通常指示飛行或降落之信號，或於飛機過站時，臨時予以航行方面之警告；

6. 其他附屬燈。（完）

飛機場之設計與建築，為新興工程中最饒興趣之問題，著者曾將其一部份，發表於上期會刊中。茲特寫讀完，俾讀者得略知其大概，並希各位同學，加以指正。將來擬將此稿擴充，另印單行本。惟以人事紛繁，此種計劃之實現，尚須假以時日耳。

二十四年六月十六日，著者自識。

弧形路綫土方計算法

(CORRECTION FOR CURVATURE)

馬　地　秦

計算土方，常用平均面積法，施以 Prismoidal correction ；其所觀察者，兩端底面爲並行，但曲綫處之橫斷面爲與曲綫垂直而不相並行。故用常法計算，不得精確，於是有所謂 Curvature correction 。雖爲數極微。理論却甚重要。普通書籍，論焉不詳；爰據 Thomas U. Taylou 之 "Prismo Formulae and Earthwork" 譯述之。惟原書錯誤殊多，簡略處尤難明瞭，試補其缺而正其誤；復改英尺制爲公尺制，特製圖表，以備實用。

圖1.　E'ECDH爲挖土，E'E爲路寬，E'H與EC爲邊坡 (Side Slope)。令E'E＝2a，S＝邊坡之坡度，CT＝h，ET＝sh，AD＝c，HQ＝h'，E'Q＝sh'，d＝AT＝a＋sh，d'＝AQ＝a＋sh'

設第一底面諸坐標爲h_1，sh_1，c_1，h_1'，sh_1'；中橫斷面爲$h_{\frac{1}{2}}$，$sh_{\frac{1}{2}}$，$c_{\frac{1}{2}}$，$h'_{\frac{1}{2}}$，$sh'_{\frac{1}{2}}$；第二底面爲h_2，sh_2，c_2，h'_2，sh'_2；任何橫斷面與第一底面相距 x 之坐標爲hx，shx，cx，h'x，sh'x。

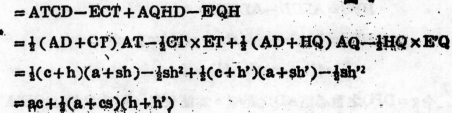

圖 1

F'ECDH之面積K可求得爲

面積E'ECDH ＝ AECD ＋ AE'HD

$\qquad = ATCD - ECT + AQHD - E'QH$

$\qquad = \frac{1}{2}(AD + CT)AT - \frac{1}{2}CT \times ET + \frac{1}{2}(AD + HQ)AQ - \frac{1}{2}HQ \times E'Q$

$\qquad = \frac{1}{2}(c + h)(a + sh) - \frac{1}{2}sh^2 + \frac{1}{2}(c + h')(a + sh') - \frac{1}{2}sh'^2$

$\qquad = ac + \frac{1}{2}(a + cs)(h + h')$

$$= \tfrac{1}{2}c(d+d')+\tfrac{1}{2}a(h+h')=K \text{。}$$

令 g=橫斷面 E'ECDH 之重心距 DA 之距離。連接 AC與AH，分之使成

數三角形。諸此三角形之面積各為

$$ADC=\tfrac{1}{2}c(a+sh) \text{，} \qquad ADH=\tfrac{1}{2}c(a+sh') \text{。}$$

$$AEC=\tfrac{1}{2}ah \text{，} \qquad AE'H=\tfrac{1}{2}ah' \text{。}$$

其重心在

$$ADC \text{ 之重心距 } AD \text{ 之距離}=\tfrac{1}{3}(a+sh) \text{；}$$

$$ADH \text{ 之重心距 } AD \text{ 之距離}=\tfrac{1}{3}(a+sh') \text{；}$$

$$AEC \text{ 之重心距 } AD \text{ 之距離}=\tfrac{1}{3}(2a+sh) \text{；}$$

$$AE'H \text{ 之重心距 } AD \text{ 之距離}=\tfrac{1}{3}(2a+sh') \text{。}$$

取對於E'ECDH之重心之力率 (Moments)，得

$$\frac{c}{6}(a+sh)(a+sh-3g)+\frac{a}{6}h(2a+sh-3g)$$

$$=\frac{c}{6}(a+sh')(a+sh'+3g)+\frac{a}{6}h'(2a+sh'+3g)$$

$$g=\frac{1}{6k}(h-h')[2acs+s^2c(h+h')+2a^2+as(h+h')]$$

$$=\frac{1}{6k}(h-h')(cs+a)[2a+s(h+h')]$$

設二邊坡相交於O。三角形OEE'永不變易。AO=a/s. 作直線 HP 並行於

EE'。則

$$AE'HD = AEPD \text{。}$$

$$DPC = AECD - ADHE' \text{。}$$

面積$DPC = \tfrac{1}{2}[a(h+c)+shc-a(h'+c)-sh'c]$

$$=\tfrac{1}{2}(a+sc)(h-h')=K$$

令 g=DPC之重心距AD之距離。為簡便計，引入 OAE與OE'A，而取對

於 OD 之力率。得

$$\frac{g}{2}(a+sc)(h-h') = \frac{1}{6}\left(c+\frac{a}{s}\right)(a+sh)^2 - \frac{1}{6}\left(c+\frac{a}{s}\right)(a+sh')^2$$

$$g = \frac{1}{3}[2a+s(h+h')] = \frac{1}{3}(d+d')$$

圖2. 13爲曲綫之中綫，2674爲外邊坡與地面之相交綫，9s爲內邊坡與地面之相交綫。

設該二橫斷面92與4s在中心 O 成角 m。假設65爲中間一橫斷面與第一斷面成角θ則

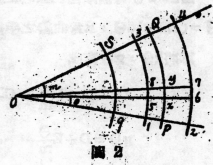

圖 2

$$c\theta = c_1 + \frac{\theta}{m}(c_3 - c_1),$$

$$h\theta = h_1 + \frac{\theta}{m}(h_3 - h_1),$$

$$h'\theta = h'_1 + \frac{\theta}{m}(h'_3 - h'_1)。$$

爲更便計，令 $c_3 - c_1 = e$，$h_3 - h_3 = n$，$h'_3 - h'_1 = n'$，$h_1 - h'_1 = f_1$，$h_3 - h$ $= f_3$。復令 $K\theta$ 爲荐橫斷面O6上的三角形DPC之面積，則

$$K\theta = \frac{1}{2}(a+sc\theta)(h\theta - h'\theta)$$

$$= \frac{1}{2}\left(a+sc_1 + \frac{s\theta}{m}e\right)\left[f_1 + \frac{\theta}{m}(n-n')\right]$$

$$= \frac{1}{2}f_1(a+sc_1) + \frac{\theta}{2m}[sef_1 + (n-n')(a+sc_1)]$$

$$+ \frac{se\theta^2}{2m^2}(n-n')$$

$$3g\theta = 2a+s(h\theta + h\theta')$$

$$= 2a+sh_1+sh_1' + \frac{s\theta}{m}(n+n')$$

665

同樣可證明任何其他橫斷面積爲 $\frac{\theta}{m}$ 之二次函數，其重心距中線之距離爲 $\frac{\theta}{m}$ 之一次函數。

由 Pappus 氏定理吾人知一面積繞其平面上一軸旋轉而成的體積等於此面積乘其重心之過程。

圖2. Pθ爲橫斷面之重心之過程，xy爲重心過程之一極小部分＝ds＝ox dθ＝(R＋g)dθ，R爲曲線之半徑05，g爲重心距中線之距離sx。

再將kθ，gθ寫成

$$k\theta = A + B\frac{\theta}{m} + C\frac{\theta^2}{m^2} \dots\dots\dots(A)$$

$$g\theta = D + E\frac{\theta}{m} \dots\dots\dots(B)$$

則

$$dv = k\theta(R+g\theta)d\theta = \left(A+B\frac{\theta}{m}+C\frac{\theta^2}{m^2}\right)\left(R+D+E\frac{\theta}{m}\right)d\theta$$

$$= \left[\left(A+B\frac{\theta}{m}+C\frac{\theta^2}{m^2}\right)(R+D) + E\left(A\frac{\theta}{m}+B\frac{\theta^2}{m^2}\right.\right.$$
$$\left.\left.+C\frac{\theta^3}{m^3}\right)\right]d\theta$$

$$v = \int dv = \int_0^m \left[\left(A+B\frac{\theta}{m}+C\frac{\theta^2}{m^2}\right)(R+D) + E\left(\bar{A}\frac{\theta}{m}\right.\right.$$
$$\left.\left.+B\frac{\theta^2}{m^2}+C\frac{\theta^3}{m^3}\right)\right]d\theta$$

$$= \left[(R+D)\left(A\theta+\frac{B\theta^2}{2m}+\frac{C\theta^3}{3m^2}\right) + E\left(\frac{A\theta^2}{2m}+\frac{B\theta^3}{3m^2}+\frac{C\theta^4}{4m^3}\right)\right]_0^m$$

$$= (R+D)\left(Am+\frac{Bm}{2}+\frac{Cm}{3}\right) + E\left(\frac{Am}{2}+\frac{Bm}{3}+\frac{Cm}{4}\right)$$

$$Rm\left(A+\frac{B}{2}+\frac{C}{3}\right) + Dm\left(A+\frac{B}{2}+\frac{C}{3}\right) + Em\left(\frac{A}{2}+\frac{B}{3}+\frac{C}{4}\right)$$

$$= l\left(A + \frac{B}{2} + \frac{C}{3}\right) + \frac{Dl}{R}\left(A + \frac{B}{2} + \frac{C}{3}\right) + \frac{El}{R}\left(\frac{A}{2} + \frac{B}{3}\right.$$

$$\left. + \frac{C}{4}\right) \cdots\cdots\cdots\cdots\cdots\cdots\cdots\cdots(C)$$

$$\therefore\ l = Rm$$

於(A)(B)二式中，次第使 $\theta = 0$，$\frac{1}{3}m$，$\frac{2}{3}m$，以及 m，得

$$K_1 = A，\qquad\qquad\qquad g_1 = D，$$

$$K_{\frac{1}{3}} = A + \frac{B}{2} + \frac{C}{4}，\qquad\qquad g_{\frac{1}{2}} = D + \frac{1}{2}E，$$

$$K_{\frac{2}{3}} = A + \frac{2B}{3} + \frac{4C}{9}，\qquad\qquad g_{\frac{2}{3}} = D + \frac{2}{3}E，$$

$$K_2 = A + B + C，\qquad\qquad g_2 = D + E。$$

於是

$$K_1 + 2K_{\frac{1}{2}} = 3A + B + \frac{1}{2}C。$$

$$K_2 + 2K_{\frac{1}{2}} = 3A + 2B + \frac{3}{2}C。$$

$$g_1 + g_2 = 2g_{\frac{1}{2}}。$$

若面積 $K\theta$ 爲依直綫進行者，

$$Kx = A + Bx + Cx^2。$$

其所造成之體積

$$Vs = \left(A + \frac{B}{2} + \frac{C}{3}\right)l。$$

所以因曲綫而起之校正 C 爲 (C) 式之末二項。

$$C = \frac{1}{R}\left[D\left(A + \frac{B}{2} + \frac{C}{3}\right) + E\left(\frac{A}{2} + \frac{B}{3} + \frac{C}{4}\right)\right] \cdots\cdots\cdots(F)$$

$$= \frac{1}{R}\left[AD + \frac{BD}{2} + \frac{CD}{3} + \frac{AE}{2} + \frac{BE}{3} + \frac{CE}{4}\right]$$

$$= \frac{1}{6R} \left[K_1 g_1 + 4K_{\frac{1}{2}} g_{\frac{1}{2}} + K_2 g_2 \right] \cdots\cdots\cdots\cdots\cdots\cdots (D)$$

$$= \frac{1}{6R} \left[K_1 g_1 + 2K_{\frac{1}{2}} (g_1 + g_2) + K_2 g_2 \right] \cdots\cdots\cdots\cdots (E)$$

(D)，(E)二式甚易記憶，因各與牛頓氏角疊公式（見復旦土木工程學會會刊第四號第三頁公式1）與三力率公式二著名公式極相類似。

(F) 式可改寫成

$$C = \frac{1}{4R} \left[AD + 3 \left(A + \frac{2}{3}B + \frac{4}{9}C \right) \left(D + \frac{2}{3}E \right) \right] + \frac{1}{36R} EC$$

$$= \frac{1}{4R} \left[K_1 g^1 + 3K_{\frac{1}{2}} g_{\frac{1}{2}}^1 \right] + \frac{1}{36R} EC \text{。}$$

故如 C＝0，得一二項式。又如 Kθ 為 $\frac{\theta}{m}$ 之三次函數如

$$K\theta = A + B\frac{\theta}{m} + C\frac{\theta^2}{m^2} + F\frac{\theta^3}{m^3},$$

$$g\theta = D + E\frac{\theta}{m},$$

同樣可得

$$C = \frac{1}{6R} \left[K_1 g_1 + (4K_{\frac{1}{2}} g_{\frac{1}{2}}) + K_2 g_2 \right] - \frac{1}{120R} EF \text{。}$$

圖1，四邊形OHDP之重心在中線DA上，其所造成之體積，無須校正。所以校正之起，由於三角形DPC。

令g＝OHDC之重心距OD之距離，取對於重心之力率，

$$\frac{1}{3}(a + sh' + 8g)\frac{1}{2}\left(c + \frac{a}{s}\right)(a + sh')$$

$$= \frac{1}{3}(a + sh - 3g)\frac{1}{2}\left(c + \frac{a}{s}\right)(a + sh) \text{。}$$

得

$$g=\frac{1}{3}(sh-sh')\text{。}$$

$$\text{面積 OHDC}=K=\frac{1}{2}(c+\frac{a}{s})(2a+sh+sh')\text{。}$$

假定此面積不變，

$$dv=\frac{1}{2}(c+\frac{a}{s})(2a+sh+sh')(R+g)d\theta\text{。}$$

$$\therefore V=\int_0^m\frac{1}{2}(c+\frac{a}{s})(2a+sh+sh')(R+g)d\theta$$

$$=\frac{m}{2}(c+\frac{a}{s})(2a+sh+sh')(R+g)$$

$$=\frac{1}{2}(c+\frac{a}{s})(2a+sh+sh')+\frac{1}{6R}(c+\frac{a}{s})(2a+sh+sh')$$

$$(sh-sh')$$

$$=\frac{1}{2}(c+\frac{a}{s})(2a+sh+sh')[1+\frac{sh-sh'}{3R}]$$

$$=lK[1+\frac{sh-sh'}{3R}]=lK[1+\frac{d-d'}{3R}]$$

此爲OHDC所造成之體積，應減去OEE'所造成之體積，若令OEE'之面積爲K'，得ECDHE'所造成之體積

$$=l[K(1+\frac{sh-sh'}{3R})-K']$$

若地面近中心一方高，(sh-sh')爲負，應相減。此公式初見於John Warner 之"Earthwork"，而爲Rankine所改過化簡者也。

圖3，789爲中綫，O爲曲綫之中心，123爲內邊坡與地面之相交綫，678 爲外邊坡與地面之相交綫。

在7，8，9三點，垂直於曲綫的橫斷面爲16，25，34。但如取垂直於弦 78，89，的橫斷面，得BA，CD，FE，以及GH。

7與8間之體積，即是16與25二橫斷面所包含之體積。如母面（generating area）相等，此體積亦等於 AB與FE 間之體積。

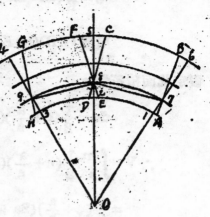

圖 3

如用垂直於弦的橫斷面以計算體積，多取D8E而捨棄 F8C。在 7 處，則取17A而棄76B。若地面水平，此等面積與體積，適互相抵。因弧DE與FC既極短，可視作相等二直線；而在平地上，85＝28。

從圖1，可見校正之起，由於三角形 DPC，Henck 假設此三角形從8C轉至8F 所產生之體積為一角臺，誘得一極簡公式。今易其法而行之，可得一更簡者如下。

因與半徑等長之弧所含之中心角，約為57.3°，曲線每站為20公尺，故

$$D : 57.3 = 20 : R。$$

倘7b＝89＝20公尺，（圖3），角F8C＝曲度D°＝$\dfrac{D}{57.3}$ rad.＝$\dfrac{20}{R}$。

$$\therefore \ FC = F8C \times 8C = \frac{D}{57.3}(a+sh) = \frac{20}{R}(a+sh) = \frac{20d}{R}。$$

$$DE = \frac{D}{57.3}(a+sh') = \frac{20}{R}(a+sh') = \frac{20d'}{R}。$$

DPC之面積＝$\frac{1}{2}(a+cs)(h-h') = K。$

DPC之重心過程＝$F8C \times g。$

$$= \frac{20}{R} \times \frac{2a+sh+sh'}{3} = \frac{20}{3R}(d+d')。$$

$$C = \frac{20}{6R}(a+cs)(h-h')(d+d')$$

$$= \frac{20}{3R}K(d+d') = \frac{20}{3R}KW \ \cdots\cdots\cdots\cdots \ \cdots\cdots\cdots(G)$$

$$= \frac{20KWD}{3 \times 57.3 \times 20} = \frac{KWD}{3 \times 57.3} \quad \cdots\cdots\cdots\cdots\cdots \quad (H)$$

由此二式，可知曲綫校正，與半徑R成反比例，或與曲度D成正比例。故如假定R爲100求K，W各數值之C；

$$C = \frac{20}{300} KW。$$

如W＝5公尺，K＝120方公尺，得C＝40立方公尺。連接(0,0)與(120,40)二點，得綫5；同理同法，完成圖4。例如有曲綫半徑800公尺，路寬10公尺，橫斷面積30方公尺，從圖4，由綫10，得相當於K爲30之縱坐標20，以3除之，得校正爲 6.666 立方公尺。

再如假定D爲1°，求K，W各數值之C；

$$C = \frac{KW}{17.19}$$

如W＝10公尺，K＝150方公尺，∴C＝8.726立方公尺，連接(0,0)與(150, 8.726)得綫10；如此假定W次第爲2，爲4，爲5，……便得綫2，綫4，綫5，……而完成圖5。若D非爲1，將由圖5檢得數值，乘D卽可。有此二圖，計算曲綫校正，便利多矣！

AEC＝ATC－ETC。

$ATC = \frac{1}{2}h(a+sh)，\qquad ETC = \frac{1}{2}sh^2。$

g＝AEC之重心距AD之距離，

$[\frac{1}{2}h(a+sh) - \frac{1}{2}sh^2]g = \frac{1}{2}h(a+sh) \times \frac{2}{3}(a+sh) - \frac{1}{2}sh^2 \times (\frac{2}{3}sh+a)。$

$g = \frac{\frac{2}{3}(a+sh)^2 - sh(\frac{2}{3}sh+a)}{a} = \frac{\frac{2}{3}a^2 + \frac{1}{3}ash}{a} = \frac{1}{3}(2a+sh)。$

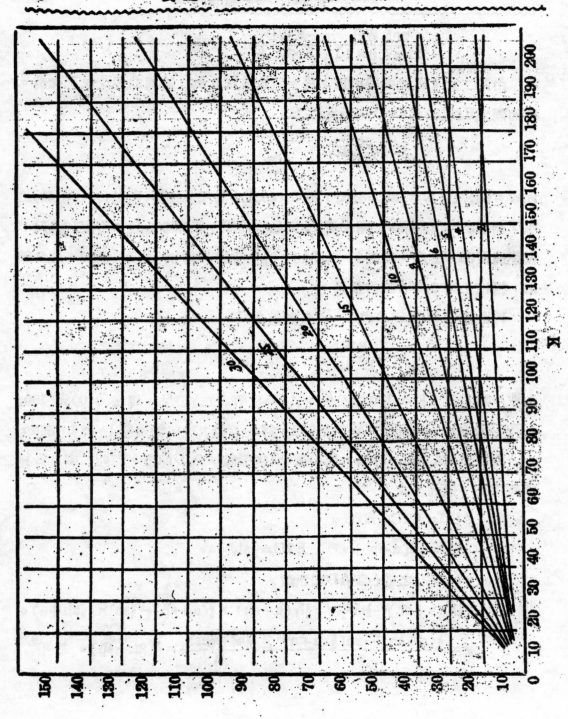

圖　四

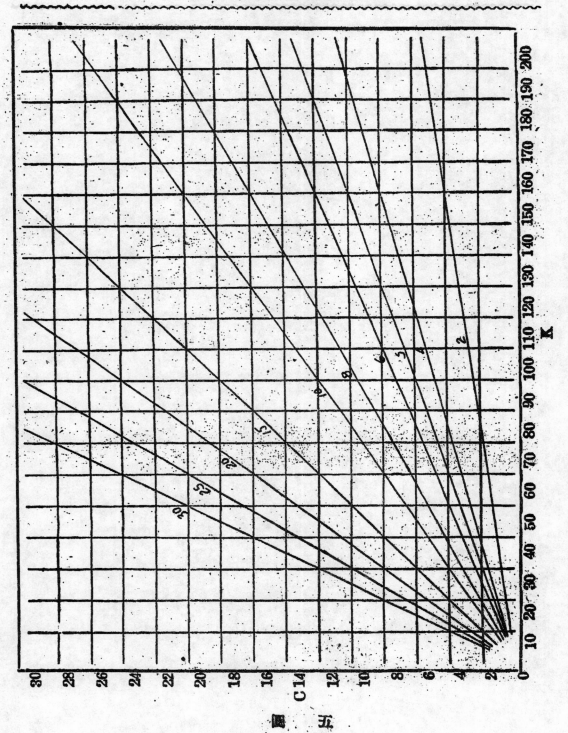

图 五

臥羊橋工作之經過

姚　昌　煌

臥羊橋(亦稱汝墳橋)位在河南省葉縣汝墳鎮西南。橫跨汝墳河上。乃許昌至南陽公路之重要大橋。未建橋前。汽車行經該河。須用民船爲渡。殺一小時始可渡此大河。行旅殊感不便。建設廳有鑒及此。特撥款建此大橋。派煌前往監修。該橋大樑及橋面工程爲鐵筋混凝土建造。全長141公尺。以經費關係。僅修24.6公尺之單行車橋面。共分十一孔。中間九孔各15公尺。二端挑出樑各3公尺。橋面採用蓋而勃式樑作主樑。用橋墩承受之。橋墩以塊石砌成。建於木樁及混凝土基礎之上。該橋自五月一日開工。迄十一月十九日完工。除以數次發水（河南各河流離山水甚近。未發水前則河水甚淺。僅一或二公尺。但六月至十月間山洪暴發。可忽漲至七八公尺。但一二日內即退盡。故施工極難。）經呈准延期37天不計外共計工作166天，謹將工作期間進行狀況分別詳陳於後。乞諸師長諸同學指正爲感。

1. 基礎工作　　A. 基礎位置

全橋共有基礎十座。其一、十兩號基礎。位於傍岸故基礎較淺。施工較易。至其他各礎則均屹立河中。基礎須挖至河底下三公尺左右。棄以河底沙

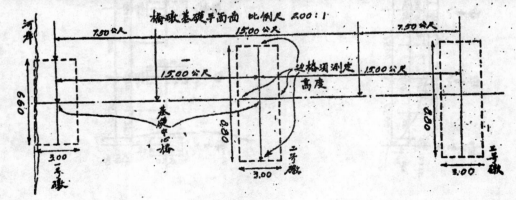

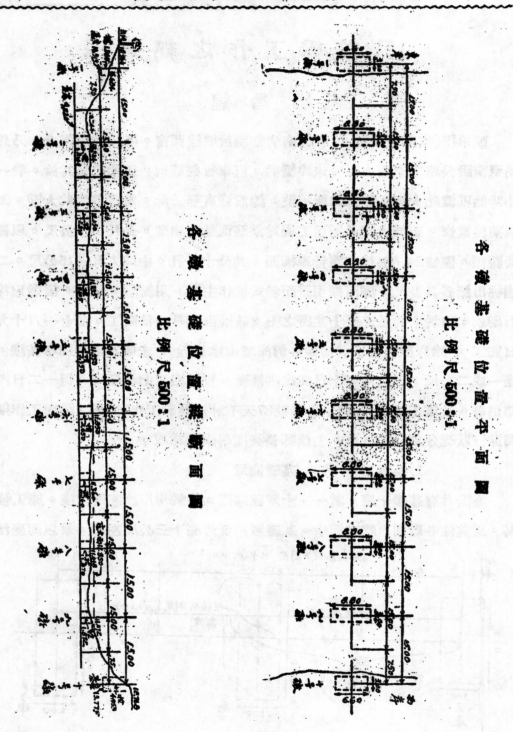

各橋基礎位置平面圖
比例尺500:1

各橋基礎位置縱斷面圖
比例尺500:1

質。挖底及抽水均極困難。施工前先將橋位中心線決定。並將原測路面高度。另轉一路。固定點作B.M.（此次固定點爲18.50公尺。）將橋位中心線上。擇定相距135公尺兩點。作爲第一、十兩號基礎之中心點。釘立木椿並將該兩點間於橋位中心線上每距15公尺，量定二號至九號各橋礅之中心椿。釘立各礅中心椿時，可用經緯儀由此岸直視彼岸。不得略有左右。免於橋礅砌築。而大樑不能放置之弊。距離亦須以鋼尺用水平距離最準。逐按設計圖。開挖至規定高度爲止。但於開挖底脚時於各礅之中心椿前後，左右。各打基礎邊椿。（其距離及寬度與原計劃基礎長寬略大）並按所定之B.M.。測定邊椿高度。以便易於丈量挖下深度。是否與設計高度相符。並於兩中心點間另打中點椿木，以作標準，以防開挖底脚時挖去中心椿木。（再各中心椿木上須釘一小釘，使距離準確。）詳圖如上。

B. 圍土塊及挖基礎工作

各礅基礎位置，既巳決定，逐於基礎周圍，圍以土塊，填周過河水冲射之處，應先打木椿，再圍以盛沙之麻袋（據經驗所得蔴袋盛沙，較盛土爲宜、以土質易於溶化而被水冲去）而後於蔴袋間填以土質，勿使逢水。土塊圍舉即將礱內之水。用抽水機日夜抽水。使工人在內開挖基礎工作。但河床係屬沙質，開挖不易，須預先於礅周（寬3公尺長8.00公尺）施打板椿（板椿長度視挖土深度而定，此次板椿尺寸及長度爲20 cm×6 cm×340 cm。）施用150公斤重量之中孔鐵錐，用二滑車連結木架之上，再以二蔴索或鋼索連接鐵錘，懸於滑車上，每索用十人拉錘（共二十人）錘之中孔，通以鋼條，且插入板椿頂之小孔內用人扶直如是上升下落，板椿逐漸下降而達河底。

C. 打基椿工作

礅周板椿工作既畢，即可於板椿間開挖底脚，挖至規定深度，照圖向中心線兩旁量準基椿位置，插以小木椿，然後用大椿架（高約8.5公尺）以重約

400公斤之大鐵錘施打基椿，(25cmϕ×550cm)打至規定高度，並測驗打椿公式至少能承重5公噸爲止（測驗之法可量最後十錘，平均每錘入土深度及差落距離以測定之）設差落＝h＝300公分，錘重＝w＝400K.g.。S＝最後入土深度＝1公分，則承重$P = \dfrac{wh}{6(S+2.54)} = \dfrac{400 \times 300}{6(1+2.54)} = \dfrac{120000}{27.24} = 5.65$K.g.。

椿架，鐵錘及打椿之法與前同茲不多述。

挖土及打椿時，一面用抽水機抽水，一面用橫檔板頂住板椿，並撐以橕撐以防板椿外部之土，擠壓板椿傾斜基礎之內，而阻礙工作。

附　基　椿　位　置　圖

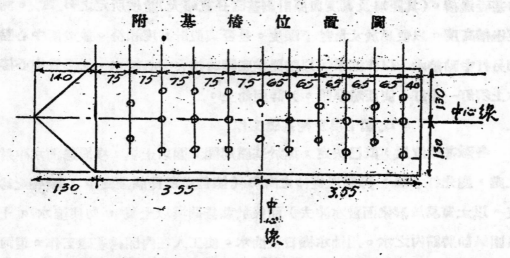

基礎周圍距離爲2.6×8.4但打板椿及挖底脚之周圍距離爲3.0×8.8蓋便施工故也

D. 做1:4:8混凝土基礎工作

基椿打畢後，再行挖土清理底脚，並用抽水機將水抽盡，卽下三公寸厚之大片石及三公寸厚之1:4:8混凝土，以上兩層可下滿板椿以內，然後照圖中尺寸，依中心線爲標準，分向兩旁量準尺寸，安置寬2公尺，長7.68公尺，4公寸高之木殼板（Form），用木撐支定於板椿之上，弗使動搖而致移動位置，然後用1:4:8混凝土倒入使滿（混合混凝土時宜少滲水份以時有清水上海之故）再視圖中尺寸安僅第四層之混凝土基礎計寬1.2公尺，長6.7公尺，高7公尺之木殼板，仍用木樁支定於板樁之上，遂即傾倒1:4:8混凝土並繼續抽水一夜使混凝土凝結，而後拆除木殼板，所有板樁及混凝土空隙部份，以土填實，使板樁弗為土壓，向內傾倒。

1:4:8混凝土混合之法，做2C.F.有底，2C.F.無底，4C.F.無底之礶洋灰，沙，石子量斗三隻，先以1C.F.洋灰及2C.F.沙混和，再以此混和物澄置於4C.F.潔淨小石子上拌和後，遂逐漸加水，逐漸拌和至相當時間，即用木桶或鉛桶搪至木殼板內。計每立公方之1:4:8混凝土，用洋灰1桶，沙0.45C.M.石子0.90C.M.

附裝置木殼板位置尺寸平面略圖如下

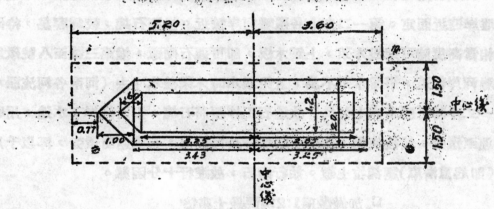

虛線為板樁，最下層為三公寸大片石，第二層為三公寸1:4:8混凝土均下滿板樁以內為止，第三層為4公寸1:4:8混凝土，第四層為七公寸之1:4:8混凝土均用木殼板，步僅妥當，再下混凝土。

2.砌做石礅及運石工作

A.砌石

橋礅以大石塊砌做，事先須將1:4:8混凝土基礎面上，打掃潔淨，且於基礎面上將縱橫中心線丈量準確，然後將岸上做光之分水頭石塊及長方石塊運至基礎面上，按照計劃坡度，按層上砌，每砌一層，須注意邊線是否與下層及基礎面垂直，及面上是否水平（法可用垂直棍及水平槌）途於平面上每一石塊接頭處，扣以扒釘，於垂直面接頭處，扣以鐵扣，並於每層灌以 1:3:6 洋灰，白灰，沙之混合灰漿，為防止灰漿之外漏，於表面部份塊石接頭處，填塞粗蔴皮，待一二日後灰漿凝結時，將蔴皮取去，即用1:2洋灰，鉤縫，並做洋灰線，以示雅觀，洋灰線縫須時常澆水，以求堅固焉，待砌至相離規定高度不遠時，即用水準線照岸上規定標高（B.M.），測定該礅尚離規定計劃高度相差若干，告知工人，以免高度錯誤。

B.運石

石礅所用塊石，均在千斤以上，故運石工作，亦非易事，運石方法視各礅離岸遠近而定。第一二九十各礅離河岸較近。扛運石塊，較為容易，待砌至相當高度時可架設木架，上舖木板，即可運石砌礅，惟第三號至八號礅以距離河岸較遠，搭置木架不易，且免漲水時木架被水沖去（河南各河流漲水時一二小時可漲高六七公尺）故運石工作須將石塊，扛至河岸下水邊，用船裝運至礅旁，然後使用，待砌至離水一公尺以上，石塊運至礅旁，再以千斤拉（即起重滑車）逐塊拉上礅。始行砌石，故進行十分困難。

C.加做礅頂1:2:4混凝土座墊

七月二十六日河水暴漲，數小時內，高漲礅頂三公寸，水浪高出 1 公尺，與計劃洪水位不相符合故呈准加高礅頂1:2:4混凝土座墊55公分。

3.鐵筋混凝土大樑及橋面工作

A.鐵筋

鐵筋之大小尺寸不一，大半市上所購得尺寸長度如下：

$$1" \phi \quad 長12.20^{m}. \qquad \frac{6}{8}" \phi 長6.2^{m}.$$

$$\frac{4}{8}" \phi \quad 長6.10^{m}. \qquad \frac{3}{8}" \phi 長4.1^{m}. \ 至\ 6.1^{m}.$$

配購鐵筋時可照圖計算各項鐵筋長度及根數然後按照市上購得之各種鐵筋長度去除彎鈎及連接距離而計算應購鐵筋數量。於鐵筋運至工程地點時，應將各項鐵筋分別整理，遇屈曲不正，可用彎鐵筋器彎直，遇微曲者可於鐵筋怡上用鐵鎚擊直，然後將各項鐵筋，分別擱置乾燥之地，弗使受潮生銹，致減少鐵筋與洋灰之結合力。

彎曲鐵筋之法，先於鐵筋怡上（怡之長，寬，高約爲 $15^m \times 2^m \times 0.8^m$ ）照劃圖之彎曲形狀及長度畫成粉筆線，然後將鐵筋照粉線位置逐一彎曲，鐵筋之兩端應留彎鈎長度。（$\frac{6"}{8}$ 至 $1"\phi$ 每鈎約長1公寸至1.5公寸 $\frac{3"}{8}$ 至 $\frac{4"}{8}\phi$ 每鈎約長5公分 ）遇鐵筋長度不足計劃之長度時，則可用兩鐵筋連結之，但須留連接距離。（距離約爲30倍其鐵筋之直徑 ）。彎曲鐵筋須冷彎，切忌用火熱彎。

B. 立木殼板（Form）

釘立鐵筋混凝土大樑及橋面之木殼板，以河床甚深，施工不易，釘立之步驟，先於兩墩間，各打頂椿五排每排五根，爲防禦急流計，頂椿長度至少七公尺，入土四公尺，椿頂露出水位約一公尺，每排頂椿上端連接橫蓋樑。橫蓋樑之上，架設接椿五排，每排五根，上端仍連接橫蓋樑，其高度務使與設計之大樑底面相平，倘略有錯落，可以木片墊齊，每排接椿間及各排接椿間均用交叉橫木板連接，使各排接椿木架，不致搖動爲是。

頂椿，接椿，橫蓋樑等既架立完竣，卽可從事於木殼板工作，先將橫蓋樑上連接縱木樑兩邊及中間各一根，並縱木樑上每距半公尺釘立小木柱，其高度與設計橋面板或小樑底面相平，並於蓋椿上按橋墩中心線每距 $\frac{2.15}{2}$ 公尺處釘置寬45公分之大樑底面板，底板之上釘立大樑側面板，並釘置大樑外邊之橋面及小樑木殼板於預立之小木柱上並支以支柱惟大樑內邊之木殼板須待大樑內鐵筋紮畢再行釘置。

C. 縶鐵筋

大樑木殼板釘立完畢後，按照設計圖所規定之鐙鐵（Stirrups）距離及位置用白粉筆先在木殼板上畫定，然後將鐙鐵放入大樑木殼板內，以⅜″ϕ之直鐵照粉線位置縶定，途於鐙鐵內照圖放置主筋，並用鉛絲將主筋及鐙鐵或墊鐵（遇主筋上下附着處須用墊鐵以分離之）連接，鐙鐵最下部份須用小石子墊起，使與木殼板分離。

大樑主筋縶畢，即釘立大樑內邊之小樑及橋面木殼板，途放置小樑主筋及鐙鐵，及橋面鐵筋並用鉛絲捆縶，凡鐵筋下部與木殼板附着之處，均用石子墊起，惟大樑接頭處木殼板及鐵板二塊於進行 1:2:4 混凝土工作時始可放置與釘立。

D. 1:2:4 混凝土工作

按大樑設計為蓋而軸式，大樑兩端，均不擱置於橋礅之上，或以挑樑式挑出礅外，或擱置於兩挑樑間，故於大樑接頭處，至為重要，其挑出樑接頭部份之鋼板，鋼骱及木殼板之釘立及安放，須待混凝土工作至安放鋼板高度相平時，始可放置鋼板，鋼骱及釘立木殼板，至於擱置在挑出樑間之大樑接頭部份，可先將木殼釘置齊全，方可灌注混凝土工作也。

灌注 1:2:4 混凝工時以大樑下部主筋過多，不易到達各部，故最下層應先灌注 1:2 洋灰，沙漿，並須時加察看下部鐙鐵有否附着木殼板，倘有附着之處，即用石子墊起，務使鐵筋與木殼板完全脫離，免將來於拆除木殼板時，鐵筋顯露洋灰之外，而致生銹，有礙工程之堅實。

1:2:4 混凝土倒入木殼板後，須用各式搁和混凝土之鐵器，使混凝土到達木殼板內之全部，毫無空隙，同時並注意木殼板各部，有否漏洋灰漿之處，倘有漏漿之處，應立即以泥土填塞，或用木片釘定，免於拆除木殼板後，洋灰面發生蜂穴之弊，每孔橋面，大樑等混凝土工作，應一氣呵成，切不可分期工作。

4.橋柱及欄桿工作

橋柱及欄桿之直立鐵筋應於未做混凝土橋面工作時，按照計劃圖上之地位先行連接橋面鐵筋之上，待混凝土橋面完全凝結後，始將橋柱，及欄桿內之各種鐙鐵，連接於直立鐵筋上，再以岸上已成之橋柱木殼板釘立完整，並將欄桿扶手部份之橫鐵筋迎接橋柱木殼板內，然後灌注橋柱之混凝土工作，候三四日混凝土凝結後即拆除，橋柱木殼板，逐進行欄桿扶手鐵筋及洋灰部份欄桿鐙鐵，同時砌做石欄桿工作，待每孔石欄桿砌畢，即釘立洋灰部份欄桿及扶手之木殼板，以便灌注混凝土工作。

5.拆除木殼板工作

大樑及橋面之混凝土工作既已完畢，待旬日後視混凝土確已完全凝固，始可拆除木殼板，並用1:2洋灰沙漿將表面粉光，然後拆除接樁及頂樁工作，惟欄桿部份之木殼板待至三四日後拆除，並用洋灰粉光以求美觀。

6.護礅樁及拋石工作

本工程工作期間，屢經大水，致基礎四週沖刷甚深，為保持基礎安全計故呈准加打護礅樁木，並於礅週拋置蠻石，以資保護基礎而求永固，惟第一號礅旁岸處沖刷甚烈，又以基礎位置較高，致基礎被水沖露作外，故於護礅樁木打畢後，另砌蠻石坦坡，用1:2洋灰鈎縫，以便保護該礅焉。

7.橋面上加做沙土路面

橋面上路面工作，原計劃為碎石路面，後以預算不足，故未及承做，現奉令加做沙土路面平均厚15公分，以資保護洋灰橋面，但將來仍願加舖碎石路面，以垂永久。

完工後之臥羊橋

臥羊橋工作情形

臥羊橋施工說明書

第一章　總則

一　本工程施工地點在葉縣汝墳鎮西橫跨汝墳河上

二　本橋以鋼筋混凝土建造全長一百四十一公尺橋面闊四‧六公尺配分十一
　　孔中間九孔各十五公尺二端各三公尺橋面採用「薏而物」式樑作主樑用橋
　　墩承受之橋墩以塊石砌成建于木樁基上一切詳細尺寸均依設計圖樣爲準
　　若對于圖樣有不明瞭處得隨時請本廳監工員指示辦理

三　本說明書及設計圖樣如有未盡事件而爲工程進行所必須者須隨時請本廳
　　監工員指示辦理

四　本工程所用一切材料須在施工以前將樣品呈送本廳檢驗合格後方得使用

五　材料運來工次時應與呈驗之樣品相符凡經本廳復驗不符之材料當立卽搬
　　去不得留置工次混用

六　所有本工程需用一切人工物料機械工具無論載明於本說明書及設計圖樣
　　與否均由承包人供給之如承包人認爲價値過鉅之項目應于投標時附帶聲
　　明一經中標之後不得要求增加

七　承包人應派富有工程經驗之監工人常駐工作地點監視一切不得偷工減料
　　該監工人須受本廳監工員之指揮

八　凡本說明書上規定之「書面通知」須有本廳廳長及工務處長之圖押方爲有
　　效

第二章　掘土

一　橋墩掘土得隨水勢酌築阻水壩承包人須于施工前繪製圖樣送經本廳核准

後方得勤工（此項圖樣雖經本廳核准其責任仍由承包人負担之）

二　掘出之土應請本處監工員指示地點堆積之不得任意拋棄河中

三　阻水壩之撤除須在基礎工竣並經本廳許可後行之

四　阻水壩木樁如本廳認為須留證原處不須拔除之時得酌給料價以資抵補

第三章　基礎

一　打樁工程須候河底浮泥掘至規定深度經監工員驗視無差後再行搭架工作

二　橋墩基址照圖掘成後若發現其下層泥沙輕浮過甚不堪載重或試樁打下計
　　算所得之載重力不勝任時得由本廳以書面通知承包人或加深土坑或另換
　　長樁此項增加之工料得按照估價單所開單價另行結算

三　木樁以楊木或柳木為之須去皮曬乾正直無節紋細質堅為合格大小兩頭之
　　平均直徑相差不得超過五公分圖中所指之直徑乃指中段之平均直徑

四　木樁之長短根數及排例之位置均以圖樣為準不得錯誤

五　木樁上端須加鐵箍下端削成錐形每隔半公尺加劃紅線表明尺數

六　打樁用機械其尺寸大小須經本廳核准

七　本廳監工員未到工次時不得打樁

八　打樁時先將位置按圖用小木樁定準再用墜綫比擬正礁不得偏斜然後開打
　　如打至半途發現偏斜破損及其他弊病當即拔除更換新樁重打每樁打至相
　　當尺寸其最後次數之入土深度須經本廳監工員計量合格方得繼續工作直
　　打至規定深度頂頭應露出土面四十公分以備嵌入碎石及混凝土中

九　橋基下之木樁完全打畢後應依監工員之指示將樁頭一律鋸齊監工員未在
　　工次時包工人不得私鋸如違此條每樁一根罰洋五元

十　樁縫之間應嵌亂石一層厚約三十公分石子直徑應在七公分左右用鎚夯實
　　上層加澆一比三比六混凝土厚三十公分樁縫嵌入深約十公分

第四章　橋墩

一　椿頭亂石及一比三比六混凝土底脚搗結後由本廳監工員檢驗水平認為符
　　合後方得繼續建築橋墩

二　橋墩用石塊由本廳作價供給不得任意糟蹋如有糟蹋情事發生當照石料單
　　價加倍處罰

三　橋墩外面用良質盤塊青石砌成用鐵鋦鐵鈀鐵筍等密接之並將純水泥漿將
　　接筍處隙縫灌實各塊用一比一石灰砂漿砌並用一比二水泥砂漿鈙縫中間
　　得參用比較不整形之石塊砌實所留際縫應用一比一石灰砂漿填實之

四　砌時應依照圖樣隨時比擬坡度不得起有偏斜寬窄等弊如有發生應即重行
　　拆造

第五章　模架

一　模架木殼須用堅實平直乾燥無縫之木料做成其厚度視所承載之重量而異
　　無論何部不得薄于五公分

二　裝合木殼之一切楔木撑木拴木均用堅木並須使其緊而易除

三　木殼與混凝土接觸面務須刨光其接合面之拼縫務求密接免使漏水

四　木殼做成後之式樣及內部尺度須完全與設計圖樣相合

五　木殼裝置完全須經監工員檢查認為正確後方許裝置鐵筋或填注混凝土

六　混凝工填注後除不甚重要部分之木殼經本廳許可得于一星期後撤除外其
　　他重要部分須經過四星期後由本廳書面通知方許撤除

七　木殼撤除後所有混凝土外露部分如有蜂窠漏孔釘頭木節存留應以一比二
　　水泥漿修補之

八　混凝土外露各面應先將鋼絲刷刷毛並充分潤濕另粉一比二水泥漿一層厚

〇·八公分用泥搗平

九 撒下之木殼如須留待下次應用務須將其表面洗刷淨盡並將釘眼鐵線取出
重要部分木殼至多使用三次次要部分至多使用五次

第六章 鐵筋

一 鐵筋須用上等貨色端直無銹並能冷彎至一百八十度外側不生裂痕者為合
格較有鐵銹或油漬務須在使用前刷淨之

二 鋼筋應行彎曲之處須照圖樣尺寸辦理不得差異彎曲時須用冷彎不得使用
火工

三 鋼筋鑲接位置及鑲接長度均需依照圖樣辦理不得任意更動

四 鋼筋與鋼筋交接各點須用二十號鐵絲紮緊同排鋼筋間應嵌入同徑之橫鋼
筋每距八十公分加置一根以保持鋼筋之位置

五 鋼筋與木殼間之距離應用預製之一·三水泥小塊或相當之碎石支持之

六 鋼筋裝置完成後須將木殼內存留雜物掃除淨盡俟監工員檢驗後始得填灌
混凝土

七 如在填灌混凝土工作進行時發現鋼筋位置不正時應立即停工從事校正經
監工員認為符合後方得繼續填灌

第七章 混凝土

一 水泥需採用國產運至工次後須貯藏於架有地板之乾燥敞棚內倘經潮濕現
有凝結狀態即須拋棄不得混用

二 黃沙得採用附近所產者經清水洗淨不雜泥土及有機物質者為合格

三 石子得採用附近所產之適當石料務須具有堅硬稜角大小合度不合雜物者
為合格石子大小以直徑半公分至三公分為度不得過大施工前應將備品呈

驗

四　水泥石子黃沙應用特製之木斗計量之量時須將頂面刮平不得有過量之弊
此項木斗須經監工員較量核准方可應用

五　混凝土之拌和如用「拌和機」者應先由本廳核驗再規定拌和時間方可應用
每批和成後須將機中混凝土完全傾出方可再和第二批如用人工拌和其拌
和之板須平整而不漏水拌和時先將黃沙水泥乾拌混至顏色均勻後加入石
子徐徐加以適量水份拌和之俟各個石子均粘有灰漿全體顏色一律時為止

六　拌和時所用水量應用特製之木桶量之並由監工員核驗合格方得施用其水
與水泥體積比不得過百分之八十五

七　混凝土拌和均勻後當立即填注於木殼內者稍呈凝結狀態者應立即棄去不
得混用

八　鋼筋及木殼內部在灌注混凝土以前須用清水潤濕於木殼之隅角處或相當
地點須留置小孔使此項用污水易於洩出

九　灌注混凝土時須分層填實勿使份子分離同時以鐵棒搗實務使混凝土內不
存氣泡及水泡並使鋼筋周圍及接觸木殼部分勿留空隙

十　每一主梁及其他重要部分之混凝土應一氣完成次要部分如不得已填注間
斷時務於中止期內用草薦或粗麻布覆蓋勿使露面下次繼續時須將接續面
之乳色皮膜用鐵刷刷去鑿毛潤濕由監工員查驗後方得繼續填注

十一　混凝土填後七日內須隨時用水將表面潤濕每日至少四次其橋面部分尤
須加以保護並避免強烈日光

十二　寒暑表在華氏三十五度以下時不許做混凝土工作者不得已時須得本廳
書面許可由監工員指導進行

第八章　雜項工程

一　橋欄橋名碑等形式及尺寸應依照放大圖樣辦理橋名字句由廳頒發

二　橋面另鋪碎石路面一層應依照圖樣尺寸修築之

三　橋墩四週為防止冲刷新土用柳枝編成二十公分之方格上應亂石塊一層石塊每邊需在十公分以上

四　兩端橋垻應先將土方填實靠河各邊應用石塊砌實用一比三水泥漿滿縫鈎縫

五　橋枓應切實遵照圖樣用鑄鋼製成橋趾對于全橋安全關係極大施工時應予充分注意

六　接縫處應加設油毛氈二層中間用熟柏油黏合之

第九章　附則

一　本工程各部之尺寸及做法承包人倘認為必需更動時得以書面呈報本廳核准如擅自更改當由承包人負責改正

二　本工程進行時不得阻止水上交通晚上懸掛紅燈日間懸紅旗以期注目而求安全

三　承包人於本工程工竣交驗以前應將附近之地面掃清不得有任何障礙

我國清代之河防及其法規

李 大 珊

　　我國河道，潰決爲患，自古有之，故政府之對於河防特別注意。其關於河官賞罰之法規亦至嚴，非若近代，河防工款年耗國帑以千百萬計，而河決者自決，河官高枕自若，臥薪肥囊，雖不無一二爲國拯民之士，然功罪莫辨，奚怪河之不治耶！綫據清代會典所載，關於河防及其法規，略述大要，以供現政府及治河者之參考焉。

（一）清代河系之區分及管理機關

　　清代河有北河東河南河之區分，各設河官，而以河道總督統轄之。永定河北運河南運河通會河子牙河衞河漂河等屬於北河，其管理機關爲永定河道，通永道，天津道，清河道及大名道等五道，河道總督由直隸總督兼任。黃河，會通河，珈河等屬於東河，其管理機關爲開歸道，河北道，山東兗沂曹道及運河道等四道，專設河道總督以統轄之。南河爲邳宿運河及其以南之運河與淮水，初設管河五人，繼改爲三人，卽徐州道，淮揚海道及常鎮道，其統轄機關有江南河道總督。

（二）河防工事

　　河防工事，種類甚多，據會典所載，有堤工，壩工，埽工，閘工，濡洞工，坦坡工等之別，其中又各有官隄民埝兩種。官隄於河水衝要處行之，民埝行於不甚衝要者也。官堤之修理分歲修搶修及別案大工。歲修者興工於秋汛後河水減少之時，完竣於翌年桃汛後者也。每年清明後二十日爲桃汛，自桃汛至於立秋前爲伏汛，自立秋至於霜降節爲秋汛。據康熙五十二年之諭准，凡預備興工修理之際，應勻分揚所段落，并開列承修監修總辦等各員淸單具奏，承修官於秋汛後俟水涸時據實估報，河道總督及道員應親勘工程，驗明物料，然後估計，其題興工，工事竣，經該道查勘，由總督報銷，若有修築不堅固及物料短少等事實，則題參承修官而治其罪。該道員不報告總督，不題參者，照徇庇例議處。搶修者，量工事之平險隨時起工者也。凡有隄岸閘壩之損傷，當由該管官廳一面申報於河道總督，應將其衝決丈尺及其工事之錢糧，報於工部，一面運輸必要物料以施行工事，工竣應詳記其費用，依法題銷，其題修期限，據雍正二年之議准，至遲以翌年四月爲定；但黃河險要工程，有添設埽壩等必要時，河道總督應迅速勘明，且着手於工事，勿須先估報而後起工。何謂別案大工？據嘉慶會典所載，如斬出之埽工，接添埽段，非嚴修搶修常例者，則爲別案。如塔築漫口，啓閉閘壩，非尋常工事者，是爲大工。其施行工事，可預定其場處及費額，故能臨時應變，惟先具奏大概情形以備查，次行開單彙奏其工段丈尺，然後照嚴修搶修例興工，工事竣，始可題銷。

（三）河防經費

修理官堤經費，大概以河銀，河湖地租銀，協撥銀等充之，分貯於各道所屬之道庫。例如北河分貯於永定河道，通永道，天津道，清河道，大名道各道庫。東河分貯於開歸道，河北道，兗沂曹道，運河道各道庫。南河存貯於河道庫。其中河銀即有關係各省河防之錢糧，其徵收數有定額，由布政司解送於各道庫。例如南河則由安徽江寧蘇州三布政司各屬解送一萬兩，浙江布政司各屬解送一萬五千兩。河湖地租銀者，河湖等淤灘地於治水上無障害之處，許人民開墾，向開墾者徵收租銀之謂也。例如乾隆四十一年之覆准，直隸宛平深州盧龍遷安昌黎武清大城定州八州縣之新淤灘地八十餘頃，給民開墾，每年徵收二百五十餘兩。協撥銀者：由鄰省解送以充經費者也。據光緒會典所載，南河由兩淮兩浙廣東三監運司節省銀各一萬兩，山東鹽運司節省銀七千兩，福建鹽道額省銀三千兩，各自解撥，以上三項經費，其主要支出為工料銀傭役食銀及公費銀等。民埝者，於河岸高闊或河灣淤嘴不當衝要之處所，平時無汛槭之虞者，由人民私築隄防，而以山東運河及南旺蜀山南陽等湖邊為多，地方官對於其管內民埝之工事，負有監督義務，年終出具完固印結，咨行報部，違反其義務時，例有處罰。

　　修築民埝經費，多係借項興修，借項者，由國家先行墊出其經費以興工，限於一定期間內由人民還納。無論民埝或官堤，其防護河工，皆用河兵與河夫。河兵於汛期則晝夜巡防，平時以積土為職務，即每兵二名，每月堆積十五土方，一土方長寬為一丈高一尺。汛期及在搶壩力作時。并寒暑兩月，皆免其積土。河兵額數無定，例如乾隆五十九年之奏准黃河隄每四里設一堡，運河兩岸每八里設一堡，每堡二人，亦有每里設置者，如南河馬港口南北岸，據嘉慶十六年之奏准，每里置兵三名，河兵不足時，有以綠營充之者，有由濱河備夫內選補者，有自堡夫內選出者，其種類與綠營兵同，分戰守兩種，其比例常為戰二守八，戰糧每名月銀一兩五錢，守糧一兩，河夫有堡夫，閘夫，橋夫，淺夫，長夫，椿埽夫，泉夫，壩夫，輪渡夫，枚夫，防夫等之別，以堡夫為主，其每月所積土方與免積之制，皆同於河兵，河夫額數，亦不一定例，如堡夫則每二里至三里設堡房，置堡夫，使駐守之。堡夫與河兵均住於堡房，而泉夫則置於山東十七州縣，凡七百八十四名。河夫缺額，依召募補充之，平時役人民為河夫之作業，而召募時，給予正項錢糧以充其俸餉，其於支給印票者，免除雜項差徭，共勞銀曰工食銀，又曰役食銀，其額數依河夫之種類而異，例如直隸運河淺夫每月銀一兩二錢，山東運河工程，閘夫每名歲支工食銀十四兩四錢，及器具銀八錢。上述乃河防工事之大略也。

　　（四）懲罰條例

清代法規，關於河官之懲罰甚嚴，其散見於會典，即行政法者，如黃河隄岸於其保固期限一年內衝決，運河隄岸於其保固期限三年內衝決時，則參修築官；衝決於期限外，則參防守官。修築官去任後，防守官不為料理而致衝決時則防守官一併參處。參處方法為罰俸革職降職調用及降職留任四種。其違反河工義務者，律例亦有處罰規定，即不修築河防及失於修築時，提關官吏各笞五十；若毀害人家漂失財物杖六十；因而傷人命杖八十；若不修築圩岸及失於修築時笞三十；因而渰沒笞五十云。其賞罰之嚴，蓋欲期河員各盡所職，庶水患不生，而國庫不致虛糜焉。

二十四年五月八日於濟南

竹 筋 混 凝 土 的 試 驗
唐 賢 畛

試 驗 的 動 機

我作這個試驗的動機，是在二年前讀鋼骨混凝土的時候，因爲我感到我的家鄉——四川重慶——離開上海很遠，如果要做鋼骨混凝土的建築物，購買鋼條在「蜀道」依然不便的今日實不是一件容易的事情，況且鋼的成本原甚昂貴，再加以著大的運費，那更不得了了，所以我常想覓一鋼的代替物，忽然想到竹子是中國遍地皆有的物產，它的强度與耐久性都很合乎建築材料的要求，尤其是它的牽引力更爲强大，我的家鄉有用竹子做的三四百尺長的吊橋，有民船用的竹索直徑不過一寸大小足當二三十人拼力的拉，據我的估計以每人的三百磅的拉力計算，如爲十人，竹的牽引力應爲每方吋 11500 磅，這個驚人的數字，引起我試驗的興趣於是決定作一個簡單試驗，去年我遇到王繼瞻教授說從前歐洲會經有人用過竹子，那末，我的理想似有實現的可能，但竹的强度遠不及鋼自然難以代替鋼條的使用。

試 驗 的 經 過

二十二年夏間，我用了一份水泥，三份沙做了兩根梁 Beams，每根長 16吋，厚1½吋，闊1吋，一根是純淨混凝土做，另根用了兩條¼吋的竹條置放在梁的底層，今年三四月間，我同曹家傑先生用水力試驗機 Hydraulic Test Machine 試驗的結果，純淨混凝土梁載重P增至50磅時便斷掉，但竹筋混疑土梁載重增至250磅時 P 點下稍發現裂縫一條，把梁裂開觀之，其面的竹筋完全沒有損傷的現象。

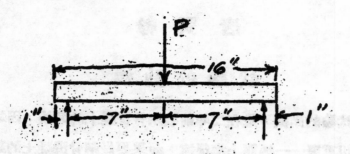

計　算

純淨混疑土梁：　$P=50$，$L=14$，$d=1\frac{1}{2}$，$b=1$，

$$M=\frac{1}{2}\times 50\times \frac{14}{2}=175\text{吋磅}$$

$$\text{纖維應力}=\frac{M6}{bd^2}=\frac{175\times 6}{1\times 1.5^2}=467\text{磅/方吋}$$

竹筋混疑土梁：設 $n=\frac{Eb}{Ec}=5$，　$P=\frac{Ab}{bd}=\frac{0.0246}{1\times 1.1}=0.0164$。

$$K=\sqrt{2Pn+(Pn)^2}-Pn=\sqrt{2\times 1.0164\times 5+(0.0164\times 5)^2}-0.0164\times 5$$

$$=\sqrt{0.1707-0.082}=0.412-0.082=0.330$$

$$j=1-\frac{1}{3}k=1-\frac{1}{3}\times 0.335=1-0.110=0.890$$

$$Fb=\frac{M}{Abjd}=\frac{\frac{250}{2}\times \frac{14}{2}}{0.0246\times 0.89\times 1.5}=\frac{875}{0.0328}=26{,}700\text{磅/方吋}$$

討　論

竹筋混疑土梁Fail的原因，當是由於膠結力 Bondstress 不夠的緣故，梁裂面竹筋未損，大概由於竹面過滑，以致膠結不固，否則，載重還可增加，這種缺點是有補救的方法，至於假設n等於5似欠準確，據我的推測，大概不致于有很大差異，其準確的數字自須實驗求之，總而言之這次的試驗，不過是初步的探討，缺點很多，還須作詳盡的研討，希望讀者不吝賜教！

附　識

　　唐君平日好學深思，是記者最敬重的一位好友，自從得悉他做竹筋混凝土的試驗以後，記者卽請撰文發表，賜登本刊，以餉讀者，他終以課忙的緣故，無暇握管，經迭次的敦促，他才於匆忙中草成此文，這篇文字不過是初步的研討，目的在引起一班讀者——尤其是本系的同學——的注意，來共同研討。聽說唐君現正計劃作更完備的試驗，不久的將來，也許有美滿的結果來報告我們！我們覺得在今日貧乏的中國，旣不能自製鋼條，又無充分的資本購買鋼條，所以這個問題——竹筋混凝土——是有研討的價值！

王廷棟識於復旦

論混凝土密度與比重及其計算法

王 廷 棟

質量和重量，以混凝土之實用目的而論，毫無區別，彼此可以通用，而且數量上常是相等，雖然重量是一種力，而非一種質量，所謂密度通常得爲單位體積之質量，換言之，密度乃是單位體積之物質內，所含之質量之單位數，例如英制立方尺是體積之單位，磅是質量之單位，因爲一立方尺體積之水，所含之質量之單位數爲62.4磅，所以說水之密度爲62.4磅，由此可知密度和單位重量或單位質量在數量上是相等，在意義方面亦是相同。至於所謂比較密度乃是標準密度與某密度之比率，如以最大密度時之水作爲標準，則比較密度便爲比重，因此在工程方面密度與比重亦是名異而實同，但在論及混凝土組成之物理性質時，則不當作如是解，因爲關於混凝土另有一種密度，與物理學上之密度，迴不相同，茲試評論之。

混凝土密度之意義　　前節所論，爲密度，比重，質量和重量之一般性質，與其彼此之關聯，現當進一步說明混凝土密度之意義，凡單位體積之混凝土內，所含微粒之體積，而除去微粒間之氣孔 Air voids，是爲該混凝土之密度，簡言之，混凝土密度乃氣孔之餘數，例如氣孔爲30%，則密度爲70%。倘使混凝土之質量或單位重量減小，則其密度可以增大，因爲富於水泥之混凝土，水和水泥比率 Water-cement ratio 通常較小，而內含之水量則較大，但在具少量水泥之混凝土，其情形適相反，水和水泥比率較大，而內含之水量則較小，因此，吾人可得如下之結論：增大水泥量，即增加拉膜強度，但是減低混凝土之密度和單位重量，尤其是後者所受之影響更大。然而亦有如此之情形，具少量水泥之混凝土之密度，有時小於富於水泥之混凝土之密度，但其單位重量反而大於後者，此種現象乃由於組成之比重，彼此不同之緣故，如果兩種混凝土所含之水量一樣，合水泥量多者，密度和單位重量較大，如果水和水泥比率相同，其情形適相反也。

　　實比重與名比重　　凡一立方尺物質之重量，與一立方尺水在 39°F. 之重之比，是謂該物質之實比重 True specific gravity，或簡稱比重，所謂名比重 Apparent specific gravity 是遺物體內之氣孔，亦計算之，名比重常小於實比重，或等於實比重，但不能大於實比重，在計劃混凝土時以用名比重為佳，因為比較簡便，茲試舉例以明之。假設砂之乾重 100 磅，名比重 2.60，實比重 2.66，24 小時內吸收之水量 0.86%，今以名比重 2.60 乘水之密度 62.4 之積數，除砂之重量 100 磅，即得砂所佔空間之體積 0.617 立方尺。假如用實比重計算，則得砂之絕對體積 0.603 立方尺，砂在 24 小時內所吸收之水量為 $\frac{100 \times .86}{62.4} = 0.014$ 立方尺，換言之，此即砂間微隙之體積，所以砂所佔之空間為 0.603＋0.014＝0.617 立方尺，與用名比重求得之結果相等。尤有一點須注意者，在測定比重時，混凝材 Aggregate 必須飽和，否則浸在水中要受吸收 Absorption 之影響，為避免此種現象，須先行 24 小時之浸漬 Soaking，俾使混凝材之絕對體積，得以準確測出。據美國材料試驗聯合會 A.S.T.M. 測定名比重之方法（見 1933 Standards，Part 2，pages 994—995），是以飽和試樣在空氣中之重量（B），減去它在水中之重量（C），再除試樣之乾重（A），其式如下：

$$名比重 = \frac{A}{B-C} \cdots\cdots\cdots\cdots\cdots\cdots（1）$$

應用同樣之符號，實比重亦可以式求之：

$$實比重 = \frac{A}{A-C}\cdots\cdots\cdots\cdots\cdots\cdots\cdots（2）$$

　　當試樣浸在水中時，微粒間之縫隙為水所充滿，斯時所顯示之重量，為試樣之實重，減去水之上浮力，所以（2）式中之分母，為試樣之絕對體積

（指米達制而言），至於飽和試樣之重量，乃等於物體實質之重量，加上所含之水之重量，所以（1）式之分母，為試樣之實重，加上水之體積之重，由此可知以名比重除混凝材之乾重，即得混凝材在混凝土中所佔之實體。倘用實比重以求之，於此當注意者，混凝材所吸收之水量，應當算入絕對體積之內。

絕對體積法　在計劃混凝土混合物時 Concrete mixture，欲獲得準確之結果，應當以試料之絕對體積為測定之標準，所以名比重，氣孔和單位重量必須精密測定，然後以計算法復核之。關於比重，氣孔和單位重量彼此之關聯，可以式表之如下：

$$V_a \times 62.4 \times S_a = (62.4 \times S_a) - W$$

$$\text{或}\quad V_t \times 62.4 \times S_t = (62.4 \times S_t) - W$$

此處：　　$V_a =$ 氣孔之百分率

$V_t =$ 氣孔和微粒間之鑄隙之百分率

$S_a =$ 名比重

$S_t =$ 實比重

$W =$ 乾試料之單位重量

$W_1 =$ 飽和試料之單位重量

$P =$ 微粒間之鑄隙之百分率

$A =$ 吸收之重量之百分率

所以：　　$$V_a = \frac{(62.4 \times S_a) - W}{62.4 \times S_a} \qquad S_a = \frac{-W}{(V_a \times 62.4) - 62.4}$$

$$V_t = \frac{(62.4 \times S_t) - W}{62.4 \times S_t} \qquad S_t = \frac{-W}{(V_t \times 62.4) - 62.4}$$

$$V_a = V_t - P$$

$$W = (62.4 \times S_a) - (V_a \times 62.4 \times S_a)$$

$$W = (62.4 \times S_t) - (V_t \times 62.4 \times S_t)$$

$$W_t = W + WA$$

$$P = \frac{WA}{62.4}$$

承於混凝土密度之計算法如下：

$$D = \frac{A - (w - c)}{A}$$

此處： $D =$ 混凝土密度

$A =$ 混凝土之體積

$w =$ 水和水泥之體積之比

$c = 1$ 立方尺水泥所需之水之體積

假如化合之水略而不計，則

$$D = \frac{A - w}{A}$$

應用彈曲綫求連續構架之力率

巢　慶　臨

　　規定各構架之力率，對於房屋設計上，頗關重要，而連續構架則較單構架更爲常用，但單構架之力率於力學上已準確算出，而連續構架之力率未能確定，且計算甚繁。緣於美國土木工程學會會刊中，見有以彈曲綫（Elastic curve）求連續構架（Continuous Frame）之力率，頗爲簡明，故撮要譯之。

　　所應用於此圖解之基本原則有三：

一　凡固定樑彈曲綫上任何二點之切綫，其角度變動卽等於 $\dfrac{M}{EI}$ 圖上此二切面間之面積。

二　上條所言之曲綫度，可以一角度表明之，其值適等於 $\dfrac{M}{EI}$ 圖上之面積，且此角卽相對於此面積之重心點。

三　用與 $\dfrac{M}{EI}$ 圖上相同之單位，卽可作彈曲綫三角形，此三角形卽由二切綫及一弦所成，二切綫所成之夾角卽依第二條計算，而一切綫與一弦所成之夾角於其對邊成正比。若已知其一角及一邊，卽可解此三角形。

　　其對於構架之應用：

　　在一挑樑上（Cantilever Beam），其彈曲綫三角形卽 ABC（見圖一），其中△角卽等於力率圖上之面積，其值爲 $\dfrac{Ml}{2EI}$，CAB角 $=\frac{2}{3}\triangle$，CBA角 $=\frac{1}{3}\triangle$，而此樑之撓曲度卽等於

$$d = \triangle \times \tfrac{2}{3}l = \frac{Ml^2}{3\ EI} = \frac{Pl^3}{3\ EI} \quad\dots\dots\dots\dots\dots\dots\dots(1)$$

另一解法，可以樑之全長乘 $\frac{1}{2}\triangle$ 如圖一(b)。

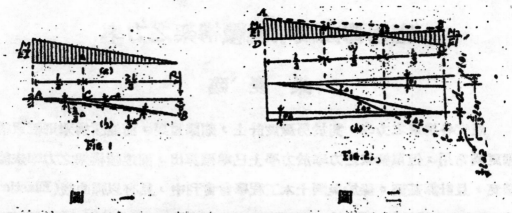

圖 一　　　　　　　　　　圖 二

　　圖二所代表者爲一連續樑。爲簡便計算起見，深 AB 一虛樑，而以其力率圖爲ABD和BAC 二三角形所合成。然ABE所加於實在之 M_1 三角形爲正號，而加於 M_2 三角形爲負號，故正負相消，對於以後求出之撓曲度等並無影響。

　　由 ABD 三角形之重心點畫一垂直線至彈曲線左端之切線上，而使$\triangle_1$等於ABD之面積。再由 BAC 三角形之重心點畫一垂直線至$\triangle_1$下邊之右端，而使 $\triangle_2$ 等於BAC之面積。延長 $\triangle_1$ 上邊至樑之右端，並畫一水平線而表明其 end slope θ_2，於是卽可得下列各方程式：

$$\theta_1 + \triangle_1 = \theta_2 + \triangle_2 \quad\cdots\cdots\cdots\cdots\cdots\cdots\cdots\cdots\cdots\cdots(2)$$

及

$$d = l\theta_1 + \tfrac{2}{3}|\triangle_1| - \tfrac{1}{3}|\triangle_2| \quad\cdots\cdots\cdots\cdots\cdots\cdots\cdots(3)$$

解此二式，卽得，

$$-\triangle_1 = 2\theta_1 + \theta_2 - \frac{3d}{l} \quad\cdots\cdots\cdots\cdots\cdots\cdots\cdots(4)$$

使 $\triangle_1$ 等於 $\dfrac{M_1 l}{2\,EI}$ 並解M_1

$$-M^l = 2E\frac{I}{l}\left(2\theta_1 + \theta_2 - 3\frac{d}{l}\right)\cdots\cdots\cdots\cdots(5)$$

　　方程式(5)可作爲一標準之撓曲度方程式(Slope—deflection equation)，此方程式乃用以表明此圖解法之利用，而以下各法中不需引用。在圖二（b）中，$\triangle_1 \triangle_2$ 一線並不切於彈曲線，惟與之成一角度，其影響由於力率圖名一

ABE三角形。若以眞實之力率三角形，而求△之値，則 $\triangle_1\triangle_2$ 一綫將切於彈曲綫，然△距離樑之兩端，其數值不若今之簡單，而計算亦成複雜矣。

下列卽爲此圖解法實用。於圖三中，爲一相對稱之橋架，中爲一獨立載重，二旁之柱底皆固定，而此樑與柱之長度及大小皆相等。

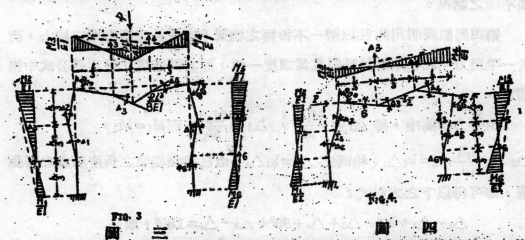

圖　三　　　　　　　　　圖　四

圖中有綫條之面積，卽爲此樑之眞實力率三角形，因計算簡便起見，將無綫條之梯形面積加於中心之 $\dfrac{M}{EI}$ 三角形，於是成爲一單樑之 $\dfrac{M}{EI}$ 三角形，其中直坐標之値爲 $\dfrac{Pl}{4EI}$。而二旁力率三角形之面積，亦同樣增加此梯形之面積。故此樑之最後求出之曲度不受影響。此圖可作爲由三力率三角形所成，卽二旁二力率三角形，其底邊之長等於樑之長度，及一單樑之力率三角形其高爲 $\dfrac{Pl}{4EI}$ 其面積爲 $\dfrac{Pl^3}{8EI}$。

於是可依撓曲綫而解之矣。其綫間之角度卽等於力率圖上之面積，而劃綫之開端，起始於左柱之底（其角度之正負號與平面測量中之 azimuth 相同）

$$-\triangle_1+\triangle_2+90^0+\triangle_3-\frac{Pl^2}{8EI}+\triangle_4+90^0+\triangle_5-\triangle_6=180^0\cdots\cdots(6)$$

此式中之 $\triangle_2$，$\triangle_3$，$\triangle_4$，$\triangle_5$ 皆相等，因其力率及長短皆相等，且二柱上部爲二等邊三角形，故 $\triangle_2=2\triangle_1$，$\triangle_5=2\triangle_4$，所以公式（6）可變爲 $8\triangle_2=\dfrac{Pl^2}{8EI}$，成

$$\triangle_2=\frac{Pl^2}{24EI}\cdots\cdots\cdots\cdots\cdots\cdots(7)$$

以 $\dfrac{M_2 l}{2EI}$ 代 $\triangle_2$，其角力率為 $\dfrac{Pl}{12}$，而二柱底之力率為 $\dfrac{Pl}{24}$，而其中力率為 $\dfrac{Pl}{4}$一

$\dfrac{Pl}{12} = \dfrac{Pl}{6}$。由公式（6）知，其二角之力率與中部及柱底之力率符號相反。以上之公式皆由各曲度之單位而成，而並不計入 joint rotations，此即與其他方法不同之點也。

第四圖即表明用此法以解一不相稱之構架，連於柱底固定之二柱上，而受一平壓力。此構架之材料假定為強度一律，而其彈性度E 可從各公式中相消者。

由 $\dfrac{M}{I}$ 力率圖中，得 $\triangle_2 = \dfrac{M_2 h}{2I_1}$, $\triangle_3 = \dfrac{M_3 l}{2I_3}$，而$M_2 = M_3$，

$\triangle_2 = \dfrac{I_3 h}{I_1 l}\triangle_3 = k_1\triangle_3$，相樣之 $\triangle_5 = k_2\triangle_4$。由已撓曲構架之角度所成之彈曲線，即可得以下之方程式：

$$\triangle_1 - \triangle_2 + 90^0 - \triangle_3 + \triangle_4 + 90^0 + \triangle_5 - \triangle_6 = 180^0，或$$

$$\triangle_1 - \triangle_2 - \triangle_3 + \triangle_4 + \triangle_5 - \triangle_6 = 0 \cdots\cdots\cdots\cdots（8）$$

由此樑之左端計算，則其右端之垂直撓曲度為零，其公式為

$$1\theta - \tfrac{2}{3}l\triangle_3 + \tfrac{1}{3}l\triangle_4 = 0\cdots\cdots\cdots\cdots\cdots\cdots（9）$$

因 $\theta = \triangle_1 - \triangle_2$，公式（9）可寫作

$$\triangle_1 - \triangle_2 - \tfrac{2}{3}\triangle_3 + \tfrac{1}{3}\triangle_4 = 0 \cdots\cdots\cdots\cdots\cdots\cdots（10）$$

同一理由，

$$\triangle_6 - \triangle_5 - \tfrac{2}{3}\triangle_4 + \tfrac{1}{3}\triangle_3 = 0 \cdots\cdots\cdots\cdots\cdots（11）$$

因二柱之頂彎曲相等。

$$\tfrac{2}{3}\triangle_1 h - \tfrac{1}{3}\triangle_2 h = \tfrac{2}{3}\triangle_6 h - \tfrac{1}{3}\triangle_5 h$$

由之知 $\qquad\qquad 2\triangle_1 - \triangle_2 = 2\triangle_6 - \triangle_5 \cdots\cdots\cdots\cdots（12）$

而各柱力率之和 $= M_1 + M_2 + M_3 + M_6 = Ph$，

$$\triangle_1 I_1 + \triangle_2 I_1 + \triangle_5 I_2 + \triangle_6 I_2 = \dfrac{Ph^2}{2}\cdots\cdots\cdots\cdots（13）$$

由套式（8）至（12），以 $\dfrac{\triangle_1}{k_1}$ 代 $\triangle_1$，$\dfrac{\triangle_2}{k_2}$ 代 $\triangle_2$，而解 $\triangle_2$，異以 $\dfrac{M_2 h}{2I_1}$ 代 $\triangle_n$，即得

$$M_2 = \frac{Ph}{2} \times \frac{1}{1+\dfrac{1}{3k_1}-\dfrac{1}{6k_2}+q\left(1+\dfrac{1}{3k_2}-\dfrac{1}{6k_1}\right)}\cdots(14)$$

q 之值即等於 $\dfrac{2+k_1}{2+k_2}$，設 $I_1 = I_2$，則 $k_1 = k_2$，而 $q=1$，則公式（14）將更為簡單矣。在實際應用此式時，頗為簡單，因 k_1，k_2，I_1，I_2 及 $\dfrac{Ph^2}{2}$ 等各數皆已代入以前各式中而化去矣。

若二端之支持物不在同一水平線上，此法亦可應用，第五圖所代表者，為一樑其左端固定，右端則低下一吋，其惰性力率及彈性度皆起變化。

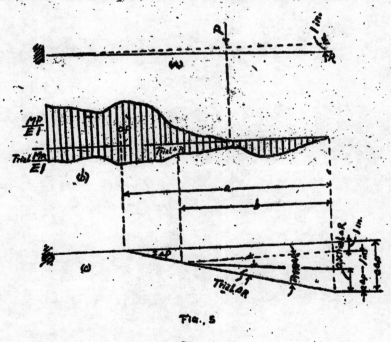

Fig., 5

圖　五

若此樑單獨承受 P 之壓力，則其右端之撓曲度為 $a\triangle P$，$\triangle P$ 即為力率圖中之面積，而 a 為由右端至此面積重心點之距離，再假定一R，而求其上托之力，並求其水平線以下面積之重心點如圖五（b）。今將 $\triangle R$ 及其上托之力

707

（＝b×△R）加於圖五　c）中之騍曲綫上。而R之實存數值使此綫至於圖中之地位可用比例求之，$\dfrac{\text{True R}}{\text{Trial R}} = \dfrac{a\triangle p - 1}{b \times \text{Trial R}}\ln$。若 R 求出，則其力率可依普力學求得矣。

公路地下排水之設置

潘　朗　峯

我國幅員廣大，居世界各國之冠；欲發展如此地大物博之國，礦爲公路而已。自國民政府成立以來，對於公路之建築，不遺餘力；尤以近年來，更努力於完成各省公路網，然因限於經費問題，各路基，路面，及一切附屬物，均屬最經濟者，目前初創時期，尚可勉爲應用，惟一旦運輸事業特別發達後，公路之利用必驟廣，是則公路之路面及一切附屬物，均須從事改良，必以安全與經濟兩者爲前提；本篇公路地下排水之設置，亦爲將來公路發展中必需之一也！

何謂公路地下排水之設置？欲解此問題，應先研究地面水之如何排法，及其方法之利害如何，目前一般公路之地面排水，均爲路旁溝渠，此種溝渠，設於路之兩旁，其深者，除容路面水外，尚可容納由滲透而來之地下水。此種溝渠，實則最易損壞路基及路面；蓋數千百公里之公路排水溝渠，必無適當之保養，經長時間後，每在渠中積滿各種廢物，冬冰春溶，或農夫爲行走取便，穿溝築成便道；使排水溝渠成爲蓄水池；如遇多雨天氣，兩旁滿儲大水，輒有一二月未乾者。公路建築之被損害，安得不大！

爲排除路面及路屑（Right-of-way）之雨水，路屑之構造，須與路面傾斜，使水易於流下，此種傾斜度每致溝渠減少容水量，如遇暴水，勢不盡容；日久等常易使構成地下排水溝，其影響於路基甚矣！

路旁排水溝渠，對於路之本身，已知其有損無益；所被利用者，賦節省經費而已；然爲久常之計、不宜採用，蓋良好之路面與路基，經破壞之後，其重建或修養費用，必較設置地下排水制爲貴也；除非對於渠中之水，先事防止其停滯，但長距里之公路，恐難有適當之辦法也！

　　總括各種理由，為發展公路之運輸率與安全率計，採用地下排水制，以代路旁溝渠，可分為四：

　　1. 保護公路結構；

　　　（a）防止橫縱水流之滲透；

　　　（b）降低地下水面，防止微管吸力作用及高度凍結；

　　2. 保護生命與財產；

　　3. 變改各路，路肩，及鄰近地產之外觀；

　　4. 減少養路費；

保　護　公　路　結　構

　　路旁溝渠對於路本身之生存，乃一大威脅，前已言之，吾人隨時隨地概可目觀。地下排水重要責職之一，即在平等間距，除此貼隔之路面雨水，其設計之方法，應按各處天時地理，各種情形相機進行也！

　　地下水流，每向鬆質泥土滲透，使泥土漸形飽和，路盤因此變為鬆軟，如路面係三和土，或瀝青者，即生裂痕；如係土路，即成高低不平路面，使車輛不便於行駛，地下排水，即在距路面四呎至五呎深處，將此水流，散受除去，不使其滲透路盤也。

　　排水制之如何設計，固不在本篇論例，然對於一二預防，額需注意及之。排水制之容量，應足以攜去雨水季所下之水量為度，及注意相近泥土之吸水量如何為限。入口之建築，應不使可能浮動所阻塞之大小為準。入口間之距離，則須參照地形及水量之異同而排置。於公路交叉處，應多置入口，以防暴雨水時之不及流攜而致損壞路面及路盤。

　　微管之水份，吾人早知未能用瓦管除去，泥愈細，則微管作用愈著，如泥土小粒，三三耗，圓徑，水能自水平上升十八吋，如泥土小粒，05耗，水能自水平上升一百〇九吋；如係普通黏土，則水竟可自水平升一百十四吋。地下排水構制可保持此水面，在路面四吋之下，路面及路基之被損害，可無虞矣！

冬季凍凝，春季溶化；一凍一溶化，經路面車輛之震動，每使路基下沉；蓋一經溶化後，泥土特鬆軟，以致未能忍受路面之重壓。地下排水制，雖云未能完全防止凍結，然至少能保持離路面十八至二十四吋間不易生凍。離路面一遠，其影響未甚微矣！

保護生命與財產

新聞紙上每見有車輛與乘客，因某種關係，倒翻於路旁溝渠內；車輛損毀，乘客淹斃！此種損失，對於路局，固絕無僅有，然對於工商業及各級旅客，則損害特大；如無適當補救，必使人民視公路如畏途。近者公路之發生此慘劇者，已屢見不鮮！此種慘劇常於二三車輛交車時，因相互避讓，開上路肩邊上，因路肩傾斜故致便駛上之車易，於翻入渠中，渠中滿儲水量，車中座人，必未及逃避而被淹死。或於路之轉角處，因不及轉灣或改低速力，直衝渠中，此乃有關生命之事，設置地下排水制，更覺價值之大矣。

變改公路，路面，及鄰近產業之外觀及價值

行駛車輛之人，對於公路，每有一種審美觀念！路旁溝渠易以地下排水制，兩旁植以高大樹木，車駛路上，自生特種愉快！因此易吸引人民利用該路，車輛繁盛，極易轉移各種事業，則兩旁產業，皆可增高價值，較諸舊有公路，獲益多矣！

節 省 養 路 費

節省養路費於篇首已略言之，公路之設路旁溝渠者，每使路面被水冲壞，或路盤經水滲透而下沉。如斯日積不斷之修養，其費用較所節省之橋通費，更大數倍。且吾國常例，公路所節省之經費，每不另行保管而移作他用；與其增加養路費，又不能保管節省費用生息以作養路之需；不如將該款計劃地下排水制，而又減少養路費用。蓋路之地下排水制設置之後，路面便不易損壞，且兩旁路肩構造，不必過於傾斜；所生之野草等物，可用機件剷除；不若未設置前之需人工剷除之耗費。吾人若將建築費及一切養路等費相加比較，公路之未設地下排水者，未必真實經濟也。

本文結束之前，再將公路地下排水設置之種種理由彙述於下：

1. 路面水可沿路肩排除，對於路之安全及瞻觀均有利益。

2. 增加安全率，防止凍結之提高。

3. 路盤不致鬆軟，影響路身之結構。

4. 可審知泥土之性質而防止外流水量之滲漏。

5. 爲旅行公民增加生命與財產之安全率。

6. 增加沿路產業之價值。

7. 增加路面之耐久及生存性。

8. 減少養路之困難及經費。

吾國公路，均屬泥土或煤屑路，其受損害較少，日後經費充裕，必須漸形改建，如京杭道聞將改建柏油路，是則地下排水制，宜注意及之也！

碎石柏油路之新建築法

包 大 沛

概　論

碎石柏油路，在美國的道路建築上已有很悠久和寶貴的歷史，以前所築就的汽車道，至今依然在行馳着新的車輛，很多舊的道路，依然是在使用。

在過去的幾年中，因着運輸事業上的需要，使那柏油路的建築有改良的必要，以前不注重建築的速力，一件簡捷的事，往往費了幾星期的工作；可是現在不同了，道路工程師需要在短時期中完成全部工作而開始運輸，他們甯願多屆人工多備器具以求趕日完工，

建　築　法　摘　要

關於柏油路的建築法，雖然變遷是很慢的。可是這種方法已經很普遍的為工程師所採用了，為了要增加工作的速力，現在所用的柏油是比較以前所用的為厚，並且這裏面加入了容易凝結的東西，同時應用了相當的手續使路面成為光滑易馳，為了要築成堅固的路面，小的石塊用了填入路面的孔，更小的石屑舖在柏油的封緘層上，同時兩層的封緘層加在路面上，但是每平方碼所用的柏油並不加多。

在知道了大概情形之後，我們再把改良後碎石柏油路所用材料等討論一會，當心的舖平了底層的碎石，方始能夠得到一個平滑的路面，若然基礎不平，往往使路面易于破壞，所以在開始築路的時候，底層的石塊須均勻的舖平了，普通這種碎石的大小大致從一‧二五至二‧五英寸（約三‧一八至六

•三五公分）。

　　等一步的工作先把純粹的石子壓緊了，然後再加柏油，所用的柏油為一種熱而錬淸的柏，比以前所用的是略為重些而能快些疑結，柏油施用的程度為每平方碼一又八分之三加侖在疑結後有三英寸深的石子上，其熱度約為華氏表二百五十度，若是過熱了，能夠使他流入底層，而存在面上的僅是湖湖的一層，這種現像在熱天格外容易發現。

　　面上的孔間是用四分之一至八分之五英寸大小的石子填滿，經過了滾服之後，所有的石子都填入了面上的孔間，那麼，柏油的封箴層便能鞏固的存在面上，封箴層柏油施用的程度為每平方碼二分之一加侖，舖上了八分之一至四分之一英寸的碎石屑，石屑壓入路面之後，交通便能開始。

　　至於 re-tread type 也需要較厚的柏，第一次所用的為一種冷而錬淸的柏油，這種的方式是需要較久的時間，往往車輛的擠壓替代了滾壓機使他變硬。

　　所用的石子的大小大致為〇•五至一•二五英寸，柏油為每平方碼四分之三加侖在三寸深度的石子上，這普通只用一次手續，若然柏油和石子在早晨混合，在普通情形之下，下午就能夠滾壓，滾壓機車輪必須使之潮濕，否則，有柏油的石子往往容易黏出路面，路面上為滾壓機所造成的崎嶇，必須在碎石屑施用前舖平，石屑的大小為八分之一至四分之一英寸為最合用，當第一次滾壓手續完畢後，這石屑就須立刻舖下去，在滾壓的時候，這些石屑便能深深的壓入路面碎石孔中。•

　　第一層封箴層的柏油為每平方碼四分之一加侖的柏油，在混合手續完畢後的第二天，道路的交通就可開始，同時還可使路面格外壓緊，若然最後一層的封箴層在全部工作完畢後應用，那麼，好一些的結果也許能夠得到，第二層封箴層所用的柏油為每平方碼四分之一加侖的同樣柏油，舖面石是石屑一層封藏施用的時候加了進去，使其很穩固的處于原來地位。

結　論

綜上所述的大概情形，就能造成一條緊的碎石舖成的道路，二種方式都能很迅速的造成一條碎石柏油路，但是所費的並不較舊式的為多。

少數的工程師懼怕着這樣的建築會有一個易滑的路面，但還是可以免掉的，若然小的石子，緊密的柏油就不致有道種的劣點，石子的面往往露在路面上，若然過份大了，那是不好的，道些改變能夠在建築上得到一條快和好的碎石柏油路，對于建築上的費用並不過大。　　　　　　（完）

結 論

（完）

水 泥 試 驗 之 種 種 根 據

錢　鎭　和

　　水泥，俗稱水門汀，以其有堅强之凝結力，早成爲工程界最重要合實用之建築材料。及至輓年。吾人於各繁華城市中能見察之建築物，不論大小高低，大有捨水泥而不能成立之勢。

　　水泥之需要，於數量上，日見增加；惟工程界於樂用水泥之餘，對於水泥之資料鮮有間津者，此實大誤也。水泥之資料，即以用一廠之出品言之，往往因所用原料之本質所雇勞工之工作狀況不能始終一致，大有上落。設工程界偶用資料轉弱之水泥，則於所成建築物之壽命，當大受打擊，甚者且足以發生意外之危險。

　　爲增厚建築物之安全率Factor of Safety計，水泥試驗Cement Testing實有重視之必要，水泥試驗通常可分爲六種：

　　(一)比重 Specific Gravity

　　(二)細度 Fineness

　　(三)化學成份 Chemical Composition

　　(四)硬化率 Time of Setting

　　(五)堅度 Soundness

　　(六)拉伸强度 Tensile Strength

以上六種，除最後一種於試驗時較費時日較多設備外，餘皆能隨時隨地爲之，且試驗時所施手續所用儀器簡單便利。茲將各種試題試驗時應加注意之種種根據分述於後，以實參考。

　　(一)工程界通常採用之水泥，其比重爲 3.10 左右；惟此種試驗因自無之影響——水泥於試驗時能吸收空氣中之水份——一試驗結果終不能十分滿意。

（二）一份水泥於試驗細度時，依照美國標準制 A.S.T.M Method，則其留於第一百號篩子上者不能超過百份之五，其留於第二百號篩子上者不能超過百份之二十；依照英國標準制，則其留於第七十二號篩子上者不能超過百份之一，其留於第一百七十號篩子上者不能超過百份之十。

附錄上述各號篩子內孔洞之大小分孔絲之粗細於下：

篩 子 號 數	孔 之 直 徑		絲 之 直 徑	
	公 體	英 寸	公 體	英 寸
第 一 百 號	0.149	0.0057	0.103	0.0041
第 二 百 號	0.074	0.0029	0.052	0.0021
第 七 十 二 號	0.211	0.0083	0.142	0.0056
第 一 百 七 十 號	0·089	0.0035	0.061	0.0024

（三）水泥中常含有燃餘之生石灰 CaO，氧化鎂 MgO，以及其他燃不燃解之化合物，其中以生石灰存在之多寡最易影響及水泥之本質，通常言之，

$$\frac{CaO}{SiO_2 + Al_2O_3}$$

不能大於3.0，但不能小於2.0。如水泥中生石灰之數量過多或過少，則水泥之質料必不十分優良。

（四）硬化率可分為二部：

（甲）開始硬化之歷時 Time of Initial Setting——普通水泥之歷時不能少於四十五分鐘；快乾水泥Quick Setting Cement不能少於五分鐘。

（乙）硬化終了之歷時 Time of Final Setting——普通水泥之歷時不能少於一點鐘，但不能超過十點鐘；快乾水泥不能超過三十分鐘。

（五）試驗水泥之堅度，須先以水泥作成一圓形之餅，黏於一方形之玻璃片上加下圖：

每歷二十八日而觀察其動靜，如餅上有裂痕，或餅之最外週已與玻璃片分裂，則所用水泥必非佳類，最優良之水泥，一旦黏於玻璃片上，恆能使玻璃片粉碎，以示其黏力之强也。

（六）試驗拉伸强度，可分爲三時期：

（甲）試驗壽命僅一日之水泥模型 Briquette—— 作是項試驗，水泥之最少强度爲 175 lb./sd.in.。

（乙）試驗壽命七日之水泥模型—— 最少强度爲 500 lb./sq.in.。

（丙）試驗壽命已二十八日之水泥模型—— 最少强度爲 600 ib./sq.in.。

水泥强度之限度，約如上述，惟作此種試驗，事實上最爲困難，常因作模型時不能盡其巧，所作模型雖出諸一人之手，試驗結果竟有相差至數百磅之鉅。故雖有精良之設備，設無有經驗之專家支持之，亦難得好結果。

面 積 的 校 正 法

顧 曾 沐

我們量一件東西，都是和一個標準物件比較而得到一相當之值。例如：一線有三公尺長，就是這線有三倍標準公尺的長度。可是無論量得如何精細，尺因氣候而漲縮，視線因光線而變化，終不免有一些錯誤的；這類錯誤謂之Accidental error。還有一類因疏忽而有的錯誤，如把6看作9，這類錯誤謂之mistake，只須精細多量幾次，就能免掉的。

Accidental error 既爲事實上所不免，我們應設法去校正，校正這Accidental error，我們必須應用最小二乘方（Method of Least Square）的原理和方法，用這種方法校正後所得較正確之值，謂之 Most probable value。

數學名詞用譯名易起誤解，故本篇中數學名詞仍用原名。茲將常用諸名詞之意義，略加解釋如下：

Most probable value —— 在可能範圍內，所能得到比較最正却之值，謂之 Most probable value，以 z 代之。

Probable error —— 最可能最適中之錯誤，以 R 與 r 代之。

Weight —— 量得同樣結果之次數，以 p 代之。

Residual error—— Most probable value 與 Measurment 之散差，以 v 代之。

設以 $M_1 M_2 M_3 \cdots M_n$ 代表一物n次之 Measurments（量數），$P_1 P_2 P_3 \cdots P_n$ 代表 $M_1 M_2 M_3 \cdots M_n$ 之 Weight；則 Most probable value z 與 probable error r 可就下列公式計算之。

$$z = \frac{p_1 M_1 + p_2 M_2 + p_3 M_3 + \cdots\cdots + p_n M_n}{p_1 + p_2 + p_3 + \cdots\cdots + p_n} = \frac{\Sigma\, pM}{\Sigma\, p} \cdots\cdots\cdots(1)$$

$$r = 0.6745 \sqrt{\frac{\Sigma\, pv^2}{(n-1)\Sigma\, p}} \cdots\cdots\cdots\cdots\cdots\cdots\cdots\cdots\cdots\cdots(2)$$

公式中 v 係代表 Residual error $= z - M$

$$\Sigma\, pv^2 = p_1(z-M_1)^2 + p_2(z-M_2)^2 + p_3(z-M_3)^2 + \cdots\cdots + p_n(z-M_n)^2$$

若一三角形之面積能計算，則面積之 Probable error 可由下列公式計算之：

$$R^2 = \left(\frac{dZ}{dz_1}\right)^2 r_1^2 + \left(\frac{dZ}{dz_2}\right)^2 r_2^2 + \left(\frac{dZ}{dz_3}\right)^2 r_3^2 + \cdots\cdots\cdots\cdots\cdots\cdots(3)$$

公式中之 Z 係代表任何函數(function)，R係該函數之 Probable error，$z_1 z_2 z_3$ ……係Most probable value，$r_1 r_2 r_3$ ……係Probable error。

以上諸式之用法，茲敍述舉以明瞭，今舉一例如下：

今有三角形ABC；AB,AC二邊與A角均已量測如下表，求∠A,AB,AC與△ABC面積之 Most probable value 及 Probable error。

P	∠A	P	AB(單位公尺)	P	AC(單位公尺)
1	53°18'20"	3	317.29	3	184.62
3	40"	4	317.31	2	184.57
4	30"	2	317.32	3	184.63
1	10"	1	317.24	1	184.71
1	50"			1	184.68

解：

以$z_1 z_2 z_3$依次代表∠A,AB與AC之 Most probable value

則 $z_1 = \dfrac{53°18'20''\times 1 + 53°18'40''\times 3 + 53°18'30''\times 4 + 53°18'10''\times 1 + 53°}{1+3+4+1+1}$

$\dfrac{18'50''\times 1}{} = 53°18'32''$

$$z_2 = \frac{317.29 \times 3 + 317.31 \times 4 + 317.32 \times 2 + 317.24 \times 1}{3+4+2+1} = 317.299 \text{公尺}$$

$$z_3 = \frac{184.62 \times 3 + 184.57 \times 2 + 184.63 \times 3 + 184.71 \times 1 + 184.68 \times 1}{3+2+3+1+1} =$$

184.628公尺

P	∠A	v	v²	pv²
1	53"18'20"	+12	144	144
3	40"	−8	64	192
4	30"	+2	4	16
1	10"	+22	484	484
1	50"	−18	324	324
Σp=10	z_1=53°18'32"			Σpv²=1160

P	AB(單位公尺)	v	v²	pv²
3	317.29	+0.009	0.000081	0.000243
4	317.31	−0.011	0.000121	0.000484
2	317.32	−0.021	0.000441	0.000882
1	317.24	+0.059	0.003481	0.003481
Σp=10	z_2=317.299公尺			Σpv²=0.005090

P	AC(單位公尺)	v	v²	pv²
3	184.62	+0.008	0.000064	0.000192
2	184.57	+0.058	0.003364	0.006728
3	184.63	−0.002	0.000004	0.000012
1	184.71	−0.082	0.006724	0.006724
1	184.68	−0.052	0.002704	0.003704
Σp=10	z_3=184.628公尺			Σpv²=0.016360

以 $r_1 r_2 r_3$ 依次代表 $z_1 z_2 z_3$ 之 Probable error

則　$r_1 = 0.6745 \sqrt{\dfrac{\Sigma pv^2}{(n-1)\Sigma p}} = 0.6745 \sqrt{\dfrac{1160}{(5-1)\times 10}} = 3.63''$

$r_2 = 0.6745 \sqrt{\dfrac{\Sigma pv^2}{(n-1)\Sigma p}} = 0.6745 \sqrt{\dfrac{0.00509}{(4-1)\times 10}} = 0.0088$公尺

$r_3 = 0.6745 \sqrt{\dfrac{\Sigma pv^2}{(n-1)\Sigma p}} = 0.6745 \sqrt{\dfrac{0.01636}{(5-1)\times 10}} = 0.0136$公尺

今將校正後各數之值列下：

∠A：　53°18'32"±3.63"

AB：　317.299±0.0088（單位公尺）

AC：　184.628±0.0136（單位公尺）

±符號的意思，是表示錯誤的範圍。

例如：　184.628±0.016　校正後之值184.628不會大於實在值（True value)0.0136，不會小於實在值0.0136。換言之，錯誤必在＋0.0136與－0.0136之間。

以Z代三角形ABC之面積

則　$Z = \frac{1}{2} \cdot AB \cdot AC \cdot \sin A = 317.299 \times 184.628 \times \sin 53°18'32'' = 23487.68$ 平方公尺

應用公式（3），可由邊與角之 Probable error 求面積之 Probable error R

設 $z_1 = \sin A$　$z_2 = AB$　$z_3 = AC$　$r_1 = 3.63'' = 0.0000176$　$r_2 = 0.0088$　$r_3 = 0.0136$

則　$\dfrac{dZ}{dz_1} = \frac{1}{2}\cdot AB \cdot AC$　　　$\dfrac{dZ}{dz_2} = \frac{1}{2}\cdot AC \cdot \sin A$　　　$\dfrac{dZ}{dz_3} = \frac{1}{2}\cdot AB \cdot \sin A$

$R^2 = \left(\dfrac{dZ}{dz_1}\right)^2 r_1^2 + \left(\dfrac{dZ}{dz_2}\right)^2 r_2^2 + \left(\dfrac{dZ}{dz_3}\right)^2 r_3^2 = (\frac{1}{2}\cdot AB \cdot AC)^2 r_1^2 + (\frac{1}{2}\cdot AC \cdot \sin A)^2 r_2^2 +$

$$(\tfrac{1}{2} \cdot AB \cdot \sin A)^2\, r_A^2 = (\tfrac{1}{2} \times 317.299 \times 184.628)^2\, (0.0000176)^2 +$$

$$(\tfrac{1}{2} \times 184.628 \times 0.8018684)^2 (0.0088)^2 + (\tfrac{1}{2} \times 317.299 \times 0.8018684)^2$$

$$(0.0136)^2 = 0.266 + 0.423 + 2.996 = 3.685$$

R = 1.92平方公尺

校正後之面積：　23487.68±1.92（單位平方公尺）

用三角網法測得之面積，亦可應用上述之法校正之。　　　　（完）

土耳其之鐵路與公路運輸問題

王　文　彪

在未譯這篇稿子之前，我們已知道土耳其是一個新進之獨立國家，雖不能與歐美列強諸國並駕齊驅，而他的國富民強，在世界上，亦有相當地位，然觀其在未改進之前，內亂頻生，幾爲列強瓜分，但在改進之後，工業發達，致有今日光榮，其原因固然是其民族自決，但國家之運輸事業發展，鐵路、公路之建設，未嘗不是其主要原因之一，這篇的原著者，是土耳其人，名巴格達的（Mahmut Bagdadi），留學於美國，學習土木工程，這篇稿子載於一九三五年四月號之 Roads and Streets 雜誌上，我覺得這篇的內容，很多處甚合我國運輸問題，建設公路與鐵路之參考，故將其譯出，介紹於此，其未盡善之處，當所不免，希諸同學加以指正。

欲明瞭土耳其之運輸問題，且先介紹土耳其歐戰前革命後之政治地位，因此可以更得明瞭土耳其運輸問題，與歐美情形不同之點甚多，今將不同之點盡量臚舉，而指出不同之處。

戰前土耳其名阿脫曼（Ottomen）帝國，自巴格達至希臘，皆屬其版圖，境內雜居各種人民，各種民族，其中阿拉伯人從來不滿意於政府，而此時土耳其帝主蘇丹以爲有無上之權威，不能爲人民之臣僕，而一切人民必須爲彼而工作，捐稅繁重，預算中所收入之財政，皆被蘇丹作享樂之費用，以無數之金錢，皆用於建築華美之白斯否入斯宮殿，而公共事業，則置之不顧，故運輸問題，更談不到，因之無路可以通車，致一切運輸皆由馬背，在都市之內，亦僅有馬車可以通行，故公路極少，其最重要的一條自白斯否入斯而東南行，橫穿土耳其全境，長約一千英里，而多半皆由古羅馬人所建，後在歐戰前德人所改築者。

此時土耳其之唯一鐵路，亦由德人所築，租借一百年，全長約一千五百哩，德國本欲將此鐵道聯結柏林與巴格達，但爲歐州其他各國所反對，尤其是英國與法國，這種情形，可說亦是歐戰前所潛伏的一個因子。後來租界與條約，縛住了土耳其工業的手，因之一個工廠亦無法設立，任何事業，皆操在外國資本家之手。

土耳其在歐戰中失敗後，即爲協約國所佔領，被英、法、意、希臘等所瓜分，隨後列强不得不加强希臘之特權，來消滅土耳其境內之內亂，希臘收到金錢、軍火、及其他之一切用以平服土耳其人之必需的援助，當一七一九年四月，希臘遂在西米那屠殺，而引起土耳其人對希臘的仇恨，引起土耳其全境之忿怒，終於引起了土耳其人之民族自決，竭力抵抗，雖然這種抵抗，受着整個的解體，但土耳其的人民終不願事希臘人爲主人，因此遂開展了爭獨立的奮鬥。

如以前所述，土耳其向非爲一工業國家，除農產品以外，輸運之事業無多，故第二步必須開發實業，而充實運輸之用，遂有銅、鉛、錦、鐵等礦皆次第迅速開採出來，故此各種原料之出口，使國家在預算上又多一次偉大之收入，然此類之銅、鉛、錦、鐵等礦若有部分之需要與使用，則必須建造工廠，因之使國家遂走上工業化之途經，其結果遂創造一個自給自足之國家，使土耳其之人民既非蘇丹之奴隸。又非外國資本家之附庸。

爲了要幫助農民，滿足他們運輸之要求，始築有一萬六千哩之公路，在有八十萬方哩土地，與一千四百萬人民之土耳其，如此之建設，實不算多，但在一個時代之內，欲完成一切之事業，是不可能的。

現在必有人疑問土耳其何以建造許多鐵路而不築十倍或十倍以上長度之公路。而鐵路之成本，是要超過公路有十倍或二十倍之多，但這個問題，就是土耳其完全與他國，尤其是美國不同之環境所造成的，茲特略舉於下：

1.土耳其沒有汽車工廠，其使用之汽車，必須由外國購買。

2.土耳無有油池之礦產，故必須向外國購買汽油或其他的油類，因為此兩項足以吸盡土耳其之金錢而無收回之希望，而大部分之運輸事業皆可由鐵路完成，故不築公路而築鐵路。並且築路之建築費固然要加以計算，即開車費用亦勢必算入，但在土耳其以每一工作單位作計算單位，則火車之行車費實較汽車為廉。

現在土耳其境內雖有與鐵路垂直之公路，但仍為馬車馳行之用，汽車則佔極小部分。故此種車輛所需要之公路，僅約有下列二種：

1.泥路：此種路之建築甚簡便，路寬約二十呎，兩邊開溝，溝中泥土，則移至路中。作路面之用，路之坡頂約為十二分之一，路面不壓，由行走之車壓之。

2.碎石路：所有公路，大多數皆為此式，在城市中則將此路面加以瀝青，若連結兩個鎮市而無火車通行。亦多用此種碎石瀝青路。

現時土耳之鐵路公路之狀態可總言之如下：

1.土耳其之公路，實際上皆與鐵路垂直，因欲避免競爭。

2.土耳其大部分之運輸事業皆由鐵路轉運。

3.土耳其因有鐵道之發展，而使國家工業化。

4.土耳其之鐵道，不獨有國民經濟，亦有國防之用。

5.土耳其之鐵路長途運輸，價廉而穩妥。

6.土耳其之公路大多作馬車馳行之用，故僅有泥路、碎石路、碎石瀝青路。

7.土耳其既無汽車，又無汽油。故汽車運輸不合用。

土耳其現有公路二萬二千哩，其中一萬六千哩為政府所築。鐵路七千哩，其中四千五百哩為政府所轄。

　　自凱莫爾出，途開始組織軍隊抵抗希臘人，他在全國民衆之合作下，終於勝利，因為他的計劃成功，希臘人與協約國最後曾被逐出士耳其，而簽定羅山條約。一九二三年蘇丹及其家屬，亦被制充軍，在同年之十月廿九日士耳其共和國途亦宣告成立，國際間亦皆承認士耳其為一個新的共和國家，故政府第一件要做之事，即穩定國家地位，故時時刻刻提防着外的與內的襲擊，因為惟有建築鐵路與公路，以便迅速運兵，來消滅內亂及抵禦外侮，故現在土耳其築路之目的不獨是為公共運輸，而且亦因為防衞國土。

　　假如將土耳其與美國之公路問題作一簡單比較，可以立刻看出美國公路之商業目的遠過於軍事目的，但有一點必須注意，乃是美國為一個高度工業化之國家，凡一個國家愈工業化，則需要之運輸工具亦愈多，在土耳其這種情形就不同了，因為土耳其並非為一工業化之國家，故對於運輸的需要，則不如美國之廣大。

　　士耳其政府築路之目的，雖在於防衞國土，但為暫時之性質，當國內已經安定後，彼時途有一個新問題發生，應該如何來防止數千里之鐵道與公路之競爭，故唯一解決辦法，乃是停止一切與鐵道平行之公路建築與保養。結果，數年來公路皆因失修而無法通車，但鐵道之運輸，則異常擁擠，而新的與鐵路垂直之公路始行興築，並經過鐵路亦開始修橋。

　　但土耳其政府則仍欲以鐵路而完成其全國之鐵道網，故自今政府成立以來，十年而已築有四千五百哩之鐵道，及僅有一萬六千哩之公路，因士耳其全境多山，故工程之完成，非常困難，並且費用頗大，若以同等之財力，在美國則可以築更長之公路與鐵路，土耳其政府費用於築路之確數，雖無統計，但總數一定在二萬萬元以上。至於築路之各種工程，皆由士耳其自己國民所承包，僅有少數為瑞士人所築；但在可能範圍以內，皆願迫使用士耳其之本國材料。

　　鐵道雖曾一度為國防而建築，但現在已為國民經濟之唯一問題，因土耳其蘊藏豐富的各種原料、礦產，如煤、銅、鋅、鐵、鎳、但多半皆未開採，然因鐵道之建造。致通車必須用煤朗鉅，遂鼓勵礦商，開採煤礦，致煤礦業遂因此繁盛。而超過本國之需要，故每年出口之煤，尚約達三千萬元。

查勘盧氏縣至荊紫關一帶路線紀事

姚　昌　煌

　　河南省西部自盧氏縣至荊紫關一帶，山嶺起伏，道路崎嶇，人跡鮮至，匪衆每多賭險聚居其間，乘機出山，刼取財物，甚至攻破城鎭，姦淫婦女，焚毀房屋，凡衆之富有者，則架取人票候贖，每遇官兵圍勦，則又竄囘山中，據險以守兵退則捲土重來，爲害之烈，不可以計，蔣委員長有鑒及此，特電飭河南省建設廳派員査勘該處路線，以便撥款興築汽車道路，便利交通，而絕匪患，意至善也，建廳奉電後，卽派煌前往該處切實查勘，奉命之後，深知該處土匪出沒無常，且崇山峻嶺，獸類必多，遂呈請令飭所經各縣政府沿途妥爲保護，並派保安兵士隨行護送，以免萬一發生危險，於二十三年三月二十三日由汴出發，四月三十日返汴，謹將調査情形及查勘結果紀述如下：

開封至盧氏縣途中

　　由開封乘隴海鐵路特快車西行，經鄭州洛陽而達靈寶縣（該處在函谷關東約里許煌曾親往函谷關游覽，形勢至爲險要，北臨黃河，東臨宏農澗河出口處，西南均大山，僅一山道可通，隴海鐵路經過此處，建築澗河大橋橋，過橋卽鑿山洞而過此關。）下車後赴縣政府探詢到達盧氏縣之路由，據該縣縣長云，靈寶縣至盧氏縣，距離約二百餘里，有二道可通，（１）由靈寶縣經虢略鎭，岔道嶺，官道口而達盧氏縣，（２）由靈寶縣經川口鎭，官道口而達盧氏縣，已由建設廳張工程員詳細查勘，以第一綫較爲便捷，且聞張工程員適在虢略鎭，遂取虢略而行。

　　由靈寶縣沿宏農澗河西南行五十里達虢略鎭。過張工程員蒙指示路由，遂又南行至澗口，距靈寶縣六十里。一路尙屬平坦。復南行經開曼口，開莊。小里村，范底村，谷道嶺，南天門，祖師廟，姚店嶺，姚店河，孫女灣，長坡，魏家坡，張家灣，閻水，而達官道口，道路旁山而行，下隔絕壁。道寬僅容單騎，曲拆婉蜒而上，行人俱有戒心，至此下騎徒步而行，中途一次駕牲口所槐，殼墮深谷，亦云險矣。（由潤口至官道口計程一百一十里。）南行經水渡，龍源，乾家嶺，石子路，太湖嶺，廟底村而達杜關，均沿溪而行，路尚平坦，惟路行溪中，水發卽淹，路基提高，則須行走山腰，建築非易，復南行經鐵嶺，路坡之陡，只可用手脊地爬山而行，峯迴路轉，婉蜒曲折，凡百數十而越斯嶺，南行經劉關。近後馬坡，白水字而達盧氏縣，一帶山嶺重壘，修築汽車道路，工程極爲艱難，一路所經之處，人煙稀少，房屋大半爲阻衆所毀，慘不忍睹，計開封至盧氏縣途中，共行十三日。

查勘盧氏縣至荆紫關路綫記詳

出盧氏縣西門，西行二里，趨洛河（闊二里）而達岡堂，沿洛河灘西南行，經東營子，石家廟，西營子，營子溝，下劉村，喬家窰而至冠灣，折向西南，沿七村河溝（即洛河支流通七村街）東河灘西南行經田村，白家窰，洪澗，陳家凌，喬子村而達七村街，一路均沿河灘而行，路雖平坦，工程較易，但路在溪中行，春水一發，交通全阻，如將路身提高，則兩旁山脚所阻，非鑿洞築棧莫辦。（白東柴至岡堂間，須涉渡洛河闊二里，工程甚大）由七村街向南沿二間之小溪而行，並無正式道路，兩旁石山，高不可攀，每行百步或數十步，即爲山稜所阻，故無百步之直視綫，而需在左右曲折，行人跳躍溪水之間，溪中大石雜陳，大者如桌，間衝兵冒，均係春夏水發，由半山冲下者，蓋兩山間盡山溜溜，大石下降無阻故耳，建橋築路於兩山之間，功不及過，如修築於山腰之間，則工程浩大，孫覺因難也，一路沿溪曲折南行，經花果樹，桐樹店，車廠而達老炎嶺，曲折而上，較鐵嶺尤難攀登，山坡上下達七十里，高一千六百公尺，尚爲熊耳山脈最低之嶺，嶺北水入洛河，嶺南入丹河而達漢水，實南北之分水嶺也，該嶺最陡之處，照曲折之原路計算坡度，亦有百分之三十以上，倘直上嶺頂，則坡度在二比一左右。（即高二尺平一尺）其陡可知，路經此處，似非鑿洞開山，不得安然越嶺焉，沿路各處，人煙絕跡，房屋均為匪毀，彙之荒山中時有猛獸出沒無常，行人視為畏途，此次曾遇斑豹二次，幸得保安兵士發鎗示威，得免於難，由此下坡南行，經瓦宅子，艾柒溝口，雷家坪，兩義河，李子坪，龍王廟，大石礄，紅土嶺，而達玉堂溝口，一路所經之地，均兩面環山，人在山中行，時而涉水，時而上坡，流水飛濺，衣履盡濕，此七十里之行程，當地人民，亦視為畏途，故有二十五里猴跳圈，四十五里脚不乾之謠語，詢非虛構也，自玉堂溝口，溪水南入五里川，沿五里川河灘向東行，經雅子坡，山坡亦陡，應鑿墜道半里，方克有濟，下坡復東行涉川三次，經潊口，川水東流入丹河，東行河二次，經七里邊嶺，坡度尚不甚陡，越嶺渡丹河，東行經莫家營，杜家店，王村而達朱陽關，由朱陽關東南行，越下關嶺，渡丹河凡五次，艾河三次，始達內鄉縣境之黃沙鎮，復西南行，涉溪十一次，經劉二爺廟節村，過溝六次，經寬坪鎮折向東南行，過溝三次，經小山嶺，晒嶺而達道溝。一路均沿兩山間溪中而行，建橋築路均感艱難，自節道溝西南行。仍沿溪行，過溪十六次，經龍嶺，又渡溪十次，經雙水木村，渡溪十次，經柴根村，渡溪一次，經油房村，渡溪一次，經潘家巷村，渡溪二次，經東界牌村，渡溪三次，達內鄉縣淅川縣交界之上下界牌，自此仍沿溪西南行，渡溪二次，經東樹咀，渡溪三次，經桑樹村，渡溪二次，越廟嶺，上下坡度均陡，應鑿隧長半里，由廟嶺西南行經三道河，核桃樹，渡溪十次，經謝家灣而達花圓關，向東行，渡溪一次，至西坪鎮，由此南行，渡溪一次，經城子村，十渡溪二次，經操場村，郭鳳樓，土地嶺，渡溪三次，經陳溝，三義河，八盤坡，黃豆崗，而達龍潭，折向東行，渡溪六次，至穩家亞，復沿南行，渡溪四十四次，越大陡嶺，坡度甚陡，應開隧道，南行渡溪十四次，越小陡嶺，亦應開鑿隧道，再南行渡溪十次，經石門，渡溪二十次，達柳林溝口，沿路兩旁均屬童山，幾無百步之直視線，春水一發，交通斷絕，建橋築路，均極困難，自石門至柳林溝口，一路溪水中見淘金者甚衆，該處似有金礦，自柳林溝口出口，溪水入丹河，沿丹河灘東南而達荆紫關，鎮長十里，西臨丹河，船隻可通漢口，昔關海路未通時，陝省貨物，均由此處轉達漢口，營業甚爲發達，現以歷經匪患，兼之陝省貨物，由潼關出省，故生意蕭條，總計路程經計步表測勘，共長三三〇‧二〇華里，一路所經各地，及山嶺高度，均經氣候表測勘，以老尖嶺爲最高，荆紫關爲最低，所經河溪均經皮尺丈量，另詳一覽表內，計須鑿洞者計老尖嶺，雅子坡，廟嶺，大陡嶺，小陡嶺五處共長十華里，橋梁長約一二〇〇公尺者一座(洛河)，長約四〇〇公尺者八座(丹河)長約二〇〇公尺者三座(五里川)，長約九〇公尺者一座，長約六〇公者二座，長約五〇公尺者二座，長約三〇公尺者五十六座，長約二〇公尺者二十三座，長約一〇公尺者九十七座，共計一百九十三座，涵洞三公尺者六座，二公尺者三座，共計九座，其他修築路基，須開山石者，無從估計，故未列入，計自盧氏縣出發至荆紫關，再由荆紫關回省，共行二十四日途中爬山越嶺，遇獸遇雪，困苦萬狀，幸不顧一切，努力進行，並詳細查勘，始克公畢返省焉。

日用水量與水管尺度

許 桐 森

計算房屋內水管之尺度(Size)與水管之佈置為工程師之重要責任，因為佈置方法各異，故關于水之消費量或水流率（Rafe of flow）向無相準則，常有兩相類似之建築物，雖其所容人數相等，而管道之佈置及大小亦同，但水之消費量之差異，恆有超出兩三倍之現象，同一旅舍中之立管（Riser）雖有固定之水流消耗量，但某一立管之水流消耗量，亦有大於其他立管者，又如辦公樓內男女數量相等，而女盥洗室之消費水量常較多，故計算水管之尺度，雖有公式可以應用，但因消費總量與消耗量不易估計，所以結果並不完全可靠，必須富有經驗之建築師和衛生工程師，經過精密之考量，始可獲得準確之結果。

水 管 尺 度 與 用 水 量

通常水管內水流壓力高低不定，常使冷熱管啣接處冷水竄入熱水管，或熱水竄入冷水管，欲免除此種現象，必須管之尺寸合度管道裝置得宜，並且支管不可過多，否則水之消耗量太多，亦可發生上述現象，故支管應設於壓力高強與水量富足處也。

倘水源峻急，節流不當，即發生一種水錘（Water hammer），如水錘之冲撞力甚猛，足可將水管與零件（Fitting）擊碎，如欲避免此種現象，當選用適當水管尺度，或裝置節制門亦可，但後者效用不及前者，因為全部阻力集於一點，水流速度高強時，水管內則簌簌作響，另一方法即於各支管間裝置一氣箱（Air Chamber），如果採用節壓門（Pressure-reducing valve），或水流調節門(Flow-regulating valve)亦可，惟此種器具須裝設於支管上。

第一表　各種水具之支管尺度與用水量

水具種類	水管尺度	理想用水量(G.P.M.)	實際用水量(G.P.M.)
面　　盆	$\frac{1}{2}''$	4	5
浴　　盆	$\frac{3}{4}''$	15	14
淋浴具(粗)	$\frac{1}{2}''$	8	5
淋浴具(細)	1″	30	28
便斗水箱	$\frac{1}{2}''$	6	5
便桶水箱	$\frac{1}{2}''$	8	5
便斗自動門	$\frac{3}{4}''$	30	14
便斗自動門	1″	30	28
便桶自動門	1″	30	28
便桶自動門	$1\frac{1}{4}''$	30	49
洗衣盆等	1″	15	14

第二表 各種口徑水管供水量之比率

水 管 口 徑	比 率
$\frac{1}{2}''$	1
$\frac{3}{4}''$	2.7
$1''$	5.5
$1\frac{1}{4}''$	9.7
$1\frac{1}{2}''$	15.3
$2''$	32
$2\frac{1}{2}''$	55
$3''$	86.5
$3\frac{1}{2}''$	127
$4''$	178
$5''$	310
$6''$	496
$8''$	1000

總管 (Mains) 與立管尺度之配合

立管內水流不均，則各支管水流壓力忽強忽弱，因之水管尺度難于正確，故現今之水管尺度須依據水具種別而定，而各種水具所須之水管尺度，則視其用水量多寡為標準。第一表所載，為各種水具所須之口徑，而各種水管之供水量，則詳載於第二表。

第　一　圖

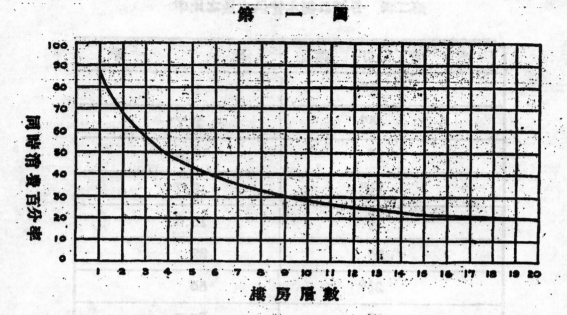

（縱軸）同時消費百分率

（橫軸）樓房層數

下列數點為選用水管尺度之解鈕：

1. 立管與總管之尺度以寬大為佳。

2. 支管之尺度過於寬大難得良好結果。

8. 如支管採用大口徑者則立管與總管及水箱（Tanks）亦須加大。

4. 總管立管不必過長。

5. 依照假定之同時使用可過度而計算所需水管口徑。

　　總立管之口徑，須適合各支管同時消費水量，假定同時消費百分率（Percentage of Simultaneous Use）之大小由設計者假定，故其所得結果，因各人所採納之假定量之不同而異，欲得安全之結果，上列之圖表最適合計劃之用，此圖表係得自下列公式。

$$P = \frac{224}{F+2} + 10$$

P＝同時消費百分率

F＝用水樓層

例題 1.

設置立管須供每層樓二盥洗室用之水量，每室有 $\frac{1}{2}''$ 面盆龍頭，$1\frac{1}{2}''$ 便桶洗淨門與 $\frac{3}{4}''$ 浴盆龍頭各一。如各水具同時使用，自第一表圖得水流量，計每室每分鐘為68加侖，每層共為136加侖，倘此建築物為五層樓，則每分鐘共須5×136＝680加侖，其同時使用之水量為 $\frac{224}{5+2}+10=42\%$

立管口徑須足供

0.42×680＝286加侖/每分鐘。

倘為十層樓，則此立管口徑須供

$$10\times136\times\left[\left(\frac{224}{10+2}+10\right)\%\right]=394\text{加侖/每分鐘。}$$

設此十層樓房共有立管22支則總管須供

$$\frac{224}{10\times22}+10=11\left(\text{為各水具用水量之百分之十一}\right)$$

上列公式係依建築物之層數計算，故每層內之水具數量相等者，始能採用，如不相等，則立管各部之最大同時用水率須預先估計，在某部份一支管或一立管每分鐘所須供給量為最大之同時使用率，即為經過此部份之最大水量。淋浴器（Shower）排列式面盆等，其用水量在某時間須有大量之流出，故關於此等水具之同時用水率須特別估定。

第三表　各水管與½"水管之同時使用當量

水管口徑	與½"水管之比數	水管口徑	與½"水管之比數
1"	3至5	3½"	431至700
1¼"	6至11	4"	701至1200
1½"	12至44	5"	1201至2400
2"	45至100	6"	2401至5000
2½"	101至220	8"	5000以上
3"	221至430		

因市上所有水管尺度尚不完全，故水管尺度可不必每層增大，祗須於水管尺度不足供應必須之水量，或水管所產生之阻力將水流壓力減低過度處，始將水管尺度增加，第三表所載各數係各口徑水管與½"口徑水管之同時使用當量，足資計劃者之參攷。惟須注意者，第三表須依照同時使用章法，計算水管口徑時方得應用。

例題二

有二十二層建築一所，內為公寓俱樂部辦公廳旅舍等，今計算其立管尺度。如第一層立管之接通管為每層一寸二分便桶洪水門二，六分浴盆龍頭二，四分面盆龍頭二，自表二可得各管所需之水量如下：

$$2 \times 9.7 = 19.4 （便桶用）$$

$$2 \times 2.7 = 5.4 （浴盆用）$$

$$2 \times 1 = 2.0 （面盆用）$$

換言之，每層水管之供給量為26.8，如全用½"水管口徑龍頭，可裝置26.8只水具。

第四表　各種不同壓力下各種水管可得之水量（加侖）

每百尺內因阻力每方寸壓力所受之損失	水　　管　　尺　　度									
	$\frac{3}{4}$	1	$1\frac{1}{4}$	$1\frac{1}{2}$	2	$2\frac{1}{2}$	3	$3\frac{1}{2}$	4	5
5	5.4	11	19	30	62	109	171	252	353	610
7	6.4	13	23	36	74	129	203	298	418	720
10	7.6	13	27	43	88	154	242	357	499	862
20	10.8	22	38	61	125	218	343	504	706	1221
30	13.2	27	47	76	153	267	420	618	864	1500
40	15.0	31	54	87	156	308	485	714	998	1725
50	17.0	35	60	76	197	345	542	800	1115	1930
75	21.0	43	74	117	242	423	665	978	1365	2370
100	24.0	49	85	136	278	485	769	1130	1578	
125	27.0	55	96	152	311	544	858	1260	1765	
150	30.0	60	105	166	341	598	939	1380	1930	

第一層之立管，足供 26.8 只 $\frac{1}{2}$" 水具，第二層之立管須適合 53.6 只 $\frac{1}{2}$" 水具，餘則由此類推，第二圖內已詳爲說明，應用第三表節可得其最適宜之水管尺度，熱水立管祇爲供給面盆浴盆用，每層爲 7.4 水具數，第二號立管所連接之水具與一號立管所連接之水具數目相同，但便桶水流門爲 1 寸口徑，故其用水率較小。第二圖內每層各立管所連接之水具與水具數如下：

1 號立管

=便桶水流門（一寸二分口徑）……………………19.4

=浴盆龍頭（六分口徑）……………… 5.4

=面盆龍頭（四分口徑）……………… 2.0

每層冷水水具數…………………………26.8

每層熱水水具數………………………… 7.4

第2號立管

　=便桶水流門(一寸口徑)……………………11.0

　=浴盆龍頭(六分口徑)………………… 5.4

　=面盆龍頭(四分口徑)…………………… 2.0

　　　各層冷水水具數…………………18.4

　　　各層熱水水具數………………… 7.4

3 號立管

　6　便桶………………………………58.2

　4　便斗………………………………10.8

　4　面盆………………………………… 4.0

　　　　每層冷水水具數………………73.0

　　　　每層熱水水具數………………… 4.0

四號立管

第十二，十三，十四與十八至二十二層

　2　便桶………………………………19.4

　2　便斗………………………………… 5.4

　1　面盆………………………………… 1.0

　　　　每層冷水水具數………………25.8

　　　　每層熱水水具數………………… 1.0

第十五，十六與十七層

　6　粗眼淋浴器………………………… 6.0

　6　細眼淋浴器………………………32.0

4　便桶(十二分口徑)…………………………………38.8

4　便斗(六分口徑)……………………………………10.8

8　面盆……………………………………………………3.0

每層冷水水具數………………………………………91.6

餘量………………………………………………………17.0

每層冷水水具數………………………………………108.6

每層熱水具數…………………………………………42.5

餘量………………………………………………………17.0

每層用水具數…………………………………………59.0

第四，五，六與七，號立管

2　便桶……………………………………………………19.4

2　浴盆……………………………………………………5.4

2　面盆……………………………………………………2.0

2　像具盆…………………………………………………2.0

2　洗衣盆(六分口徑)……………………………………5.4

每層冷水水具數………………………………………34.2

每層熱水水具數………………………………………14.8

　　讀者將上例詳爲參閱後，即知水管尺度計算法之簡易矣。但在特別情形下，工程師須慎審周詳務期適於實用。例如第三，四，二立管須特別注意。

　　第三號冷水立管有六便桶四便斗與四面盆接通，共用水量每層爲73.0，如水量稍省平均水流即無特殊差別，則各立管，可按普通方法計算之。但四號立管須供十二，十三，十四，與十八，至廿二層內，每層二便桶，二便斗，一面盆與十五，十六，十七層每層六粗眼淋浴器六細眼淋浴器，四便桶，四便斗，三面盆之用，便桶面盆等用水平均，無須巨大之水量流出，但淋浴器有時用者擁擠故用水量時多時少，則本立管應以最大流量，為標準計算之，所以四號水管口徑須較普通者增大多矣。

　　　　　　　總管與餉管(Headers)之配合

　　選配冷熱水管之尺度甚為便利，祇須將各立管所須供給量相加後，即可用第三表自由配合之，例如第二圖 A 點之水管尺度為三寸半，B點之水管尺度為四寸與五寸之間，如屋頂水箱設置尚高，可產生相當壓力，則四寸口徑水管卽足應用，倘水箱低而無壓力，則須採用較大口徑之水管以資應用。

　　求自 B點三枝立管引水至第十一層之壓力損失，須先用第一公式求得水流率為

$$\frac{224}{33+2}+10=17（百分數）$$

則各水具在 B點之總量為1300，可供給之水具數為

　　0.17×1300 ＝221 只水具 ，如每具每分鐘內消耗水量五加侖 ，則共為 5×221＝1105加侖／每分鐘

　　如採用四寸口徑之水管，水流每經一百尺，其壓力損失每方寸為5016加侖／每分鐘 ，如選用五寸口徑之水管， 每經百尺壓力損失為15磅 ～ 由此觀之，採用五寸水管最為合宜。此法不適合于上壓供水式。(請參閱例題三)

　　由屋頂水管至燜爐，由燜爐至裝設于第二十一層內之餉管，水流須經過水管二百餘尺，倘阻力過大，則各層冷熱水壓力相差殊甚，十一層樣之立管所須水量為1043，其最大之水流率為

$$1043×5×\left(\frac{224}{88+2}+10\right)=652加侖／1分鐘$$

依此數採用五寸管，每百尺之壓力損失為5磅。

　　尤有一點須特別注意者為第二十一層內各水具係由第二十一層之餉管供

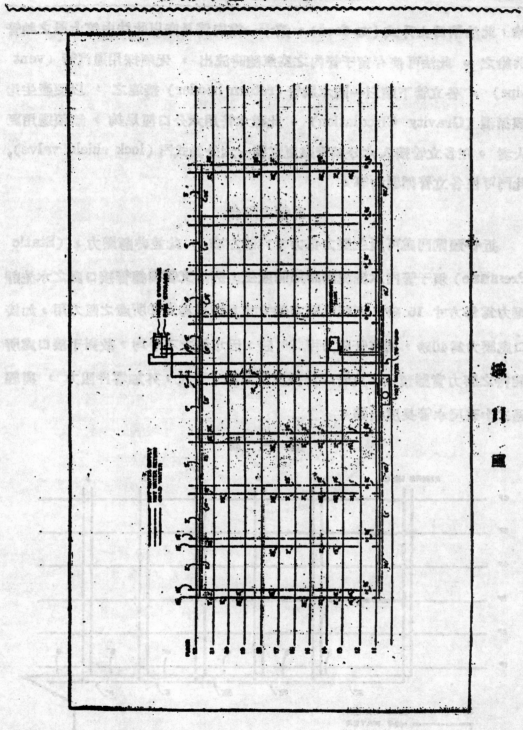

747

給，此法稱爲上升式（up-feed），第十一樓內傢具亦以此法由第十層之躺管供給之。此法可使存留于管內之空氣隨時流出，无須採用通汽管（vent pipe），各立管下頭以一囘水躺管（return header）接連之，以便產生比重循環（Gravity Circulation）。此種水管用六分口徑足夠，無須選用更大者。在各立管接入六分躺管處更宜裝一六分鎖式門（lock shield valve），此門可使各立管循環均等。

支管之配合

近各類閘門處可產生壓力每方寸六磅左右，此並非靜壓力，（Static Pressure）須于管內水流流動時始能產生，例如支管與總管接口處之水流靜壓力爲每方寸 15 磅，則祇餘壓力每方寸几磅足爲支管所產之阻力用，如接口處壓力爲40磅，則支管阻力可 36 磅，因水流之不平均，故對于接口處所能得之壓力實難預知。支管平均長度假定爲十五尺，外加零件阻力，與經過二十五尺水管長度相等。

第 三 圖

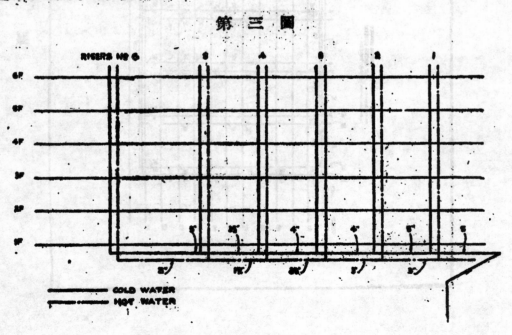

　　例題三　假設計算一公寓內上階式，水管尺度，其水源係來自市內自來水廠。設此公寓爲一六層建築物，共用立管六枝如第三圖。假定水流在總管內之壓力每方寸爲 70 磅，樓房高 60 尺，靜壓力爲每方寸 26 磅，可以用于阻力之壓力爲44磅，假定水流經過水表(meter) 時須損16磅，壓力祇餘29磅，如水流損失六磅壓力于各種水具，與八磅壓力于支管內，尚餘十五磅壓力作爲水流經過立管時所產生之阻力之用，立管全長爲六十尺，零件阻力爲百分之五十，則兩項總數，與經過90尺長之水管所產生之阻力相等，每百尺所應具之最大阻力爲

$$\frac{15}{90}=16磅強（每方寸）$$

　　最良善之計劃莫如設計一損傷壓力最小之輸管，因爲輸管內壓力弱小，則水流壓力在各立管內相差至巨，如每層冷水水具數爲17.1即每層用水爲85加侖，其計算法如下。

　　　一便桶(1½寸)…………………………………… 9.7
　　　一浴盆(¾寸)…………………………………… 2.7
　　　一面盆(½寸)…………………………………… 1.0
　　　一傢具盆(½寸)………………………………… 1.0
　　　一洗衣盆(¾寸)………………………………… 2.7

冷水共計＝17.1水具數×5＝85加侖

熱水共計＝7.4水具數×5＝37加侖

　　應用第一公式，計算其水流率，水管尺度可于第四表求得之。例如第三圖，第三立管在四樓處每分鐘須供 160 加侖，如採用二寸半口徑之水管，其阻力爲每百尺10磅，倘水管用二寸口徑者，則其壓力每百尺長爲30磅，今祇有壓力每百尺長16磅強，由此觀之，採用二寸半口徑最爲適宜。其他各層管

還可照上法計算之。幹管之計算亦可應用此法，但其阻力須更較弱亦。存為第四，五兩立管間之幹管，須供第五，六兩立管所須之水流之用，其水流率為

$$\frac{224}{12+2}+10=26\%$$

共計每分鐘為88×12×0.26＝255（加侖/每分鐘）

第四表內之三寸半口徑之水管最為適合，其阻力損失每方寸為五磅。

儲水箱 (Storage tank)

選擇儲水箱無固定之方式，最普遍之法則，為依據每時內之消費率所定，每一分鐘之水流之最高數，即作為一小時儲水量（One hour storage）此雖為一經驗法則(Empirical rule)，但其效果尚能使人滿意。例如第二圖有冷水具3837熱水具1043，與冷熱水立管各八支，每支須供八層樓用，共計176層，用第一公式求得其同時消費率為110或為482水具數，如每水具用水五加侖，每小時之消費量共為2410加侖，倘水箱供給救火設備用，則其尺度更須加大。

熱水箱與熱水鍋爐

熱水爐與熱水箱之必須容量，應為水具用水量之兩倍始足應付實用。應用第二圖例題所得之數字，每小時水箱與爐之必須容量為

$$5\text{ 加侖} \times 1043\text{ 水具數} \times \left(\frac{224}{88+2}+10\right)\% \times 2 = 1800\text{加侖,}$$

採用750加侖之熱水箱兩只與一750加侖之鍋爐，即足應用，如用1000加侖之熱水箱與熱水爐各一隻，所得之效果更為美滿。

螺 旋 線 的 畫 法

楊 存 熙

(一)延長AB線。

以A作圓心，AB作半徑，畫一BC半圓。

以B作圓心，BC作半徑，畫一CD半圓。

再以A作圓心，AD作半徑，畫一DE半圓。

再以B作圓心，BE作半徑，畫一EF半圓。

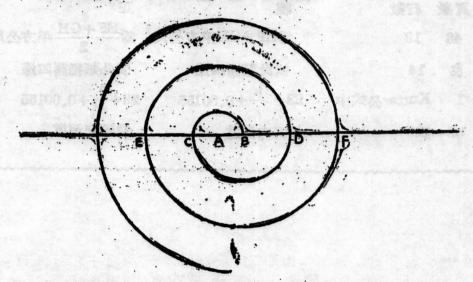

如此繼續互易A，B作圓心，即得螺旋線如圖。

第四期本刊正誤表

（簡易水流施測法篇）

頁數	行數	誤	正
48	13	爲EF＋GH平方公尺	爲 $\dfrac{EF+GH}{2}$ 平方公尺
同	14	依此類諸四邊	依此類推諸四邊
1	Kutter公式中	$23+\dfrac{n}{1}+0.00155$	$23+\dfrac{1}{n}+0.00155$
52	12	爲研究海道	爲研究河道

編　　後

本期會刊得繼續以往之精神，於此開學伊始與諸君相見，此皆承諸新舊同學之愛護，賜以鴻文，而尤以在校同學，於課程繁忙中，為本刊撰稿，此編者所引為欣慰而深為感謝者也。然本期篇幅與內容，猶未臻充實，容以後努力，並有望諸新舊同學之加以培植也。

姚昌煌君寄下之臥羊橋工程設計圖十餘張，因限於經費，未曾製版刊登，殊深歉仄。

本期出版工作承王廷棟君予以十分幫助，編者謹於此致謝。

因付印時間忽促，錯誤之處，在所難免，深望諸君加以指正，俾得於下期更正也。

畢業同學調查表，希各畢業同學於收到本刊後卽填寄本會為荷，

歷屆畢業同學近況

姓名	字	籍貫	現任職務	通信地址
吳梓煥	華甫	江蘇上海	經濟委員會督察工程師	南京鐵道部地經濟委員會
吳銘之		浙江吳興	浙江省公路局	
王葉祺		浙江諸暨	淞江省公路局徐閬徐廣兩路聯合管理處工程師	杭州浙江省公路局
侯景文	郁伯	河北南皮		漢口舊德租界六合路永盛里22號
陳慶澍	慰民	廣東新會	廣西建設廳技正兼廣西公路管理局柳江區工程師	邕寧廣西建設廳
楊哲明	億卿	安徽宣城	江蘇建設廳指導工程師	鎮江江蘇建設廳
董芝眉		浙江吳興	上海工部局工務處建築科設計工程師	上海工部局工務處建築科
王光釗	冕東	江蘇泰縣	南京新中公司建築師	南京張府園六十六號
周仰山	鑄生	湖南瀏陽	湖南省公路局段工程師	湖南瀏北洴春
施景元	明一	江蘇崇明	上海縣建設局技術主任	崇明橋鎮東河沿大豐衣莊
孫繩曾	季武	江蘇寶應	美國密歇根大學留學	上海蓬萊路安樂坊九十三號
徐文台	澤予	浙江臨海	浙江省教育廳祕書	杭州 浙江省教育廳
湯日新	又齋	江西廣豐	黃巖縣縣長	浙江黃巖縣政府
謝槐珍	紀蘇	湖南東安		湖北當陽漢宜路工程處
劉德謙	克讓	四川安岳	四川省公路局成渝路工程師	四川省公路局
潘文植		廣東南海	北寧鐵路管理局	天津北寧鐵路管理局
何昭明		江蘇金山	湖北建設廳	武昌湖北省會公共汽車管理處
王傳爵	晉春	江蘇崑山	浙贛路玉南段第十分段段長	江西東鄉
陳毆	序安	江蘇泰縣	南京市工務局技士	南京市工務局
張有績	熙若	浙江鄞縣	寧波效實中學教員	寧波西門外戢橫記書圖

滑建山	卓亭	河南偃師	山東建設廳技士	濟南山東建設廳
吳　韶	譜庥	江西吉安		上海天津路新昌源顯茂莊
蔣　效	煥周	安徽霍邱	全國經濟委員會公路處	同前
劉際嵩	會可	江西吉安	湖北省第四中學	江西吉安永吉巷吉豐油榨
錢崇賢	惠昌	浙江平湖	江南水利處	同前
林孝富	文博	安徽和縣	全國經濟委員會公路處江西公路第三測量隊	南京全國經濟委員會
許其昌		江蘇青浦		青浦大西門內
陳鴻鼎	禹九	福建長樂	南京市工務局技士	南京市工務局
徐　琳	振聲	浙江平湖	西漢公路工程師	武昌湖北建設廳
徐以枋	馭華	浙江平湖	全國經濟委員會	南京鐵湯池經濟委員會
汪德新		四川慇篤	湖北建設廳老隄段工程處	湖北建設廳
沈潤溪	夢蓮	江蘇啟東	上海市工務局技士	上海工務局
陸仕岩	傅侯	江蘇啟東	上海市工務局技佐	上海工務局
胡　釗	洪釗	安徽贛谿	上海建築工程師	上海河南路471號老胡開文墨莊
賓希參		湖南東安	湖南省公路局桃晃段工程處	湖南省公路局杭晃段工程司
金澤新	希周	湖南長沙		
周書濤	觀海	江蘇嘉定	上海市工務局技士	上海市工務局
何棟材		廣西梧州	廣西自來水廠經理	廣西梧州自來水廠
馬樹成	犬成	江蘇溧水	全國經濟委員會	西安全國經濟委員會工程處
徐仲銘		江蘇松江	松江縣建設局技術員	松江縣建設局
余西萬		湖南長沙	粵漢鐵路工程師	長沙劉正街五十三號余宅轉交
陳家瑞	肖峯	安徽太湖	三省剿匪總部	潢川三省剿匪總部
葉　森	思存	江蘇松江	上海市工務局技佐	上海市工務局
裘鳳圻	仲橘	江蘇崇明	崇明敦行女子初級中學	崇明敦行女子初級中學

駱文奇			廣西省政府技術室技士	廣西省政府技術室
聶光增	守厚	湖南衡山		上海
潘煥明	欽安	江浙平湖	南京首都電廠	南京首都電廠
林華煜	君峰	廣東新會	廣東南海縣技士	廣州惠羅路南海縣政府
姚昌煊	昌煊	江蘇金山	河南建設廳技士	開封河南建設廳
鄔烈升	培風	浙江奉化	浙江省公路局長泗路工程處副程師	浙江省公路局長泗路工程處
王　斌	友韓	江蘇崇明	上海市工務局技佐	上海市工務局
汪和笙	幼山	浙江慈谿	華西興業公司工程師	重慶道門口
倪寶琛	珍如	浙江永康	梁家渡玉南段第十五分段副工程司	江西梁家渡
沈舜鉞	景瞻	江蘇海門	楊子水利委員會	南京鼓樓頭條巷
殷　竟	乘真	江蘇武進	江蘇海州中學	浙江餘姚縣政府
王鴻志	鵠侯	江蘇泰縣	上海市工務局技佐	上海市工務局
姜達鑑	寶深	江西鄱陽	上海市工務局技士	上海市工務局
曾觀濤	少泉	江蘇吳江	東方鋼窗公司經理 大寶建築公司經理	廣東山百子路四十七號
沈元良	安仁	江蘇海門		海門三星鎮裕隆布莊
伍朝卓	自覺	廣東新會	廣東省府順德糖廠工程師	廣州南關迴龍下街九號
劉海通		河北沙河	河北建設廳技士	邢台河北省立中學
葉貽燊	永順	浙江鎮海	上海市工務局技佐	虹口公平路公平里八百號
孫乃騋	駿生	浙江吳興	山東建坨委員會工務處	青島陸縣支路二號
梁冰熙		廣東東莞	廣東市工務局技士	廣東市文明路一百九十四號三樓
湯邦偉		廣東台山	廣西公路管理局邕鎮區工程師	廣西公路管理局
韓春第		河北天津	山東建設廳	山東建設廳
李育英	樹人	安徽霍邱	湖北建設廳	仝前
丘秉敏	英士	廣東梅縣	廣仙路工程師	廣州東山犀牛路五號

包甘德		江蘇上海	威海衞管理公署工務科	威海衞管理公署工務科
高朝珍		安徽合肥	京建路皖段段工程師	安徽省公路局
孫斐然	菲園	安徽桐城	江蘇建設廳疏濬運河工賑威工程師	宜興大人巷十五號
王晉升	子亨	河北唐山	玉南路第十六分段幫工程司	江西南昌
馬鑅鵬		河北天津	財政部山東建坨委員會助理工程師	青島陵縣支路二號山東建坨工程處
趙承偉	瀾濤	江蘇上海	浙江省公路局峽峯路工程員	浙江省公路局
徐祖源	澤深	江蘇宜興		宜興北門段家巷
粟 頣	少松	湖南寶慶	湖南建設廳	仝前
張兆秦		河北欒縣		北甯路唐山礦務局
孫羣萌		浙江紹興	上海市工務局技正	上海市工務局
把若愚		江蘇泗陽	威海衞管理公署工務科	威海衞管理公署
吳厚溈	季餘	福建閩侯	福建學院附中教員	福州城內機緞巷十六號
何照芬	仲芳	浙江平湖	河南建設廳第三水利局技術主任兼軍委會工程訓練班教官	洛陽第三水利局
張文田	心芷	江蘇丹徒		蘇州葑門十全街帶城橋巷三號
范維澄	惟容	浙江嘉善	山東膠濟路局	嘉善城內中和里
沈克明	本德	江蘇海門	上海四行儲蓄會建築部	上海靜安寺路派克路四行儲蓄會建築部
李達勛		廣東南海	廣州市建築師	廣州市一德路二百十號
李義彭		江蘇上海	定中工程事務所工程師	上海愛多亞路中匯大樓五二一號定中工程事務所
傅錦華	立盧	浙江蕭山	湖北沙洋漢宜路第三分段	湖北沙洋
陳 業	重英	江蘇青浦	青浦縣政府	青浦城內公堂街下塘
李秉成	集之	浙江富陽	浙贛路工務第四分段段長	江西樟樹鎮郵局
闞鏚謨	禹昌	安徽合肥	安徽第四區行政專員公署	壽縣安徽第四區行政專員公署
葉 彬	壯蔚	廣西容縣	廣西自來水廠南甯分廠經理	廣西南甯自來水廠
朱鴻炳	光烈	江蘇無錫	成基建築公司工程師	蘇州大栁貞巷二七號

鄒　榮	光烈	江蘇無錫	福建建設廳技士	福州
王茂英		山東牟平	葫蘆島務港局	同前
蔡祖青		江蘇常熟	江蘇省公路局	常熟北大橫樹頭
張景文		廣東開平	平漢鐵路工務處技術科	漢口平漢鐵路工務處技術科
張寶山	秀峯	山東文登	威海衞公立第一中學校長	威海衞公立第一中學
何孝樞		福建閩侯	浙贛路玉南段十一分段幫工程司	
鄧慶成	椎一	江蘇江陰	江蘇省七地局	鎮江將軍巷二十四號
朱坦莊	荇卿	浙江鄞縣	宜溧運河工賑處段工程師	宜興天人巷十五號
曾越奇	光遠	廣東焦嶺	南京軍事委員會交通研究所	
羅石卿		江西南昌	美國密西根大學	孫繩曾轉
徐信宇		浙江慈谿		上海
沈其頤	輔仲	湖南長沙	湖南省公路局	湖南長沙興漢路三十八號
馮　詮	袞眞	浙江諸暨	鄂北老慎段	漢口大王廟餘慶里五號
徐匯溶	伯川	山東益都	黃河水利委員會第三測量隊	山東齊河
蓋峻聲	閎遠	山東萊陽	山東建設廳	山東建設廳
般天擇		江蘇武進		常州棗橋
梁曙光		湖南安化	杭州虎林中學總務主任	杭州虎林中學
鵬　允	劍鋒	江蘇海鋒	浙贛路玉南段第十分段工務員	江西東鄉
俞浩鳴		浙江奉化	青島市工務局技士	青島市工務局
張增康		廣東梅縣	廣東梅縣學藝中學	廣州文德路四圖
張坤生		福建廈門	坤泰工程公司	廈門中山路一七八號
何書沅	善侯	廣東樂會	廣東省政府廣州區第一蔗糖廠工程師	廣州市三府新橫衢一號精華公司
戚克中	履道	江蘇武進	南通建設局	南通建設局
楊　濂		福建仙遊	漳龍汀區公路工程處工務員	福建仙遊紅十字會

馬典午	國憲	廣東順德	廣州勤勤大學講師	廣州東山眼崗四馬路十八號
譚蓋崇	小如	湖南湘鄉	湖南公路局洪零段工程處	祁陽湖南公路局洪零段工程處
楊克觀		湖南長沙	鄂北老隗段工務處	漢口大王廟餘慶里五號
王志千	軼風	浙江奉化	上海閘北王興記營造廠	上海閘北西寶興路王家宅六十八號
霍慕閭		廣東南海	美國留學	
王　進	佳禽	江蘇海門	杭州市政府工務科	杭州市政府
黃　傑	鼎才	浙江平湖	上海工務局技佐	上海市工務局
胡宗海	稚心	江蘇上海	軍政部技士	江陰北門大街茂豐北號
朱鳴吾	誠懸	江蘇寶應		寶應古朱家巷二十六號
張榮閣	石渠	江蘇啓東	浙贛路玉南段第八分段工務員	江西貴溪
郁功閣	石渠	江蘇松江	上海市土地局	楓涇鎮
程　鏞	劍魂	安徽歙縣	錢塘江橋東亞工程公司	杭州
金士奇	士驥	浙江溫嶺	浙贛鐵路局玉南段工務員	杭州艮西湖浙贛鐵路局玉南段工務組
朱能一		江蘇松江	上海市土地局	同前
陳理民		廣東羅定	廣東防城縣立中學	廣東防城縣立中學
牟鴻恂		四川巴縣	江甯縣政府建設科	南京夫子廟平江府街二十四號
范本良		江蘇啓東	砲兵學校監工	南京湯山砲兵學校工程處
王雄飛		浙江奉化	南京振華營造廠經理	南京鼺倉橋東街十七號
吳肇基	錫年	浙江杭縣	陝西漢白公路第五段	
李昌運	國祥	廣東東莞	南京工兵學校建設組	南京工兵學校建設組
陳桂春	昧秋	江蘇泰縣	江蘇建設廳工程員	鎮江口岸大洞莊
嚴中瀚		江蘇嘉定	江蘇建設廳技佐	鎮江江蘇建廳
唐嘉猷	叔華	廣東中山	浙贛鐵路玉南段第二段	江西上饒浙贛鐵路玉南段工務第二分分段
沈榮沛	禪民	浙江嘉興	浙贛路玉南段第三分段	嘉興北門下塘街158號 江西上饒

劉濟芳		江蘇上海	津浦線良王莊工程處	仝前
程遊田	滿儒	江蘇儀徵	軍政部軍需署營造司	南京軍政部營造司
丁順震	遠存	江蘇淮陰	山東武城第四科	仝前
李次珊		河南阜縣	山東建設廳第五區水利督察專員	泰安
薑正華		江蘇豐縣	軍政部軍需署技士	豐縣劉元集
蔣 璜	伯泉	江蘇宜興	浙江省公路局奉新路工程處	奉化溪口奉新路工程處
于 霖	澤民	浙江甯海	嘉興縣政府技術主任	仝前
飽德冠		浙江紹興	湖北漢宜路工程師	
曹振藻		浙江紹興		杭州運月河下九一號
李 球	積中	江西蓮花	江西省公路局	南昌江西省公路局
鄭彤文	筱安	江蘇淮安	安徽省公路局助理工程師	安徽省公路局或江蘇淮安鳳谷村
周 唐	順蓀	江蘇淮陰	全國經濟委員會工程員	南京廣藝街七號
王鐘志	季雅	江蘇寬山	江蘇銅山縣技術員	仝前
王元普		浙江臨海	中央軍校校舍設計委員會	南京中央軍校校舍設計委員會
曹敬康	伯平	浙江海甯	基泰建築公司	上海賽特靜司脫路1130號
俞恩炳	諞淵	浙江平湖	安慶安徽省公路局甯國蕪電路宣甯線蜀洪第四分段工程處	安慶安徽省公路局
俞恩炘	詞源	浙江平湖	安慶安徽省公路局淳屯路工程處	仝上
邱世昌		江蘇啓東	錫滬路工程處	無錫廣勤路永安街
丁同文		江蘇東台	陝西漢白公路第四段工程師	陝西建設廳轉漢白路工務所
陶振銘	潍新	浙江嘉興	安慶安徽省公路局助理工程師	仝前
徐亨道		浙江象山	太倉中南建築公司	太倉嘉衛漢二號
姜江瑋		江蘇丹陽	漢口湯茅路工程事務所	奔牛姜市合義興號
唐慕堯			廣西省政府技術室技士	仝前

馬德罄				廣州市東山廟前直街五十四號
林希成	里桐	廣東潮安	香港民生書院教員	香港九龍民生書院
劉大烈	幹生	湖北大治	鄂北老隄段作務處	武昌糧道街宜鳳巷十四號
鮑　達	子堅	浙江瑞安	全國經濟委員會公路處技佐	南京經濟委員會或溫州瑞安小沙堤
張培林	墨園	山東膠縣	濟南山東汽車路管理局	仝前
季　偉		江蘇海門	洛潼公路寧盧段第二督工處	范慈鎮
鄒子培		廣西北流	柳州第四集團軍總司令部航空處技士	廣西容縣西山圩廣芝堂轉
王效之	旭心	湖南湘鄉		湖南湘鄉瀲水郵局送十五都坪上隔鶴山別墅
胡嘉庭	正平	江西興國	江西公路處玉南段第十三分段工務員	江西進賢
盧　堅		福建閩侯	福建廈門特種公安局工務處工務員	福州錫巷八號
朱德堯		浙江嘉興		嘉興北門朱聚元號
章麟祥		江蘇武進	上海中國石公司	戚墅慢慚大號
金善璜		江蘇吳江	南京中山路中南公司工程處	吳江北門五號
吳藻生	石	江蘇鹽城	全國經濟委員會水利委員會	南京鐵湯池經濟委員會水利委員會
王壯飛		浙江奉化	軍政部營造司	南京鹽倉橋東街十七號
王家棟	孝禹	江蘇吳縣	泰康行工程師	上海新閘路慶慶里 B44號
曹家傑		江蘇上海	本校土木系助教	上海老北門外慶齡米廠
陸時南		陝西柞水	南京陸軍砲兵學校	南京湯山炮兵學校工程處
周說禮		江蘇常熟	安徽省公路局	仝前
馬地泰		浙江鄞縣	本校土木系助教	本校
殷增鎬		湖南醴陵	山東日照縣建設工程師	山東日照縣政府
周志昌	含光	江蘇江都	江蘇建設廳疏浚鎮武運河工賑處工程員	京滬棧呂城站疏浚運河工賑處

李慶城 壽坦	浙江鄞縣	南京砲兵學校工程處，南京湯山砲兵學校	
陳篤銘 澤棉	廣東台山	陝西漢白公路助理工程師	陝西建設廳轉
盧潮光		廣西省政府技術室技士	
李之俊	江蘇海門	湖北新溝漢宜路工程段	湖北武昌
蔦稚垣	浙江平湖	南京首都電廠	同前
沙伯賢	江蘇海門	通宰段公路工程員	湖北通山
陳嘉生	江蘇宜興	湖北棗陽縣崇通工程段工段員	湖北建設廳
陳順德 祖煥	浙江餘姚		嘉興同源碣公司
劉灝初	廣東南海	廣州市工務局技佐	廣州市西關蓬萊正街26號
王長祿	山東濟南	山東建設廳水利專員	濟南南關籥箹街26號
張承杰	江蘇嘉定	西安市政工程處	南翔御兜橋李源和第一支店
朱之剛	浙江平湖	江蘇省建設廳工程員	江蘇建設廳
張立祖 敬禮	江蘇南通		辣斐德路淞裳別墅
王紹文	江蘇泰縣	上海濬浦局	上海濬浦局
許壽詁	江蘇無錫		天津市政府
毛宗陛 衷佩	浙江奉化	筧橋防空學校設計股	杭州筧橋防空學校
蔡寶昌 大衞	江蘇上海	江蘇建設廳	上海閘北中興路四六六號
余德杰	廣東文昌	江蘇建設廳	江陰市政坊巷運河鎮武段疏浚工程處
周頌文	江蘇吳江	實驗中學教員	本校
許藻瀾	江蘇青浦	江南鐵路公司調查科	蕪湖江南鐵路公司
王明達	浙江鎮海	蕪湖工務局	蕪湖工務局
魏文聚	河北天津	河南開封同蒲鐵路工程處	河南開封同蒲鐵路工程處
譚奕安	廣東新會	上海市工務局技佐	上海市工務局
蔣德馨	江蘇崑山	杭州錢塘江橋	杭州錢塘江橋工程處

胡嗣道		江西潯陽	杭州錢塘江橋	杭州錢塘江橋工程處
黎儲材		廣西貴縣	廣西大學助教	梧前廣西大學
陳　瑛			河南建設廳豫西築路辦事處	洛陽炮坊街十三號
路　箕			宜昌築路委員會	
俞禮彬				
樊鼎琦		江蘇海門	湖北沙洋　漢宜路工程處	仝前
蔡惟勵		浙江鄞縣	湖北沙洋　漢宜路工程處	仝前
唐尤文		江蘇江都	湖北當陽漢宜路工程處	仝前
翁禮柔		福建福州	溧陽新西門三號疏淡運販處	
徐鴻然		浙江平湖		
楊祝孫			漢口江漢工程局	仝前

巳故同學

金灼經		廣東新會
許　光	伯明	江蘇江寧
湯聘士	典若	江蘇啓東
肖夏德		江蘇常熟
陳式琦		浙江定海
姚邦華	伯渠	四川重慶
馬奮飛		廣東順德
徐益範		

畢業同學調查表

　　本會爲明瞭本系畢業同學狀況，並備將來續寄本刊起見，特製此表。敬祈本系畢業同學，詳細塡明，寄交本會出版委員爲荷。

土木工程學會啓

姓　名	字
籍　　貫	
離 校 年 期	
現 任 職 務	
最 近 通 信 處	
永 久 通 信 處	
備　　註	

　　年　　月　　日　　塡寄

復旦土木工程學會

執行委員會

常務　王廷棟　　文書　鍾毓祥　　圖書　單炳浩

研究　龔慶陽　　會計　張紹載　　庶務　王文彪

體育　余也愁

監察委員會

常務　張壽昌　　文書　張孔容　　王善政

復旦大學土木工程學會會刊
廣告價目表

地　　　　　位	價		目	
	全　　　　面		半　　　　面	
底 封 面 之 外 面	四 十 五 元		二 十 三 元	
前 封 面 之 內 面	三 十 五 元		十 八 元	
底 封 面 之 內 面	三 十 元		十 五 元	
正 文 前	二 十 元		十 元	
正 文 後	十 元		六 元	
製 版 另 議				

本期廣告索引

正文前

定中工程事務所

永亮晒圖公司

新民出版印刷公司

正文後

一大紙行有限公司

龍門印務局

老胡開文筆墨莊

復旦土木工程學會

出版委員會

主　席　　巢　慶　臨

總　幹　事　　施　本　培

編　輯　委　員

王 廷 棟	張 紹 載	潘 維 耀
余 裕 昌	錢 鎮 和	王 文 彪
包 大 沛	顧 曾 沐	單 炳 浩
余 也 愚	鏞 毓 祥	王 郁 文
馮 熊 光	陳 預 祥	芮 光 懷
王 善 政	憚 昆 賢	金 道 經

民國二十四年八月一日

復旦土木工程學會會刊

第　五　期

每冊定價大洋四角

上　海　復　旦　大　學

土　木　工　程　學　會

出　版　委　員　會

土木工程

第 六 期

中華民國廿五年一月一日

本 期 要 目

上 海

復旦大學土木工程學會出版

復旦土木工程學會

復旦大學土木工程學會會刊
廣 告 價 目 表

地　　　　位	價　　　　　目	
	全　　　　面	半　　　　面
底 封 面 之 外 面	四 十 五 元	二 十 三 元
前 封 面 之 內 面	三 十 五 元	十 八 元
底 封 面 之 內 面	三 十 元	十 五 元
正 文 前	二 十 元	十 元
正 文 後	十 元	六 元
製 版 另 議		

復旦大學
土木工程學會
會刊

第六期
民國二十五年一月一日
上　海
復　旦　大　學
土木工程學會

新民出版印刷公司

（地址）上海山海關路寶興邨　　（電話）三一三八號

承 印

****

中	報	學	西	五	鈔	證	表	仿	名	各	各
西	章	校	式	彩	票	書	册	單	片	色	種
書	雜	講	簿	圖	支	股	單	商	賀	紙	零
籍	誌	義	記	畫	票	票	據	標	柬	簿	件

優 點

****

設	出	服	交	優	取
備	品	務	貨	待	價
完	優	精	迅	顧	低
善	良	細	速	客	廉

復旦土木工程學會會刊

第六期　　目錄

本系材料试验室（一）

本系材料试验室（二）

本系木工厂一瞥

本系製圖室之一角

本系測量儀器室之一角

本系圖書之一部

公路施工問題之研究

楊 哲 明

一　緒言

公路之興築，可分爲三大階段來討論。第一階段爲勘測路綫問題。勘測路綫之目的，在於選擇最經濟（即短距離）之路綫而獲得交通上最大之效能；第二階段爲設計問題。公路設計之目的，在於以極廉之建築經費而完成極完善之建築方式；第三階段爲施工問題。所謂施工問題者，即於勘測設計兩種工作完成後所必具之最後之工作也。公路施工問題，在公路建築工程中極爲重要。本文所討論者，即以施工問題爲對象。

公路施工之辦法頗多，列舉之，則有包工、僱工、徵工、兵工、災工、囚工等等。在此六種施工辦法中，究竟以何者爲最經濟？何者爲不經濟？何者爲成績卓著？何者爲成績惡劣？何者優點多？何者缺點多？在在均有分別討論之必要。

二　包工

包工辦法，在各項建設工程中採用之者頗多。其進行之方法，即將公路各部份之設計圖表以及所應用之材料及施工細則等等，預先計劃妥善，登報公開招標，由各包商自由投標，以備選擇。選定包商以後，即與之簽訂契約，限期完工。方法不能謂爲不善。但如監督不嚴，勢必發生偷工減料之結果，其影響於工程安全者甚大。甚至包商與監督人員，朋比爲奸，互相狼狽，故往往有公路通車不久，而新建之橋樑涵洞已等於廢棄者，其故即在此。採用包工辦法，必須嚴加監督，各項材料，必須一一點驗，然後方可任其使用。蓋不如此認眞辦理，必不能期其工作之完善也。

三　僱工

僱工，亦可名之爲招工，即招募工伕從事築路之謂。僱工辦法，較包工爲麻煩，且管理亦屬不易。採用僱工辦法者，必須先行招募大批工伕，分別編成工程隊，施以相當之訓練，然後可以應用。此種辦法，監督者可以自由裁汰老弱而補充少壯，有自由選擇之便利，工作之成績，亦可希望其優良。惟人數過多，良莠咸集，往往持衆而施行種種無理之要挾或過分之需求，非得精明幹練之人才以主持之，勢必釀成罷工之風潮與鬪毆之慘劇。總之，僱工建築公路，大多由包商直接辦理。至於主持公路之工程處，直接採用此種辦法者實不多也。

四　徵工

徵工者，即就地徵用民伕，從事築路工作之謂也。徵工築路之辦法，我國各省採用者顏多。其所以採用此種辦法之原因，大都以節省築路經費爲目的。但此種方法，在政府固可以收節省經費之效用，在民間亦不無相當之損失。故以農隙之時，利用徵工築路，較爲妥當。蓋即所謂「使民以時」也。徵集到工之民伕，亦須施以相當之訓練，然後方可令其從事於塡土挖土滾壓路基等等之工作。根據經驗之所得，徵工辦法，困難顏多，故欲求其工程之美滿，亦良不易。蓋以應徵之民伕，老幼不齊，工作效能，自難完美。更有進者，農民對於築路之利益，無相當之認識，徵工時勢必發生種種之困難。即使應徵，其對於築路工作，以敷衍了事爲目的。故在施行徵工之先，必須注意於宣傳之工作。務使民間了解徵工築路之利益與應徵者應具之普通築路常識；以及工伕在工時所應具之衞生設備，使民間踴躍應徵，則收效自必宏大。否則，貿然從事之結果，勢必發生搖撼，與民間以不良之印象，其影響於路工之進行實大。總之，徵工辦法，未必不善，要在主其事者之善於處理也。

五　兵工

兵工築路之辦法，我國各省採用者頗多，自不無成績之可言。且以軍隊之束嚴格，指揮工作亦可以收靈活之效。不過在未實際施工之前，須將築路施工種種應具之常識，詳加訓練，即以軍隊原有之編製，稍加改變，即可約使之從事於築路之工作。如能將各地段原有駐防之軍隊，指定地段，分別施工，其工作之效率，自可較徵工為優。且兵工大都為年青力壯之徒，果能善為誘導，嚴明賞罰，自必努力工作。不若徵工所徵集之民伕有老幼不齊與不易指揮之弊也。

六　災工

各省政府，往往於水旱為災之後，即舉行工賑辦法，使災工從事於各項建設之工作。蓋以因工施賑，可以救災民目前饑饉之憂；以賑易工，可以收災工築路之效用。此種辦法，工賑彙施，標本並顧，如能處置適宜，管理得法，其成績當可較徵工為優也。但利用災工築路，所應注意者，即為選擇災工中之少壯份子，加以編制，施行路工方面之常識訓練，教以築路在交通上之利益，嚴加督率，切實施行，然後方可期其有成。否則，集災民烏合之眾，而無管理訓練之良規；甚至處理失宜，勢必釀成種種不良之結果。

七　囚工

囚工，即將大批犯罪者加以編組，使其築路。此利用罪犯築路之辦法，提倡者顧不乏其人。且利用囚工，開發交通，世界各國，早已施行。如能將全國各省市之犯罪者，分別其犯罪之輕重，檢驗罪犯之體格，施以築路工作常識之訓練，然後調至工作之地點，實施築路之工作。主其事者，如能善爲指揮，並注意公衆衛生之設備，自不無成績之可言也。

八　結論

綜觀上述之六種施工辦法，各有優點，亦各有缺點。路基工程，可用僱工、徵工、兵工，災工、囚工等辦法辦理。至於橋樑涵洞工程，在工程設計圖表審核決定以後，即可招商承辦。因此種工作，非僱工、徵工、兵工、災工、囚工等所能勝任，故不得不出於採用包工之一途。茲將各項施工辦法之優點與缺點，分別列舉之如下。

一　包工辦法之優點：

1. 招商承包，可以選擇其單價較廉者，使其得標。

2. 簽訂契約，限期完工。

二　包工辦法之缺點：

1. 監督不嚴，或用人不當，必發生偷工減料之結果。

2. 包商與監督人員朋比爲奸，影響於工程本身之壽命者必大。

三　僱工辦法之優點：

1. 可以自由選擇年青力壯之工人，使其工作，則工作之效能可以增加。

2. 可以隨時裁汰，隨時補充。

四　僱工辦法之缺點：

1. 因管理不當，易於發生工潮。

2. 因工人之良莠不齊，易於發生械鬥。

五　徵工辦法之優點：

1. 徵用民伕，節省經費。

2. 利用農隙，不違農時。

六　徵工辦法之缺點：

1. 農民不願應徵，故徵集不易，如處置不當，勢必發生搔擾。

2. 農民對築路利益，無相當認識，即使應徵到工，工作亦必不力。

七　兵工辦法之優點：

1. 管理嚴格，指揮靈敏。

2. 兵士年齡相仿彿。工作效能頗大。

八　兵工辦法之缺點：

1. 不敢加監督，易於發生怠工。

2. 不預先加以訓練，工作進行不能迅速。

九　災工辦法之優點：

1. 利用工賑辦法，使災工築路，可以解除災民饑饉之憂。

2. 因工施賑，使災工築路，可以收賑款築路之效。

十　災工辦法之缺點：

1. 災工無築路之常識，頗不易指揮。

2. 聚烏合之衆，如管理不得法，易於釀成不良之結果。

十一　囚工辦法之優點：

1. 罪犯加以訓練，可以服從指揮。

2. 分別選擇其體格之健全者，加以編組，使其工作，亦易收效。

3. 使犯罪築路，一方面可以鍛鍊其體格，一方面可以不致坐耗囚糧。

十二　囚工辦法之缺點：

1. 罪犯因身帶刑具關係，行動與工作均感不便。

2. 犯罪者之心身，大都不健全，對於工作之進行，不無影響。

上列數端，特舉其綱要言之耳。主持公路施工者，如能就各地之環境，因地因時而善處之，儘量利用其優點，竭力避免其缺點，則對於公路施工問題，自可得相當之解決辦法也。

江蘇浙江安徽三省公路建築載要

吳華甫著　　　　　潘維燿譯

　　中國東南長江流域各省，於過去數年中，公路建設，已有驚人發展。經各省政府暨中央政府全國經濟委員會之共同努力，已可能完成數千公里必需之道路，如是則於此區域，可結成一公路網，裨成陸地上重要的省與省之交通。在昔，必經舟輛之艱苦旅行，方能到達內地各城市，今則祇需一二日行程，即可駕臨相同地點。茲以舒適之汽車，前未料想之速度載運旅客，各種貨車，亦用以輸送貨物。公路運輸之在中國，已明示其重要矣。

　　全國經濟委員會被委協助正需款建設公路之長江流域下遊各省，協助方式，在某種情形及名稱下作有用之借款，借款之利用，須在指定之道路，及各路得借款之利益者，當建築時，須經經會之監督。作者參與經會工作，當過去數月，曾得機會，作旅行及調查浙，蘇南及皖二千五百公里公路，或已完成，或正修築中。經此路上，於建築之方法及實施上，彼注意一大區別；即此中多數全依工程原理，但有多數則似未甚滿意。

　　本篇目的有二層：（1）導引所經各省公路建築之不同現象上所有實施概略。（2）提出研討可能的變更作者所認為不滿之實施與方法。導引共分下列數節：路線，路床建築，路面及結構。本篇所論祇限所經各省，但其他各處，亦可得同樣普遍應用。

路　　線

　　良好路線為公路建築成效之最重要階段，幾毋庸再述。各公路工程師已充分認識此點而於路線事務已曾相當注意。在平坦地帶，每得極滿意之路線（圖一）。者利用舊有路床而不加改變，有時所得路線，頗不滿意，蓋舊有道路軌未照工程原理安置。拙劣曲線有時存在於可完全避免之處，此皆毗連路段之路線，未依次更迭所致也。

安徽南部公路，公路路線經過舊石橋甚多，此石橋之大部份位於極難得適合路線之近處。因此，拙劣及危險之曲線建於橋堍。

道路穿越窄狹山谷，兩面峭壁，其普通實施乃於谷底貫築。無疑，祇以建築費一項而論，如斯路之建造，所費最廉。但通常土地在此一帶最宜於耕植，且最值價；故路線穿越而過，使農夫蒙受損失。蓋彼等交下土地。祇得甚小補報。再者，道路如此低窪，必常遭洪水之患，除非坡度築高，則需額外建築費，且欲將路面經洪水後按時規復，所費甚鉅。山之低脚可得較優之建築。如此定線，能節省耕地及避免洪水。無疑，建造費較多，但每年養路費之減少，亦是額外之節省。

建築於卑濕之地，所生困難，多數工程師未加充分注意。在卑濕地之水浸泥土，實際上已無荷重力；路床按置在上，使泥四潟，而成陷落。倘有更劣處，所有陷落非同時發生，亦未一致。普通陷落情形，在建成後經年始發現。末次陷落發生前、路面與路床需極大經常修理。著者曾得機會經過一段八公里長公路，乃完全建築於沼濕之地。雖然堅固之修養，結果祇獲微效，以緩和路床與路面之重陷情形。在此特殊情事，欲道路保持清除卑濕，得定線於山麓隣近；卑濕能免時，當必須避免。倘不能免時，須行根本建築，將來困難，始可免除。此包括除去濕泥，填以粗硬質料並鋪一層良土於頂上，以受路面。在美洲慣用之實施，乃用炸藥加速陷落，此在國內，似覺太費。

甚似卑濕建築而不甚重者，乃置路於稻田之上。當耕植之季，田中充滿積水，永久水潭不但積成於田中，同時亦在路旁溝渠之內。倘道路坡度未築相當高度，水經毛細管作用，漸升於路床之面，此損泥土之荷重力極大。吾蘇公路工程師現已相當注意此種建築；近來幾所有各路建於稻田之上者，皆築至水面之上足數高度，此亦可注意之結果也。

道路之挖掘岩石者，如穿越山凹及一邊沿水流，他邊靠山，皆未得滿意定線；斯處每逢到深坡度及尖銳曲線。事實上，甚多此類曲線，如惡劣之視線距離，有致成生命之不幸。（圖二）在此情形，並非工程師未留意此種危險，或如此種不良建築之不完善。但大概在建築時經費不敷，致阻礙建築較優式樣。然而，此種多數危險定址，能以極小額外費用改建。觀察目前中國公路上所有之運輸速度，尖銳曲線，並未如何阻礙，倘置備合理視線距離則司機者視示前面曲線，彼必同時欲考慮對方車輛之行動，此可給予時間，依理配準速度。最劣路線，乃不能目視之轉灣，導以伸長之切線或長度下坡，在此使司機者，於到達曲線之前，擅配以高速度。路線之如斯者，甚是不幸，必須將最劣者加以改建。對於此種危險地方之臨時補救法，乃竪立特種警戒牌示於曲線處，設計時須特別注意於顯著與效力，以替代普通曲線牌示，不甚有效於指示此類危險。

上山道路之建築法當有幾種解釋。在目前，普通所選取為轉轍建築，山之地形則不加注意。著者曾達安徽及浙江某段公路，其處有五六轉轍相遇於有二三公里之攀登上山。此路上之坡度，常皆超過 .06百分率，轉轍之曲度半徑，常小於十至十五米達。載重汽車及貨車，對此坡度與曲線，頗生困難。經驗所得，其最大困難乃在曲線之處；其處，在直線坡度上，車輛必先開小速度，使在曲線上得安全轉灣；如此，保留甚小能力，甚生效於轉灣後之伸長登山。有幾處小山地形，可建一目到底連續斜坡以替代之。費用大概較小，且得更滿意之路線。

道路穿越山脈。其實施常將路線沿水流平坦坡斜。此或引起三種不利：（1）兩終點之間。總距離超過過長；（2）過多挖掘岩石；（3）有被水流淹沒之危險（1）（2）二條有時或使提高不合理之建築費。吾曾在美國時學習甚多關於山頂之建築道路法。此種高水面道路之益處，適與沿水流道路之害處相反，著者除在浙江見過小段之外，從未遇見有如此高水面之建築。吾公路工程師對於山頂建築未加研究，事實上或可計有下列理由：

（1）在公路建築之施行實施上，定線工程師常無充足時間，予以充分調查該處區域。以搜覓及比較各可能行走路線之功效。因過於節省時間，彼卽在可靠方面選擇一條，當預測時最便利者行走。

（2）經山區之大多數道路，皆依接近舊有步行道路酌定。此類舊有步行道路，常皆平坦坡度，但甚灣曲而欠缺挺直。近代道路欲依此定路線，必有同樣缺點。

（8）此種建築並無先例

結束所述，公路定線所通行實施，在平坦或高低之區，大概必能獲得相當滿意；且利用地形建築，每得經濟之利益。蓋此處曲線與坡度皆甚易。越溪流者皆與水垂直，雖然有時可予避免。在多山之區，路線皆不甚滿意；此處運輸上所求路線皆未可得，乃限於財政故也。此處爲節省建築費用，皆建尖銳盲目曲線。倘予充分時間與定線工程師考查及比較各可走路線，較優路線當可得到。再甚多危險曲線，可以極小另費改建也。上山道路，皆施轉轍建築，此皆上山車輛發生困難之源，且下山亦甚危險。如此建築，必皆失敗。

路　床　建　築

所經各省之現有路床建築法，在各種情形下，均不甚滿意。建築之最大缺點，乃當建成後，路床之填土未甚密合（圖四）小塊土方，普通用人工搬運，包藏甚多空隙。工人搬土經過一段路程，卽使經此踐踏而相當堅合，亦紙限於一小部份。填土下沉，幾各路皆有；普通填土愈高，下沉愈劣。蓋下沉之七，從未能一致，有時致路面損害甚距。如著者所見。欲堆起鬆泥，毋生障礙者，除非在按置有價值之路面前，有充分時間，經雨及運輸車重量之壓壓；但近年建築所示，工作非常緊促而未有如此允可；結果，新路面完成後在短時期內即生斷痕及扭曲；修築此類路面甚困難且又耗費；經極大之艱難，始可將原有坡度與斷面恢復。

最大理由，爲不加壓壓，乃經濟也。著者願在此建議一不耗費之壓土法；即利用作重量工作之動物，如牛與馬，及輕磅滾機，動物所能拖拉者。當建築之時，拉此動物行於土方前後，其四足及不過二百磅之滾機，所成工作，可獲甚多壓合。如此工作，動物亦未十分乏力；著者深信一頭動物，如能依此工作，每天可有相當面積，頗合經濟。尚有其他利益，即不妨害工人之勞務。

在某段路上缺乏完善排水設置之明顯，即應注意之排水問題，似未受相當注意。實際，公路排水工程乃路線後之次要者。經過各路，著者注意有下列各種普遍缺點：（1）挖土處之旁溝太狹，又太淺；（2）缺少旁溝之縱斜度及出水口，因此水聚積溝內，停滯於路旁；（8 山旁道路，涵洞欠多。此三種缺點，一二兩項，築路者極易且極便宜補救；旁溝中泥土挖起，可用以將路肩修改形式，倘需用時，可用於路面。第三項缺點，在山旁道路，不時存在；橫截涵洞之目的，乃排除與旁溝相截之水流，當下雨時由山邊流出或由滲透而出者。倘旁溝有完備之縱斜坡，此種橫截涵洞可少置；但若旁溝平坦或稍形傾斜，每隔一百五十呎或二百呎之間，至少置一涵洞。間隔過遠，使水於路面流過，結果將路面與路床損壞。著者經過安徽，浙江幾段山旁路面，其處橫截涵洞均予忽略。甚多處，連積水潭，於雨後積成，佔路之大部份，下層如非岩石，均被衝壞；在此欲置橫截涵洞，於建築完成後，或須開石，又阻礙運輸；但若於建築時放置所費又小。此利益之結果，足以證明當初次假定建築時，有慎重考慮之必要。

　　其他關於排水者，乃缺乏設備，以阻止水在長度深斜坡旁溝內流。其結果，當雨季時，輒將泥土攜去；久而久之，影響地下層之穩固。防止此弊，依旁溝之傾斜，於某一間隔，建造一華水壩。幾任何堅硬重量或粗糙材料可用以建築。水壩須多隙，以便使水流出。

　　幹路上，普通土路建築路床之闊約七、五米達。廿呎闊之路面與二呎半闊路肩已足用此闊度。鑒於近來運輸，此闊度已十分足用。然，因養路而路旁所堆泥土，車輛所用之闊度，每未完全，所過車輛，亦漫行以留適當地位。於開石之處，建築費較甚大，路面闊度亦遭大減；甚多建造所謂單程道路。如斯建築，無疑以經濟為正，但採此有二點未曾顧慮，卽安全與便利。欲得安全，清晰之視線距離須配置於曲線上，當不可時，警戒牌示須豎於路邊，前已言之。長度山旁道路，車輛常相交之處，宜顧及便利。於斯種路上，轉灣之闊度，足以讓二輛車子，須有二百米達間距以上之設備。且必須用極清晰之牌示以指其應用。此牌示如不置，將減少其應用。蓋司機者，司車時未能速於偵悉其足用之闊度也。

路　　面

　　中國東南各區，因泥土之重大沉澱，須需用路面。既用路面，一年四季均可通行。所有道路，得全國經濟委員會之協助者，幾皆有一種路面建築。已用者已有多種，但依目前公路工程上所用之標準式樣而論均屬劣種。然而，如中國運輸之少，此劣種路面當保養適宜，易於行車，已可得每小時三十至四十之速度矣。

　　各不同式樣路面約可分為二大類：粘土凝結與鋪面。卵石，碎石及碎磚合粘土，屬於前者；屬於後者，乃單式之建築，名為大石鋪面，一時曾為公路工程師所樂用，但不久已逐漸放棄，其理由如下。

以粘土凝結之建築，其凝結之材料即爲粘土。建築之方法正與目前式樣，相同情形。即先於路床挖掘一坑，將材料散於底層，和以粘土，滾壓後，再於頂層蓋以卵石，石屑或沙泥混合物。碎石鋪面曾得最滿意結果；卵石路次之，碎磚路最次。碎石子，滋尖銳，粗糙之面，與粘土相合，彼此必得極堅固之結合。卵石因其面甚光滑，故未能易於堅合。惟希冀其能與粘土結合，其唯一方法，將材料重量滾壓，如此大者被壓碎後，即可易於相互結合。碎磚乃不甚合適之材料，因其太脆，未能使永久相結合，然普通每於開築時應用。）

粘土結合道路，下列缺點，可得注意：

（1）粗料混合物太粗，且欠平均。粗料混合物不應大於二吋半，但較大材料每用以聊勝於無，此對於卵石路，最爲顯著。首層粗糙材料皆苦於結合，當頂層磨損後，易於散離。大小平均，對於結合上大有助力，但每予忽略。

（2）路面不足厚度。此近年來公路建築上爲財政所限之直接結果。實際，標準建築，已逐漸降低至是否超出安全之地步矣。卵石及石子路面，六至八吋大概爲最小，供於行車及磨損之用。爲散佈車輪重量於底層泥土之安全面積上，須有適當厚度。此安全面積與厚之方成正比，故厚度稍減，影響於荷重面積及單位壓力甚大，餘則相同。

（3）粘土之過量。當潮濕時使路光滑，乾燥時，常生灰塵。此可用較重受磨層補救。

（4）結合不堅。即滾桶滾壓不足重量之故。有若干道路，應用七噸以上之機械滾機壓合，多數包工則仍用人力滾機，以爲可能密合。此種人力滾機約祇三噸，所供壓力約每吋一百廿磅。道路之不足厚及不充分壓合者，必將影響築路經費，蓋須有更多之養路工作也。

（5）曲線上提高高度之缺乏。

大石路者乃鋪面之一種，以長度約六吋不整齊之石子，將最闊面緊排於煤屑或沙層之上。石子打入地層，皆大小不齊，小者放於大者之間，可得緊軋之效力。石子安放後，面上蓋煤屑或沙，在施滾壓之前，皆掃入石隙之內。此式鋪面，江蘇省尤較其他各省廣用。此路面之利益，在於耐用，因石子直接受車輛之磨折；養路費又廉，因實際上無甚較小石塊被車輛所掀動，故有甚高省費價值。此等利益之反面，或有下列缺點之提出。（一）此式路面，因頂層石子之不整齊，未有光滑之行車路面。再者，一經通車後，石塊遭受不同之磨損，及不平之下沉。在卵石或碎石路上，路面發現稍有不平，可用別種磨折層補救，對於大石路，此法不能應用。又使車胎之磨損極大，及迅急之跳動，損害行車之各部份，或司車者所未注意，此皆同等重要也。不良之排水面，需甚大橫面斜坡，對於行車更十分不安。余覺此等鋪面並不滿足於近代運輸之需要，雖其價值較卵石或碎石路略高，前已言之。

吾人認清，公路工程正與其他工程相仿，建築與保養費有密切之關係。減省一方，則增加他方。中國目前，財政有限，運輸又輕，無需建造高等鋪路。鋪路面價值，每至公路總建築費百分之四十，加上以後高價養路費；欲建築低級路面，大概成為中國公路建築之最困難問題，解決此問題，吾工程師需充分之注意也。欲得滿意結果。極大研究與實驗，不但必需於路面本身，更須關注於一切有關之事件，其目的在乎減低目前高價養路費而不增加建築費至同種限度。此道而得成效，每年公路費用將節省不少矣。

建　築　物

公路建築物，大者關於橋樑及涵洞將分別討論。公路橋樑在各種關係下可左右利益：

（1）因費用高昂。分析中國東南公路建築費，特種橋樑不計，一條公路橋樑建築費，可達總建築費百分之廿至六十，所有長度，則甑佔路總長之百分之一至六。

（2）因橋樑位置所處情形大不相同，每一橋樑，實須分別設計。

（3）因其裝飾之性質。

目前各省大概實施，取消大橋建築，即需要一批四十米達跨度橋樑之處及包括因於建築下層建築物之地位，以渡船代之。他則於普通大小溪流處，建以橋樑。

今普通所用橋樑式樣，即所謂半永久式；磚石或混合土之下層永久建築，及暫時木料上層建築。（圖七）後者輒用最大跨度十米達之普通橫樑建造。地層之下約九條橫樑。大者之木料爲最重要。皆設計載重六至十噸。較大跨度，採用木材桁架。普通，木匠之桁架工作不甚滿意，缺點如鬆弛之連接，釘之荷力不平，皆使桁架不平均載重，此乃時常可見也。

永久建築，石，混凝土及鋼均未見廣用。傾向木料建築物之構造，有如下之辯別：

（1）木料建築物均經濟。木架橋樑之第一次建築費遠低於建一永久式。此種，亦祇一部份實在情形。當鄉村中不易得木料時，建築費相合亦甚高；余可保證全國經濟委員會余所設計之標準混凝土橋梁建築，能以極少另費建造。

（2）木料建築易於建造，祇需等木料運到之時間可矣。但橋樑損壞及修理而運輸運延，其結果若何？反則，普通建造永久橋樑，如設計及建築使合標準，採取特組工作隊伍，改良行政與工程力量暨其他影響運延之事因使合理化，所需時間大可遞改。

（3）木料橋樑需用較少有智識工作人員。經合理之安排，及標準化，普通永久橋梁之建築，無大困難。合此不論，吾人知木料橋樑，壽命甚短，裝置又大；當開始腐損後，載重量必生問題；且火險又大。

關於少數已建永久橋樑，鋼梁蓋以下承式混凝土或木料爲最普遍建築式樣。多山之區，常建石拱橋。此等建築之跨度皆十至廿米。較長跨度，常用下承式鋼骨桁架，下層爲木料。（圖八）

建築之詳細設計有時似未加充分注意。諸缺點中可提出者，如排水之缺乏，支柱之不安全設計，漲節之缺乏，欄杆設計不完善等。鋼架跨度有時左右太輕；當車輛經過，發生振動甚大。

其餘錯誤，易於致成者，乃設計建築物之前，缺乏完善測量最近兩點。因此之省却，於是建築時，橋梁或須伸長，縮短或改變其他所未悉者，以適合地形。此種情境。必使建築之外觀拙劣。又近來傾向於用木材甚廣，本地材料必不充足，予以應用。在多山之區；石，沙石，沙及低級木料易得，橋的之最合式樣爲混凝土。在此環境下而建以木橋，未免可笑也。

　下層結構之一種。混凝土椿子基架，皆極廣用，有時似未完全適合於物質情形。當適宜應用時，椿子基架，自既合用又經濟——所謂經濟，在不需築圍水塌也。用椿子基架之理想地位，乃河流深度不大，基礎包含一層粘質泥土，上覆沙層或他種粗物，後者供椿底之必需支持力，前者乃左右支力。倘椿之荷重力，依賴表面摩擦，則基架建築失其經濟，蓋必需更長之椿子也。在此情形，用普通磚石柱子，放於短木椿上，較更經濟。

經安徽浙江山區段，人可注意新汽車道，皆穿行甚多舊有石拱橋。所有拱橋皆甚美觀，而大部份有幾百呎長。（圖十）蓋諸橋之大半經極大洪水而仍然屹立；用於新路，至少由排水觀點，已足安全矣。甚多情事，此類橋梁皆極堅固建築；實際上，接受近代運輸，無須加以改良。有時原有橋面光滑如混凝土面相似。但雖有此可利情形，欲保持不遭受不測損壞或失策計，橋之上宜建以戒備工作。橋柱之建造，皆未注意水衝力量，應保證其旣衝壞或衝成窟洞。所有石之相接處，粘以水泥，使不滲水與荷重良好。橋欄應建更堅固，倘橋面未光滑，應改成光滑，以減車輛之顛搖。此等改良之費用。亦甚微也。

論及涵洞，或謂已有甚多式樣應用於公路之上。混凝土箱，石箱以及管式涵洞最爲普遍。關於建造涵洞，最合標準者，稍有解釋。長箱涵洞，於中心須建橫節以免裂痕。石箱涵洞每於材料已可獲得時建造。斷石板常於路旁檢得。較大涵洞，皆以石板置於本地木條之上而不加保護。

管式涵洞，二種最普通，名混凝土管與瓦楞鐵管。兩者之中混凝土管尤爲廣用。直徑約自六至三十吋。余意六吋管任何處不可應用，蓋易於窒阻。管式涵洞有時放置太淺，常使路綫不如人意。幾所有涵洞皆建翼牆；似未甚經濟如伸長管子，射出至塡土之末而省却翼牆。

結　論

余巳貢獻公路建築，不同情形上各種方法之大略概說於上，及巳作余認爲可行之自由品評；呈諸吾工程師同志，予以審核。公路工程問題之在吾國　與西方各國稍有不同。吾國最大束縛原因乃限於財政及輕量運輸。是故工程師檢定此類建築，不但初次費用低廉，更須養路費省。經研究，搜查及實驗後，展開建築，尙有甚多可施行兩者俱須底廉，問題甚複雜而又困難，但朗値得深入研究也。負此重任，最適當組織，有財政，政治及技術者，乃全國經濟委員會，彼於公路運輸之他方面，已作甚多初步工作。發展特種滾機及增加適宜之泥土，以得適合之路床結合；利用便宜化學用品，及平均路面集合材料；利用連續原理以設計建築；更使設計及建造方法標準化；隔絕慢週及損壞之車輛；改良工作器具之組合及整齊；──此皆瑣小問題或予以有禆益之考查。

中 國 水 災 問 題

李 次 珊

一　水災爲人類之公敵

(一)人類無常之厄運

『天有不測風雨，人有旦夕禍福，』此言昔日尚有若干理由，而於科學昌明之今日，眞理全失，蓋有天文學之發達，能預測天之陰晴風雨；衞生學與醫學之進步，人之生命亦非絶不可保安全。雖不能免『無常』之事件於歸無，而可以減低多多矣。『無常』者，卽意外之天災人禍，人類之共同厄運，文化之浩刼也。文化愈進步，無常之程度愈減低，故今日之文明，實有史以來人類與無常奮鬥勝利之結果也。如有巢氏之築巢，燧人氏之取火，神農氏之嘗百草製藥，夏禹之治水，皆戰勝無常，後世萬代之蒙利者。是所謂『人定勝天。』然終因人事未盡，致無常之悲劇仍不時演於今日，如江河汛濫，卽其一例。昔日有黃河之水天上來，今則不僅黃河水仍由天上而來，江湖之水殆亦升高其地位，每當潰決：不論貧富賢愚，盡付洪流，故曰水災爲人類之公敵。

(二)安全爲文化進步之要素

今日吾國文化進步之慢，厥在人民之生活不能安全，無常之事件過多，除天然無常外，更有人造之無常。天災人禍交逼，使吾人不能有餘裕苟安。農不安其耕，致農村破產；工商不能安其業，至百業凋零；學者不能安於讀，致全國若盲；官吏不能安其位，各存五日京兆之心，得括且括；其結果也，致全國爲混亂狀態，各致力於生產之不暇。原有文化尚被天災淪盡、難以恢復，遑論求文化之進步！野蠻人之所以異於文明人者，卽野蠻人之生活無安全，其精力與時間盡用於求生活，無暇研究科學，故其文化進步慢。文明人生活已有保障，能專注於科學之研究，故其文化進步也速。吾國之所以異乎歐美者亦此。然吾國今日之文化，其進步之速，已遠勝昔日。如印刷事業較之作字竹簡之上。相差何止天壤。總之生活愈安全，文化進步愈速，亦愈能減少無常事件。故欲避免無常之襲擊，首要求生活安全。

二　歷史上大水災之損失

我國歷史上之大水災除因雨量過多外，最大者莫若黃河。黃河有八十年一變之說，其改道之多，有史乘可考。每次改道。人民之生命財產損失，難以數計。惜吾國人辦事，均以『大事化小事，小事化無事』爲原則，每經一次災害，則過去者無　少有統計；故損失確數，無可稽考。惟據近數年來，水災之損失已可驚人。茲據國民政府救濟水災委員會及內政部賑務委員會等機關報告：

民國十七年，陝甘綏晉豫冀察等八省大旱，災區約五百三十五縣，災民約三千萬人。

民國十八年，鄂省遭水災，陝西續受旱災。

民國二十年，江淮運河流域大水，災區約十六省，災民約五千萬人，財產之損失約二十億元。

民國二十一年，受水災者約十一省，共計二百三十縣；受旱災者六省，共計一百二十縣。

民國二十二年華北大水，災區達十五省，共計約二百五十二縣。

民國二十三年，被水災省份計十四省，共二百八十三縣，受災者金錢損失，單就災區一部，豫鄂湘晉蜀黔陝甘綏等九省，計爲四千七百萬元。據賑災委員會災情簡表，若以全部水災及其他一切損失，約在一萬萬元以上。

民國二十四年，本年江河齊汎，被災損失尚無確計。據報載災況，單以江河言之，已超過民國二十年之上。而以鄂魯湘皖四省爲最烈。但黃河水流犯濫，仍未已也，江蘇亦難幸免。

三　大水成災之原因

以吾國之傳統觀念，舉凡無常之事，均認爲天意，而非人力所能抵禦者。如旱魃爲患，則赤地千里，河泊肆虐，則盡成澤國，而莫可救。不得已祝天拜地，以求神佑。在科學盛昌之今日，實遺笑大方。試觀美國之密西西必河流域，埃及之尼羅河流域，印度之恆河流域，皆世界雨量最多之區，昔日所常汎濫爲災之河流。二十世紀以來，則災禍減輕多矣。惟吾國每况愈下，萬事反常，晚近水災幾無年無之，損失之大，駭人聽聞。昔日以爲無常，今則家常便飯矣。孰令致此？茲略述如下：

（一）水道不修

凡河流之流急者，其挾沙泥亦愈多。尤其在大汎之期，其水之來也，挾沙捲石，勢若建瓴，及流至平原，流緩沙沉，游墊途現。如我國之江淮黃河，沙灘時起，河牀高增，水道日狹，漸不能容大量之水流。出口不暢，遇雨稍多，即告漫溢或潰決，汎濫成災，理所當然。如黃河套素以爲有利無害，今亦告潰汎（見附圖一）。獨有甚者，即舊有水道，因年久失修，淤積與平陸不分，如魯省之洙水河，萬福河，馬頰河等是（今已疏浚），常聚水若湖，爲災甚烈。據七月十六日黃河水利委員會委員長李儀祉氏談話，謂『本年黃河決口，主因爲雨量過多，而河底之淤高，乃其次焉者。』愚以爲不然，黃河之決口主要原因，在河底淤高，水道不修。雨量過多乃其次焉者。

（二）人與水爭地

古之治水也易，今之治水也難。蓋古時地曠人稀，水性趨下，治水者儀藉地勢之高下，疏而導之，即大功告成。今則人烟稠密，地價高昂，河身淤高，人民築堤防之，使其就範，而不忍任其水性，冲毀良田也。高者愈高，故其治理也難。人民日常與水作戰，以保疆土，雖不謂與水爭地，但不能退避耳。更有無知之徒，得步進尺，當水流弱小之時，圍築民圩，但顧目前；閟塞沙淤，祇圖私利。致使洩水之地日阻，而容水之槽日促，偶遇大汛，則立即潰決。例如七月二十九日大公報載，劉宗武驗收九股路堵口工程視查記云：

『九日黃河暴漲，河內灘地，十九淹沒。報載長垣一帶三百餘村一片汪洋，實皆指灘內而言。據聞十餘年來，黃河決口，大都在上游一帶，灘內農家，反得豐收。

又據八月二十九日大公報載，中央賑務委員會美國顧問貝克氏江河水災航空勘測記云：

『在漢口西北有一低地，向產葫葦什草，供製筐簍什件之用，今已成一大湖，迨將來江水退落時，則該處之水，自能退出。襄漢稱之關侵墾之人，蓋以此種土地，非屬私有，而又爲關節河水容量所必需者。故對於此等侵墾人民，政府與社會是否應有責任，予以救濟，甚屬懷疑。如政府而有責任，則此種責任，似應屬于政府，而非中央政府爲。

此人民與水爭地之一二實例，他如各省之墾丈局，湖田局，亦莫非爲與水爭地之機關。故江河湖泊面積縮小，致水無緩衝之地，汎濫爲災，實有人造。

（三）湖泊容積縮小

黃河爲災，自古皆然，因水無緩衝之地，含蓄之所也。長江向無水患，晚近亦屢告漫溢，其原因雖由河道不修，而沿江巨湖容積縮小，貯水量減，亦其病症也。例如洞庭湖廣本八百里，容水之量甚鉅，今則僅二百里弱，雖年久淤積，而擴張湖田實其重要原因。湘省四水，昔年均以洞庭爲尾閭，今則水無含蓄之所，故屆洪汛，則長江不能不立卽告警。洞庭湖如此，其他諸湖莫不皆然。

（四）缺乏森林

河流水急，因其發源之高。故大河恆源於高山。山洪暴發，則挾沙捲石，勢若建瓴，黃河之潰決，概由此故。而能調濟水源，緩和水流，避免洪沙，則非有森林不可。吾國荒山，森林缺乏，更以人煙稠密，良田有限，荒山常墾爲農田，地雖磽薄，而貧民貪圖無稅之利，每當大雨，則被掘沙土，悉被冲下。雖河床不淺，河身不小，而其冲下之沙泥，逐漸將河身淤平，致水向兩岸漫溢，水冲沙壓，漸展漸寬，下游良田，盡變爲沙灘，其害一。更有牧童取草，村夫伐柴，草木盡則水失天然之含蓄所，遇大雨則立卽流下。致河身不能容納而致潰決，其害二。沿河堤岸無草木，則堤岸遇急溜卽崩陷而致河決，其害三。他若土地之改良。氣候之調濟，森林亦負有重大使命。森林與河道之關係。余於山東蒙陰縣境，曾作詳密之考察。蒙境有金水河一道，據老者言，昔年僅係山溪，河床不甚顯著，沿河盡爲農田。後鄉民開山種植落花生。人烟稠密，燃料缺乏，草木亦多被伐盡。不數年金水河一變而爲一大沙河，沿岸良田，悉被沙壓。鄉民因感開山爲害，於是集會公議封山，凡沿河山地，不准開掘，今雖灌木有限，而草全及屑，大雨時際，其水之流下，亦不若昔日之急。且經叢草過濾，水流河中則澄清矣。曾沉澱之細沙，亦漸被冲去。今河底如平坦大道，不復有沙跡。沿河農田亦得恢復原狀。養魯南各縣，開山伐木之害，識者均非之。考之縣誌。無不主張封山以避沙壓良田，然終因自治無力，少見實行。

（五）缺乏精確之氣象觀測

治河與氣象之關係，至密且切，已於河工學上詳論之。如雨量之多寡，雨期之時日；寒暑之變易，均治河者所本。蓋知雨量之多寡，可以求出河流之約略流量。知雨期之時日，可以預防江河之洪汎。知寒暑之變易，則可測知山上積雪之溶解，而預防江河之驟發。如江河本年潰決，不咎於雨澤過多，即諉諸洪汎期過早，要皆由於無精確之氣象觀測，而不乏長久之紀錄，洪流驟至，倉卒不知所措，而實非人力所能防護，是未能防患於未然也。

（六）缺少閘垻建築

閘垻所以節制水流也。江河汎濫，半由上源山水暴發，半由各支流洪水猛瀉，若能於上流及各支流多設水閘及攔洪垻，廣闢溝渠，以分水勢，則不僅江河可免汎濫，亦可得溝渠之利，不患旱災。

（七）堤防不固

河床淤淺，而河中水量依舊，故不得不築堤以防之。惟吾國水利行政向不統一，各自爲政，忠於職守者固不乏人，漠不關心或以築堤營利者亦時有所聞。故築堤無通盤之計劃，堤埂非高低不平，即薄厚不一，大水突來，即由堤之單薄處潰決，釀成巨災。豈天意耶？如今年黃河由臨濮集決口，當局者以爲此次水災突如其來，人力難施，倉卒僨事，實非意料所及。然由圖觀之（見附圖二）臨濮集之險工，其危險形勢，一見可知。且該處早已指定爲險工之一，而事先未聞若何防堵搶護，及其決也。自非人力所難施。試觀漢口之江防，漢口江堤當其危險之際，不決者幾幸，而卒得者救者，人事盡堤防固耳！

（八）交通不便

交通不便。則消息不靈，運輸艱困，對河防之影響至大。如此次黃河決口，果事先有電話報告該處現象，當局立徵一師之衆高運到大批工料，盡力搶護，吾不信其不可救也。故今欲治理黃河，必需便利其沿海岸交通。即於兩岸修建輕便鐵路，並設置電話電報等，平時有人看守，並多運工料堆集兩岸。發生險工，庶不至臨時憤嘆，坐視千百萬民衆受災也。

（九）水利行政事權不統一

吾國水利機關，不爲不多。然其各自爲政，無集中之力量，無通盤之計劃。又不能分工合作，爲私利而互相交惡，如最近江蘇築堤，山東反對，可知旣有計劃，利有彼地者，或不利於此；有益於上游者或反損於下游此水利事業之不能進行，水災不能統免之最大原因。查中國原有水利機關，計有導淮委員會，廣東治河委員會，黃河水利委員會，交通部揚子江水道整理委員會，內政部湘鄂湖江水文總站，內政部華北水利委員會，永定河河務局，永定河工款保管委員會，內政部太湖流域水利委員會，整理河海善後工程處等九機關。原來因統屬不一，經費不充，缺乏通盤籌劃之打算，成績亦因此不著。政府洞悉其扼要，已予以改組，以求全國水利行政統一，用意至善。工程專門人才，亦多同此主張。茲將政府初步整理方案之要點。錄之如次，以供參考。

（1）導淮委員會，現該會正舉辦導淮工程，爲便於一切設施廣續進行起見，所有該會之名稱及組織，均一仍其舊，不予變更。

（2）廣東治河委員會。該會係主管珠江流域之水利機關，名稱與組織均不變更。

（3）黃河水利委員會，該會現正著手規劃根本治導方策，名稱與組織均不變動。

（4）交通部揚子江水道整理委員會。今後改稱揚子江水利委員會，仍設委員長，由國府簡任。該會今後職權不僅限於整理水道，原有之內政部湘鄂湖江水文總站亦歸併於該會。

（5）內政部華北水利委員會：今後改稱華北水利委員會，委員長改由國府簡任。不設常務委員。餘照原組織辦理。

（6）永定河河務局。交河北省政府辦理。永定河工振保管委員會撤銷，但如河北省政府認爲有必要，得另行組織。

（7）內政部太湖流域水利委員會。今後改稱太湖水利委員會。原設委員長改由國府簡任，不設常務委員。

（8）整理海河善後工程處。該處原係內政部與河北省政府合辦之臨時機關，現改由水利委員會與河北省政府合辦，俟工程完竣即結束，名稱仍舊。

以上等水利機關，統屬水利委員會，隸屬於全國經濟委員會之下。水利委員會於民國二十三年成立，統一水利行政及事業辦法綱要，亦經中央議定。時至今日，不過空有其名而已。試觀今日江河潰決，而指揮防水工作之不能統一也如故　據七月三十一日大公報載，全國經濟委員會前據督察黃河防汛事宜孔祥榕報稱，擬定統一事權辦法，請核示。該會當即函行政院議決通過，其案由云：

　　『查督察河防應具有統一指揮權能，誠屬必要。冀魯豫三省建設廳，河務局及治河縣長，辦理防汛事宜，似應統受該督察指揮監督。至遇有河務局長及治河縣長修防不力者，可否歸定准由該督察員照情節輕重，報請主管省府予以撤換之處，請核復。』

由此可見水利行政統一，尚未有切實計劃也。再就組織言之，黃河有黃河水利委員會，黃河水災救濟委員會，河北建設廳屬下之黃河河務局，山東省政府屬下與建設廳平行之黃河河務局，組織紛繁，易足以言事權之統一？黃河水利委員會委員長李儀祉氏。屢度提出辭呈，其爲無因？

　　　　（十）用人不當處罰不嚴

我國之所以頹弱如此，厥在當局之利慾太大，上不正下必甚焉，上下交征利，國家豈有不危之理？就治河賑災二事而言，證之近數年之事實，河未治，災民未得救，而從中自肥者不可勝舉。前河北省建設廳長胡礨源氏觀察長垣河工談話，大意謂：第一，主管機關之侵吞工款，用於黃河工程者僅十分之三，已成公開之事實。其次為河工多用大麻柳條為堵口工具，不經河水衝激，不久卽麻斷柳折，口門仍決，而河工又有工事可作矣。再次為主管機關為藉口再請工款，所以對於河工作弊不加糾正，已成公開戲法。最後因為河工把持甚嚴，主管機關又故意放縱，以至眞正堵口辦法難行。胡廳長之對長垣堵口弊端，實言人之所未敢言者。其他河工水利事業之弊端，吾人所不敢冒者，更何堪枚舉故就人之所已言者言之。

『河北監察使周利生氏，觀察冀南感想，謂余認為河北各縣消極的不害民者，已屬少見。而積極為民衆謀福利者。直可謂並無一縣。』

又謂長垣去歲決口，曾由中央撥善後工程款項六萬元，僅支用二萬元，尚餘四萬元，已被省府挪用。

又孔祥榕氏稱，『去歲長垣堵口，坐失良機四次』然遭殃者無辜百姓，主其事者未聞有若何處罪也。

更聞黃河在豫境某段據工程師主張。最低應以三合土堤。否則難以持久。計算需款共二十餘萬元。惟主管人以欲謀官長一時之歡心，竟以高粱桿黃土為料，而計算只需十九萬餘元，政府當然希望省錢，但未及三月。全段不支決口，勢不得不重加建築。

又聞黃河在冀某段，工程預算本需三十餘萬元，主管人不知以何理由，僅呈准十九萬餘元，嗣後每二三月輒請追加預算一次，凡三次，結果所費，仍逾三十餘萬元，但工程則未能通盤計劃，弊端糾紛因之叢生，主管人等依然安其位。食其祿。其對用人之不能明察嚴慮，由此可見。

更如某河務局長，本一兵士出身，斗大之字能識兩車，遑論其專門知識與經驗矣。其內部之組織，不堪設想。在無事之時，尚不足以暴露其膺；當免急存亡之秋，則其狐頭狗尾立現。然特其靠山之固，其地位安然不可搖也。

查我國清代河工人員，常須載枷指揮工程，其因舞弊而被殺者，不知凡幾。其怠工或疏惰者，亦各有處分（見拙著我國清代之河防及其法規）。即不幸河有潰決之事丶則指揮工程者往往躍入洪流。隨水而盡，此種節士，後世據其官職之大小，恆譽之曰偌王。曰將軍。

（十一）公民知識缺乏

『水火為災，水火無情，』乃我國俗諺。是民眾並非不知水火之可畏，惜科學之知識缺乏。不察為災之原因。拘汎迷信，以一切均為天意。故每遇大水，則束手無策，而籲於神。此每次河汎所通有之現象。而龜蛇之類又特喜大水，出而煽惑民眾，遑惧搶險，莫此為甚。當今科學昌明之時，不可不速為糾正。某次，余曾率同民眾搶護某河險工，當其最危險之際，忽有龜類出現於險工之處，為數至夥，羣向堤岸進攻。民眾雖正拼命搶護。但一見龜類，則立即停工祝告，焚香叩拜，怪狀百出。余知其迷信，不敢犯。但速差人祕密於其上游推下多量生石灰，則龜類逐波面去。羣眾不之知。以為將軍有靈（該地俗稱蛇為偌王龜為將軍）。殊為可笑。又本年湖南荊沙防水，堤工局舉行祭江大典，荊人迎石獅掛紅祝告，迷信之風，於此可見。然此乃吾國昔日以神道設教之遺毒，猶可諒也。最使人痛心者，為吾國民之劣根性未除不能同舟共濟。試觀武漢長江搶險情形記云（七月十九日大公報）

『武漢這許多天堤防危急的關頭，緊要的工作。多靠武裝同志在做，民眾自動應徵的很少，每天只見江邊成千成萬看水的羣眾。住家公司努力的祇在大批買進煤米柴硫油鹽，每家的門前窗前，多用麻袋實土水泥堵住。大家都打算的是別人家全淹沒了。我自己如何能舒服的過活著。因此幾處險工都凑不齊人去做。因為私家以高價購買麻袋黃土，把公用的防救必需品價格多提高了，甚至像麻袋幾乎缺貨，想起來真痛心！至如有錢有閒的階級，住的是高大樓房，仍舊打牌。聽戲，上球場電影院，無慮無憂照樣的快樂。』

此種不良之劣根性。類皆由於知識缺乏。無團結之精神。無民族之思想。他若與水爭地，任意開山伐木，均有害於河流，無知識之行動也。

四　救濟之辦法

治水與醫病，既知病源之所由起，則對症發藥，方始有瘳。我國水災造成之原因，已如上述，論者多能歷舉，其治理之技術方法，亦有專論。惟吾國人事複雜，政治窳敗，凡事因循遷就，賢者以不求有功，但求無過為明哲。不肖者則持發財主義為所欲為。故不能防災於未然，弭禍於無形。時至今日，民不聊生。如尚因循遷就，農村固將隨天災而偕亡，社會經濟基礎，恐亦將隨農村之破產而具盡。大敵當前，國人尚能酣睡耶？實則河防一事，與同作戰。德國軍校校長西培爾氏，曾對全國大學生發表講演曰（見八月一日大公報）：

『未來戰爭。將為以全部力量搏擊之戰爭。且動員必須力求迅速，務使一旦宣戰，而已開始接觸。……即先發制人，直搗敵國核心，一舉而下之，戰爭開始時，國家當頒佈法律，集中全國一切力量，徵發一切科學發明及新技藝，以供國家戰爭之用。徵發全國家科學家。窮日夕之力，以援救國家作戰。』

吾國當前之敵——水災。——已向我數度進攻。我之潰退損失，已難勝計。先發制人之機會盡失，而未來之危運尚多。然究應如何救濟，余謂『亡

羊補牢，尚未爲晚。』誠如西培爾氏之所言，吾人將以全部力量與水戰爭，
動員必須力求迅速。國家當頒佈法律，集中全國力量，徵發一切科學發明及
新舊技術，以供與水戰爭之用。徵發全國科學家，罄晝夕之力，以援救國家
作戰。

戰雲已逼，自不容吾人不卽刻動員。惟當此危難之際，亦非政府痛下決
心，持一定之政策，確立政府之信用，使國民全力赴之不爲功。如醫久病待
斃孺夫，不僅求其病體痊癒，且須顧及其將來壽命，庶不至此病減而他病
生。其策爲何？除政治應澈底改革外（茲姑不論），國家應設立水災保險事
業。

水災保險之意義——水火爲災，出自字源（水火爲一災字）。可知從古以
來，爲災最大者莫過水火。關於預防火災，各國已有火災保險之設立。尤以
德國火災保險事業成績爲最佳。（德國火災保險，由國家辦理，政府向國民
徵收相當之防火稅。）此外如勞工保險，失業保險，人壽保險等，亦盛行之
於今日。人民之損失雖仍取之於人民。然由多數人以擔負此少數人之危險
和損失，要以鞏固社會之經濟基礎。維護人道之良策也。獨水災保險事業，
尚無所聞。豈水災之爲患。無法避免耶？卽無可避免，證之保險學之原理，
及政府對於人民之責任，似亦不可坐視，而違文明國家之大道也。故吾以爲
水災保險有速卽設立之必要此其一。

況吾國以農立國，國之强弱賴之農民，農民之貧富賴之農田，農田之豐
歉賴諸水利。蔣委員長指示水災善後及進行國民經濟建設初步要點，以水利
爲首，並列舉都市農村衰敝崩潰之現象，其文云：

『本年上期。對外貿易之入超，又達二萬八千餘萬元之鉅。加以此
次水災，據賑務委員會之報告，僅鄂湘贛皖四省災民，數逾百萬，公私
損失，已不下五萬萬元。而豫魯諸省尚不與焉。』

　　可知水災與國民經濟之關係重大。挽救國民經濟，須振興農業，增加生產。一則求能自足自給，一則可以抗制對外貿易之入超過鉅也。故為達到國民經濟建設之目的，必須除水災興水利。且也，大亂必源於大災，東漢赤眉，有明流寇，民國以來之共匪，類皆上古奇荒，釀成巨災。值此國家多故，內亂外侮交邅，殷鑑不遠，豈容漠視。要知今日之水患。被災罹難之民，莫非平日納稅納捐之赤子。彼民何辜，獨罹斯禍？在昔日專制時代尚無棄民之政治，今則民為主，而政府為僕，其政府之應重視民命，尚何待言。然證之今日人民之於水利擔負，不為不重，而水利事業之成績毫無，水患接踵而至，水利機關等於虛設，國家對於民衆已失却信仰，政府出賣民衆已再接再厲，民衆雖欲奮起合力以赴水難，然囘顧被政府欺騙之苦，終鼓躇不敢前耳。政府不惟對國內信用已失，對國際亦無信仰。故外人投資者絕少，借債亦無可靠之担保也。故為振興農業。確立國家之信用，水災保險之設立，實刻不容緩。此其二。

　　中國之河流，已千瘡百痍，決心治理，自非有大宗款項不為功。但據本年之水利委員會議決，二十四年水利事業費，共計不過四百九十四萬元，杯水車薪，何足言大舉治河？然，籌劃大宗款項，必須有特殊之方法，及可靠之担保，始可維持信用，使民衆畢力合作而不疑。此大宗款項，當農村破產之今日，斷非人民一次之力所能担負。籌劃之方，不外歡迎外人投資，或借大批外債，或發行公債等。但信用及償還不能不預為計及，水災保險機關，即所以對外對內之信用機關。於國計民生，實皆有裨益者也。故必須單獨設立，訂定保險法及章程，並水櫃法殼由立法院核准，以為發展水利之張本。此其三。

　　水災保險之利益：——水災保險之意義，及保險機關之應速即設立，已如上述，今可繼續研究其利益。水災保險之利益，可分國家及個人兩方面。

在國家方面，第一可以積聚四萬萬民之零星小欵，而爲政府之强有力之貯財庫，藉以興建一切水利，如灌溉，交通，水電，森林等。第二，可以安定社會經濟狀況，免除亂源。第三，可以維持國家信用。在個人方面，一可以防備任何社會單位所遇到之最大經濟事變。二可以輔助各人結身事業之發展。三可以免除人民不當之水利費担負。凡此種種，民衆之利，亦卽國家之利，互有連帶之關係也。

水災保險之應注意事項：——吾人所應注意者，卽水災保險事業在創辦之際，不可不特別審慎，以免蹈過去各種新事業之有始無終。據愚見所及，第一，應有普通之宣傳，使國人盡知保險事業爲基於互助原理，被保險人愈多。則互助之機會亦愈增，而保險事業亦愈鞏固。故以全國國民均爲被保險者。其保險費之交納，應視各地情形而異。於保險章程上詳定之。吾國人缺乏保險常識，政府急宜將保險事業要義，詳爲揭示，曉喻公衆，使其深知水災保險業務之於國計民生之重要。第二，製定歷年水災公私損失統計表。第三，訓練各種辦事員及專門人才。中國人事最爲複雜，故一切事業之辦理方法，去科學化甚遠，經費多屬浪用，效率則極小。楊振聲氏論今後教育應趨重方向云：

『行政的組織，若能科學化，最少薪俸可省一半，效率可增一倍。』換言之，行政組織若能科學化，最少用人可減少一半，效率可以增加一倍。試觀墨索里尼當政之前，意國經濟非常窮困，因前政府與其同盟之紅衫黨，遇盅增加租稅，浪費公欵，以致中央及地方之財政，瀕於破產，當時千萬政府及公務員，除臥得薪金，則無所事事。墨氏當權後，有鑒於此，則將政府各部人員減去三分之一，甚至減去一半，結果工作成績反較前爲佳。同時解雇鐵路工人約六萬人（尙現有十八萬人），而鐵路工作之效率增高，亦爲以往所未見。中國今日之情形，猶意大利昔日之情况也。故必須澈底改革，組織求科學化，但吾國人素乏訓練，尤其是專門人才缺乏，對於保險事業及專門人才，決非普通一般人所能應付裕如。故訓練人才亦甚要之事項也。

二十四年八月卷四。

柳園口黃河邊防淤閘工程設計

何　照　芬

二十四年十一月於河南省水利處

(一)導　言

查柳園口黃河邊虹吸管進水渠，屢經疏浚，履次淤寒。長此以往，不特費工耗財，損失殊巨，卽於引水前途，亦多妨礙。推厥原因，由於黃河之水挾帶泥砂頗多，一入渠內，流速稍緩，卽生沉澱。其在洪水時期，挾砂之數量更大，沉澱之作用亦因之而更巨，渠身淤寒之迅速，良以此也。是以兩應在黃河邊進水渠口建造防淤閘工程，一遇黃河水位高漲，卽將閘門關閉，庶幾可免洪水之流入，卽可減少渠身之淤寒矣。

(二)設計概要

一、本工程應用 Coffer Dam 建造方法設計

二、依據柳園口河務分局報告：該處最大洪水位，高出虹吸管口渠底三公尺又九公寸。故防淤閘高度，定為四公尺又五公寸，計高出最大洪水位六公寸。

三、黃河邊渠口寬度約十六公尺，故閘身正面投影寬度定為十六公尺。

四、閘門寬度定為二公尺。

五、兩翼與閘門各作三十度之傾斜，藉以減少水流之衝擊力。

六、本工程以限於經濟，用木料建造，並酌用七松。

七、板椿中間填築用一比一比二泥砂亂石（或碎磚）混合物，並力打緊

實。

八、閘門內及渠道口酌鋪大塊石，並用一比三水泥漿灌縫。

九、閘內兩翼酌用斜撐，以增支撐力量。

十、閘外多拋護基大塊石。

(三)設計圖

本工程詳細計劃，見設計圖。

(四)施工說明書

一、本處爲在柳園口虹吸管進水渠道內建築防淤閘工作，訂定本施工說明書。

二、本說明書與設計圖有同等之效力，包工人應互相參照遵守。

三、包工人對于本工程須完全依照圖樣建築，不得稍有出入。對于圖樣如有不明瞭之處，可隨時向本處所派監工員請求指示。

四、凡圖樣說明書未曾載明而按照工程習慣必須辦理者，包工人應遵照辦理，不得藉詞推諉，並不得要求加價。

五、包工人須在投標之前先到施工地點勘察清楚，倘于施工期間發生各種困難情形，應歸包工人負責辦理。

六、本工程所用工具，除載明由本處借給者外，統歸包工人自備。其由本處借給之工具，一經發交，卽由包工人負保管及修理之責。

七、本工程所用材料，完全由包工人購辦。包工人須于開工之前將各種材料樣品呈驗合格後，方可使用。倘與料樣不符者，應卽搬去，不得留在工次混用。

八、本工程之一部或全部如發現與圖樣或說明書不符時，本處得令包工人拆除重造，包工人不得推諉或請求變更標價。

九、本工程未經驗收前，所有已成及未成工程，統歸包工人負責保管。

十、本工程之任何部份，如本處認為有變更之必要時，得通知包工人照辦。如因此發生工料之增減，均按標單單價核算之。

十一、包工人須派有經驗之人常駐工地，監視一切，並須受本處監工員之指揮。

十二、本工程確實位置及水平標準，由本處派員釘立誌樁，包工人須切實遵照辦理，不得稍有偏移。所定誌樁，在施工期內。包工人應負保管之責。

十三、本工程誌樁訂安後，包工人卽須依照圖樣及監工員之指示挖掘基地，竤適合需要為度。

十四、本工程所用木料，須揀正直無節乾燥不裂者為合格，使用前均須塗抹柏油兩次。

十五、本工程所用七松圓樁，如包工人感覺難以辦到時，可以檽木或楊木替代，惟須事先于標單上說明能辦到何種，其單價若干。

十六、本工程所用方樁，圓樁，板樁，均須絕對正直，其長度，入土深度，及排列位置，應按照圖樣配置之。

十七、本工程所用圓樁，其直徑均以去皮後之中部計算。

十八、本工程所用樁料。概須將梢端削銳，必要時應將上端加套鐵箍，梢端加裝鐵脚。其打樁鐵錘之重量，不得小于五百磅。

十九、本工程所用樁料，經本處監工員檢驗認為合格者，須于下端起，每距二十五公分用紅油記載尺寸，以便攷算入土深度。

二十、打樁時如中途發現偏斜破損，應拔除重打。

二十一、需用鐵釘或螺絲之處，應先將其位置釐定，然後鑽孔。打鐵釘之孔，應較釘徑小一公厘，穿螺絲之孔，應較螺絲直徑大一公厘。

二十二、閘門左右導木與方樁連接處，用十公分見方八公分深之接筍，各接
　　　筍處須切鋸平整，十分密接，筍眼筍頭，尤須大小適度，不得用木片等
　　　物填塞。

二十三、板樁中間填亂石砂土混合物，其泥砂亂石分量之比例為一：一：
　　　二，須先量好，抖攪混和，然後填築。每填三十公分，即須去實，以期
　　　堅密，不得發生下沉及滲漏之弊。所填高度與板樁之頂齊平。再亂石之
　　　對徑不得大于十五公分，泥砂亦須清潔純粹，不得混入樹皮草根及其他
　　　雜質。如亂石不易辦到時，准用碎磚替代；惟須于投標時在標單上說明
　　　之。

二十四、斜撐應于支撐樁打好後裝置加釘，並須于其兩端做成相當凹弧形，
　　　應與圓樁密接。

二十五、鋪砌塊石之處，須先將基地挖至需要深度，力打堅實，澆一：三水
　　　泥漿一層，然後將塊石鋪砌，用一：三水泥漿灌縫。如有較大之空隙，
　　　准用一：三：六混凝土填塞。至所用塊石之對徑，不得小于三十公分。

二十六、各部工程完竣後，其因施工時便利而多挖之處，均須填復。

二十七、閘外護基塊石，其對徑不得小于三十公分，空隙處須用砂土填塞。

二十八、本工程竣工後，須將施工地點及其附近一切廢料什物搬去，並打掃
　　　清楚，以便驗收。

二十九、本說明書如有未盡事宜，本處得隨時補充之。

（五）預算表

項　　目	說　　　　　明	單位	數量	單價	總價	備　　攷
洋松樁	公分　公分　公分 4—25×25×920	板呎	1000 00	.017	170 00	柏油工料 在內

打　　工	25×25洋松樁，入土455公分	根	4.00	5.00	20.00	
土松樁	15∮×920	根	26.00	8.00	208.00	柏油工料在內
打　　工	15∮土松樁，入土455公分	根	26.00	4.00	104.00	
洋松導木	15×20	板呎	1040.00	0.17	176.80	柏油工料在內
洋松板樁	190−8×20×750	板呎	9310.00	0.17	1582.70	柏油工料在內
洋松板樁	10−8×20×330	板呎	215.00	0.17	36.55	柏油工料在內
打　　工	8×20洋松板樁，入土300公分	根	200.00	2.50	500.00	
洋松斜撐	6−15×20×620	板呎	490.00	0.17	83.30	柏油工料在內
土松支撐樁	15∮×365	根	6.00	3.20	19.20	柏油工料在內
打　　工	15∮土松支撐樁，入土300公分	根	6.00	2.50	15.00	
洋松閘板	15−8×30×165	板呎	247.50	0.17	42.08	柏油工料在內
對梢螺絲	1.6∮×180連華絲	個	16.00	1.20	19.20	
對梢螺絲	1.3∮×42連華絲	個	52.00	0.30	15.60	
錨釘	1.6∮×30連華絲	個	12.00	0.20	2.40	
鋪砌塊石	30公分厚，1：3水泥漿灌縫。	平方公尺	11.95	3.00	35.85	

板樁中間填築	$2 \times \left[\dfrac{590+520}{2}+230\right] \times 100 \times 450$	公方	70	20	100	70	20		
填挖土方	約500公方	公方	500	00	0·15	75	00		
護基塊石		公方	10	00	3·50	35	00		
包工什費	約5%					160	00		
監工什費	約5%					160	00		
總　計						$ 3530	88		

計算者　　　　　　審核者

設 計 圖 詳

（一）

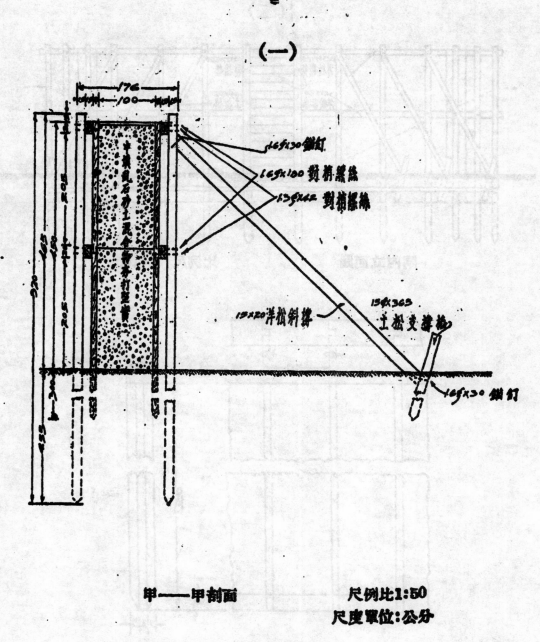

甲——甲剖面　　　　　尺例比1:50

尺度單位:公分

817

設　計　詳　圖

（二）

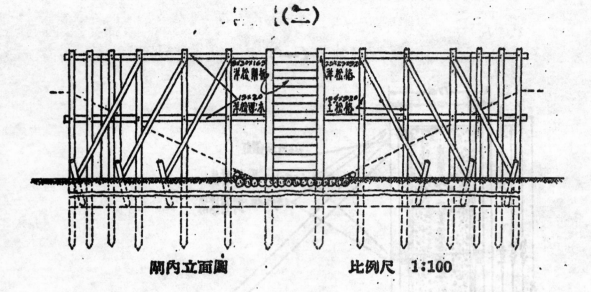

閘內立面圖　　　　　比例尺　1:100

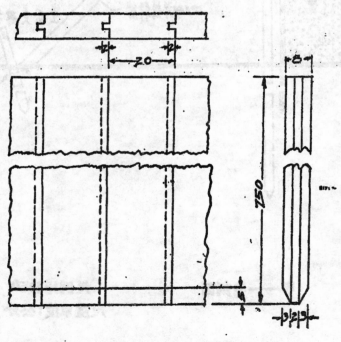

板橋詳圖　　　　　比例尺　1:10

設 計 詳 圖

（三）

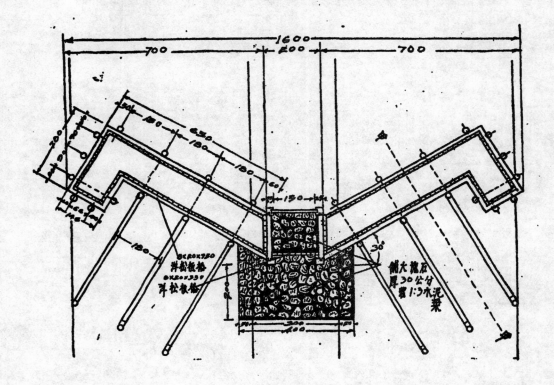

閘外拋護基大塊石10公方

平面圖　　　　　　　　　　比例尺　1:100

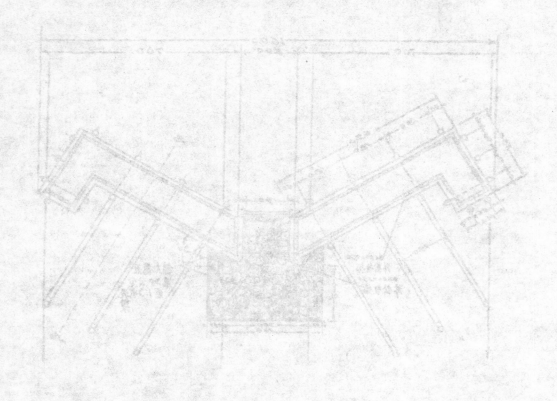

查勘自鎮江至江陰沿江各港閘記實

朱 坦 莊

（1）行程

（2）各港閘現狀

（3）擬修計劃及經費估計

（4）附言

蘇省近年來，舉辦水利，不遺餘力，導淮浚運，顏形緊張，今秋復成立江南水利工程處，專司江南水利事，尤注重於排洪蓄水閘座等工程。長江沿岸，港閘本多，而亟待修理者，亦復不少。除黃田港丹徒二閘已定重建外，其餘自鎮江至江陰沿江各閘，亦擬擇要興修，令余先行查勘，以作修理之先聲。茲將各港閘現狀，交通水利之關係，並擬修理經費之估計，略述於后，以求正焉。

（1） 行程

余於十月二十四日晨自鎮江乘鎮澄路汽車出發，預定先至江陰縣境之西石橋鎮下車，即沿江東下，一一察勘，而至江陰。無如車抵奔牛，細雨連綿，至西石橋，雨猶未息，土路泥濘，難以展步，乃續乘車至江陰，寄寓旅舍。下午赴江陰縣政府與該縣建設科長談江陰水利情形。二十五日赴黃田港東六七里之黃山港，下午赴夏港，轉道再赴南閘，南閘在夏港尾端，與黃田港相接壤。廿六日晨乘汽車抵申港，下車僱小車而達港口閘，觀察一週，即西經過廬埠港而至利港。午後自利港鎮過于掛江，桃花江，澡江，大小龍江，而至得勝江。時已黃昏，即投宿該北郭旁之魏村鎮。廿七晨，觀察村旁之得勝江閘後，即僱小車到小河，再由小河至黃木橋村之草瓢江，及關邊村旁之包江口。因鄉村極小，無處借宿，即趕赴孟河乘車返鎮。廿八日晨乘車之諫壁，覩越河閘。本擬再赴大路港及姚家港，聞該二處，港口不大且無閘，故不再前往，即返鎮江，時已中午矣。

此次沿江查勘，共計四日又半，所過之地，關鎮江，丹陽，武進，江陰四縣江岸，一路所經，但見舊岸新田，分層高下，顯係長江歷年所挾，人民圩圍成田，江面由此而狹，無怪近年來，長江連年水災，良亦下游居民所致使也歟！

（2）　各港閘現狀

1. 黃山港——該港位於黃田港東六七里，北與東橫河相連，轉接師通黃田港，清時曾設閘於港口，使黃田港及該港來水，有所節蓄，以利航行農田。清季即廢，遂利用該閘舊壁，中置石墩，上舖以石，改成不等跨二孔石橋，至今閘形猶在，但已不可用矣。現該閘旁有汽車路橋一座則係水泥橋架，木橋面半永久式，港內船隻通行不多。

2. 夏　江——江口無閘，祇有三孔石橋一座，名惠濟，建於民國二十二年港寬二十餘公尺最深處 1.3 公尺。

3. 南　閘——該閘位於夏江之南端，與黃田港頗接近，可直通無錫等處，察其效用，亦欲蓄黃田港之水，使暢流通往各處。查該閘不用已多年矣。上有石拱橋一座，名濟川橋，建於明萬歷年間。兩邊壁尚好，河底淤淺，閘壁真高無從得知。

4. 申　江——申江已於去年疏浚，江口有閘，亦曾於去秋修理，閘座完好，閘板用八吋方洋松，均齊全。惟去冬浚河時，未曾浚至、閘旁，閘底漏水，亦未嘗修理。

5. 蘆埠江，利江，王堺江，江流較小，亦非十分重要。

6. 桃花江——江口村旁有萬安馬橋一座，計三孔，橋長十七公尺。該江今春疏浚，橋旁壩跡可尋。自該村南六七里，各大閘眼，舊時有閘，今已傾圯，不可復修，祇留少許閘脚，聊供追憶紀念耳。

7. 澡　江——進口約公一里許，有永安石橋一座，計三孔，長二十二公尺，再南數百武，有圩塘鎮，尚興盛，鎮旁有閘，去夏救旱時，曾將閘板重配，該閘門之西北角，稍露傾狀，有鐵搭鈎住，閘璧因年久關係，石塊呈有裂痕，但當無大礙。閘上架石橋裝有木欄杆，尚完整。閘璧旁懸鐵索，與黃田港相做，均備作逆流行舟之用。該江可直通武進，與北塘河相連。惟自清光緒二十八年疏浚迄今，尚未續浚，河內通航祇達鎮南二十里之馬後橋，自馬後橋至龍完塘一段，約十餘里，已淤塞。

8. 大小龍江——江流較小，亦無水閘。

9. 得勝江——距港口約三公里，有魏村，村旁有閘，閘上置石爲橋，有木欄杆週圍，尚完好，閘之兩翼有鐵欄杆，亦完好，閘板配於去年救旱洩水時，閘璧尚好，但未若澡江閘之整齊，暫可應用。據當地人士言，閘底因往來，船隻槁櫓打擊關係，閘之底槽因之不齊。觀察時適及潮漲，水量旣深且急，無從推測。

10. 剩銀江——港口無閘，江寬十二公尺。

11. 小　河——小河卽小孟河，直通奔牛，行舟頗多。在小河鎮南稍有閘一座，建於民國二十年，由開浚孟河委員會集資興建。閘上有石橋，名寶善橋，閘西岸橋下有走道。閘壁有閘板孔二道，板齊全。閘之北端東西兩邊有水泥欄杆，頗整齊尚有水標誌一枝，豎於閘之東北角，當視察時，水標高為3.59公尺。該閘雖係新建，各石塊接筍處，石角脫落，又於西北角閘壁轉灣處，接法惡劣，已有裂縫，顯係包商工粗料劣所致，但現當無礙，閘旁有公共房屋，作管理者放置閘板之用。

12. 大孟河——俗稱卓甌江，位於黃山之東北。前曾淤塞，去多疏浚始通。河口無閘，祇在黃木橋村旁有三孔石橋一座，名惠濟橋，橋長十九公尺，該河圍繞孟河城，通運河較遠，故豋隻進出不多。

13. 包　江——該江南與運河相接，全長二十餘公里，昔時曾設閘於閘邊村，清季即廢，逐年傾圮，於去冬浚河時，被浚河工伕將所有石塊完全拆去，至今形跡全無，村旁有通澤橋一座，計三孔，長十八公尺。

14. 越河閘——該閘於鎮錫運河之旁，跨越河上，建於清。二石連接處，嵌有鐵元寶筍，上有『鐵工』字樣，其旁有碑記兩座。閘壁週圍，倍極宏壯，似較溧江，得勝江小孟河各閘過之。上有小木橋以便行人。該閘曾於今春由鎮武運河工賑處修理，洋灰墁縫，歷歷猶在，惟未配閘板。船隻進出多取道丹徒。

（3）　擬修計劃及經費估計

江南各港口，自鎮江迄江陰，較大者，計十餘口，除丹徒，黃田港二處另擬建閘外，其餘各口，經逐一調查，或須重建，或須修理，所有梗概，略如上述。茲以經費關係，除勉能支持者外，依形勢之緩急，擇要興舉，庶當水有自，航行農田，以資利用，茲將各閘情形，重述之如下：

1. 黃山港與南閘，均與黃田港相毗連，一旦黃田港閉節水，黃山南閘若無
   所阻，則水必由此流出，重建黃田港以蓄水，卻徒具形式。又黃山
   港與東橫河相迎，建閘節水，豈獨黃山港一處得益而已乎？南閘制
   水，使水直向南流，由此可達無錫武進。若能此閘移設港口，則獲
   效更大，農田之賴此灌溉者，何至數千，惟因經費關係，似暫先修
   南閘為宜。

2. 申江閘，擬修閘底，並浚閘附近土方長約二百公尺。

3. 蘆埠江，利江。王坍江，桃花江，剩銀江等，均非十分重要，似可暫緩
   設閘。

4. 澡江，得勝江，均有水閘，雖年久石裂，但尚勉可支持，若表面修理，
   徒耗公帑，如能重新建造則更佳矣。

5. 孟河本有二口，即大小孟河，小河建閘於民國二十年，大孟河本已淤
   塞去多浚後始通。若小河閘閉，水卽可由大孟河而出，欲以孟河之
   水以濟奔牛運河，勢所不能。若能於大孟河口建築新閘，同時修理
   奔牛水閘，則運水有所節制矣。

6. 包江經去年疏浚，河道自較暢通，與運河相接之處，無閘節制，下游又
   無所阻，江水往返，一任自然。今運河通江各閘，處處興修，丹徒
   重建，越河巳修，則將來運河水落，各處閘閉，獨缺包江一口，水
   必由此而出，影響所成，關係非淺。若能恢復舊觀，在港口另建新
   閘，則旱潦有所調劑。若遇長江大水，下閘以制之，低地亦不致淹
   沒。若此閘移設上游，則效用不同，因其上游支流頗多，與運河相
   接者，亦有二三而成此案彼出之象。若處處設閘，亦非經濟之道。
   再者上游支流錯綜，賴江水以資灌溉者在在皆是。一旦運河水落期

閉，潮水下退，支江水涸，賴以灌溉者更將何賴矣！權衡輕重，該閘似設下游爲宜。

7. 越河閘今春修理，惟未配閘板須重配之。

修理經費估計表

閘　　名	修理或重建	修　建　部　份	經費約估	備　　考
黃山港閘	修建	全　　　部	5,000.00	利用舊料修建全部
南　　閘	修理	修閘壁，閘底，及後閘附近土方	2,500.00	
申港閘	修理	閘底及淡附近土方	1,200.00	
大孟河閘	新建	單閘全部	40,000.00	
奔牛孟河閘	修理	配閘板，修閘壁，及修閘底	9,000.00	
包港閘	新建	單閘全部	40,000.00	
越河閘	修理	配閘板	300.00	
預備費			6,000.00	修理部份，或在河底或在背部，無從觀察之工程。動用此款
管理費			6,000.00	管理上述工程用
		共　　計	$110,000.00	

（4）　附言

沿江各閘之設，用此節水制水，近潮起閘，以合蓄水之原則，但江潮來時，流濁泥多，至上游地高流緩，泥質下沉，積年累月，河爲之塞，如澡江之馬後橋至龍虎塘段，即其明證。如此情形端賴地方當局之督促，多地民衆之協助使河流暢通，舟楫農田，兩得其利，或定期疏淡，徵工修挖，使民衆有養成義務工役之習慣，則水道永修，豐收有自，是則望於地方當局之努力也。

整理賈魯河計劃

何　仲　芳

二十四年十一月

（一）河流源委

賈魯河發源於密縣聖水峪。東北流至滎陽，胡河之水流入，稱爲水磨河。經廣武，至鄭縣尖崗，九娘廟河來匯，始稱賈魯河。北流至京水鎮，有賈峪河流入。東北行至大河村，與索須河匯流。東南流至徐莊，金水來匯，至小殷莊，七里河及潮河匯合流入。由此蜿蜒東南，經中牟開封尉氏扶溝西華淮陽諸縣，至周家口而入沙河。

（二）測量經過

整理賈魯河，屢有計劃，爲時已久。顧此種計劃，多憑臆測，不甚可靠，且以限於經濟能力，迄未實施。去年前第一水利局派員踏勘，並組織測量隊，測量自滎陽隴海路鐵橋起至周家口入沙河止，計長二百五十九又十分之六公里，製成平面圖及縱橫斷面圖，本處成立以後，逐根據此測量結果及沿河各水文站之記載，進行整個計劃。

（三）河底降度計劃

賈魯河河底降度，在滎陽境內，規定自八百分之一至二千五百分之一。廣武境內爲二千五百分之一。鄭縣境內爲二千五百分之一至四千分之一。中牟境內爲三千分之一至四千分之一，開封境內爲三千分之一。尉氏境內爲三

千分之一至四千分之一。扶溝境內爲四千分之一至六千分之一。西華境內亦
爲四千分之一至六千分之一。淮陽境內爲四千分之一至五千分之一。

若以全河論。則滎陽隴海路鐵橋處（即0ᴷ000）河底高度爲一〇五·〇六
公尺，周家口入沙河處（即259ᴷ600）河底高度爲一九·八二公尺，總計落差
爲八五·二四公尺。河底降度平均約爲三千分之一。

（四）河身橫斷面設計

橫斷面設計，視河身情形，酌分爲七段，其設計如次：

第一段，自滎陽索河鐵橋至廣武岔河村：河底寬度定爲五公尺，兩岸坡·
度定爲一比二·五。因兩岸高峻，無建築堤防之必要。河口寬度及河灘寬
度，暫時照舊。

第二段，自廣武岔河村至沙河村，河底寬度定爲六公尺，兩岸坡度爲一
比二·五。亦因兩岸甚高，不修隄防，河口寬度及河灘寬度，亦暫照舊。

第三段，自廣武沙河村至鄭縣大河村，河底寬度定爲六公尺，兩岸坡度
爲一比二·五，灘寬三公尺，堤頂寬三公尺，堤坡爲一比二·五，自河底至
堤頂，計高六公尺，河口寬度爲四十二公尺。

第四段，自鄭縣大河村至小陰莊（即葉莊），河底寬度定爲十公尺，兩岸
坡度爲一比二·五，灘度五公尺，堤頂寬三公尺，堤坡爲一比二·五，自河
底至堤頂，高六公尺，河口寬度爲五十公尺。

第五段，自鄭縣小陰莊（即葉莊）至開封老莊，河底寬度定爲十五公尺，
兩岸坡度爲一比二·五，灘寬十公尺，堤頂寬三公尺，堤坡爲一比二·五，
自河底至堤頂，高六公尺，河口寬度爲六十五公尺。

第六段，自開封老莊至扶溝韓橋，河底寬度定爲十五公尺，兩岸坡度爲
一比二·五，灘寬十五公尺，堤頂寬三公尺，堤坡爲一比二·五，自河底至

提頂，高六公尺，河口寬度爲七十五公尺。

第七段，自扶溝韓橋至周家口，河底寬度定爲二十五公尺·兩岸坡度爲一比二·五，灘寬二十公尺，堤頂寬四公尺，堤坡爲一比二，自河底至堤頂，高七·五公尺，河口寬度約爲一百公尺。

(五)土方數量

廣武以上，可以暫緩整理。自廣武至周家口，決定于本年度（二十四度）多春征工整理。茲將經過各縣應做距離及土方數量列表如左：

縣別	起迄里程	長度	土方概數
廣武	27ᴷ000～28ᴷ500	一·五〇〇公里	一六，〇〇〇公方
鄭縣	28ᴷ500～68ᴷ400	三九·九〇〇公里	五二三，〇〇〇公方
中牟	68ᴷ400～101ᴷ600	三三·二〇〇公里	七一七，〇〇〇公方
開封	101ᴷ600～118ᴷ400	一六·八〇〇公里	三六三，〇〇〇公方
尉氏	118ᴷ400～159ᴷ000	四〇·六〇〇公里	八七七，〇〇〇公方
扶溝	159ᴷ000～212ᴷ200	五三·二〇〇公里	一，二九〇，〇〇〇公方
西華	212ᴷ200～244ᴷ200 248ᴷ500～249ᴷ750	三三·二五〇公里	九一四，〇〇〇公方
淮陽	244ᴷ200～248ᴷ500 249ᴷ750～259ᴷ600	一四·一五〇公里	三八九，〇〇〇公方
總計	27ᴷ000～259ᴷ600	二三二·六〇〇公里	五，〇八九，〇〇〇公方

(六)疏浚河身施工說明書

一、本說明書爲疏浚賈魯河河身而訂定。

二、賈魯河應用民工疏浚之部份，爲自廣武縣沙河村以下至周家口與沙河相會處。

三、疏浚深寬，均須遵照圖樣及河身所立之木樁辦理。（樁上註明應挖尺度）如工作時發現實際情形與規定者不相吻合時，應即報告監工人員核奪辦理，不得擅自改變計劃。

四、疏浚手續如下：

甲、築順水堰及橫隔堰

乙、屏水

丙、疏浚

五、建築順堰地位，由監工人員訂立木樁以表明之。

六、順堰頂寬至少半公尺，高出水面至少半公尺。

七、順堰築成後，每隔一百公尺，築與順堰正交之橫堰，連接河岸。橫堰頂寬至少半公尺，高出水面至少二十公分，將應加疏浚部份，分為若干段。

八、順堰橫堰築成之後，即將每段內水屏出，以便疏浚。

九、河內挖出之土，應堆於堤腳，用以培堤。倘距堤過遠，則應堆集於監工人員指定之地點，不得任意拋棄。

十、河道挖至規定尺度後，應將順堰橫堰完全拆去。

十一、築堰之土，可由河內挖取之。如果河內取土不便，應依照監工人員指定之地點掘取之。

十二、順橫各堰拆下之土，應與挖河之土同樣堆集堤腳或監工人員指定之地點。

十三、關於本說明書未及備載之各項問題，可以隨時請由監工人員指示之。

（七）培修堤防施工說明書

一、本說明書爲培修賈魯河兩岸隄防而訂定。

二、應加培修隄段，爲自廣武縣沙河村以下至周家口與沙河相會處。

三、培修高度，均須遵照圖樣及地面所定之木樁辦理。（樁上註明應填高度）如工作時發現木樁所定高度與實際情形不相吻合時，應卽報告監工人核奪辦理，不得任意改變之。

四、培修隄工手續如次：

甲、淸除填土處之地面

乙、分層填土

丙、分層夯實

五、填土以三十公分爲一層，每層應自中心向兩坡微斜，層土層夯，務令堅實。

六、堤之側坡，可視當地土質情形酌予變通。如土質鬆劣，則隄之兩側坡度須改垣至一比三，以期永固。

七、填土夯壓時，如發現任何部份受壓之後，仍不堅實，須將該部份折去，另換較佳泥土，重行夯壓之。

八、每層泥土夯壓之後，如果發現有下陷之處，應卽填補夯壓平實。

九、培隄之土，須純粹細碎。如係泥塊，必先行搗碎，然後使用。如含有樹根雜草及其他腐化物，卽不准作爲培堤之用。

十、堤工分段進行，填築之時，其分段地點每層交接之處，應交互參錯，不得在同一垂直面上。

十一、填築之堤，應較定高度高出十公分至十五公分，以備將來縮緊後與原定高度相符合。

十二、培堤須用疏浚河道挖出之土。如不敷用或距河過遠時，可在河灘內距堤脚三公尺以外之處取土。如必要時，須由岸上取土，則至少應距堤外脚十五公尺以外。

十三、過堤埠道處，應將隄頂放闊至七公尺，加高二十公分，兩面側坡改填爲一比十或一比十五。

十四、老隄隄頂之寬高，卽超過規定，仍應將自河內挖出之土作爲培隄之用。但離河過遠時，得仍其舊，惟須將兩側坡加以整理。

十五、關於本說明書未及備載之各項問題，可以隨時請由監工人員指示之。　　　　　　完

由錢塘江橋實習歸來

唐 賢 軫

本校因夏間未曾參加錢塘江橋實習，故要求工程處當局另與實習機會，蒙予允諾，惟一切費用須自備。余亦參加之一。

在工程處承工程師及各監工十分厚待並熱心指導，不勝感激，附此道謝。在工程處所得甚多，大部份關於經驗方面，余未能盡述於筆端，僅將「設計橋樑簡單步驟」及錢塘江橋招標以前之一部份工作略述於后：

A　橋之設計步驟

（一）橋址之選定：　在需要，經濟，便利三原則下選定一適宜之橋址，有時選定兩三個，用鑽探方法，看河底地質情形決定一個。

（二）河床之研究：　根據地質學學理研究兩岸之岩層，可以知道河底之大概情形，再用鑽探（boring test）方法，確定河底之沙，石，岩之深度，將其繪成一張斷面圖。（profile）然後根據此圖，橋基及橋墩（Foundations and piers）可以設計矣。

（三）河面闊之測量：　在橋址已經選定後，可用三角測量法，（因為不能直接度量）甚精密測量河面寬度，然後根據此項測量，正橋及引橋（Bridge and Approaches）之長度可以決定矣。

（四）橋架跨度（Span）之決定：　跨度長短，即是橋墩（Pier）多少問題，其決定，須用甚多跨度不同之設計來比較，而取其橋墩之費用，加橋架之費用能得一最小值。

（五）招標準備：　招標可分為（a）橋之鋼架部份；因中國無此鋼廠部份承商，多係外人，鋼架上用一切桁樑，均由國外運來，像此重大（Members）部份，運輸問題，是須十分注意。（b）裝配部份；鋼架運到工作場所，即將併起來，同放在橋墩上，非常麻煩，可由另一商人承辦。（c）橋墩部份：這部份工作，最不安全，不一定，誰也不能有把握，與準確之估價，時常有意外事情發生，必得選資本雄厚經驗豐富之承商，據說中國幾個大鐵橋，外商做此部份工作者，皆虧本，幾至不能實現，如黃河鐵橋，亦其中之一，現在錢塘江橋，亦感到此種繁難。招標部份分安後，其準備工作，亦可照樣分開，在（a）鋼架及（b）裝配部份者可根據將已設計之一張橋全圖，連同招標簡章及規範書（Spec ificationand instruction）給彼，彼由此即可知道這橋是如何造成，用多少材料，須多少價錢，如再將設計data及一張Str-ess-Sheet 給彼，即可從新設計較好之橋，或校正錯處。（c）橋墩部份：準備一張河底岩石圖（Boring Record）給彼，使他知道工作困難程度，準備一張橋墩全圖，一張橋基全圖，連同簡章及規範書給彼，使再知如何造法，多少材料，要多少價錢即可投標矣。

（六）開工：　開標後同得標人簽訂合同，言明何時開工何時完工，開工後用『論工付款』方法管理承商，監視承商，照着要求作去。

B　錢塘江橋工程

（一）籌備經過概略

錢江築橋問題，自民元以來，浙省當局即屢有建議，惟因工艱費巨，遷遲未能實行，民國二十一年，曾養甫先生任浙省建設廳長，鑒於錢塘江橋，綰轂東南交通，至為重要，渡江問題，亟須解決，遂組織專門委員會，實行鑽探江底及研究工作，經多次之討論，認為建築橋樑，為渡江之最經濟方法，乃搜集資料，請美國橋樑專家，華特爾博士代為設計，於廿二年八月告竣，嗣復組織錢塘江橋工委員會，作進一步之研究，對於最初決定之建橋條件，認為尚有應行修改之處，故另擬設計多種，從事比較，連華特耳博士之設計，共有七種，經委員會以美觀，適用，經濟三條為標準，慎重考慮，將酌取捨，認為220呎跨度，16座雙層式之設計，最為適當，遂決定採用之，建築經費亦同時進行籌措，各事就緒，遂於二十三年四月，成立錢塘江橋工程處，復以鐵路關係有鐵道部與浙江省政府合辦，建築經費由浙江省政府，與鐵道部各半負擔，建築計劃及工程進行，亦共同辦理，於廿三年四月十五日開始登報招標，於八月廿二日開標，計共投到標單十七份，內本國九家，外商八家，由部省組織審查委員會，經多次探討，決定將本橋工程分三部份包出，並選定承商如次

　　1. 正橋鋼樑由道門郎公司承建。

　　2. 正橋橋墩由康益公司承築。

　　3. 兩岸引橋，北岸由東亞工程公司，南岸由新亨營造廠承造。

承商既已選定，乃分別簽訂合同，於十一月十一日實行開工。

(二)橋址測量

　　錢塘江橋址之中線，其始係由委員會選定，在南星橋站，直接兩岸滬杭甬及杭江鐵路，先攢五孔，探測最下層江底地質，因江面太闊，經工程處移至上游六和塔附近江面狹小處，開始鑽探江底地質，復踏勘兩岸形勢，又將中線西移數百呎，與原定之線，成八度角，中線既定，遂樹立標樁於兩岸，開始測量。

(1)大三角點及基線之選定

　　先在江之兩岸選N. 及S. 二點建立混凝土樁及標竿，作為中線之根據，又為便利測量計，在中線N. S. 上增設A. C. 二點(參看大三角圖)。然後在江之南岸選一基線，(base line) 長約 1250 公尺，略與中線成直角，如圖EW線，又在北岸選一基線、長452公尺，如圖AB線；然後聯合AWE及BWE兩三角形，及ABWE四邊形，再從上游約二公里許，北岸山上選一點 H 作為三角點，以便校對橋位置之用，H 點之位置，大致與中線成直角。計所選三

角點共九點，成一三角網，包涵面積約二平方公里。

（2）基線之量度

量度基線係用業經校正之標準鋼呎，以25公尺爲一段，打木樁於兩端，分段量度，量時以20磅之標準拉力，各木樁上之高度，均用水平儀測定，量度時之溫度，亦計入計算本內，以爲校正斜度及溫度漲落之用。南岸基線共量四次，經校正斜度及溫度後，取其平均數，其長度之最近值，（Most probable ualue）爲1250.735 公尺，北岸基綫共量六次，如法校正後，其長度之最近值爲452.431公尺。

（3）角度之觀測：三角網內主要角度，均經直接觀測

係用四組六次復測法，其程序如下：

A．用經緯儀正向複測內角六次。

B．用經緯儀反向複測外角六次（Explemeut Angle）

G·　用經緯儀反向複測內角六次

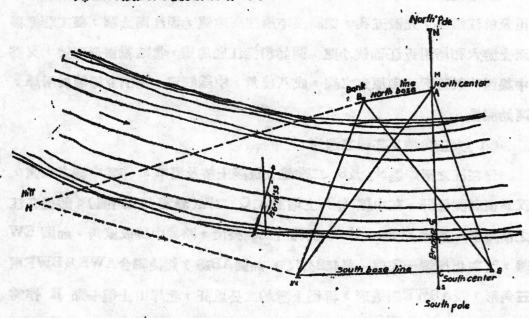

錢塘江橋址之大三角網測量圖

D. 用經緯儀正向複測外角六次

將每組六次之平均數作爲該組觀測之結果，然後綜合各組之結果用最小二乘法校正之

（4）中線之計算

根據南岸之基線，及校正三角形AWE，與四邊形ABWE角度計算，所得結果爲

AC＝1225.683公尺

三角網圖測量記載

	角度（ANGLES）		距離Dist.
BAW	44°—54'—42.22"	EW	1250.734M.
WAC	36°—18'—46.50"	WC	900.846
CAE	15°—55'—57.34"	CE	349.889
WBE	55°—59'—13.89"	AB	352.431
EBA	64°—12'—15.69"	AM	115.221
EWA	53°—14'—52.41"	CS	100.061
AWB	14°—53'—48.70"	AC	1225.683
AEB	18°—38'—18.25"	AS	1325.744
BEW	55°—26'—05.50"	HB	2214.477
ACE	89°—59'—38.91"	HW	1744.848
ACW	90°—00'—21.09"	AE	1274.611
HBW	51°—47'—54.09"	AW	1521.199
HWB	94°—10'—21.49"	AE	1404.649
BHW	34°—01'—44.42"	BW	1242.543
		NA	385.472

因南岸基線之長度及其位置最為適宜,故認1225.683公尺為中線AC長度之最近值,而以根據北岸基線及其他三角形計算,所得之結果為校對之用。

(5)其他直線之量度及計算:三角網內各直線之便於量度者,均用直接量度及校正之法。其地面障礙特較多,直接量度不能準確之直線,則用三角法計算其長度。AM線直接量度四次,經斜度及溫度之校正,其平均長度為115.221公尺。CS線量度四次,經斜度及溫度校正,其平均長度為100.061公尺。其他各線均用三角法計算,其結果如大三角圖所列。

(6)地形測量:三角網既測定後,在南北兩岸施引地形測量,北岸則測量面積約 600.000 平方公尺 ,繪成五百份之地形圖,南岸計測量面積約500.000 平方公尺,繪成一千份之地形圖。

(7)水準測量:先在北岸橋址附近,白塔嶺下馬路邊設立之水準點 1 。根據水利局水準點L4及L5, 測得其高度為黃浦零點上11.383公尺 ,北岸各三角點之高度均根據水準點 I 測定。南岸各三角點高度,其始係根據水利局南岸水準點 L6 測定。 嗣後施引水準渡江測量,兩轉點距離約8200英尺,用兩岸對測法公測八次,共校正地球弧度,及折光影響Correction for earth Curvature and refraction 後,結果相差甚微,而與水利局南岸水準相差36公厘,水準渡江測量既畢,復在南岸堤上設立水準點 II 。

(三)鑽探工作及江底地質情形

(1)鑽探工作:二十一年浙江建設廳建議築橋,由水利局負責鑽探江底地質,於二十一年十二月九日開工,翌年五月十二日完工,共鑽五孔,計河身三孔,兩岸各一,最深之孔達黃浦零點下四十八公尺,最淺之孔亦達黃浦二十七公尺。二十三年春,橋址中線改定後,復由工程處重組鑽探隊,沿新定中線再事鑽探。於四月十七日開工,二十四年三月九日完工,共費時三百二十七日。機器鑽與平鑽並用,計共鑽二十二孔。總深度為二千三百二十呎九吋，最深之孔達黃浦零點下一百五十八吋，（四十八公尺）此次鑽探工作經過尚覺順利。惟值雨水時期，江流甚速，或大流潮汎，水勢洶湧，則測量及移動鑽探船位時，須用輪船協助下錨，或俟水流稍緩，再行工作，又錢江輪船來去頻繁，鑽探船為輪浪所激，頗蒙振蕩，每於工作有礙，故須向各輪船公司交涉在經過鑽探船上下五百公尺距離以內。必須慢駛，以免防礙鑽探工作，復胳備紅燈於船桅高處，俾夜行船知所迴避，以免意外衝撞之險。

（2）鑽探工作：鑽探開始時所有工人工資，原按日給以完額，消耗物品悉由工程處供給。嗣因工作略嫌運緩途將機器鑽探部份改為包工制。擬定價格，計砂泥每吋二元五角，砂卵石每吋七元，軟石每尺六元，硬石每尺十元，除鑽探機由工程處借用外，所有油脂消耗品船租房租及機器零件，概由包工人自理，並規定至少每五尺取地質樣一次，至於手鑽部份始終用雇工制，計工頭一名，工人五名，一切必需之消耗品均由工程處供給。

（3）江底地質情形：錢塘江橋附近地質。自兩岸觀之，似頗簡單，北岸山嶺縱橫，自小天竺山白塔嶺而西北與虎跑山北高峯相連接，蜿蜒數十里，盡屬西湖砂岩。南岸則係平野四望，東至西興，南至湘湖橋山，閶龍美女，虎洞跗山，大都為最近之冲横層。唯鑽探而後，方知江底之岩層，非若兩岸之簡單，隣近北岸山脚至江岸一帶，仍屬西湖砂岩，約廣三百餘吋，自北岸起則發現廣約九百餘之蛇紋岩，自蛇紋岩而南，以迄南岸，則為紅砂岩，南岸附近，沙床停積有鵝卵石甚多，大致底脚仍為紅砂岩。

錢江河床底脚部形勢，亦南北不同，中流而南形勢迂緩所起坡度每百呎尚不及兩呎。在第六及第七橋墩之間，則形勢突變，二百呎距離之內，起坡逾七十呎，成為三與一之比。再北則又和緩，遇蛇紋岩至江北岸，則又下坡，與西湖岩之南坡相向，而成一小河槽形。（參觀鑽探圖及江底地質圖）茲將各項地質分述于後。

（a）西湖砂岩（Westlaks Sand Stones）。自北面山脚起至橋墩c，河床底部均爲硬砂石，與小天竺山，白塔嶺，及六和塔附近諸山岩石相同。此類岩石在浙省分佈甚廣，就名曰千里岡砂岩，含石英粒較粗，性質特硬，色澤灰黃，故又名爲西湖砂岩，此爲橋基最堅之石層。

（b）蛇紋岩（Serpentive）。自北引橋，橋墩c起，至正橋第三墩處，河床底部均爲蛇紋岩。因其色澤光滑，紅綠雜陳，有如蚊腹班紋故名。其性質極軟，可以指甲括之，且極疏鬆浸水可碎，尤以上部爲甚。大致此種岩石上層較軟，下層漸硬，此爲橋基最軟之石層。

（c）紅砂岩（Red Sand Stone）。自第四橋墩至第十四橋墩，河床底部均爲紅砂岩，質極細密，含石英細砂約65度，炭酸鈣約22度此項岩石易受雨水浸蝕，惟在錢江底部者以水係鹼性絕無受浸蝕之虞，且質密不透水，耐力亦高，此爲橋基之中等石層。

（d）鵝卵石（Boulders or Gravels）。因第十五橋墩至南岸引橋，河床底部均爲鵝卵石，性質堅硬，鑽探不易深入，故當時未能撥至底部岩層。惟據理推測，其下當亦爲紅砂岩石層。當該項鵝卵石沉積時期，北自六和塔及白塔嶺附近，南至湘湖附近，爲一整個海灣，與現所稱之杭州灣連續無間。上古時期水流速度較現代爲急，鵝卵石從上流沖下，迨至錢塘江與浦陽江匯流，速度受挫，故卵石及砂泥沉下。日積月累，遂成自聞家堰至西興間之冲積平原。此類鵝卵石中雜礫石及粗砂散佈成分各有不同。旣推知下層爲紅砂岩打樁後建橋墩，當可無虞。

（e）泥沙（Clay, silt, sand etc.）覆於各種岩石層之者，均爲淤泥及砂之類，其粗細分層錯雜靡定。因水流緩急時有不同，及來源各別而定。在此冲積泥沙之間，挖掘或打樁均無不可。其工作之難易，方法之探擇須視各層間質地之鬆緊及含水量之多寡而定。

蘇俄最近採用之氣壓沈箱法

劉　志　揚

　　蘇俄自 1927 以來所造之大橋不下七十餘座，所用橋墩沉箱 Caisson 約三百隻。其中之値得研究甚多。

　　Dnieper 河上 Dnepropetrousk 之鐵路大橋長 5350 呎，有鋼筋混凝土拱口三十七處共長 4600 呎。Valga 河在 Saratov 之鋼橋長 5570 呎有 180 呎長之混凝土拱口共 2230 呎。Gorkl 街市之大橋有極長之鋼拱六口。

　　上述大橋橋墩之建造多用氣壓沉箱法。箱之小者面積約 560 平方呎，大者約 4750 平方呎。Saratov 大橋橋墩之沉箱大者面積約 1470 平方呎，所沉深度在水面下 49 呎河底土面下 49 呎共約 100 呎。

　　在前蘇俄所用之氣壓沉箱多以鋼筋混凝土造成。箱之形式多爲一平板架於環形之圍墙上。自 1929 來趨勢一變所用沉箱多改以木板條代替鋼筋。Volga 大橋橋墩工程多用木筋混凝土之沉箱；大者面積約 775 平方呎，寬約 25 呎。自 Volga 大橋落成後木筋混凝土沉箱之用途日益顯著。

　　木筋混凝土沉箱之造法先將沉箱下部之切邊 Cutting edge 及內部支架置妥；然後將代替鋼筋之木板條加入。木板條分寬窄二種；寬者係用爲主要筋條；窄者則釘於寬者之背部以固定其位置。木筋先安於內墙及頂之底面體置於外墙及頂之上部。木筋用處多係抵抗拉力 tensile stress；凡剪力大處則用鋼條 steel stirrups 支持之。圖一表示一木筋混凝土沉箱之斷面。

　　上述木筋混凝土沉箱之壁多係用混凝土填實，僅可用於岸上或淺水中。苟需沉於水深之處，則用一種空壁沉箱 Hollow-woll floatingcaisson。空壁沉箱係用極薄之鋼筋混凝土板造成。Volga 河 Sarator 大橋橋墩深者之沉箱即係此類。圖二表示一空壁沉箱之斷面及其內部鋼筋之裝置。

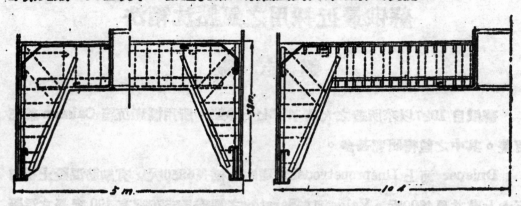

第一圖　木筋混凝土沉箱之剖視

　　沉箱底之切邊 Cuttingedge 在前之設計如圖三所示顏形笨重今已改如圖四所示較爲輕便且嵌入土層之力亦較大。Dnieper 河 Dnepropetrousk 大橋所用沉箱之切邊即係新式，當下沉時雖已嵌入石層並未受何損壞。

　　蘇俄所用沉箱方法不外三種：（1）在岸邊沉箱，先於沉箱處開掘5—7呎深之土方，然後再安置沉箱使之下沉。此種方法僅能行於地下無水之處。（2）在水中先築一小島，置沉箱於其上，使之下沉。（3）先製沉箱於岸上，然後用飄流法移沉箱於預定處使之下沉。

　　沉箱之下沉在前多用鍊漿；自飄流法成功後今已不用。蓋鍊漿法實太笨而所費太多也。

　　築島沉箱法多用於不滿16.5呎之河中。然亦有用於較深之河中者；Ob河上Novosibirsk大橋之第三號沉箱即係先築小島於21.3呎之水中而後沉落者也。此島之四圍造成自然之斜坡，上流用板樁造成浪堤。如河深多於23呎，則築島法頗不適宜，一般傾向多用飄流法。

　　Saratov 大橋所用沉箱共十七隻；其中之六隻悉用飄流法。此種沉箱多用空壁之鋼筋混凝土造成；其製造場所多在岸上或船塢中。製成後因其重最甚輕之故使之飄於水上；引至預定地點，將混凝土填入空腔；增加其重量使之下沉。一面繼積其頂上之建築物。下沉時有利用飄流架者 floating scaffolding。架上有螺旋鈎；鈎上繫鍊；沉箱下沉時附於鍊上。此法之不利甚多：（1）架，鈎，鍊所費甚鉅，且頂上之建築物不能與箱之下沉同時進行，受鍊之阻撓也。目前沉箱皆不用鍊架等，而僅以繩將箱之地位四面拉定。一面旣合乎經濟原則，一面復可同時將箱上建築繼續進行，時間之節省不知幾許。

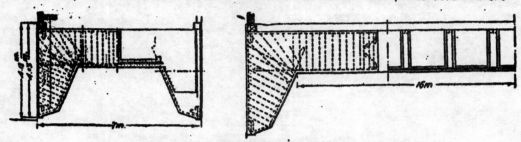

第二圖　空心鋼筋混凝土沉箱之剖視

　　以上所述皆近年來蘇俄對於水底工程氣壓沉箱法之概況。其中學理上及技術上之改進皆足供吾儕之參考及研究也。

　　　第三圖　　　　　　　　　　第四圖

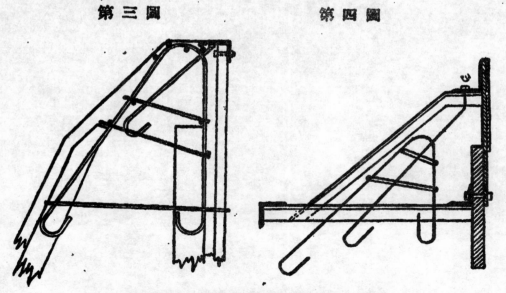

沉箱底部切邊 Cutting edge 之設計

公 園 概 論

楊 哲 明

一　公園簡史及面積

（一）公園簡史

公園的發展和需要，是跟着都市的發展而來。都市人口密度過高，則公園的需要亦愈迫切。現代各國主持市政者，皆以公園爲都市之肺腑。公園的功用，是在給市民以正當的游息。在都市生活環境中的市民生活狀態，大致不外兩種：一種是工廠中直接與機械發生關係與工作；一種是在辦公室中間接爲機械所產生的貨品去謀銷售。無論在工廠中與辦公室中工作的人們，其在室中工作是一樣的。其餘有運貨的工人，銀行中工作的人員以及書局的編輯，和報館的記者，也大半都是在室內工作着。所以在都市生活環境中的市民，一概都是工人，這一句話是成立的。因此，終日在室內工作，如在工作之暇，不能得一空曠的地域和園林，以供游息之需。則對於市民的健康，勢必多所妨礙，這是必然的結果。

我們從歷史上知道，古代埃及、希臘、羅馬、巴比倫等國，對於公園的建築，頗具規模，在歷史上最有名的，要算是號稱爲古代奇觀的巴比倫的空中花園了。巴比倫的空中花園，據神史的記載，這種偉大的建築，是巴比倫王尼卜甲尼賽 King Nebuchadnezzer 所建築的。他建築這個空中花園的目的，是專們在取悅他的夫人，他的夫人名字是愛美德 Amytis 自從到了巴比倫以後，便常常的想念她的娘家，尼卜甲尼賽便替他建築了一個空中花園，使愛美德在花園中遊玩遊玩，可以減少她思家的念頭。愛美德是一個在鄉村中生長的女子，到了巴比倫以後，因爲巴比倫一帶是平坦無際的大地，她在這一望無邊的平原中生活，便不如她在鄉村生活環境來得自然，於是行坐不安，因之就有了神經病的狀態。於是尼卜甲尼賽爲取悅他的愛美德的歡心，發並生山居的感覺，就建築了崇高的平台，造成空中的花園。平台的高度爲三〇〇呎，上面培植蔭翳的樹木，和美麗的花卉與淺草。園中有瀀滿的清泉，有品茗樓台和亭閣。園中的泉水、是引取幼復來的思河 Euphrates River 河的水加以人工所造成的。幼復來的思河，在空中花園的背後，從園中遙遙的矚目，可以看見伯悲爾塔，風景的清幽，在當時實在可以稱爲絕唱。

此外，對於巴比倫空中花園的建築方式，在法國所有的關於論公園的書中，則說巴比倫空中花園的建築方式，和埃及的金字塔相類似，高數層，是用泥土堆成的。建塔用柱，柱數逐層遞減，至塔尖則賸留一柱以爲塔的尖峯。上蓋以木板，培以石腦油。更於其上砌磚兩層，罩以鉛片，覆土於其上，以備植花草之用。園中用管灌水，水管藏於地中。空中花園的面積，最大不過爲一五〇方呎而已。

羅馬在法國革命之後，在都市中始有屋頂花園之建築。其屋頂花園之布置，不外乎兩種點綴品：一種是專心致意的布置各種式樣的花壇；一種是布置各種花卉的盆景。更理想的，即欲在都市中屋頂花園中，栽培高大的樹木，建築可以行舟的池塘，以供遊人的徘徊及打漿之需。在羅馬的別墅中（別墅亦爲公園之一種），對於花壇的布置及設備，不遺餘力，各種小花壇，都以幾何圖形爲根據，花壇中布置多青樹，剪成球形或字母形，拼成各種名詞。此種布置，亦很見匠心。

　　法國的公園，在一三世紀，尚屬於極幼稚的時代，可以說是搖籃時代。自亨利第四重修風推白羅園林 Parc de Fountaine Bleau 以後，又修建亨利第二所建築的日爾曼公園。修建日爾曼公園的工程，除修理以外，更在園中開導已經填築的石洞，加修巴黎市賽倫河畔的石級。後來又於地利來公園中，將各種花木種植成字母形、號碼形、徽章形，以及船舶形等等。在花壇中，種植各種花卉，如紫羅蘭、菊、丹參等類。在法國式的日爾曼公園中，有一種花壇的式樣最新奇，發明者爲馬來氏 Morot。此種花壇，稱爲錦繡式的花壇。不久，錦繡式的花壇，已建築於都市中街道交叉口的中間了。法國公園中的小道，皆舖細砂，細砂顏色的深淺，皆與各種花色相和。後來，法國對於公園中的建築工程與花壇樹木的布置，精益求精，密益求密。於是經過許多專家的研習，法國公園中的樓台亭閣，溪澗池沼，曲欄橫檻，山巒起伏，無處不飽含着大自然界的美感與藝術的興趣。法國式的公園建築方法，便自出心裁，獨成一家，爲歐洲各國所取法和仿效了。

　　英國公園建築的初期，實在法國以後。最初英國公園的樹木，大都剪成最粗劣的人字形及鳥獸的狀態。自羅德爾氏 Notre 布置倫敦市葛林衛基 Greenwich 公園，及聖母花園以後，英國各處的公園，便採用羅氏的方式。到了一七三〇年，英國的公園，已經成功了一種有規式的方式了，

　　德國爲歐洲後進的國家，其公園建築的發展，亦遠在法國、英國、羅馬之後。出了一七世紀，德國對於公園的計畫，尚無一定的方式。其花壇的布置，亦遠不及法國。因其布置多複雜，途徑的曲折更多。至法國的公園的方式成功，德國便爭相研究，於是便成功一種德國式的公園。

　　波蘭的公園建築，在當時亦有極樂花園的呼聲，但其建築的方式很簡

單，概括言之，不外乎兩種方式：一種爲直綫形的布置，一種爲直角形的布置而已。

　　我國的公園，據歷史上的記載，在一七二三年間，已有高樓層閣。上出重霄；深水迴環，引人入勝的人造境地。公園布置的曲折，差不多是園外又有園。到了一八六〇年，毀於兵燹者很多，自旗皷重張以後，其布置更形複雜，且其變化神妙，亦無一種固定的方形，祇在乎主持公園布置者的獨匠心，建築一切，歐洲各區近代公園的式樣，實受了我國公園建築方式的洗禮，我國公園的樓台亭閣，大半都近於池邊，池的方式，則有方形，圓形、半圓形，以及方形不等。池下的交通，則大半賴諸橋樑，橋樑的方式，亦種類很多，或拱形的石橋，或爲亦欄迴環的木橋，倒影橫波，別饒風致。橋之大者，常爲九曲。橋洞之形狀，爲半圓形，或爲圓形，或爲方形，皆可以自由隨心之所好以布置。此外又有假山，層巒叠嶂，瀑布飛流，人造風景之佳，實無出其右。山上有亭，亭的形式，則有方形、圓形、六角形、八角形等等。亭中有石桌石凳，以供遊息；並刻有名人筆蹟，以供玩賞。至於園的周圍，途徑的曲折，山洞的幽邃，實有「山窮水盡疑無路，柳暗花明又一村」的風味。我國經營園林的成績，實不能不認爲世界所罕有呢。

　　上面所述，已將各國對於公園建築歷史的概況，摘要說明，其次便要說明公園在都市中位置的重要。

（二）公園在都市中的地位

　　都市以公園爲肺腑，前節曾經說過了。公園對於都市的品位，以及都市的公益事業上，均有密切的關係。從此可以敢說，都市不能無公園。更可以說都市中如果沒有公園，便不成其爲都市，更不是近代的都市。近代的都市事業中，對於公園的規畫和建築，已有非作深切的研究不可的趨勢，因爲都市中公園的設備，實在是市民迫切的要求。公園，不但是對於市民健康方面有重大的關係；即對於都市氣候的調濟，亦有相當的援助。所以各國經營都市，對於公園的規畫，已竭力經營。就日本而論，自東京大地震以後，公園的被火焚毀的，共計有一二所之多，半燒者計四所，其中雖有幾處公園，幸免於火，但不足以供市民的享用。自東京復興局成立以後，對於公園的計畫，便公布了擬於被焚毀的區域以內，設有面積九〇〇坪內外的大小公園五二所，並附設小學校於園中，以供兒童課餘的遊玩。茲將大正二年，東京市遭地震以後，復興局在東京市公園計畫中的處所名稱，佔地的坪數，以及建築經費，列表於左：

公園名稱	面　積(坪)	建　築　費(圓)
隅田公園	四〇〇〇〇	四八〇〇〇〇〇
江東公園	四〇〇〇〇	二四〇〇〇〇〇
日本橋公園	一〇〇〇〇	四七〇〇〇〇〇
共　計	九〇〇〇〇	一一九〇〇〇〇

根據上列的統計，日本東京市經營公園之努力，已可見一班。合計東京市大小公園，爲數共有九六，面積共有九四〇〇〇〇坪。市民每人占公園（平均）半坪。

（三）公園面積之計算

公園在都市中的位置，已如上節所述。茲乃述公園在都市中所佔有面積的計算方法。按都市中公園的種類甚多，約舉之則有下列數種：

（1）凡郊外的公園，其面積不屬於都市面積的範圍；

（2）都市的大公園，屬於都市面積的範圍；

（3）都市中的小公園，屬於都市面積的範圍；

（4）都市中私人的花園或別墅，屬於建築地基的範圍；

（5）憩園道，屬於都市中道路面積的範圍。

公園面積的計算方法，實難尋得一個比較完善的標準。但從統計和調查兩方所得的結果，可以暫定下列的兩種原則：

（1）凡都市中的建築物比鄰，街道狹窄，人口的密度過大，則公園面積的比例數，應當加多；

（2）凡都市中的建築物稀少，街道寬敞，人口的密度不大，則公園的面積的比例數，應當減少。

就倫敦市而言，倫敦市有許多很大的公園，其面積佔五〇至一〇〇公頃。倫敦市全市的面積，爲三〇〇〇〇公頃，居民有五〇〇〇〇〇；六八二個公共公園，佔面積二七三八公頃。公園的面積，佔全市面積百分之九，每人平均可佔公園面積五方半公尺。倫敦市的重要街道，仍缺乏蔚薈樹的種植。但根據巴黎市的發展計畫，有人主張六〇〇〇〇〇人佔公園面積四八〇〇公頃，約每人佔八方公尺。

德國柏林市的各種公園，其面積的分配，最爲適宜。每個公園的面積，佔二〇至五〇公頃，每人平均佔公園面積三方公尺。

美國的各大都市，公園的佈置很發達，茲舉其大都市的公園面積，每人平均所佔公園的面積，以及每公頃公園面積所有的人口平均數，列表如左：

都市名稱	每公頃公園面積所有的人口平均數	每人所佔公園面積（方公尺）	公園佔全市面積的百分數
華盛頓	一六八〇	六〇	一四
芝加哥	一二〇一	八	四
紐約	九四四	八	四
舊金山	二一四	四七	一二

巴黎市的公園面積，依巴黎市的例子，先用統計的眼光來觀察，似嫌公園的面積太小，人口太密。因爲有人口二八五〇〇〇，但公園的面積，祇有二三三公頃。如以百分數來計算，則公園的面積，祇佔全市面積的總數百分

之三、每人平均佔有公園的面積為八方公寸。所以巴黎市的公園面積，實有改良擴大之必要。

巴黎市政府改良委員會，已計擬定的公園擴充計畫，茲特擇要舉之：

（1）因巴黎市街道兩旁的樹木，佔面積為八二六公頃；賽倫河兩岸的堤岸佔面積二二〇公頃，所以很空曠，對於空氣的流通，已經是豐富。

（2）巴黎市政府改良委員會，經過了一番研究，又增加了原有的面積百分之五，共有三三三公頃，每人平均可佔一平方公尺又五分之四。

（3）巴黎市兩個郊外的公園 Bois de Baulogne 及 Bois de Vincennea其面積共一八〇〇公頃，對於全面積的比，為百分之二三，每人平均佔六方公尺。巴黎市的內外各公園的面積，總數為六八五三公頃。

（4）巴黎市的賽倫省，其面積約四七、四〇〇公頃，人口約四二〇〇、〇〇〇。公園面積，佔全面積百分之一五：每人平均佔公園面積一七方公尺。

從上述的結果，可知各國大都市公園的概況。在倫敦市，每人享有公園面積五方公尺又二分之一。在柏林市，每人享有公園面積三方公尺又三分之一有奇。在巴黎市，每人享有公園面積六方公尺。美國的各大都市，平均每人享有公園面積三二方公尺。

各國的市政學者，大半多主張每人平均應佔有四方公尺的公園面積。此種規定，自有相當的理由。試將郊外公園，市內的大公園，小公園等的面積統計起來，也相差不遠。

市內各公園，須佔全市面積百分之五，這也是一種很適當的比例。如每公頃有居民二〇〇，則每人所享有的公園面積二方公尺又二分之一。再加郊外公園面積佔全面積的十分之一，則各種公園的面積佔全面積百分之一五〇每公頃有居民二○○，則每人可以享受公園的面積爲七方公尺又二分之一。

以上各種計算，是以市內市民的密度爲根據，並將各種公園的面積包括在都市公園面積以內計算。此種計算，每人可以享有的公園面積，不得超過一○方公尺。換言之，每公頃一○○人至三百人時，則公園的面積與全市面積比例的百分數爲一○至一三。

（四）公園面積之規定

公園面積的計算方法，在上節中已說明其大概，本節當敍述公園在都市中應佔全市面積最低規定。美國的「庭園美術」的主筆杜因來氏 Charles Dowing Lay 對於公園應佔有全市的面積，有下列的規定。

人口一○○○○○的都市，則公園的面積，須照下列的方法分配：

（1）森林公園		七○○英畝
（2）大公園（一）		四○○英畝
（3）小公園（一五）		二五○英畝
（4）遊戲場（五○）		一○○英畝
（5）應用廣場等		五○英畝
共計		一五○○英畝

統觀杜氏所規定的一○○○○○人口的都市，公園及廣場的面積，共計須有一五○○英畝。計畫公園時，如能以杜氏的規定爲藍本，則都市公園的面積，一定能夠市民的享用。準杜氏的公園面積規定的標準，則一○○○○○○人口的都市，公園的面積須有一五○○○英畝。茲將各國大都市的人口，總面積，以及公園的面積，列表如左：

都市名稱	人　口	總　面　積	公園面積（英畝）
倫　敦	四五四萬	七四八一六英畝	六六七五英畝
巴　黎	二八八	一，九二七九	五○一四

柏　　林	一九〇	一五六九五	一〇五三
華盛頓	四三	三九二〇〇	五六〇〇
紐　　約	五六二	一九一五八九	八一〇八
芝加哥	二七〇	一二〇四四八	四三八八
利物浦	八〇	二一二一九	一二八二

倫敦市的公園，除上述的統計以外，政府的公園面積，爲四〇二六英畝。倫敦市會有五〇七〇英畝。舊市區內有六四九一英畝。各區所有的公園面積，爲三一四英畝。

巴黎市的公園，除巴黎市內的公園以外，尚有兩個大公園在巴黎市的郊外（見第三節）。

芝加哥市除市內的公園面積以外，尚有二一五一六英畝面積的大森林，尚不在上列統計之內。

二　公園方式

(一)法國式的公園

公園的建築，已成爲近代都市中所不可缺少的一種工程；則公園的設計，實不可不加以探討。在未曾探討到公園的設計之先，當先行討論公園建築的方式。所謂公園的方式，也可以說是公園的種類。

近代各國的大都市中。所有的各種公園的公式，種類雖多由各國的公園計畫專家和建築專家，各本其特長，鈎心鬥角，花樣翻新，但是我們將各種公園的方式歸納起來，不外乎三種：第一種，是法國式；第二種，是美國式；第三種，是英法兩國混合式。在這三種公園的方式中，各有美點，亦各有不美之處；各有優點，亦各有不便之處。現在來將這三種方式的公園布置上的各種情形，採其重要者，一一說明之。

　　法國式的公園，又稱爲有規則式的公園。因爲此種公園方式的首創者爲法國，所以特稱之爲法國式。近來談有規則式的公園，當以法國式爲代表。法國式的公園布置，其內容大致可分爲三種：（1）花壇，（2）喬林，（3）矮林，（4）池沼。上述花壇、喬林、矮林、以及池沼等等，在法國式的公園中，其布置的方法，均排列得整整齊齊，絲毫不亂。所以稱爲有規則式的原因卽在此。茲先述法國式公園中的花壇布置的方式及花壇的位置。

　　照普通的布置方法，大都將花壇布置於房屋的前面。因爲花壇的形式不同，所以布置花壇的方法，亦因之而異。考花壇的花式，在法國式的公園中，有下列數種：（1）錦繡式的花壇，（2）零塊式的花壇，（3）英國式的花壇，（4）對稱式的花壇。

　　（1）錦繡式的花壇　花壇的全部，大都皆種植常綠樹，以多靑樹爲最　　　　多。在花壇的中間，培植各色花卉及淺草。

　　（2）零塊式的花壇　此種花壇，雖稱爲零塊式，但其獨立部份，皆成爲　　　　獨立的塊式，並合之，則成爲一種整個的方式。零塊式的花壇有花　　　　徑，有芳草，有靑氈。有四時的花卉，並且有盆景布置於其間。

　　（3）英國式的花壇　此種花壇，爲各種形式草地所合並而成。換言之，　　　　卽由各種零零落落的草地，造成一個整個的花壇，在四周建築花壇　　　　的途徑，此途徑建築的材料，爲粗砂及細砂，或爲小卵石。在途徑　　　　之外，復繞以花徑。在草地的適當地點，亦點綴鮮花，以供觀賞。

　　（4）對稱式的花壇　此種花壇的全部，皆舖置草茵。花壇中各部的劃　　　　分，皆採取對稱式的圖案。此外，並建築花徑，花徑之外，則列植　　　　多靑樹、在適當之處。亦點綴四時的花卉。而花卉的盆景，亦不可　　　　缺少。

　　以上所述，爲法國式公園中的花壇布置的方式。至於矮林布置的方式，較花壇要稍微高一點，以灌木類的植物造成之。其裝璜及布置，亦有下列的兩種方法：

（1）用極密的矮林布置成爲迷園，園中設很多的途徑，縱橫交錯，迂迴曲折，使遊人在此矮林中徘徊，有彷彿迷途而不復得其出路之概。故公園中布置迷園。大都均以矮林爲主體。

（2）假借天然的樹林，用喬木爲遮蓋，用矮樹作園牆。範圍較大的矮林。都於林中布置綠蔭屋；規模較小之矮林，都於林中布置綠蔭亭；以供遊人的停憩。

矮林布置的方法，已如上述；則矮林的種類，亦當擇要介紹。茲舉其重要的。有下列數種：

（1）細草地矮林：林中當有空地，舖置草茵，在路旁種花植卉，或點綴噴泉。

（2）棋盤式的矮林：此種矮林，林中途徑的劃分，皆一律採取棋盤式。換言之，即其一切的布置，皆須有條不紊。

（3）星芒式矮林：此種方式的矮林，林中所有的途徑，皆一律劃成星芒的形狀。

（4）V字形矮林：此種方式的矮林。於草地上將各種的灌木。一律種植成爲 V字形。

以上四種矮林布置的方法，皆爲法國式的公園所常見的。至於法國式公園中喬林的布置，其面積須廣大，以喬木類的樹木組成之。林中不宜多闢道途，因路多則有失其藝術上的風趣。故喬林多半爲公園的布置裝璜，以增加佳木蔥蘢的公園風景美。

池沼的布置，在公園中亦很重要。法國式公園中的池沼布置，大都在計畫建築公園時，擇其有池沼處以建築之。萬一無相當的池沼可以利用，則不得不從事於開鑿。池沼的形狀，有圓形、長圓形、半圓形、以及各種方形等等。在池沼中則都布置假山，飼養各種美麗的魚類。使天機活潑的魚類，游行於水中，以供遊人的玩賞。

（二）英國式的公園

法國式的公園布置情形，上節巳經討論過了，現在當說明英國式的公園布置的概況。英國式的公園，又稱為無規則式的公園。因為此種方式的首創者為英國，所以特稱之為英國式。近來談無規則式的公園，當以英國式為代表。英國式的公園，又可以稱之為風景園。考其內部的布置，亦無一種固定的公式。故布置的時候，全賴乎獨運匠心，支配一切，務求其適合於公園學中所有的一切條件。經營全部的布置時，須能將公園的內外以及遠近的情形及環境，設法儘量的採納，並須設法使其連成一氣。附近的天然風景，就目光所能及的，或利用其原有的名勝、古蹟、以及樹木森林等等，以為最精密，最適當的計盡。使全園的景緻，靈活美妙。

英國式的公園的布置，其重要的材料，不外乎三種：（1）建築物。（2）樹林，（3）曲折有致的麗水。布置建築物，有四個條件：（1）式樣須富有藝術上的意味，（2）外觀的色彩，務須與附近的環境調和，（3）建築的材料須堅固而富於耐久性，（4）建築的高度亦務處僅適宜。樹木的布置，有三個條件：（1）樹木的布置，務求其雅妙；（2）樹木的布置，務求其能掩飾不雅觀的建築物；（3）樹木的布置。務求其陰翳曲折，幽深幾幻，各盡其妙。則遊人散步其間，有如六一居士所述的：「樹林陰翳，鳴聲上下」的風味。至於水的布置，第三個條件：（1）水須清且漣漪，迴環曲折；水須能供遊樂之用；（2）水須布置成有瀑布，有急流。總之，英國式公園中的水的布置，簡括的說起來。不外乎兩種：一種是動的水，一種是靜的水。動的水須有「清泉石上流」的詩趣，靜的水則須清能照景。

此外，如四時花草的點綴，花壇的設置，花徑的配布。在在須別出心裁。入清入妙，以不失乎自然的風景美為唯一的條件。建築物附近的布置，務求其不傷大雅為上策。

（三）混合式的公園

混合式的公園，是由法國式的公園和英國式的公園溶化而成。混合式公園的布置，卽在一個公園中，同時採取法國及英國的兩種方式混合以配布之，使其成為一種新的方式。在布置公園時，如採用混合式，則須注意下列的條件：（1）兩種方式，不可互相雜合；（2）在布置法國式的地方，卽不能夠加布置英國式；在布置英國式的地方，亦不能混用法國式；（3）在兩種方式分界的地方，須布置綠屏（所謂綠屏，並不是綠色的屏障；是指布置樹林成為綠色的屏障而言；（4）在兩式分界的地方，須開闢半圓形的弧道（不一定是半圓弧形，要在實地施工隨地勢而變化，）培植綠坡（卽綠色的草坡）。

混合式的公園，如布置得宜，則風景之佳，當親乎法國式的公園及英國式的公園而上之。故近代世界各國大都市中的公園方式，以採取此種混合式為最多。

公園在建築上的三種方式，已如上所述。但是如果根據設備的情形及性質而言，則又可分別為兩種：一種為專門遊覽的公園，一種為另有作用的公園。專供遊覽的公園，種類亦很多，其性質及作用亦各不相同，如在都市中街道交叉口中心的圓形廣場、公共散步場、市街公園、以及園林樹林等等，統稱之為遊覽公園，也就是風景園。專供遊覽的公園，其布置務求其整齊，其裝璜務求其美麗。所以遊覽公園的計畫，當以法國式的公園為基本。種植的樹木，不宜於街路兩旁的建築距離太近。樹林的高度。須與廣場的面積相稱。樹蔭之下，宜安設椅橙，以供遊人的坐息。至於市街公園，為專供陳列各種紀念物建築之用者，須採取法國式以規畫。但採取混合式以布置之亦佳。

　　凡公園含有特定的用途及作用的，概稱之爲有作用的公園，或稱爲有目的公園。此種公園，因其所含的用途和作用的不同，則種類亦因之而各異。如博物園、動物園、植物園、天文園、學校園、教育園、公墓花園、醫院花園、養老院花園、兵房花園、監獄花園、以及兒童遊戲園、公共運動場等等，統稱之爲有作用花園，或者稱爲有目的花園，爲博物園，則爲博物的陳列園，並藏有各種圖書，以供參考及研究；動物園，則陳列各種動物於園中，以供研究動物學者的考察和研究；植物園，則培植各種植物，以供研究植物學者的考察和研究；天文園，則專供研究天文學者及自然科學者的研究。又爲學校園和教育園，則含有教育的意味；兒童遊戲院、公共運動場，則含有兒童體育及成人體育教育的意味。此外如養老院花園，則專供住於養老院中的人作遊息之所；兵房花園，則專供兵士遊息之用；獄監花園，則專供犯罪者遊息之需，公墓花園，則專供憑弔之用。以上的各種公園或花園，皆有各種作用，故特稱之爲有作用的公園。

　　在上述的各種公園及花園中，如公墓花園，爲公衆之區，須有一定的限度和整齊的布置。動物園、博物園、植物園、以及天文園等等，皆滿含着科學的精神及趣味，布置尤須井井有條。至於學校園及教育園等等，皆宜布置公當，雖不妨稍事簡單，而觀瞻方面，務求其整肅。故上述的各種公園，皆宜採取用法國式的公園以布置之爲最美妙。養老院花園，兵房花園等等，其作用既屬簡單，則布置亦不妨簡略，故宜採用英國式的公園以布置爲較好。至於兒童遊戲院，以及公共體育場等等，其目的在鍛鍊幼童和成年男女的體格。其面積之大小，當以人數之多寡爲標準，布置亦宜採用法國式。

　　計畫公園時，如能本以上所述的各種方式，公園的性質，以及公園的作用等等，從事於都市市區域內外各種大小公園和廣場的布置，則都市中的公園成績，一定是裴然可觀的。

三　公園計劃

(一)公園計劃之意義

　　近來世界各國的大都市，對於公園的計畫，常設一專門委員會以專理公園的計畫事業，可知各國的大都市中對於公園計畫的重視了。如英國、法國、德國、美國、日本等國，近來皆鑒於都市之發展過速，故莫不重視公園的計畫。公園的計畫的意義有兩種：一種是在都市的面積範圍以內，應規定多少土地的面積以供建築之用；一種是就--定的土地面積以內。計畫建築一最完美的公園。關於前一種的計畫。是屬於都市問題的範圍，在第一章中巳經有了相當的引證。公園佔全市面積的比例，美人來查理氏 Coarles D. Lay 曾有一種主張發表。來氏的主張，曾謂都市的公園面積，就廣義而言，當佔全市面積總數的八分之一。人口一〇〇〇〇〇以上的都市，則公園的面積，根據每六七人需公園的面一畝計算，當有一五〇〇英畝，但不過爲一種理想上的計畫。其實在美國能合乎來氏的計畫者，惟華盛頓市及波市頓市而巳。

　　至於第二種公園的計畫的意義，實爲本節所要切實討論的問題。在都市中公園設計委員會，將公園的面積及公園的地點規定以後。即開始施行第二種意義的工作。換言之，就是指實地計畫公園而言。實地計畫公園時，則第一步，預有充分的堪察；第二步，須有精密的測量。關於測量的工作，將來另有專論，此處不再述及。此處則專論實地堪察以計畫公園的工作。

　　就指定的地點，詳細的作充分的考察，如何處可以布置假山，何處可以開鑿河流，何處可以開闢運動場，何處可以建築花壇，何處可以布置噴泉，何處可以建築游泳池，何處可以建築紀念碑，何處可以開鑿池沼，何處可以建設跳舞場，何處可以建設音樂臺，何處可以布置森林，何處可以布置建築山洞，何處可以建築圖書館，何處可以建築博物館，以及何處可以建築健身房等等，皆在實地測量時所得的圖解中，規定建築公園的計畫。此種意匠的功用完事以後，即可以開始大與土木，以建築此計畫中的新公園了。

公園的種類很多，大別之則不外分下列數種：一種為專供遊覽的公園，一種為有教育上的意義的公園。普通供遊覽的公園，稱之為風景園。此種風景園的方式，有法國式英國式以及混合式三種。有教育上意義的公園，則可分為下列數種：（1）博物園，（2）動物園，（3）植物園，（4）學校園等等。在風景園中，則有市街公園，街路交叉口的廣場花壇，以及園林等等。布置。街路交叉口處的廣場花壇的計畫，則大半採取圓形的圖案，以布置花壇廣場中的一切。如園林的計畫，則不外乎布置森林，培植花草，建築花壇等等。上述的各種公園計畫，皆宜採取法國式的公園計畫為最佳。因為採取法國式的方法以計畫公園，則必能布置的井井有條，絲毫不亂。法國式的公園計畫，實以整齊為唯一的原則。故法國式的公園，實合乎整齊的美及紀律美。

博物園、植物園、以及動物園的計畫，則不宜採取法國式的公園，宜採取英國式的計畫。此為此種富有教育上，以及自然科學上的意義的公園，實不能使其一律整齊的設置。故上述的各種富有教育意義的公園，計畫時。宜隨機應變，絕對是不能墨守陳章的。

教育園，也就是學校園。此種學校園的計畫，宜採取法國式，因為教育園，大半附屬學校範圍以內，故必須使其有紀律上的美；不但是要使其有紀律上的美，實際上，則須求其圖案的美。

上述的兩種公園，已散布於都市中的各區域以內。都市中各區域以內的公園面積。務須求其面積的平均，不得有多寡的分別。總之，須使每市區域內的市民，都能享受公園面積的權利。不然，在甲區域內的公園面積，特別加多；在乙區域內的面積，則特別減少。市民享受公園的面積，從此便苦樂不均了。

在上述的各種公園中，有幾種公園，須設於教育區；有幾種公園，須設於住宅區；有幾種公園，須設於工商業區。如博物園、植物園、動物園等等。須設於教育區；風景園，須設於住宅區及工商業區。此外，如公葬園，則宜設於都市的郊外，不宜設立於都市中的各區域的範圍以內（上海公共租界，在商業區中，常常的有公葬園，這是最不適當的辦法。）在各區域內建設公園，須擇其地點適中，交通便利之處興工建設，則全市的市民，隨地隨時，都可以享受公園中的自然的美與科學的美。

（二）法國式的公園計劃

法國市的公園計畫，又稱智有紀律的公園計畫。都市中的公園，如採用法國式的計畫，則須有下列數種條件：（1）須有偉大的建築物，（2）須有美麗的古蹟名勝，（3）須有很大的公園面積。有了這三個條件，然後方可以進行法國式的公園計畫的施行與工程的實現。法國式公園中的建築物，須求其合乎偉大的美與莊嚴的美。名勝古蹟的保存與修理，亦須特別注意。法國式公園中的道路計畫，亦須採取對稱的系統。所謂對稱的道路系統，就是指道路的路線，須成功對稱式。換言之。就是使道路的路線。須有紀律，不得任意彎曲，亦不得任意展長。花圃的計畫。亦須採用對稱式。如在一些大建築物的兩旁布置花壇，則花壇面積的大小與花壇形式的圖案，亦須用同一的方式。在計畫法國式的公園，則須於道路交义之處，建設各種圖案形的花壇。至於道路的分類，則有幹線、花徑，石級等等。計畫此種法國式的公園，須多建設整齊的草地，鋪植叢草。此外，則宜布置遊泳池、噴泉、瀑布、河流等等。總之，法國式的公園計畫，在整個的計畫中。實等於計畫一幅對稱式的圖案畫。如須在都市中計畫建築此種公園，則非有充分的經費不可。在各種的大都市中，欲求一完全爲法國式的公園，實很難尋得。大部份，皆爲局部的整齊，如花壇、草地、運動場等等，可以求其整齊，其他則多因地施宜，隨意匠以決定之。

（三）英國式的公園計劃

英國式的公園計畫，不能如法國式公園計畫的整齊；但亦不如法國式公園計畫的板滯。故法國式公園計畫，爲整齊的美；英國式的公園計畫，爲錯綜的美。英國式的公園計畫，最大的特色，即爲自然美（自然風景）的保存。故計畫英國式的公園，有如岳武穆論兵的妙用。即所謂「運用之妙，存於一心」也。近來如各種的公園計畫專家，對於法國式公園計畫，已漸漸的拋棄，計畫公園的重心，已由法國式移轉到英國式的公園來了。因爲英國式的公園計畫，有下列的幾種優點計畫：（１）計畫英國式公園時，可以隨心所欲；（２）計畫英國式公園時，對於自然的風景美，可以儘量的保存；（３）計畫英國式的公園時，對於土地面積的形狀，不拘泥於規則式的一種；（３）建築的經費較法國式的要經濟得多。有了這四種條件，所以英國式的公園計畫，能夠曲盡其妙了。

計畫英國式的公園時。宜先得一幅地形測量的詳圖。在詳圖中規定公園中的路線、河流、山徑、石級、橋樑、涵洞、山洞、花壇、池沼、遊泳池、建築物、音樂廳、跳舞廳等等。此種第一步的計畫成功以後，即開始興工，先行建築公園中所有一切道路，然後從事於開鑿河流，布置樓、亭、小閣等等。此種建築的工作完事以後，即從事於樹蔭的布置。道路樹的種植，花壇的規畫，遊泳池的建設，噴泉瀑布的布置。

此外，對於山徑，山坡等等的布置，亦須特別講求。山徑以本「曲徑通幽」的原則布置，山坡宜本「起伏變化」的原則。如此，則英國式的公園計畫，可以說是盡其概要了。公園中，在池邊，樹蔭下，山巔的孤樹下，花壇的草地上，以及假山的附近，皆宜安設椅櫈，以供遊人的遊息，坐領此大自然的美。公園中除花壇的建設以外，則有花堆的布置。花堆的布置。其形勢都採取半圓形，或橢圓形。花堆在山坡上布置爲最相宜。英國式的公園計畫如此，下面當說明混合式的公園計畫。

(四)混合式的公園計劃

我們從上式的法國式的公園計畫和英國式的公園計畫兩節中，可以對上述的兩種公園的計畫。來作一個簡單的批判。這兩種公園的計畫，各有各的美點，亦各有各的缺點。現在先說明法國式公園計畫的美點，然後再說明英國式公園計畫的美點，作一個相當的比較。

法國式的公園計畫的美點：（1）法國式公園的計畫，合乎紀律的美；（2）法國式的公園計畫，合乎整齊的美；（3）法國式公園的計畫，合乎對稱式的圖案的美。

英國式的公園計畫的美點：（1）英國式公園的計畫。合乎錯綜變化的美；（2）英國式的公園計畫，能充分運用自然之美(風景的美)；（3）英國式的公園計畫，可以不受一點規律的限制。

以上兩種公園計畫的美點，已經比較過了。現在當更進一步作兩種公園計畫缺點的批判。法國式公園計畫的缺點爲過於板滯，英國式的公園計畫的缺點爲過於不守紀律，法國式的公園計畫爲過於「圖案化」，英國式的公園計畫爲過於「自然化」。本節所討論的混合式的公園計畫，其目的在一方面要採取法國式公園計畫的美點，一方面要拋去英國式的公園計畫的缺點；同時一方面要吸收英國式公園計畫的美點。一方面要摒棄法國式的公園計畫的缺點。務求其在一個計畫的公園中，有整齊的美，同時有錯綜的美；有紀律的美，同時有變化的美。整齊美中。滿合着錯綜美的元素。錯綜美中，飽含着紀律美的成分。這樣，還在一個混合式的公園計畫中，實在是使法國式的公園計畫的美點，與英國式的公園計畫的美點，熔冶一爐之中。公園計畫的美觀，實超乎上述的兩種公園計畫之上了。計畫混合式的公園時，須注意者，有下列數端：（1）採取法國式與英國式的混合處，務求其融洽；（2）採取法國式與英國式的混合處，務求其適應自然。至於道路的路線，花壇中的花草，森林，道旁樹等等的培植，務求其適合於美觀上的條件。

民國二十四年十一月廿五日草於鎮江

國民經濟建設與工程師之責任

李 次 珊

一 概　論

　　近來國事。危險症象，如此其夥，人民沉溺，如是其深，一切均陷於非常時期，種種困難，日甚一日，愛國志士，莫不欲究其所以致此之道及救濟之策。有咎於政府機構不健全，外交無政策者，有倡為文化建設運動，經濟建設運動，新生活運動，以救亡圖存者，聲調雖高唱，而終無具體之辦法，徘徊歧路，是其所以危險也。傅孟真先生說（見本年八月十一日大公報星期論文）：

> 『走了幾十年革命的道路，忽然失却自信，以成敗論是非乃慕東郊；以徘徊代努力乃渙復古。』

誠現在政局之寫照。然究其病根之癥結，厥在農村之破產，百業之凋零，以致經濟狀況至山窮水盡，如人體然，衰弱貧血，營養惡劣，則一切健身之術無可施救也。政府亦感覺國事已至生死關頭，非尋常敷衍之政治外交所可救濟，故亦曾決定救國大計，『對外則力保和平，對內建設國民經濟，』是誠對症之良藥；然和平則漫無限制，『四年中外交上之退步，敵上三十年而數倍之不止；這兩個月，又敵過最近四年，』若此其和平，則非舉國率讓，實難貫澈和平主張，建設國民經濟單則又乏良之辦法。蔣委員長雄才大略，深謀遠慮，於剿匪軍事之餘，巡歷各地，深悉民生之疾苦，及救亡圖存之大計，倡國民經濟建設運動，登高一呼，舉國響應，國民經濟建設，遂為全國共同之主張。其要旨整治水利，振興農業，增加生產，保護礦業，扶助工商，調節勞資，開闢道路，發展交通，調劑金融，流通資本，促進實業等，綱目雖已揭示，而尚未能具體化；欲其切實有效，同須通力合作；而官廳方面之『承轉應付，粉飾表面之不切實際工作，』尤須革除。余漿忝爲國民之一，均應有『國家興亡匹夫有責』之志，況吾儕又爲國民中之工程界份子，負有一切建設之責，故對國計民生，更不容忽視之也。然事實上，余漿多不察個人之責任，善者則唱『淸高獨善』，不善者，則效貪官惡吏，『逐流揚波』，故工程師在今日至遭慘敗，工程界之不幸，亦實國家之不幸也。故於此略舒愚見，以供余工程界同胞採納焉。

二　國民經濟建設與政治

吾國政治之腐敗，千頭萬緒，一言難盡，國人於無可奈何之際，輒曰：『在工言工，在農言農，在商言商，農工商學，以及企業家，工程家。各盡其責，其結果也，凡能爲國家生產者，不爲政客軍閥之走狗，卽爲軍閥政客所魚肉，故雖日言建設，而終歸泡影，今百業蕭條，農村破產，更加以空前之水災鉅創，僅江河汎濫，人民直接損失，已超過八萬萬元之上（據賑務委員會八月間報告），而水患爲災，猶有加未已也。挽此危難，國民經濟建設，誠當前之亟務，然如不顧及政治，而欲其得良好之結果，不啻『緣木求魚』，作非非想耳，是以欲求國民經濟建設有實效，勢不能同時改革政治。

政治與經濟如人體與血脈，相依爲命，一而二，二而一者也。血脈不足，固難期身體强健，身體不健，亦少有血氣充足者。故古先聖王以『天無曠時，地無曠利，人無曠力』，爲富天下之政（見周禮），然終以古時地廣人稀，閉關足以自給自足。故治國者多不重視經濟問題，蓋吾國深受聖人之遺毒，將國家基礎，完全建築於倫理上，講道德，說仁義，如子貢論貨殖而孔子非之，故孔子祇配稱爲教育家，實未知富國强兵之道，不足稱爲政治家也。孟子亦然，老莊之自然主義，則去經濟問題更遠矣。

古之治國能重視經濟問題者，爲管仲，商鞅，及王安石，管子治齊，一面作內政以齊軍令，一面以官山爲鐵，煮海爲鹽，所以齊桓公能九合諸侯，一匡天下，管子對於提倡國民之生產曰：

『民不務農，殺之勿惜；如能務農，雖無道德，亦勿傷也。』
又云：

『凡治國之道，必先富民，民富則易治也，民貧則難治也。奚以知其然也？民富則安鄉重家，安鄉重家，則敬上畏罪，敬上畏罪，則易治也。民貧則危鄉輕家，危鄉輕家，則敢凌上犯禁，凌上犯禁，則難治也。故治國常富，而亂國常貧，是以善治國者，必先富民然後治之。』

其次商鞅，商鞅治秦，廢井田，開阡陌，實行土地改革，強迫人民生產，使人盡其力，地盡其利；並令民有二男不分居者，倍其賦。打破大家庭制度，使人各食其力，故秦雖僻處西陲，而能稱富西戎，國強民富。

宋王安石爲相，行『青苗，水利，均輸，免役，市易。保馬，方田』，諸新法，以爲強國之本，但阻於腐儒，未能行通，此安石所謂：『白鶴招不來，紅鶴揶不去』者是也（嘗介甫白鶴吟，白鶴卽爲新法者，紅鶴爲反對新法者之喩）。

以上三子，均歷史上之著名政治經濟家，爲後人所稱道者。此外能注重於經濟者，蓋不多見，是吾國之所以不能爲物質文明之先進國之原因也，

十九世記之前，歐美各國，政治與經濟，亦無整然之體系；自十九世紀以後，工商業振興，資本主義發達，一切途受經濟力量支配，大有經濟問題不解決，則其他一切問題不能解決。政治途不能自成系統。如美國端力以謀經濟復興，蘇俄則努力兩五年計劃，義大利則企圖經濟之發展，土耳其規定五年工業計劃，其他各國，無不厲行統制經濟，高築關稅壁壘，可知經濟與

政治之關係重要。

我國自明亡後，被治於滿清者三百餘年，人民多已失去民族觀念，幸經孫總理倡導革命，推覆滿清，建暨以黨治國大計，惜『革命尚未成功』，而總理逝世，時至今日，　總理之精神盡失。不惟民權，民生主義不能實現，民族主義亦盡失，在黨治方面，趙棠鈞先生曰（九月三日大公報載向六中全會請命）：

　　『黨已成了藏垢納污的混合體，支離破裂的龐然大物』。

　　『在軍政工作上，黨又是個贅瘤；在反對政府的一方面，黨又是個
　　攻擊的目標』。

又，抗日會曾送某省黨部門對一聯云：

　　『包辦紅白喜事，迓送來往要人，官場孝子。』

此實足以表示今日黨內之黑暗於無餘。

在政治方面，中國之政治，無以名之，名之曰『飯碗主義之兒戲政治。』嘗機構則組織紛繁，因人設事，假事對人，假外對內；中央自主席以下，雖有五院十部之股，責任大而實無權；為飯碗主義，不得不尸其位以求『安居，甘食，美服。』各省政府，雖名為中央統制，其實仍為割據之局。監察院之彈核，甚至施之於各縣官吏而無效，遑論各省之長官！各省主席之人選，又不能按中央規定，多出身行伍，毫無政治常識，以一介武夫之見，為所欲為，藐視學士，動輒以不世勛自待，稱學者為『只能畫算』，『錄事書記』之流，幕府人物，類都躬遭侮辱，稍有品格，而能為其用者幾稀矣！省政府之組織有四廳，而各廳長又是有實無權，至各縣則更不堪聞問矣！故中央之命令至省，則省政府以兒戲視之，虛應故事，轉至縣；及至縣，最多揭示『等因奉此合行轉達』之佈告而已，如某省主席，卽此流人物也。其所任之縣長及公安局長等，非厚賄及賂買者，卽其行任部屬經甚至一字不識，而亦

能予之以治民大政，除善勸括民財外，別非所知也。其政治之黑暗，實非吾人所能想像。故雖已攝政多年。而政績毫無，除外表之『穿制服，剃光頭，上早會』爲其訓練公務員之成功，其所作所爲，遂笑百出，言者憤慨，聆者捧腹，如在某縣視查，因早會時縣長會稍緩，即予撤職，而以該日到會早者之一人代之。彼固不問其能否勝任，而更不知其爲通宵未眠之賭者，故其能到會特早也。其對政治，軍事，司法，混爲一團，自喻『明鏡包施』，喜親自審理案件，動下槍決之判決。此司法上所認爲最大障礙者。如某夫婦以離婚案控於省府，經該主席痛打後，復繫之於一室，永遠拘押，更若某偷雞與偷牛者，該主席之宣判爲『盜雞者死』，『盜牛者釋』，其理由爲『雞能飛，盜雞者，必能飛簷走壁；牛乃笨大之物，牛主人尚不能看守，必是養牛者太懶』。此笑談意出之於今日，豈不可笑？然而社會名流，反譽之爲『清天』，捧一夫而不憫數千萬民衆，余竊奇焉！

又，河北監察使周利生氏談出巡冀南感想（七月三十一日大公報載）：

『余認爲河北各縣，消極的不害民者，已屬少見；而積極爲民衆謀幸福者，直可謂並無一縣。農村經濟破產，農民生活程度低下，與現代生活，幾難比擬。本人曾到鄉下訪問，其衣食住行，直非吾人所能想像。食的方面，農民多食野菜草根，五口之家，每日所費不及一毛，可見其生活狀況一般。』

河北其一例耳，華北各省莫不皆然，政治若斯，其熟爲民衆着想，求國民經濟建設耶？

在國際方面，現海禁大開，而中國關稅，雖稱自主，事實上仍不能運用自由，故吾國已成爲列強之自由市場。吾國雖自以爲地大物博，但生產技術落後，人口分配不均，交通不便，據最近三年，每年平均貿易入超總數在七萬萬元以上，雖自稱爲農業國，食糧尚購自外洋，如前年竟購外國食糧二萬萬七千萬元，民安得不貧？財安得不盡？況今富庶之東北已失陷，而日本尚在企圖吾山西之煤，陝西之油，察河爾之鐵，渤海之鹽，以及河南河北之棉，故有華北經濟提攜之議。如吾人無對付之策，是必坐以待斃。經濟建設雖爲救亡之工具，而政治乃推助之力量也。

三　國民經濟建設與文化

今日文化之失敗，舊道德墮落，社會不寧，已爲吾國之嚴重問題。名流博士，每以人心不古，世道日下，力竭聲嘶，唱『文化建設運動』，『教育救國』，『人格救國』，然賣國者盡屬知識份子，而爲盜匪領袖者，又皆受教育之人。如九月十七日大公報載：

> 『盤據陝北之劉子丹匪，本是本地學生，原手無寸鐵，所謂匪衆，
> 都是農民，然因環境關係，致成是局。』

並稱：『劉匪所建市場頗繁盛。』

由此可知，凡能解決國民經濟問題者，卽可據民爲己有；且能建設國民經濟，雖僻塞如陝北，亦能繁榮。市場繁榮，其文化亦自能進步。故國民經濟建設，實一切建設之基礎也，國民之最切身問題，莫過於生活問題；『飽食終日，逸居而無教』，固不足以言治民，然衣食不得，教以『禮義廉恥，孝悌忠信』，是不啻使無衣食坐以待斃；蓋『禮義廉恥』，不能充飢，『孝悌忠信』，不能蔽寒，飢寒交逼，欲其不掠奪，加以斧鉞，亦不能阻止也。故先王謂，『倉廩實而知禮節，衣食足則知榮辱』，饑寒至身，不顧廉恥，夫膚飢不得食，膚寒不得衣，雖慈母不能保其子，君安能以有其民哉！』『民無恆產，斯無恆心，放僻邪侈，無所不爲』，先王施政，尚以民爲本，『先富之而後加教』，『其本亂而末治者否矣！』況今海禁大開，列強均以物質的競爭之工具，經濟爲立國之根本，不求人民之物質生活向上，則不足以促文化

向上。吾國人士，凡事均不能澈底，專向皮毛。宣從『西化』固非，而作『開倒車之復古運動』，亦未當也。如某省已草定條例，使學生此後遵守：（一）學生須衣國貨材料製成之服裝，（二）男生須將髮修光，（三）女生不得燙髮，（四）禁塗脂粉及著高皮鞋，（五）女生不得戴鑽石戒指金鐲等飾品。凡違章之學生，將嚴加懲罰，更如提倡讀經，禁止男女同學，以為『正其衣冠』，便可以『儼然人望而畏之』，男女『受授不親』，便足以『表揚文明禮義之邦』，是誠大謬而特謬，中國之社會組織不健全，已由於人民之教育未能普及男女之界限未能破除，而成為『半邊社會』，今欲『變本加厲』，使其隔閡，使男女兩性間不能相互瞭解，吾不信其於今日之社會有裨益也。

或曰：『文化不進步，則生產技術落後，生產技術落後，而欲求國民經濟有充分之發展，亦非易』，是固然；然國民經濟破產，雖有最科學之生產技術，最進步之機械，而無財力運用，則此種技術與機械，僅可作為博物院之陳列品，商店之商標而已，欲其應用於民間，不易也。試觀吾國農民之灌溉方法，農民雖深知水車及抽水機之效率之大，而仍多採用輾轆，竭一日之力，灌田不及一畝，終日勞碌，求食不暇，而欲其對文化有積極之供獻，何可能耶？故文化之進步，隨人民之物質生活而不同，故漁獵時代，有漁獵時代之文化；遊牧時代，有遊牧時代之文化；帝國主義，有帝國主義時代之文化；民主政治，有民主政治之文化，文化者，實卽生活之方式也。古時，人民生活無保障，弱肉強食，日在求食之戰場中，故其文化進步慢；文明民族，因其生活已安全，得致力於文化事業，故其文化進步速。總之，生活問題，不能解決，文化決不能獨立而猛進。故中國今日之嚴重問題，乃四萬萬嗷嗷待哺之民眾經濟問題，而非空洞之文化或禮教問題。四萬萬民眾之衣食住不能解決，而欲統制其思想，似不啻指石為食；然今日之總制階級，仍欲實行其愚民之夢，以絕對之高壓手段，統制文化事業，甚至常年檢查信件，稍有毀己者，格殺無論，較之焚書坑儒，有過之無不及。然焚書坑儒，不能止揭竿而起之陳勝。周公孔子之禮教，不能盡盪眉赤色之樊崇。他如張角，黃巢，李闖等，又誰非為經濟問題？即今日之共黨，其所以能年久未滅者，蓋以其持有解決民生之偽號，故閻錫山氏之冀剿共，主用七分政治，三分軍事，並對土地制度有所論列。姑不論其辦法是否完善，要在欲解決農民之經濟問題，使耕者有其田也。大公報七月卅一日社論：『關於救國大計之商榷』，主張七分經濟，三分文化之說，尚稱救國之對症良藥，吾人應同此主張也，

四　國民經濟建設與軍事

今日世界各國，對於軍備，無不力求擴充；軍費之預算，年以億萬元計，而財政之由來，莫非為國民之汗血，故民富者國恆強，民貧者國恆弱；民富者國易治，民貧者則內亂生，外侮重；軍事對內不足以平內亂，對外不足禦外侮，吾國今日之狀況，即由此也。是以國民經濟建設，不惟是一切建設之基礎，亦消滅亂源之原動力，鞏固國防之城堡也。

我國國民經濟之破產，其原因可大別之為三，曰內亂，曰天災，曰受不平等條約之約束。

內亂：——查自民國肇建至今，國內始終邊四分五裂之狀態，軍閥之互相爭奪殘殺，南征北戰，幾無年無之。竟兵數百萬，亂民盜匪尚不於焉。戰爭之直接損失，年何祇億萬元計！國民財產澌盡，壯者挺而走險，不死於疆場，即喪命於為匪盜，老弱流離失所，田園荒蕪，試觀農村中之地價低落，昔日須每畝百元者。今十元而無購主。他如工場停閉，商店歇業，百業不景，而對剿共軍事，尚未可樂觀，當局者如尚不以建設國民經濟為前提，謀人民之生計之復蘇，作武力統一之迷夢，則國亡無日矣。

天災：——內亂不息，則內政不整；內政不整，則官吏盡為食民之賊，軍隊，盡為害民之虎，國民之力量薄弱，人禍尚不能避，何足以制勝天然？故天災愈演愈烈，江河為患，即其一例。蔣委員長通電各省指示水災善後云：

『夫水災饑荒，史稱災變，明其不常有也。稽之過去，如此普遍嚴重之大災，必過數十年或數百年而始一見，今則甫越三年，再遭巨患，此決非天時地勢之變遷，實由於人力不臧之所致。』

誠然，天災並非我國之特殊產物，而由於吾人未加征服耳，茲為明瞭天災與國民經濟關係起見，略述近兩年之天災如後：

(一)民國二十三年天災

a.旱災——去年旱災區域，據中央農業實驗所農業報告(第二年第九，第十，第十一期)，共有江浙等十一省，六百三十五縣，受災面積共有三萬二千九百五十一萬三千多市畝，約佔十一省耕田總面積百分之四十七，此十一省(江浙皖贛，湘鄂豫冀魯晉陝)，受旱災而損失之農作物，(見同前農情報告)，計稻二萬一千五百九十八萬四千餘市担。高粱三千一百一十八萬六千餘市担。玉米二千五百五十萬零一千餘市担。小米四千零一十三萬四千餘市担。棉花五百九十八萬四千餘市担。大豆三萬一千六百三十萬六千餘市担。若以去年主要農作物之損失數量和平常年主要農作物收成數量兩相比較，即知去年稻之損失數量約佔平年收成數量之百分之三十八。高粱為百分之十七。玉米為百分之三十一。小米為百分之三十一。棉花為百分之三十二。大豆為百分之三十。此種重大損失，變作金錢價值，約如下表：

稻	683,805,000元	高粱	72,420,000元
玉米	67,542,000元	小米	571,107,000元
棉花	198,929,000元	大豆	129,437,000元

此十一省農作物，因旱災所受之金錢損失，就有十七萬二千三百十五萬元。若再加上甘蜀黔閩等省，會旱災而未報之損失，則去年旱災直接所受之金錢損失，至少在八萬萬元之上，（見二十四年申報年鑑）至因旱災而受之間接損失，更不可勝計矣。

更據受旱災省份之農戶平均人口數和耕田面積，以求受災農民人數，更可見災患之嚴重。總計十一省受災農民約有九千二百多萬人，再加受災而未報者，則去年受旱災農民當有一萬萬之多。

b. 水災：——去年水災，據二十四年申報年鑑發表，被水災省份，計有鄂湘冀豫晉蜀陝閩黔察贛綏，甘，青海等十四省，共約二百八十三縣，被災田畝約四千七百餘萬畝，受災之金錢損失，單就豫湘鄂晉綏蜀黔陝甘等九省一部分報告記算（據賑務委員會災情簡表），約四千七百餘萬元。若合計全部及各種損失，如房屋，器具，牲畜等，至少當在一萬萬元以上。

c. 蝗災：——據申報年鑑（二十四年份）發表，去年蝗災省份，計有江皖浙豫鄂湘贛蜀陝冀等十一省，共一百一十九縣。但損失無統計。

d. 風雹災：——據二十四年申報年鑑。去年受風雹之省份，共有江皖豫湘甘蜀黔陝冀晉綏遠青海等十三省，共一百六十五縣，損失無確計。

總計以上天災，其直接所受金錢損失，當在十萬萬元之上，受災農民有一萬萬元之收入，其因人禍之損失，尚不在內，民安得不貧，國安得不衰！

（二）民國二十四年天災

今年天災，雖尚無完全統計，但春間大旱，二麥歉收，甫至夏季，則江河又告潰決，鄂湘皖贛魯冀豫等七省陸沉，受災面積約為十四萬平方公里，災民約為一千九百五十萬人，而魯蘇尚有加無已。他如沿海各省，暴風雨為災，亦空前所未有。僅以江河潰決所受之損失，據賑務委員會許世英氏報告（八月十二日至八月十五日大公報載），已逾八萬萬餘，加之其他災患所受之損失，數目必數倍於去年之上。若今後尚無澈底之救濟，吾國農村將隨天災而破產，我國家之社會經濟基礎，亦必隨農村之破產而俱盡。

不平等條約之影響：——內亂不止，天災不防，則吾國必日趨頹弱，永無復振之日，不平等條約，亦永無解脫之日。如關稅雖名曰自主，而事實上對國內生產工業，不能有分毫保護，對外貨之輸入，又不能加分毫限制。據近三年之統計，平均每年入超總數在七萬萬元以上。今僅以食糧問題言之。吾國因交通不便，人口分配不均，雖稱農業之國，而食糧尚感缺乏。據計算所得，近年來洋米進口，較之二十年前，幾增至十倍以上。小麥增至六七倍，麵粉增至三倍有奇。以農業國而有此大量食糧流入，其非當前之隱憂？近聞與日本又有關於經濟條件之密約，軍事行動之限制，果如是，是自取滅亡之道也。

以上所論，為國民經濟破產，須於內亂，天災，及不平等條約之約束。天災與不平等條約之不能除，又因內亂，內亂不能平，雖由政治不良，亦軍事之不能成功也。如剿共軍事，紅軍不及十萬衆，而國軍數倍之不止，圍剿為時八年，而尚不能懺除，致共黨由贛而川，而今又竄入陝廿矣！據九月二十三日閻錫山氏在太原向工作人員講演曰：

　　『憑籍搶桿之共產黨好剿，憑籍民衆之共產黨難剿；以武力來赤化之共產黨易防，以民力來赤化之共黨難防。』

蓋西北十室九窮，農村破產，共黨不爲能赤化民衆，而且能赤化軍隊。故閻氏主張用七分政治三分軍事，並對改良土地制度有所建議，足證軍事之成功，有賴於國民經濟建設。此對國內之軍事而言，對於國防，則國民經濟建設尤爲重要。蓋自衛必須能自治自足。如今日之民困財窮，交通不便，工業不振，一旦國家有事，食量且不能自給，遑論軍需品矣！

五　國民經濟建設與工程師

國民經濟建為救中國之惟一途徑，已如上述，而求國民經濟實現，又必須認清其與政治，文化及軍事之關係。遞思之，則救中國之責任，似在政治家，社會家，軍事家，而非工程師也。實則不然。楊杏佛先生說：

『不要說改造中國是工程師的責任，就是改造世界，也是工程師的事。』

惜吾工程界同志，觀工程學之範圍太小而忽略個人之責任，養成呆板式埋頭工作之奴性，而乏作民族運動之精神，改造國家之思想也。於是工程師之地位，遂不為社會人士所重視，工程師之不幸，實即國家之不幸也。蓋工程師之對於政治，文化及軍事上，佔有極重要之地位，換言之，工程師乃為人類創造物質文明之始祖也。茲將其歷史略述如次：

（一）工程師之歷史

世界自有人類，即有工程師，蓋人類能生存於世界，必有其生存之條件，如衣食住自衞等問題，皆賴工程師之解決。由洪荒野蠻之時代，進而為今日之文明燦爛社會，皆工程師之力也。例如有巢氏因感人類露宿生命有危險，及地濕不合於衞生，教民搆木構巢，當時之建築工程師也，燧人氏鑽木取火，當時之燃火工程師也。庖犧氏結網罟而魚獵肉，神農氏作來耜而耕稼始，黃帝築宮室，造舟車，建城郭苑圃，發明指南針，遂開吾國五千年文明之基礎。虞舜陶於河濱，堯舉之以為帝；禹疏九河，鑿龍門，而洪水平；改良黃帝所製之舟拼加以帆檣舵櫓而舟行利，舜讓之以國位。由是觀之，古先帝王，類皆出身工程中，玆工記云：

『百工之事，皆聖人所為，』

可見聖人（所謂聖人，為實際力行為民工作之聖人，而非謂仁義說道德之聖人）均爲工程師，工程師均能爲聖人也。故工程師古代實最神聖時代。

『工程師』之名，譯至西文 "Engineer" 一字，西歐古代之專工程者，惟軍隊中有之，所謂工程師，卽軍隊之工兵，專製造弓矢甲冑，建堡疊城郭，全係軍事工程（Military Engineering），工程學之興，以軍事工程專之學理，尙屬幼稚僅稱之爲『術』（Art），而不稱爲學（Science），嗣後工程之範圍日益加廣，不惟軍事上用之，而人事上亦用之，遂有民用工程之名（Civilengineering），民用工程，卽今日譯作『土木工程』者是也。如建築，如治水，如道路，如橋梁，如衞生等工程，概屬之，1828年，英國倫敦有土木工程會之組織（Society of Civil Engineering），規定土木工程之定義曰：

『土木工程學者，爲駕馭天然力源，供給人類應用與便利之術也。』

考世界文化先進之古國，皆富工程能力，如埃及之金字塔，埃及燈塔，巴比倫懸園，姐娜之廟，木星像，安鐵米涉（Antemisia）之陵，鹿頭獅（Rhodes）巨像。稱爲上古七大奇觀。又如羅馬大劇場，亞歷山大之塋窟，中國長城，英國懸石，批涉斜塔，南京磁塔（外人舊籍中圖說甚詳，今巳不復見），聖涉菲之禮拜堂，稱爲中古七大奇觀。評古代文化者，莫不稱之。自上古至中古，工程學無大進步，至十七世紀後，牛頓（Newton）發明動力三律，遂爲一切工程之基礎。體之有

1705年	牛可孟（Newcomen）發明抽水機。
1774年	瓦特 Watt）發明蒸氣機。
1765年	哈格燈佛士（Hargreaves）發明紡紗機。
1769年	阿克來（Arkwright）發明水力紡機。
1779年	克倫普喬（Crompton）發明走錘精紡機。
1785年	Cartwright 發明水力織機。

1788年	夫朗希曼 (Frenchmen) 發明氣球。
1790—1867年	Faradoy 等發明磁電學說。
1807年	腓爾敦 (Fulton) 發明汽船。
1815年	大衛 (Davy) 發明安全燈。
1825年	Stephenson 發明火車。
1836年	Morse 發明電報。
1885年	Armstrong 發明機關槍。
1866年	大西洋水底電線成功。
1860—1876年	Reis 與 Bell 發明電話。
1856年	Bessemer 發明柏塞麥冶鐵法。
1880年	丹姆勒 發明汽車。
1877—1903年	萊特兄弟 發明飛機。
1895年	Roentgen 發明愛克司射線。
1901年	馬可尼 發明無線電。

　　西方之物質文明，遂一日千里，而無線電，電話，飛機，鐳，消毒與麻醉劑，七色分光圖，愛克司光線，又盛稱為近代七大奇觀。工程之範圍日盆廣，故又分為機械工程 (Mechanical Engineering)， 礦冶工程 (Mining Engineering)， 造船工程 (Naval Engineering)， 衛生工程 (Sanitary Engiueering)， 煤氣工程 (Gas Engineering)， 化學工程 (Chemical Engineering)，電機工程 (Electrical Engineering)，航空工程 (Aeronautic Engineering)，無線電工程 (Wireless Engineering)，管理工程 (Industrial Engineering) 等是，皆工程師對人類之供獻也。由此觀之，工程師乃為人類造幸福，開物質文明之先鋒隊也。

　　(二)中國工程師失敗之原因及今後應有之態度

由歷史觀之，工程師在政治上，文化上，軍事上，及物質上之地位，已如此其重要，而吾國經濟不景，文化落後，政治窳敗，內亂不能平，天災不能防，外侮無以禦，偉大之發明及開發天然之利源，更無論矣。吾儕為工程師界份子之一，言之能不汗顏。然吾國工程師何以失敗至此？其原因：

（1）缺乏政治經濟之常識及經驗：——工程師不惟應當瞭解政治，而且應當做皇帝，最少亦須參加政治。蓋惟有工程師方能代表全國民衆之利益，為人類謀幸福；如堯以帝位讓舜（陶器工程師），舜以天下授禹（水利工程師），知其能實際力行為民工作也。更以今日文明進步之美國論之，美國有重大會議時，必須聘全國最著名工程師參加；一州一地有重要會議時，必須請一洲一地之著名之工程師參與。如 Ithaca Bity（紐約省之一小城）之市政委員會，委員七人，有三人為工程師（為該地康奈爾大學教授）。惟吾國數百年來帝王視工程師為小技，且往往以違反天然而非之；民國以來，政府之於工程師，則又『倡優畜之』，軍閥之於工程師，則以走狗利之，故工程師遂為流俗所輕。而工程師又妄自菲薄，動輒以『清高』自居，不言政治國事，以為單作工程事業，即足以盡個人之責任；更有下焉者，則以飯碗主義為中心，與軍閥政客同流合汚；然其政治知識與經驗缺乏，故不得不仰人鼻息，甘人利用，完全失其個性，其失敗一也。蓋工程師不僅應在試驗室中作刻板式之工作，更須研究經濟之狀況，貨物之出路，工廠之管理，及政治問題。例如調查出產品，某國特別豐富，某國特別缺乏，在研究各種情形之下，可以得一結論，以供獻國家，便國家發展工業，可以與世界競爭。攷查與各國所訂條約，何者影響吾經濟之發展，何法足以救濟？何者必須取消？宣告民衆，使大衆羣力共濟以為政府之後盾。他如（一）對政治知識工具之供獻，蓋政治家之計劃，全為工程師所發明，有牛頓之力學定律，然後有孟德斯鳩之三權分立。英國之憲法，全為牛頓萬有引力之利用。有工程之發明，然後政治之效率增進。(二)對政治方法之供獻。吾國政治家，缺乏工程之知識，常以哲學之方法解決政治一切憑空想，發爲聲則動聽悅耳；表爲文則流暢耀目，其實不過爲（美麗之夢），而乏實際之方法也。如我倡言國民經濟建設久矣，卒無成果，無工程之方法誤之也。工程師之解決問題，先搜集章本（Data），再羅列材料，斟酌取舍，其步驟清淅，其方法有條，故政治家應以工程師爲師，政治家不能離開工程，工程師亦決不可不問政治也。

（2）缺乏社會常識：——工程師負改造社會責任，對於社會之狀況，自必洞悉不可，如我國之社會經濟基礎不健全，國民之貧，其最大原因，雖由於政治不良，由於天災，由於受不平等條約之約束；但生產力過低（美國工人每人平均生產力比中國工人大三十倍强），保險事業不發達，工人無組織，家庭複雜，寄生份子過多等，皆致貧之道。工程師不可不悉心研究，及征服之策。諺云：『英雄造時勢，時勢造英雄』，我國在列强鐵蹄之下，不可不具有銅頭鐵腕，以改造環境，斬除荊棘。如有飛機翔空，即有高射砲之設備；有軍艦之建造，即有潛水艇之防禦。歐戰時，德國發明顏料，嚴守祕密，英美等國顏料乏，發明他物以代之。是皆『時勢造英雄，英雄造時勢』也。然吾國工程師，類多以『金錢』爲心，對於職業之選擇，恆以『薪金』多寡爲取舍，作英文教員者有之，作體育教員者有之，作藝術教員有之，甚或習爲政客污吏，昔日所授之工程訓練，化爲烏有，因其社會常識缺乏，其失敗二也。

（3）缺乏科學精神：——工程之學理，出自科學，科學之進步；又賴諸工程師。如天文鏡，顯微鏡，物理實驗之儀器等，均待諸工程師之設計製造之。其製造之精粗，於科學之進步，有極大之關係；科學爲工程師之靈魂，工程師爲科學之肉體，故工程師不可無靈魂，科學亦不可離肉體也。然吾國之傳統觀念未改，國民之科學精神決無，工程師之科學精神亦缺如焉。此爲吾國工程師失敗之第三點。科學之精神爲何？曰：『勇，久，公，忠，實。』俗云：『勇敢果爲』，惟有勇敢，方能果爲，能果爲方能成功也。哥倫布之渡大西洋，萊特氏之飛行成功，皆具有勇敢之精神也。我國社會關係複雜，每舉辦一事，恆爲環境所阻撓，工程師之勇氣全失，而習爲頹喪之性，諸事不敢前，故工程師之不能有所建豎，此其一。其次爲『久』。旣有勇敢之精神，復須有持久之意志，作事方可不至『虎頭蛇尾』。且也，科學之發明，恆非一日之工，其進程中之困難，不可預測，如歷史上之發明家，恆耗終身之心血，尚不能冀其發明於完善，若畏難而退，則前功盡棄，發明永無實現之一日。如吾國之治河，今日導淮，明日疏運，後日治黃，時治時斷，均無成果，是不能專一持久之患也。此其二。再次爲『公』，吾國人之劣性根特深，每作一事，不能廓然大公，平日存心偏私，遇事盡以私心處之。甚至國家安危攸關之事，亦不之顧，工程師負有改造人類幸福之責，所作所爲，莫非爲社會，爲人類，豈可偏私爲已哉！如造舟車，豈可因該舟車售之敵人，卽焚其器乎？此其三。再次爲『忠』。『忠』者，忠於事，而非於君也。然吾國河患日亟，路政日廢，各工程機關，亦若其他機關，貪污之案疊出，工程師之人格掃地，如最近晉省之同蒲鐵路舞弊案，聞者痛心，是不能忠於職也。美哲學家羅亦斯曾著『忠之哲學』一書，謂一切宗教皆可不要，獨忠不可無。此其四。最後爲『實』，『浮而不實，非工程份子也。蓋工程之事，均須實心蹈地爲之，不可虛飾外表，欺人自欺。如建屋然，非虛飾表面所能持久。聞黃河某段工程，以工程師之主張，最低應以三合土築堤，否則難以持久，計需款約二十餘萬元。惟主管人以欲謀長官一時之歡心，竟以高粱杆貴土爲料，雖耗款僅十九萬元，但未及三月，全段不支決口，勢不得不重建築。是忠於君而未忠於事之忠也，此其五。

　　吾人欲振起工程師之萎疲，惟有復興科學之精神，倘乏科學之知識及技能，其實固大，但缺乏科學之精神，亦不足以言存！普法戰爭，法國兵敗地削，幾於不能立國，巴思德氏憤其國家爲人凌辱，奮力研究，彼一心唯知之科學之工作，效力於國家，其結果也，研究所得，關於實用者甚廣，法人利用之，竟能於扶死救傷之餘，充實國力，一躍復爲世界之強國。英以赫胥黎氏，鼓吹科學精神，其偉績尤震爍古今。今世界各國，何一非科學爲立國之基礎？吾工程師輩；不惟應俱科學之精神，且應供獻科學之精神於政府，於國民以挽此萎敝之國家於復興。

　　（三）結論

　　國民經濟之建設有賴工程師，已爲定論；建設國民經濟之辦法，可引用建國方略之實業計劃，實業計劃有賴工程師，故實業計劃，可作爲本篇之結論。其計劃：

　　（甲）交通之開發

　　　　子、鐵道十一萬英里

　　　　丑、碎石道一百萬英里

　　　　寅、修濬現在運河

　　　　　　（一）杭州天津間運河

　　　　　　（二）西江揚子江間運河

　　　　卯、新開運河

　　　　　　（一）遼河松花江間運河（今版圖已失）

　　　　　　（二）其他運河

　　　　辰、治河

　　　　　　（一）揚子江築堤濬水路，起漢口迄於海以便航洋船直達該港無間多夏。

　　　　　　（二）黃河築堤濬水路以免洪水

（三）導西導

（四）導淮

（五）導其他河流

巳、增設電報綫路，電話，及無綫電等，使徧布於全國。

（乙）商港之開關

子、於中國中部北部南部各建一大洋港口如紐約港者。

丑、沿海岸建種種之商業港及漁業港。

寅、於通航河流沿岸建商場船埠。

（丙）鐵路中心及終點並商港地設新式市街各具公用設備。

（丁）水力發展。

（戊）設冶鐵製鋼造士敏土之大工廠以供上例各項之需，

（己）鑛業之發展

（庚）農業之發展

（辛）蒙古新疆灌溉

（壬）於中國北部及中部建造森林

（癸）移民於東三省蒙古新疆青海西藏。

上述計劃，如見實行，不特我國國民經濟問題解決，且可作各國餘貨銷納之地，免除全世界之戰爭。是國民之經濟問題解決，其他一切問題可以解決。故工程師不可不兼作政治家，實業家，我國環境特殊，一切事業均待創舉工程師之責任重大，遠勝他國，故吾發工程師必須俱有科學之精神，政治社會之知識，以改造中國，創舉一切新事業。

廿四年九月魯囚

附圖一

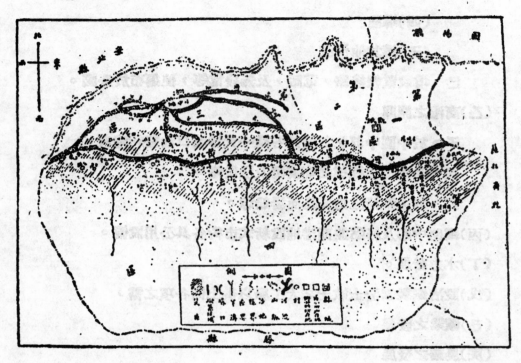

本 系 近 况

本校土木工程系，經我們金主任通尹先生，努力的發展之下，到現在總算在內國各處已有了相當的地位；畢業的同學在社會上服務的已不少，趙國外深造的也不少；因了這許多的校友在外任職和研究，以及社會上的關懷，在此特別的將我們土木系近幾年來的概況，約略地寫在下面，以慰各校友及各界的關心。

我們的土木工程系，因為本校是私立的緣故，經費的來源當然是很困難的，可是在這困艱難苦的環境中，本系的發展是非常的驚人。在初辦的時候，校中的設備很少，都不過從書本中去求得些土木工程的智識，或做些土木工程應有而不可缺少的測量實習。後來因為感到國內建設的需要，就漸漸的向土木工程更深的智識上，努力地發展，使同學們都能學而致用。因此就建立了一個材料試驗室，向國外去定購了幾部不可缺少的材料試驗機，作為修習材料試驗的同學實習之用。更在子彬院大教室之旁，又建造一座工廠實習的廠屋，裏面又定購了幾種工廠實習的機件，不過都是木工所用；不久對於金工方面及水利方面的實習，亦將相繼的添置。

因為本系入學人數的驟增，所以測量儀器，如經緯儀，平板儀，水平儀以及各水利測量所用的儀器，也就添置了不少，現在已單獨置備了一間儀器儲藏室；其他各種另件，更添置了許多；在本學期又新購二架精密的經緯儀作為大地測量實習之用，又在子彬院大廈內，劃出一間極大的教室，新置了五十餘只製圖台子，按置在內，以供設計製圖之用。

在幾年前本系所另立的土木工程系圖書室，近年來又新購各種大批新書和雜誌，供各同學參考。

除了上面關於設備方面外，在課程方面，近來絡續增加不少；教授也增聘了幾位；本學期共六位，計金通尹先生。王縈瞻先生，裘冠西先生，沈臏顏先生，孫繩曾先生，孫祥朋先生等六位；助教二位，馬地泰先生和唐賢椮先生諸教授的學識豐富，經驗宏偉，莫不悉心指導同學的研究；較諸有幾國立大學教授，作為留聲機之功用，與學生互相不通聲氣，又可告慰得多了。所開課程，除基本課目外，有結構計畫，鋼骨房屋計畫，鋼板橋計畫，桁架橋計畫，鋼骨水泥計畫，拱橋計畫，道路計畫，市政計畫，溝渠工程計畫等，又新加橋梁學，及為了國難教育實施之故，特附開軍事輕便橋梁計畫。照目前的情形，所開的課程，與國立大學已可並駕齊驅，所不及的祇在少數的設備而已，如金工廠等，不過已在努力的增設中了。故近來各界樂於聘用本系畢業同學，亦非無因的吧！

母校能得發展，得到了無上的光榮，也就是校友本身的光榮，所以我們更希望已在服務的校友們，在經濟能力可能範圍之內，不論在圖書方面，或設備方面，竭本人的力量，儘力的來充實我們的土木工程系，那末將來在國內獨佔鰲首，是不成問題的了！

編　後

本期會刊因愛國運動之熱潮，以致延遲甚久，編者深致歉意。幸賴各校友，各同學相繼賜以宏著，始得應運而生編者謹以十二分誠意感謝諸君。惟因經費關係，內中甚多插圖，未能製版刊載，深以爲憾。

畢業同學調查表，仍有少數同學未得確實詳細通訊處，甚望各校友有知悉表中錯誤及其詳細通訊處者，請卽備函通知，以便於下期出版時，有以改正。

上期會刊，有來函詢問何處出售者，本會因係研究性質，故未有代售之處，嗣後各界如需本刊時，請直接函知本會購買，或託各書局來校代辦亦可；如有工程機關或圖書館欲需本刊，可備函通知本會，本會可按期奉贈，以資提倡工程學術。

歷屆畢業同學近況

姓 名	字	籍 貫	現 任 職 務	通信地址
吳梓煥	華甫	江蘇上海	北洋工學院教授	天津北洋工學院
吳銘之		浙江吳興	浙江省公路局	
王業祺		浙江諸暨	淞江省公路局衢蘭衢廣兩路聯合管理處工程師	杭州浙江省公路局
侯景文	郁伯	河北南皮		漢口舊德租界六合路永靈里22號
陳慶澍	慰民	廣東新會	廣西建設廳技正兼廣西公路管理局柳江區工程師	邕寧廣西建設廳
楊哲明	憶禪	安徽宣城	江蘇建設廳指導工程師	鎮江江蘇建設廳
萱芝眉		浙江吳興	上海工部局工務處建築科設計工程師	上海工部局工務處建築科
王光釗	冕東	江蘇泰縣	南京新中公司建築師	南京戚府園六十六號
周仰山	鑄生	湖南瀏陽	湖南省公路局段工程師	長沙湖南公路局
施景元	明一	江蘇崇明	上海縣建設局技術主任	崇明橋鎮東河畔犬盤衣莊
孫繩曾	季武	江蘇寶應	美國密歇根大學留學	上海蓬萊路安樂坊九十三號　本校
徐文台	澤予	浙江臨海	浙江省教育廳祕書	杭州　浙江省教育廳
湯日新	又齋	江西廣豐	黃巖縣縣長	浙江黃巖縣政府
謝槐珍	紀蓀	湖南東安	湖北漢宜公路	湖北當陽漢宜路工程處
劉德謙	克讓	四川安岳	四川省公路局成渝路工程師	四川省公路局
潘文植		廣東南海	北寧鐵路管理局	天津北寧鐵路管理局
何昭明		江蘇金山	湖北建設廳	武昌委員長行營管理處
王傳舜	晉蕃	江蘇崑山	浙贛路玉南段第十分段段長	杭州浙贛鐵路局
陳 段	序安	江蘇泰縣	南京市工務局技士	南京市工務局
駇有賡	熙若	浙江鄞縣	寧波效實中學教員	寧波西門外戢墻記書圃

889

滑建山	卓亭	河南偃師	山東建設廳技士	濟南山東建設廳
吳　韶	譜庻	江西吉安		上海天津路新昌源顧茂莊
蔣　炆	煥周	安徽霍邱	全國經濟委員會公路處	同前
劉際棐	會可	江西吉安	湖北省第四中學	江西吉安永吉巷吉豐油榨
錢宗賢	惠昌	浙江平湖	江南水利處	同前　鎮江
林孝富	文博	安徽和縣	全國經濟委員會公路處江西公路第三測量隊	南京全國經濟委員會
許其昌		江蘇青浦		青浦大西門內
陳鴻鼎	禹九	福建長樂	南京市工務局技士	南京市工務局
徐　琳	振聲	浙江平湖	技士	浙江建設廳
徐以枋	馭華	浙江平湖	全國經濟委員會	南京鐵湯池經濟委員會
汪德新		四川巴簰	湖北建設廳老隕段工程處	武昌牙釐局街25
沈潤溪	夢蓮	江蘇啓東	上海市工務局技士	上海工務局
陸仕岩	傅侯	江蘇啓東	上海市工務局技佐	上海工務局
胡　釗	洪釗	安徽績谿	上海建築工程師	上海河南路471號老胡開文墨莊
賓希參		湖南東安	湖南省公路局桃晃段工程處	湖南省公路局杭晃段工程司
余澤新	希周	湖南長沙		漢口平漢鐵路局
周書濤	觀海	江蘇嘉定	上海市工務局技士	上海市工務局
何棟材		廣西梧州	廣西自來水廠經理	廣西梧州自來水廠
馬樹成	大成	江蘇溧水	西安建設廳	陝西寧羌縣漢寧路第三段工程處
徐仲銘		江蘇松江	江蘇建設廳副工程師	鎮江建設廳
余西萬		湖南長沙	粵漢鐵路工程師	長沙劉正街五十三號余宅轉交
陳家瑞	肖峯	安徽太湖		安慶安徽公路局
葉　森	思存	江蘇松江	上海市工務局技佐	上海市工務局
蔡鳳圻	仲橋	江蘇崇明	崇明敦行女子初級中學	崇明敦行女子初級中學

890

駱文奇			廣西省政府技術室技士	廣西省政府技術室
孟溱生	守厚	湖南衡山		蒲石路杜美新邨十四號
潘煥明	欽安	浙江平湖	南京首都電廠	南京首電廠
林華煜	君嶧	廣東新會	廣東南海縣技士	廣州惠福路南海縣政府
姚昌焴	昌焴	江蘇金山	河南建設廳技士	開封河南建設廳
鄔烈升	培風	浙江奉化		
王 斌	友韓	江蘇崇明	上海市工務局技佐	上海市工務局
汪和笙	幼山	浙江慈谿	華西興業公司工程師	重慶道門口華西興業公司
倪寶琛	珍如	浙江永康	梁揚家渡玉衛段第十五分段幫工程司	杭州浙贛鐵路局
沈璘雙	景瞻	江蘇海門		
殷 覺	乘翼	江蘇武進	江蘇海州中學	浙江餘姚縣政府
王鴻志	鵠侯	江蘇泰縣	上海市工務局技佐	上海市工務局
姜達鑑	寶深	江西鄱陽	上海市工務局技士	上海市工務局
曾觀濤	少泉	江蘇吳江	東方鋼窗公司經理 大寶建築公司經理	廣州廣東山百子路四十七號
沈元良	安仁	江蘇海門		海門三星鎮裕隆布莊
伍朝卓	自覺	廣東新會	廣東省府順德糖廠工程師	廣州南關迴龍下街九號
劉海通		河北沙河	河北建設廳技士	邢台河北省立中學
葉貽堯	永順	浙江鎮海	上海市工務局技佐	虹口公平路公平里八百號
孫乃騄	祿生	浙江吳興	青島陸縣支路二號	山東建坨委員會工務處
梁泳熙		廣東東莞	廣東市工務局技士	廣州市文明踏一百九十四號三樓
湯邦偉		廣東台山	廣西公路管理局邕鎮區工程師	南寧廣西公路管理局
韓春第		河北天津	山東建設廳	山東建設廳濟南
李育英	樹人	安徽霍邱	湖北建設廳測量隊	仝前
丘秉敏	英士	廣東梅縣	廣汕路工程師	廣州東山犀牛路五號

891

姓名	字	籍貫	職務	通訊處
包甘德		江蘇上海	威海衛管理公署工務科	威海衛管理公署工務科
高朝珍		安徽合肥	京建路皖段段工程師	安徽省公路局
孫斐然	菲園	安徽桐城	江蘇建設廳疏濬運河工賑處工程師	杭州虎林中學
王晉升	子亨	河北唐山	玉南路第十六分段幫工程司	杭州浙贛路局
馬雲鵬		河北天津	財政部山東建坨委員會助理工程師	青島陵縣支路二號山東建坨工程處
趙承偉	淵渟	江蘇上海	浙江省公路局峽嵊路工程員	浙江省公路局
徐祖源	澤深	江蘇宜興		宜興北門段家巷
粟頤	少松	湖南寶慶	湖南建設廳	未詳
張兆泰		河北漂縣		北甯路唐山廣務局
孫羣萌		浙江紹興	上海市工務局技正	上海市務局
把若愚		江蘇泗陽	威海衛管理公署工務科	威海衛管理公署
吳厚溫	季餘	福建閩侯	福建學院附中教員	福州格致中學
何照芬	仲芳	浙江平湖	河南建設廳第三水利局技術主任兼軍委會工程訓練班教官	洛陽第三水利局
張文田	心丕	江蘇丹徒		
范維溁	惟容	浙江嘉善	山東膠濟路局	嘉善城內中和里　青島
沈克明	本德	江蘇海門	上海四行儲蓄會建築部	上海靜安寺路派克路四行儲蓄會建築部
李達勛		廣東南海	廣州市建築師	廣州市一德路二百十號
李壽彭		江蘇上海	定中工程事務所工程師	上海愛多亞路中匯大樓五二一號定中工程事務所
傅錦華	立虛	浙江蕭山	湖北沙洋漢宜路第三分段	湖北沙洋漢宜路之面工程處
陳豪	重英	江蘇青浦	青浦縣政府	青浦城內公堂街下塘
李秉成	集之	浙江富陽	金華浙贛路工務第四分段段長	
關毓謨	禹昌	安徽合肥	安徽第四區行政專員公署	壽縣安徽第四區行政專員公署
葉彬	壯蔚	廣西容縣	廣西自來水廠南甯分廠經理	廣西南甯自來水廠
朱鴻炳	光烈	江蘇無錫	成基建築公司工程師	蘇州大柳貞巷二七號

鄒　榮	光烈	江蘇無錫	福建建設廳技士	福州
王茂英		山東牟平		
蔡闓青		江蘇常熟	江蘇省公路局	常熟北大楡樹明
張景文		廣東開平	平漢鐵路工務處技術科	漢口平漢鐵路工務處技術科
張寶山	秀峯	山東文登	威海衞公立第一中學校長	威海衞公立第一中學
何孝樞		福建閩侯	浙贛路玉南段十一分段幫工程司	杭州
鄧慶成	維一	江蘇江陰	江蘇省土地局	鎮江將軍巷二十四號
朱担莊	荇卿	浙江鄞縣	宜溧運河工賑處段工程師	鎮江江南水利處
曾越奇	光遠	廣東焦嶺	南京軍事委員會交通研究所	
羅石卿		江西南昌	美國密西根大學	孫繩骨轉
徐信孚		浙江慈溪		上海
沈其頤	輔仲	湖南長沙	湖南省公路局	湖南長沙興漢路三十八號
馮　詮	養真	浙江諸暨	湖北建設廳	湖北建設廳轉鄂南陽瑞路工程處
徐匯溶	伯川	山東益都	黃河水利委員會第三測量隊	天津黃河自利委員會
蓋駿聲	開遠	山東萊陽	山東建設廳	青島城武路48號
殷天擇		江蘇武進		常州棗橋
梁曙光		湖南安化	杭州虎林中學總務主任	杭州虎林中學
聶　尤	劍鋒	江蘇海鋒	浙贛路玉南段第十分段工務員	杭州浙贛鐵路局轉
俞浩鳴		浙江奉化	軍政部軍需署	南京軍政部軍需署工程處
張培康		廣東梅縣	廣東梅縣學藝中學	廣州文德路陶園
張坤生		福建廈門	坤泰工程公司	廈門中山路一七八號
何書沅	善侯	廣東棗會	廣東省政府廣州區第一蔗糖廠工程師	廣州市三府新橫街一號精華公司
戚克中	履道	江蘇武進	南通建設局	南通建設局
楊　濂		福建仙遊	私立莆田學校	福建　莆田城內較場　莆田職業學校

893

馬典午	國憲	廣東順德	廣州勤勤大學講師	廣州東山龜崗四馬路十八號
譚弗崇	小如	湖南湘鄉	湖南公路局洪零段工程處	祁陽湖南公路局零洪段工程處
楊克觀		湖南長沙	鄂北老隄段工務處	漢大王廟餘慶里五號
王志于	秋風	浙江奉化	上海閘北王興記營造廠	西華德路明德里三十九號
霍慕蘭		廣東南海	美國留學	
王　進	佳畬	江蘇海門	杭州市政府工務科	杭州市政府
黃　傑	鼎才	浙江平湖	上海工務局技佐	上海市工務局
胡宗海	稚心	江蘇上海	軍政部技士	江陰北門大街茂豐北號
朱鳴吾	誠鸞	江蘇寶應		寶應古朱家巷二十六號
張縈閣	石渠	江蘇啓東	浙贛路玉南段第八分段工務員	江西貴溪杭州浙贛路局
郁功達	石渠	江蘇松江	上海市土地局	上海市土地局
程　鏞	劍魂	安徽歙縣	南昌航空委員會	南昌獅子亭一號航空委員會
金士奇	士騏	浙江溫嶺	浙贛鐵路局玉南段工務員	杭州裏西湖浙贛鐵路局玉南段工務組
朱能一		江蘇松江	上海市土地局	同前
陳理民		廣東羅定	廣東防域縣立中學	廣東防域縣立中學
牟鴻恂		四川巴縣	江寧縣政府建設科	南京夫子廟平江府街二十四號
范本良		江蘇啓東	砲兵學校監工	南京湯山砲兵學校工程處
王雄飛		浙江奉化	南京振華營造廠經理	南京鹽倉橋東街十七號
吳肇基	錫年	浙江杭縣	陝西漢寧公路第五段	陝西寧羌縣寬川舖漢寧路第三段第二分段
李昌運	國祥	廣東東莞	南京工兵學校建設組	南京工兵學校建設組
陳桂春	昧秋	江蘇泰縣	江蘇建設廳工程員	鎮江口岸大泗莊
戴中潞		江蘇嘉定	江蘇建設廳技佐	鎮江江蘇建廳
唐嘉猋	叔華	廣東中山	浙贛鐵路玉南段第二段	江西上饒浙贛鐵路玉南段工務第二分分段
沈榮沛	澤民	浙江嘉興	浙贛路玉南段第三分段	嘉興北門下塘街158號 江西上饒

劉齊芳		江蘇上海	津浦綫良王莊工程處	仝前
程進田	淵儼	江蘇儀徵	軍政部軍需署營造司	南京軍政部營造司
丁祖震	適存	江蘇淮陰	山東武城第四科	仝前
李次珊		河南阜縣	山東建設廳第五區水利督察專員	
董正華		江蘇豐縣	軍政部軍需署技士	豐縣劉元集
蔣　瑛	伯泉	江蘇宜興	浙江省公路局奉新路工程處	奉化溪口奉新路工程處
于　森	澤民	浙江寧海	嘉興縣政府技術主任	仝前
鮑德冠		浙江紹興		海寧路天寶里十五號
曹振藻		浙江紹興		杭州運月河下九一號
李　球	積中	江西蓮花	江西省公路局	南昌江西省公路局
鄭彤文	筱安	江蘇淮安	安徽省公路局助理工程師	安徽省公路局或江蘇淮安鳳谷村
周　唐	順蓀	江蘇淮陰	全國經濟委員會工程員	南京廣藝街七號
王鏕忞	季雅	江蘇崑山	江蘇銅山縣技術員	仝前
王元善		浙江臨海	中央軍校校舍設計委員會	南京中央軍校校舍設計委員會
曹敬康	伯平	浙江海寧		美國
俞恩炳	誦淵	浙江平湖	安慶安徽省公路局寧國蕪屯路宣寧綫蜀洪第四分段工程處	安慶安徽省公路局
俞恩炘	詞源	浙江平湖	安慶安徽公路局工程處	安徽至德公路局工程處
邱世昌		江蘇啓東	錫滬路工程處	無錫廣勤路永安街
丁同文		江蘇東台	陝西漢寧公路工程師	陝西寧羌縣寬川舖漢寧路第三路第二分段
陶振銘	滌新	浙江嘉興	安慶安徽省水利會副工程師	仝前
徐享道		浙江象山		
姜汝璋		江蘇丹陽	漢口湯茅路工程事務所	奔牛姜市合姜興號
唐犖犖			廣西省政府技術室技士	仝前

895

汪自省			鄭州	隴海路工程局
黃戴邦			南京鐵道部	
易德霖			鶴山縣政府	
林希成	里桐	廣東潮安	晉港民生書院教員	晉港九龍民生書院
劉大烈	幹生	湖北大冶	鄂北老隄段作務處	武昌糧道街宜鳳巷十四號
鮑 遷	子堅	浙江瑞安	全國經濟委員會公路處技佐	南京經濟委員會或溫州瑞安小沙堤
張培林	墨蜀	山東膠縣	濟南山東汽車路管理局	仝前
季 偉		江蘇海門	洛潼公路寧盧段第二督工藝	河南建設廳
馮邦培		浙西北流	柳州第四集團軍總司令部航空處技士	廣西容縣西山圩廣芝堂轉
王敬之	旭心	湖南湘鄉		湖南湘鄉漀水郵局送十五都坪上區鶴山別墅
胡嘉誼	正平	江西興國	江西公路處玉南段第十三分段工務員	江西進賢
盧 堅		福建閩候	福建廈門特種公安局工務處工務員	福州錫巷八號
朱德堯		浙江嘉興		嘉興北門朱聚元號
章麟祥		江蘇武進		戚墅右恆大號
金善璜		江蘇吳江	南京中山路中南公司工程處	吳江北門五號
吳藻生	石	江蘇鹽城	全國經濟委員會水利委員會	南京鐵湯池經濟委員會水利委員會
王壯飛		浙江奉化	南京利濟巷	軍政部營造司
王家楝	孝禹	江蘇吳縣	泰康行工程師	上海新聞路廣慶里 B44號
曹家傑		江蘇上海		上海老北門外恆盛米號
陸時南		陝西柞水	南京陸軍砲兵學校	南京湯山砲兵學校工程處
周說禮		江蘇常熟		
馬地泰		浙江鄞縣	本校土木系助教	本校
殷增鎬		湖南醴陵	山東日照縣建設工程師	山東日照縣政府
周志昌	含光	江蘇江都	江蘇建設廳硫淩鎮武運河工賑處工程員	京滬綫呂城站硫淩運河工賑處

李慶崇	壽恆	浙江鄞縣	南京砲兵學校工程處	南京湯山砲兵學校
陳篤銘	澤棉	廣東台山	陝西漢寧公路助理工程師	陝西寧羌縣甯棋較工程處
盧瀚光			廣西省政府技術室技士	
李之俊		江蘇海門	湖北新溝漢宜路工程段	湖北武昌漢宜公路路面工程處
萬繼垣		浙江平湖	南京首都電廠	同前
沙伯賢		江蘇海門	山東建設廳	山東滕縣縣政府第四科
陳嘉生		江蘇宜興	湖北崇陽路樂通工程段工段員	湖北建設廳測量隊
陳順鐸	麗煊	浙江餘姚	上海濬浦局	上海濬浦總局
劉瀾初		廣東南海	廣州市工務局技佐	廣州市西闊蓬萊正街26號
王長緜		山東濟南	山東建設廳水利專員	濟南南關鐵窩街26號
張承杰		江蘇嘉定	西安市政工程處	南翔御駕橋李源和第一支店
朱之剛		浙江平湖	江蘇省建設廳工程員	江蘇建設廳
駱立祖	敬禮	江蘇南通	中央銀行秘書	拉都路永安別業二號
王紹文		江蘇泰縣	上海濬浦局	上海濬浦局
許壽詒		江蘇無錫		天津市政府
毛宗陞	襄佩	浙江奉化	莧橋防空學校設計股	杭州莧橋防空學校
蔡寶昌	大衛	江蘇上海	江蘇建設廳	上海閘北中興路四六六號
余德杰		廣東文昌	河南建設廳	開封河南建設廳
周頤文		江蘇吳江		大夏中學
許藻瀾		江蘇青浦	江南鐵路公司調查科	蕪湖江南鐵路公司
王明達		浙江鎮海		南京湯山砲兵學校工程處
魏文聚		河北天津	河南開封同蒲鐵路工程處	河南開封同蒲鐵路工程處
譚奕安		廣東新會	上海市工務局技佐	上海市工務局
蔣德馨		江蘇崑山	杭州錢塘江橋	杭州錢塘江橋工程處

程延昆		陝西留壩		陝西留壩西漢路留漢段工程處
王遠明		南京市土地局第三科測量第七隊		
張壽昌		連雲港		隴海路港務工程處
張紹戴		安義縣政府		
張宗安		蘭谿縣政府		
胡朋道	江西海陽	杭州錢塘江橋		杭州錢塘江橋工一處
黎儲材	廣西貴縣	廣西大學助教		梧州廣西大學
陳 璞		河南建設廳隴西築路辦事處		洛陽炮坊街十三號
路 綦				萬縣四川第九區行政督察專員公署
俞禮彬				
樊鼎琦	江蘇海門			西安隴海鐵路第一分段
蔡權勛	浙江鄞縣			漢口江漢工程局
唐尤文	江蘇江都	湖北當陽漢宜了工程處	仝前	
翁禮柔	福建福州	梧州廣西大學		
徐霄然	浙江平湖	鎮江江蘇建設廳		
孫楊祝		漢口江漢工程局	仝前	
徐金範				
蔡君璞 已故同學		軍政部兵工署		南京上海路卅四號
余灼鎧		廣東新會		
許 光 伯明		江蘇江寧		
湯士聰 典若		江蘇啓東		
夏青德		江蘇常熟		
陳式琦		浙江定海		
姚邦華 伯渠		四川重慶		
馬奮飛		廣東順德		

畢業同學調查表

　　本會為明瞭本系畢業同學狀況，並備將來續寄本刊起見，特製此表。敬祈本系畢業同學，詳細填明，寄交本會出版委員為荷。

土木工程學會啓

姓　名		字	
籍　　　貫			
離校年期			
現任職務			
最近通信處			
永久通信處			
備　　　註			

年　　　月　　　日　　寄填

復旦土木工程學會

出版委員會

主　席　潘維燿

編輯委員

包大沛　顧曾沐　錢鎮和

巢慶臨　余裕昌　畢炳浩

陳智江　王家騶　沈天驥

張孔容　葉飈發　笪遠雲

民國二十五年一月一日

復旦土木工程學會會刊

第　六　期

每册定價大洋三角

上　海　復　旦　大　學

土　木　工　程　學　會

出版委員會

定中工程事務所

接 承

其他
橋樑
住宅
旅館 各項設計
學校
貨棧
工廠

工程師　王雲曉
　　　　金通尹
　　　　李壽彭

受多亞路中滙大樓五二一

復旦工學

復旦大學土木工程學會出版

30. Aug. 1936.

903

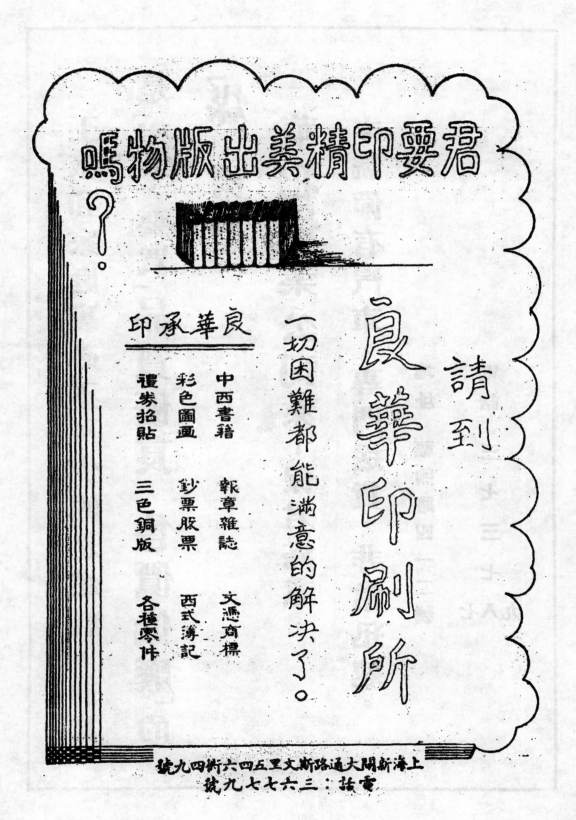
905

工廠和家庭裏必不可少的是燃料，猶其

是「煤」，要買「品質優良，售價低廉」的

「煤」，請到

華北煤業公司來！保君滿意。

本號備有汽車，專門送貨，非常迅速。

地址　福煦路四一二號

電話　三七三七九八七

復旦土木工程學會會刊

第 七 期 目 錄

907

公路木橋之設計

孫 祥 萌

吾國近年公路建設，日益進展，頗有一日千里之勢。惟往往因限于經費與時間，不得不將一切工程力求簡省與迅速。夫欲達此二項條件，身爲公路工程師者，必須于選擇路線時，細心研究，以何條路線工程最簡，橋梁最少，路線最短，則庶幾于施工時可得最順利，迅速而經濟之結果。在此種求迅速而經濟之公路工程設施中，橋梁之建築大半採用木質；雖木質之壽命較短，惟能符合上述兩項之條件也。故吾國當局亦多利用之。因此設計木質橋梁，習土木工程者，亦不可不熟籌也。茲試將普通木質橋梁設計方法之一種，舉例演述于后，以供諸同學之參考。作者因慣用英制故設計中皆以英制爲單位。

設 計 之 步 驟

設計橋梁之先，吾人須知跨越河流之寬度及于跨越地處之剖面深度，則可參酌當地水陸交通之情形而定橋之長度，孔徑及寬度。

例如：

孔徑　　6公尺＝19.68呎

橋寬　　6公尺＝ 〃 〃

載重　　10公噸＝22.046磅

花旗松之重量＝每板尺5磅

花旗松之應剪力＝每平方吋140磅

花旗松之應彎力＝每平方吋1,500磅

震動力(Impact)不計

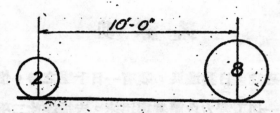

十公噸貨車輪軸載重分佈圖

I. 大 梁 之 設 計

(一)橋面板——假定用3″×12″橋面板，每塊離縫⅛″則

$$(19.68\times12+2\times14)\div12\tfrac{1}{2}=21.14$$

橋面板用21塊，每邊射出6吋。

(二)死載重——假定用十根大梁，則每根梁所載之死重為

$$W_1=\tfrac{1}{3}\times21\times3\times\tfrac{1}{12}\times(19.68+2\times\tfrac{1}{2})\times5=724^{\#}$$

倘用7″×14″大梁，每端射出14″則

$$W_2=7\times\tfrac{1}{12}\times(19.68+2\times\tfrac{1}{12})\times5=899^{\#}$$

總重量為$W^D=W_1+W_2=1,623^{\#}$

(三)活載重——橋之活載重依十公噸之貨車設計。假定全車之重量，完全集中于前後兩輪軸。兩軸之距離為十呎；或以均佈載重(Uniform Load)每平方呎100磅計算，則

重量集中于後輪者$=\tfrac{8}{10}\times22,046=17,636.8^{\#}$

〃〃〃〃 前輪者$=\tfrac{2}{10}\times22,046=4409.2^{\#}$

木質大梁規定距離不得過2½呎中一中，則大梁之佈置距離為

「$(19.68-\frac{2}{12})/9$」$=2.123$呎

依美國道路協會規範書之規定，車輛之重量傳達于一根大梁上者，其總重之系數等于大梁之距離（以英尺計），除4，即

$$\frac{2.123}{4}=0.53075$$

現在先將一根大梁之載重列述如下：

從後輪上傳達到之重量爲

$$P=17,637\times\tfrac{1}{2}\times0.53075=4,680^{\#}$$

再從前輪上所得之重量爲

$$P'=4,409\times\tfrac{1}{2}\times0.53075=1,170^{\#}$$

（四）彎羃——（Moment）

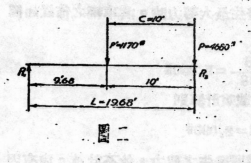

圖 二

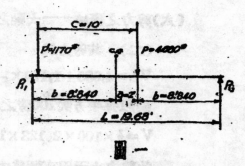

圖 一

大梁之能發生最大彎羃時，當車輪之佈置如圖（一）。

車輛之重心距梁端較遠，蓋大輪甚近于梁之中心也。

$$a=\frac{P'c}{P'+P}=\tfrac{1}{5}\times10=2'$$

$$b=(L-a)\times\tfrac{1}{2}=(19.68-2)\times\tfrac{1}{2}=8.84'$$

$$M_L=(P'+P)\tfrac{1}{L}\times b^2=\frac{5850}{19.68}\times\overline{8.84}^{\,2}=23,220'^{\#}=278,640''^{\#}$$

倘用均佈載重計算則所得之彎羃爲

$$M=\tfrac{1}{8}wl^2=\tfrac{1}{8}(100\times2.123)\times\overline{19.68}^{\,2}=10,263.5'^{\#}$$

$$=123,162''^{\#}$$

此數小于車輪集中載重之彎羃，故此間設計不以此數爲依據。

再死載重之彎羃爲

$$M_D = \tfrac{1}{8}W4 = \tfrac{1}{8} \times 1623 \times 19.68 \times 12 = 47,940''^{\#}$$

旣得活載重與死載重之彎羃，則大梁所受之總彎羃爲：

$$M_T = M_D + M_L = 47,940 + 278,640 = 326,580''^{\#}$$

(五)斷面尺寸——大梁之彎羃已知，其斷面之尺寸卽可由此求得。

$$bd^2 = \frac{6M}{f} = \frac{6 \times 326,580}{1,500} = 1,308in^3$$

設用7"×14"之大梁，卽可得斷面率(Section Modulus)

$$bd^2 = 7 \times 14 \times 14 = 1,372 in^3$$

故採用7"×14"之斷面爲最適合而安全。

(六)剪力之覆核——大梁之能發生最大剪力時。其車輛之佈僵如圖
(二)。其剪力爲

$$V_L = 4,680 + 1,170 \times \frac{9.68}{16.68} = 5,250^{\#}$$

倘以每平方呎100磅之均佈載重計算則

$$V = \tfrac{1}{2} \times 100 \times 2.123 \times 19.68 = 2,090^{\#}$$

此剪力小于因車輛集中載重所發生之剪力，故不計及。倘有因
死重量而發生之剪力爲

$$V_D = \tfrac{1}{2}WL = \tfrac{1}{2} \times 1,623 = 812^{\#}$$

大梁所受之總剪力爲

$$V_T = V_L + V_D = 5,250 + 812 = 6,062^{\#}$$

則每平方吋之剪力爲

$$f = \frac{V_T}{bd} = \frac{6,062}{7 \times 14} = 62\%$$

此數小于規定之應剪力（140‰），故關於剪力之發生亦屬安
全。

II.　橋面板之設計

大梁計用十根，每梁之中距爲2.123呎即25.476吋。大貨車之後輪車胎闊約15吋現假定每塊橋面板者爲固定式梁如圖（三）

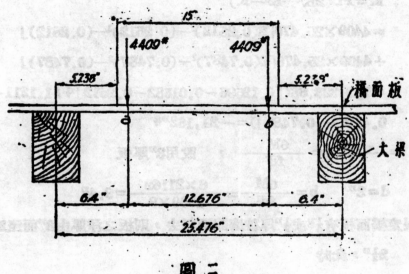

圖三

梁上所受之集中載重爲貨車兩胎合併之後輪，其每胎輪所受之載重爲

$$\tfrac{1}{2}(\tfrac{1}{2}\times22,046\times\tfrac{1}{2})=4,409^{\#}$$

依固定梁之彎冪公式爲

$$M=PL(2K^2-K^3-K)$$

M＝彎冪，

P＝載重，L＝梁之長度。K＝梁之長度系數如圖（三）假定KL爲½L

即25.476×½＝6.4"則25.476－12.8＝12,676"即爲中部之長度

K之值以a點標準則

$$K = \frac{6.4}{25.476} = 0.2512$$

倘以b點爲標準則

$$K = \frac{19.076}{25.476} = 0.7487$$

$(25.476 - 15) \div 2 = 5.238''$ 爲自梁端至車胎邊之距離。

$$M = PL(2K^2 - K^3 - K)$$

$$= 4409 \times 25.476\lceil 2(0.2512)^2 - (0.2512)^3 - (0.2512)\rfloor$$

$$+ 4409 \times 25.476\lceil 2(0.7487)^2 - (0.7487)^3 - (0.7487)\rfloor$$

$$= 112,323.68(\lceil 0.12596 - 0.01582 - 0.2512\rfloor + \lceil 1.1211 -$$

$$0.41968 - 0.7487\rfloor) = -21,162''\#$$

$$f = \frac{Mc}{I} = \frac{6M}{fd^2}, \quad 設用3''厚板$$

$$d = 3'' \quad b = \frac{6M}{fd^2} = \frac{6 \times 21162}{1500 \times 9} = 9.4''$$

假定橋面板有$\frac{1}{4}$"或$\frac{1}{2}$"厚被磨擦而耗去，則板之淨厚由3"而至2$\frac{3}{4}$"或 2$\frac{1}{2}$"，此時

$$b = (6 \times 21162)/(1500 \times \overline{2.75}^2) = 11.91''$$

或 $$b = \frac{6 \times 21162}{1500 \times \overline{2.5}^2} = 13.552''$$

故現採用3"×12"之橋面板。

應剪力之覆核：

$$V = P(1 + 2K^3 - 3K^2)$$

$$= 4409\lceil 1 + 2(0.2512)^3 - 3(0.2512)^2\rfloor$$

$$+ 4409\lceil 1 + 2(0.7487)^3 - 3(0.7487)^2\rfloor = 4409\#$$

$$v = \frac{V}{bd} = \frac{4409}{12 \times 3} = 122.6\%$$

規定之應許剪力爲140%故所用之斷面爲安全。

III.　木 椿 橋 架 之 設 計

木椿橋架，即以多數之木椿組成爲架，負載橋梁承受之重量。其地位往往在河中，而用于兩孔以上之橋梁。故橋梁在兩孔以下者，此項設計，可簡略，

(一)死重量：

甲. 大梁10—7"×14"，$W_1 = 10 \times 7 \times \frac{}{} \times 20.50 \times 5 = 8,340\#$

乙. 橋面板3"×12"，$W_2 = 20 \times 3 \times \frac{}{} \times 19.68 \times 5 = 5,900\#$

丙. 欄杆柱8—6"×6"，$W_3 = 8 \times 6 \times \frac{}{} \times 4.93 \times 5 = 590\#$

丁. 欄杆檔24—4"×4"，$W_4 = 24 \times 4 \times \frac{}{} \times 6.66 \times 5 = 1065\#$

戊. 護車木2—6"×6"，$W_5 = 2 \times 6 \times \frac{}{} \times 20.50 \times 5 = 615\#$

巳. 蓋梁1—10"×10"，$W_6 = 10 \times \frac{10}{12} \times 21.68 \times 5 = 905\#$

　　　　總死重量 $W = 17,415\#$

(二)活載重：

倘每平方呎以承受100磅計算

　　活載重 $= 100 \times 19.68 \times 19.68 = 38,600\#$

　　死活總載重 $= 17,415 + 38,600 = 56,015\#$

(三)每椿之載重：

假定每排橋架用木椿五根，則每椿之載重爲 $\frac{1}{4} \times 56015 = 14,000\#$

(四)木椿之斷面：

$$bd = \frac{W}{f} = \frac{14,000}{1200} = 11.64 \text{in}^2$$

用10"×10"斷面之木椿五根，組織一排椿架，其長度約自三公尺至七公尺半；或12"×12"木椿五根組織而成，其長度自七公尺半至九公尺

。再用斜橫撐聯合加固之。

（五）樁之入土深度：

（1）如用10"×10"木樁，長度約50呎，則每樁之重量爲

$$10 \times \frac{12}{12} \times 50 \times 5 = 2,080^{\#}$$

加入橋面之重量，其總重爲

$$2080 + 14,000 = 16,080^{\#}$$

故每樁之入土深度爲

$$\frac{16,080}{200 \times \dfrac{40}{12}} = 24.1 呎或8公尺$$

此間假定泥土阻力爲每平方呎200磅

（2）如用12"×12"木樁，長度約53呎則每樁之重量爲

$$12 \times \frac{12}{12} \times 53 \times 5 = 3,180$$

其總載重 = 3180 + 14,000 = 17,180#

故入土深度爲

$$\frac{17,180}{200 \times \dfrac{48}{12}} = 21.4 呎或6.53公尺$$

爲安全計，其最短之入土深度爲7.2公尺

Ⅵ.　　木樁橋座之設計

（一）橋座上之死載重：

橋座即指橋梁兩岸之座也，其所承受之死載重如下列數種：

（1）大梁　　　　　　　8,340#

（2）橋面板　　　　　　6,520#

(3) 欄柱　　　　　　　　590#

(4) 欄檔　　　　　　　1,065#

(5) 護車木　　　　　　615#

(6) 蓋樑　　　　　　1,810#

　　　　總死重 = $\overline{18,940^\#}$

每橋座承受死載重 = $\dfrac{18,940}{2}$ = 9,470#

(二) 活載重：

(1) 均佈載重 $\frac{1}{2}wl^2 = \frac{1}{2} \times 100 \times \overline{19.68}^2$ = 19,350#

每樁所受重量為　19,350 × $\frac{1}{4}$ = 4,840#

(2) 集中載重：

每樁所受重量為 $(22,046 \times \frac{1}{2}) \times (17.68/19.68)$ = 9,900#

(三) 斷面尺寸：

假定每樁之應許抵力為1,200#

每樁所受之活死總重為：

$$\frac{1}{4} \times 9,470 + 9,900 = 12,268^\#$$

$$\therefore\ bd = \frac{12,268}{1200} = 10.2\text{in}^2$$

故用五根10"×10"木樁，組成一排為橋座。

(四) 木樁入土深度：

假定樁與泥土之表皮阻力每平方呎為200磅，則樁之入土深度，最安全為樁長度之半，或不得少于樁長度之三分之一。

今設樁之長度為30呎，則一樁之重量為：

$$10 \times \frac{10}{12} \times 30 \times 5 = 1,250^\#$$

橋面上之死重½×9,470＝2,368

活載重　　　　　　　　　＝4,840

每椿所受之總重＝8,458#

∴ 入士深度＝$\dfrac{8,458}{200\times\dfrac{40}{12}}$＝12.6呎

爲安全計每椿之入士深度至少爲15呎

(五)木椿未入士部份長度之研究：

　　木椿橋座，其椿之未入士部份之長度，應加研究。蓋橋座之木椿不但承受橋上之重量，且亦受座後泥土之壓力。如不顧全此點，木椿恐或有傾倒折斷之虞。其研究之法有二，茲試述如次：

(1) 木椿假定爲一橫梁，其一端有撑支住，（即用拉條者），他端則假定完全固定如圖（四）

(2) 木椿假定爲一懸臂梁，如圖（五）。

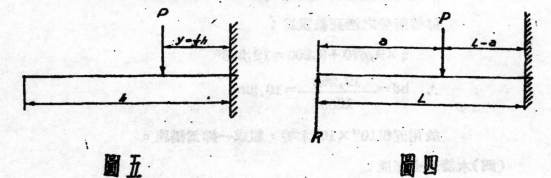

圖五　　　　　　　　　　　　　　　圖四

（甲）在（Ⅰ）情形之下

$$P=\tfrac{1}{2}wh^2\ \frac{1-Sin\phi}{1+Sin\phi}$$

P＝總土壓力（磅）

w＝每立方呎之泥土重量＝100#/ft³

h＝木橋未入土部份之長度

ϕ＝泥土之安定角度(Angle of repose)

今木橋之距離爲

$$\left(19.68-2\times\frac{5}{12}\right)\div4=4.714呎$$

設　$h_0=6,$　　　　$y_0=2,$

　　$h_1=8,$　　　　$y_1=2.667$

　　$h_2=10,$　　　$y_2=3.33$

　　$h_3=12,$　　　$y_3=4.00$

　　$h_4=14,$　　　$y_4=4.667$

　　$h_5=16,$　　　$y_5=5.33$

　　$h_6=18,$　　　$y_6=6.00$

　　$h_7=20,$　　　$y_7=6.667$

假定：　　　$\dfrac{1-Sin\phi}{1+Sin\phi}=1$　故

$$P_0=\tfrac{1}{2}\times100\times6^2\times4.714=8,485^\#$$

$$P_1=\tfrac{1}{2}\times100\times8^2\times4.714=15,085^\#$$

$$P_2=23,570,^\#\qquad P_3=33,941^\#$$

$$P_4=46,197^\#,\qquad P_5=60,340^\#$$

$$P_6=76,347^\#,\qquad P_7=94,280^\#$$

自圖(四)得

$$R=\lceil P(1-a)^2(2l+a)\rfloor\div2l^3$$

$$=\frac{P}{2l^3}(2l^3-3l^2a+a^3)=\frac{P}{2}(2-3k+k^3)$$

此間$k=\dfrac{a}{1}=\tfrac{2}{3}=0.667$

今假定$K=(2-3k+k^3)=0.2962$

$$R_0 = \frac{P_0}{2}K = 1,257^\#$$

$$R_1 = \frac{P^1R}{2} = 2,234^\#$$

$R_2 = 3,485^\#$　　　　$R_3 = 5,027^\#$

$R_4 = 6,842^\#$　　　　$R_5 = 8,939^\#$

$R_6 = 11,307^\#$　　　　$R_7 = 13,963^\#$

彎冪之計算

既知各種情形之抵力數值，即可因此求得彎冪之值。

$M_0 = R_0a_0 = 60,336^{"\#}$　　　　$a_0 = 4.000$

$M_1 = R_1a_1 = 142,960^{"\#}$　　　　$a_1 = 5.333$

$M_2 = R_2a_2 = 278770^{"\#}$　　　　$a_2 = 6.670$

$M_3 = R_3a_3 = 482,592^{"\#}$　　　　$a_3 = 8.000$

$M_4 = R_4a_4 = 765,000^{"\#}$　　　　$a_4 = 9.333$

木椿應有之斷面

$$b_0d_0^2 = \frac{6M_0}{f} = \frac{6\times 60,336}{1,500} = 241\text{in}^3$$

$$b_1d_1^2 = \frac{6\times 142,960}{1,500} = 572\text{in}^3$$

$$b_2d_2^2 = \frac{6\times 278,770}{1,500} = 1,117\text{in}^3$$

木椿之斷面倘用10"×10"，其斷面率爲1000in³。自上項之斷面率算式，可知10"×10"之木椿，其未入土部份之長度不得超過10呎或3.05公尺。

倘木椿用12"×12"之斷面，其斷面率爲1728in³，則椿之未入土部份之長度不得超過11呎或3.35公尺。

（乙）在（2）情形之下，木椿如懸臂梁之載重。

$$M = \frac{wl^2}{2}$$

當 $h_0 = 6'$，

$$M_0 = 100 \times 4.714 \times \frac{6^2}{2} \times 12 = 101,840''\#$$

$$bd^2 = \frac{6 \times 101,830}{1,500} = 407.5 \text{in}^3$$

當 $h_1 = 7'$，$M_1 = 100 \times 4.714 \times \frac{7^2}{2} \times 12 = 138,600''\#$

$$bd^2 = \frac{6 \times 138,600}{1,500} = 554 \text{in}^3$$

當 $h_2 = 8'$，$M_2 = 100 \times 4.714 \times \frac{8^2}{2} \times 12 = 181,029''\#$

$$bd^2 = \frac{6 \times 181,029}{1,500} = 725 \text{iu}^3$$

$h_3 = 9'$，$M_3 = 100 \times 4.714 \times \frac{9^2}{2} \times 12 = 230,000''\#$

$$bd^2 = \frac{6 \times 230,000}{1500} = 920 \text{in}^3$$

$h_4 = 10' M_4 = 100 \times 4.714 \times \frac{10^2}{2} \times 12 = 282,858''\#$

$$bd^2 = \frac{6 \times 282,858}{1500} = 1,132 \text{iu}^3$$

從（1）與（2）兩情形之下，研究結果，木椿之未入土部份長度不得超過10呎。蓋椿之未入土部份長度倘逾此限者，採用木椿殊不經濟也。此間之橋座木椿，故採用 $10'' \times 10''$ 之斷面。其他如橋座之擋土板及拉條等之計算，均較簡單，此間不贅述矣。

中國鐵路建築標準摘要

徐爲然錄

⊙幹路之曲度及坡度最大限

凡鐵路幹路之最大曲度，定爲五度（半徑約三〇公尺）其最大坡度，連同曲線上之坡度折減率在內，定爲1.5%

例如曲度爲4^0，其坡度折減率當爲百分之0.06×4（參觀曲線上之坡度折減率條）即0.24%則其准用之坡度最大限，當爲百分之$1.5 - 0.24 = 1.26\%$

⊙直線之最短限

凡鐵路路線同向兩曲線間之直線，至少應長100公尺，異向兩曲線間之直線，至少應長50公尺，惟準備超高度所需之長度，不在此項最短項內。

⊙曲線之超高度

鐵路曲線之外軌條，應超高之超高度（若平公厘）可按下列公式求得：

$$E = 0.009864 \ D \ V^2$$

E係在軌距線處外超高之公厘數。

D係曲度之度數（二十公尺弦）

V係列車之速率以每小時若干公里計。

或遇不用介曲線時，倘無困難情形，應使單曲線內或複曲線內，曲度較銳之曲線上，均有充分之超高度，此項超高度之全數，應用$\dfrac{17}{V}$%之坡度，敷設於直線或較直之曲線上，V爲列車最大速率：以每小時若平公里計。

尋常所用之超高度，不得過125公厘，凡列車之速率，應與所用之最大超高度適合。

例如E＝125公厘在4°曲線上，列車速率不得超高

$$V = \sqrt{\frac{125}{0.00864 \times 4}}$$

$$= 56.3 公里／小時$$

⊙介曲線Trasition Curve

凡2°（R＝572.99公尺）及2°以上之曲線，均應用介曲線。凡4°（R＝286.54公尺）及4°以上之曲線，其介曲線不得小於55公尺。凡曲線之曲度小於4°，而列車速率必須限制者，其介曲線長度之公尺數，不得小於速率之每小時公里數，此項速率係按125公厘之超高度求得之。

⊙凡超高度之分配，應於介曲線全長內，自始至終，逐漸增高，俾直線上並無超高度，而圓曲線上則均有充分超高度。

⊙介曲線之種類，或爲三次方程拋物線，或爲螺形曲線，或其他式樣，應由工程司自行選用之。

⊙豎曲線

凡路線坡度變更爲0.2%或更大者，其兩斜坡之交角，應採用豎曲線，使成弧形，此項豎曲線之長度，應依坡度變更之大小爲比例，每百分之0.1之坡度，變更其交角，如係凸形，豎曲線之長度不得短於20公尺，其交角如係凹形，不得短於40公尺，交角兩邊切線之長度、宜使各爲20公尺之整倍數，其曲線應用拋物線，其起訖點與兩端切線相聯接。

⊙曲線上坡度折減率

尋常路綫之坡度折減率每曲度1°（20公尺弦）應減0.06%，凡6°及6°以上之曲線，每度得減0.05%。

⊙凡列車例停之地點如車站，岔道，煤水站，重要橋樑；隧道等處所，其最大坡度，應減少0.4%，即1.1%在此種地點，如遇有曲線，仍須用坡度折減率。

924

◉路綫橫截面

凡路堤或路塹之橫截面，如係單綫或雙綫之幹路，或次要路，路塹之餘土堆，至少應離坡頂3公尺，路堤坡足，至少離取土坑之鄰近坡頂3.6公尺，（卽護道寬度。）

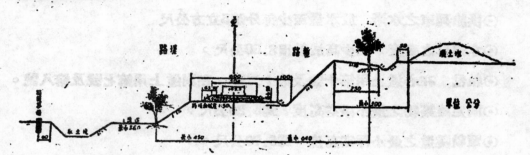

◉橋樑標準載重

凡鐵路橋樑，如其路為幹路者，或可改為幹路者，其載重須等於古柏氏E—50標準載重，如係次要路，其鐵路鐵橋之載重量，不得小於古柏氏之E—35載重。茲將古柏氏載重圖抄錄如下：

	60					60					60						
	25	15	15	15	2.75	15	1.85	15	25	25	15	15	15	2.75	15	1.85	15	15	
E-35 號	7.875	16.76	15.75	15.75	14.75	10.50	10.50	10.50	10.50	7.875	15.75	15.75	15.75	15.75		10.50	10.50	10.50	10.50	每公尺重5.25公噸
E-50 號	11.25	22.50	22.50	22.50	22.50	15.00	15.00	15.00	15.00	11.25	22.50	22.50	22.50	22.50		15.00	15.00	15.00	15.00	每公尺重7.50公噸

註：所有重量均集單綫軌道荷之公噸數
　　所有距離均以公尺計

◉直線上之標準軌距為　1.435公尺

◉鋼軌之標準量為　每公斤43公斤

◉旅客站台高度為　0.68公尺（台面與軌頂之直距）

◉貨物站台高度為　1.10公尺（台面與軌頂之直距）

◉旅客站台寬度　不得小於4公尺

◉兩軌間旅客站台之寬度　不得小於7.50公尺

⊙兩軌間貨物站台之寬度　不得小於9.00公尺

⊙由站台外沿至最近軌道中心之距為　1.68公尺

⊙轉車台之長度　不得小於25公尺。

⊙水櫃之容量　不得小於50立方公尺。

⊙供給列車之水塔　放水量至少每分鐘5立方公尺

⊙水鶴口之高度　至少高於軌頂3.50公尺。

⊙軌岔　在心道上用第十號及第十二號，在副道上用第七號及第八號。

⊙固定建築物之最小淨空高度　為5.20公尺。

⊙單軌隧道之最小淨空高度　為6.70公尺。

洋灰混凝土成分配合表

成分比例	每公方混凝土 洋灰(桶)	洋灰(公斤)	净沙(公方)	石子(公方)	每公方石子 洋灰(桶)	洋灰(公斤)	净沙(公方)	做成混凝土(公方)	每公方净沙 洋灰(桶)	洋灰(公斤)	石子(公方)	做成混凝土(公方)	每桶洋灰 净沙(公方)	石子(公方)	做成混凝土(公方)
1:2:4	2.09	360	0.45	0.90	2.33	400	0.50	1.11	4.65	800	2.00	2.22	0.22	0.43	0.48
1:2½:5	1.71	294	0.46	0.91	1.86	320	0.50	1.10	3.72	640	2.00	2.20	0.27	0.54	0.59
1:3:6	1.42	245	0.46	0.93	1.55	267	0.50	1.08	3.10	533	2.00	2.15	0.32	0.64	0.69
1:3½:7	1.25	215	0.47	0.95	1.33	229	0.50	1.05	2.66	457	2.00	2.11	0.38	0.76	0.80
1:4:6	1.30	224	0.56	0.84	1.56	268	0.67	1.19	2.33	400	1.50	1.79	0.43	0.64	0.77
1:4:8	1.12	192	0.48	0.96	1.16	200	0.50	1.04	2.33	400	2.00	2.03	0.48	0.86	0.89
1:5:10	0.90	154	0.48	0.96	0.93	160	0.50	1.04	1.86	320	2.00	2.08	0.54	1.08	1.12

灰沙漿成分配合表

成份比例	每公方灰沙漿				每公方淨沙		每百公方石灰（即1,65桶）石灰		
	洋灰 公斤／公方桶	淨沙 公方／桶	砂漿 公方	石灰 公方	灰沙漿 公方		洋灰 公斤／公方	淨沙 公方	灰沙漿 公方
1:2	4.19　720	0.90　4.65　800	1.11	0.22	0.24				
1:3	3.10　533	1.00　3.10　533	1.00	0.32	0.32				
1:4	2.40　413	1.05　2.38　40?	1.95	0.43	0.41				
1:5	2.01　346	1.08　1.86　320	0.93	0.54	0.50				
1:6	1.74　299	1.12　1.65　267	0.89	0.65	0.58				
1:7	1.52　261	1.14　1.33　229	0.88	0.75	0.66				
1:8	1.34　230	1.15　1.16　200	0.87	0.86	0.75				
1:1:6	1.55　267				1.00	38.80	0.65	0.65	2.61　4481.68
1:2:9	1.03　178				1.00	77 01.270.97	0.97		1.30　224 1.26

（待　續）

（接　前　頁）

石灰砂漿							
1:2	160.3	2.65	0.90	178.0	2.94	1.11	0.56	0.62
1:3	118.7	1.93	1.00	118.7	1.96	1.00	0.84	0.84
漿 1:4	93.5	1.54	1.05	89.0	1.47	0.95	1.12	6.01

1桶洋灰＝172公斤＝0.10764公方＝3.80立方英尺＝375磅；1公方洋水＝9.8桶＝1,600公斤

1公方石灰＝14.78担＝1964磅＝890.5公斤

$$1公斤 \begin{cases} =2.205磅 \\ =1.654磅斤 \end{cases}$$

$$1担 \begin{cases} =100磅斤 \\ =60.61公斤 \end{cases}$$

1公方石灰和水可造成2.5公方净石灰浆

1公方净石灰浆用356.2公斤石灰（即5.88担）

1担石灰和水可造成0.17公方净石灰浆

100公斤（担1.65担）石灰和水可造成0.28公方净石灰浆

材料重量表

材料	單位	重量	材料	單位	重量
砂	公斤／立方公尺 均	1,041.238公斤	雜砌魚頭石	公斤／立方公尺 均	1,858.200公斤
砂	,,	1,158.421 ,,	1:2:4混凝土	,,	1,922.304 ,,
砂	,,	1,361.625 ,,	1:3:6混凝土	,,	1,761.960 ,,
方石土	,,	1,201.445 ,,	生鐵	,,	1,176.667 ,,
砌成方石	,,	1,922.304 ,,	鍛鐵	,,	7,689.167 ,,
魚頭石	,,	1,201.445 ,,	鋼	,,	7,853.400 ,,
雜砌魚頭石	,,	1,682.000 ,,	木	,,	640.771 ,,

材料安全強度表

材料	每平方公分以公斤為單位		
	率　力	壓　力	剪　力
杉　木	42.1844	35.1536	28.1229
槪　木	56.2458	49.2151	35.1536
生　鐵	210.9219	1,265.5314	
熟　鐵	843.6876	808.5339	632.7657
鋼	1,124.9168	1,124.9168	848.6876
1:2:4混凝土		28.1229	
1:3:6混凝土		21.0922	

材料	每平方公尺以公噸為單位
	壓　力
磚工　用1:3洋灰膠泥砌者	87.4935
用1:1:4石灰洋灰膠泥砌者	65.6202
用1:3石灰膠泥砌者	54.6835
1:2:4混凝土	273.4175
1:3:6混凝土	218.7340
方石工　花崗石	328.1010
石灰石	218.7340
石工　濕砌魚頭石	43.7468
乾砌魚頭石	32.8101

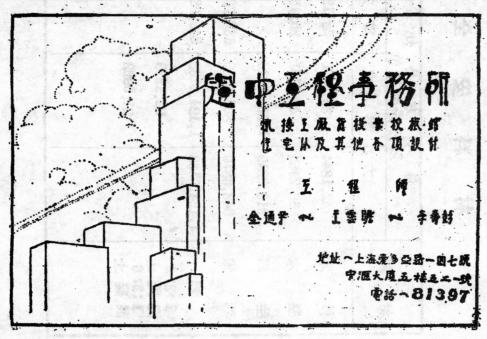

廣西省思樂縣水壩工程紀要

唐　慕　堯

　　一．緣起　思樂縣南界安南，東接廣東，境內山嶺綿亘，平原絕少，惟縣城一帶，地勢平緩，（圖一）顧宜農耕，然而田高河低，灌溉殊難，每有望河興嘆之感，故每年一穫之穀產，仍非靠天雨不可，為免除此種靠天吃飯之方法及民食恐慌計，有興建水壩之必要，且水渠所經地點面積近萬畝，雖一次耗費公款十餘萬，但一勞永逸計之至得也。

　　二．地質　溪壩附近，露出地面之土質大部屬新生代第三紀岩石；北岸在壩身半高處屬綠色軟沙岩，上為不純粹之紅灰色坭灰岩；南岸與壩基同高處多綠色軟沙岩，上為粗砂，中含黏土，故尚能膠結，惟黏土成分太少，稍遇壓力，即行粉碎，愈上則黏土成分愈多，依地勢觀之，當係冲積而來者。至於溪底，除大部覆有坭砂外，餘多屬綠色砂岩，若水勢稍急，即被浸蝕，上述壩位附近土質皆易滲水，不能承壓力，至於下部岩層如何，非鑽探無以明瞭，然此又非我省經濟能力所許可。壩基地質有關壩身安全，因水壓力之存在，其下壓，側壓，上壓，諸力在各種情形下所生之影響，往往損及壩身之安全，如無良好之地基，則未有不因摩阻力戴重力之不足，上壓力之過強，等原因而失事者，故地質鑽探實為建壩不可缺之工作，然以經濟環境未能實施，殊覺遺恨。

　　三．水位與流量　低水位之測量為計算農田最大需水量時之標準，而洪水位關係壩位特別重要，蓋因築壩後水位提高是否影響上下游之農田，壩身及引水工程之安全流量，並排洩等問題，均屬重要，而本省過去對於此種流量記載全無，臨時僅憑當地士人之口述，以為質佐，其不能完全可靠，無待煩言，現將調查所得紀錄如下：

甲．最低水位與最小流量　此溪以前未曾記錄水位，低水位情形如何，實難億測，惟據土人言：現時溪流卽屬最低水位，綠當地二十餘日未曾下雨，土人所言，想亦無甚出入，當卽測得南股流量，（從決口流出者）爲二．二五秒立方公尺；北股（從涵洞流出者）爲〇．四五秒立方公尺；合計流量爲二．七秒立方公尺，假定此數尚非最小，再乘以相當係數後，則此溪河每秒有二立公尺之流量，尚屬可靠。

乙．洪水位與水流量　此溪水位既從未有記錄，惟有照當地老人所指洪水達到之界限而加以測量，茲分述如下：

光緒十年陰歷八月十二日洪水——据老者言，是年洪水特大，思樂縣城被水所圍，多數房屋被水冲倒，涤壩附近，水位約低于北岸大榕樹根兩尺，並言距今五十餘年尚未遭如是之大水，于是遂以此點爲標準，測得水位高度爲一百零四．二一公尺，（假定中段壩頂高度爲一百公尺，）較涤中段尚高四．二一公尺，水位如此之高，幾使人不克相信。關于大榕樹下三百公尺至一千公尺處發現細沙耕田，（有似河灘之沙，）經詳細觀察後，其他較大榕樹根略低，且適當凹岸，其爲溪河洪水時期淤沙蓋無可疑，故所測一〇四．二一公尺之水位，當於實際情形相差不遠，然其流量之估測，却屬困難。蓋一因：光緒十年距今已五十餘年，溪河斷面當不無改變，二因：水面坡度從未測定，無巳，惟有擇其較規則之橫斷面，（底寬二十四公尺，）作爲計算流水面積之根據，而以二千分之一之水面坡度（根據Rund yall 氏在印度所估計之數）作爲計算流速之輔助，結果推得流量爲一二七八．秒立方公尺。

民國八年陰歷八月初七日洪水——據言是年水位在南岸小松樹下一公尺，測得高度爲一〇二．〇一公尺，較涤壩中段高二．〇一公尺，如前法推得流量爲九三六秒立方公尺。

民國二十二年洪水——据言水位齊南岸竹根，測得高度爲九四·六一公尺。

民國二十三年洪水——據言較二十二年略大

民國二十四年八月三日洪水——八月七日洪水，因岸崩無從測記，三日洪水高過中段壩頂五英尺，合一·五二四公尺，其流量之計算有如下表：

二十四年八月三日滾水壩之流量

水　頭	水頭加流速水頭之二分乘方數	每公尺長滾道之流量	滾壩中段流量（長27.432）	滾壩左右中段流量（長=15.00）	滾壩左右邊段流量（長=35.054）	備　　攷
0.305	0.212	0.4452			15.68	左右邊段壩頂水深各0.305m
1.219	1.43	3.003		45.00		左右中段壩頂水深各1.219m
1.524	1.96	4.116	113.00			中段壩頂水深1.524m

總流量＝173.88

四．工程概述　灌溉工程經濟與否視水壩之長短採用之材料方式與施工引水之難易而定，故壩址宜豫選數點，詳作比較，始作最後決定，本處因地勢關係，現採用重力壩。

甲．壩身　壩之全長爲一三三公尺，內北岸翼牆長三二·五公尺，南岸翼牆長五一·五公尺，壩口寬度爲四九公尺，壩底厚度爲一一公尺，壩頂厚度爲一·八公尺，壩之高度爲九公尺，以蠻石砌結，外層包以一英吋厚之一·三·六洋灰三合土，壩底設有臨時洩水口兩處，至屬於壩之範圍者分爲：

乙．翼牆　南岸翼牆，靠近南岸導水牆部份，高度為一四公尺，底寬為四・七公尺，頂寬為二公尺，翼牆終點底寬為一、八公尺，頂寬為〇、八公尺；北岸翼牆靠近北岸導水牆部份，底寬為三・六七公尺，頂寬為二・三二公尺，至其終點底寬及頂寬與南岸同。

丙．坦坡　坦坡全長為四九公尺，闊一〇公尺厚一・二公尺，坦坡脚厚度為三・二公尺，全部以一・三・六洋灰鋪築。

丁．導水牆　南岸導水牆高度為一四公尺，底寬為六・七公尺，頂寬為三公尺，導水牆脚高度為三・八公尺，底寬為三・五

①導水墻，用螢石灰漿砌，外層包以一・三・六洋灰三合土，高於壩身五公尺，所以使洪水不致泛濫於兩岸也，壩後坦坡及齒形消力檻，消力檻蓋用作減小水力之冲刷河牀也。

水壩全景

公尺，頂寬爲一‧五公尺；北岸導水牆頂高爲一四公尺，底寬爲四‧九公尺，頂寬爲三公尺；至導水牆脚之高度及底寬頂寬均與南岸同。

　　戊．護岸　護岸分爲南護岸及北護岸，而南北護岸之中，又分爲上游及

下游護岸；南上游護岸長三〇公尺，闊爲二七‧八公尺，高爲一五公尺；南下游護岸長二八‧八公尺，闊爲一七‧九公尺，高爲九公尺；北上游護岸長一六‧五公尺，闊爲二二公尺，高爲一五公尺；北下游護岸長闊高均與南下游護岸同，至護岸之厚度起點爲〇‧八公尺，逐漸減少至頂爲〇‧五公尺。

　　己．排洪渠跌水部份工程　排洪渠全部長度爲五〇‧三公尺，內有一六公尺爲平直者，一六公尺以下爲順曲綫形，渠口寬度爲一九公尺，兩岸翼牆高度爲五公尺，頂寬爲一公尺五公寸，渠底之厚度爲一公尺，渠口做齒形消力檻，約二十個，全部工程除齒形消力檻用三合土造成外，其餘均用亂石石灰沙漿砌結。

　　庚．水渠　距水壩之上游約一〇公尺處，南北各設出水幹渠一道，此水渠包圍所有灌漑區，週長爲三六七二〇公尺，（即三六‧七二〇公里，）所有南北幹渠寬度爲一‧五公尺，渠堤之高爲一公尺，堤頂之寬亦爲一公尺；南幹渠中設有支渠二條，共長爲四五八三‧八公尺，北幹渠中設有支渠三條，

共長爲一三一四〇公尺，南北支渠合共長爲一七七二三・八公尺，（一七・七二三八公里，）南北支渠渠底之寬度概爲一公尺，渠堤之高爲一公尺，堤頂之寬亦爲一公尺。

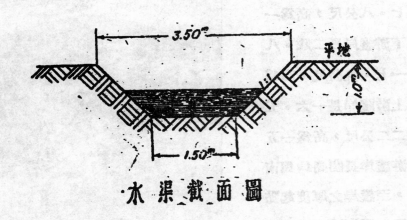

水渠截面圖

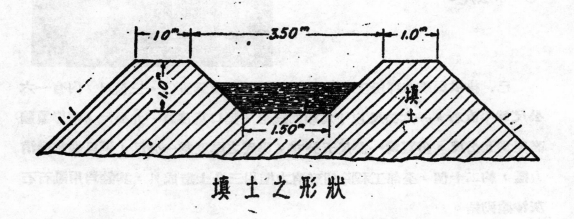

填土之形狀

辛．進水閘　水壩南北兩岸各建進水閘一座，其用途頗廣，一、可以抵擋洪水之冲擊，二、可以加減水量；該閘之高度爲七公尺，長爲一九公尺，闊爲一六•五公尺，其全部材料除結拱以火磚砌結外，餘均用亂石建成

尚未完成進水閘之正面

前立者爲本文作者近影

壬．水壩全部工程費　查思樂水壩于民國二十三年建築，二十四年復修，今二十五年又繼續修補，前後共興工建築三次，第一次需款小洋約九千元，第二次需款小洋約二萬三千元，此次（第三次）需款小洋八六八六五•三〇元。

結　　論

灌漑工程之建設，直接關係民食，間接關係社會經濟，故事前不能不預計其得失，查思樂縣城附近有地二萬畝，每年卽種一糙，除大旱外，每年每畝平均可得穀二百斤，（最低數，）如引水成功，每年至少可種兩糙，每糙每畝以二百斤計巳較前倍增，每百斤穀米以三元計，每畝巳增收六元，除肥料及工程養護費二元外，每畝至少亦可淨得利金四元，卽全區每年可淨得八萬

元，如是則不待兩年已可將工程費完全收回，（本息一併在內，）

附　圖

自壩頂俯瞰下游

臨時洩水口出水情形

臨時渡水槽上坐者係本文作者

臨時洩水口正視圖

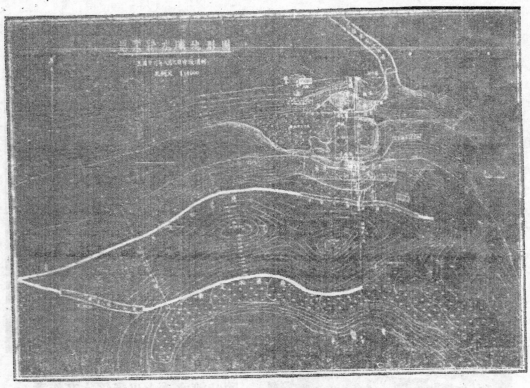

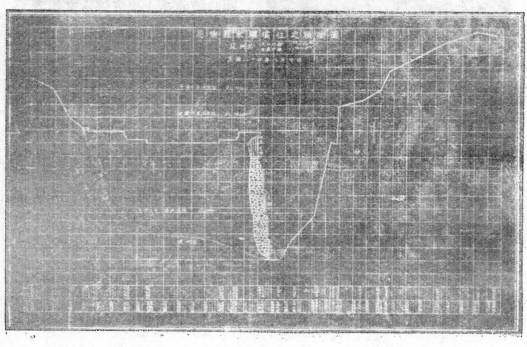

歐美考察各國公路建設感想

薛次莘講演　　潘維耀筆記

　　這次我奉派到歐美各國，考察公路建設的目的，乃因爲我國目前公路建築，雖巳完成五萬多公里，然有路面者只佔四分之一；尚有不少公路，需用適用的路面，但限於經費，不能築昂貴的路面，且我國原料，除石子外，用於目前築路者，都靠外貨，所以想在各國公路建設的技術上，探求一種適合於我們中國的一種築路方法。但是考察結果，實際的方法，沒有可以帶回應用，因爲在各國認爲低價的築路法，倘應用到中國，仍舊是非常昂貴；只不過得到一種貢獻我們去究研築路的一種有價值的方法。

　　這次先到美國南部考察，因爲這時候美國天氣甚寒，只南部尚甚温暖。我與國聯技術專員敖京基先生在美國買了一輛汽車，由舊金山出發到紐約，共經八千公里公路。所經路面共分三種，其中一種乃用油(Road Oil)築路，油取自礦中，不加提煉，即用於路上，有時或稍加提煉。這種油類價甚廉，只需運費而巳。有一位工程師告我，在舊金山一帶，道路太多，用柏油築路，經費太大，故用此油類建築；但是在起初時候，各界均不能信仰油可築路，後來由一汽車公會的工程師發起試驗，在一條鐵路折除的舊基上，用油試築，所得結果，覺十分佳妙；因此遂爲各處所應用。這種油面路築法，有二種，一種在路床完成後，油灌澆在上，用機件 (Grader) 使油漸漸拌入泥中混合，不用壓路機，用車行駛。然後再刮平，再行駛車輛，如此三四次後，所得結果，覺較柏油路爲佳，不過路床之泥，切不可粘土，最好係沙土。尚有一種方法，在缺少沙土地帶應用。設一工廠另外運集沙土（並不要極清晰者）用油混合和勻後再舖於路上。

我參觀後，非常歡喜，因爲這種路面，比柏油路便宜，而且路面常保持一種彈性，倘有小處被損，可修理非常便利。但是這種路面，可惜在中國仍舊不能適用，蓋美國南部天氣溫和，不常有雨下，且車輛大多駕橡皮胎；在我國氣候不常，雨水時生，時有各種鐵輪車輛行駛，自然不能用這種良好路面了。

這次對於柏油路面，亦經相當注意，因爲中國目前所用，比較優越些的只柏油路而已。在上海所築柏油路。到了冬天，時會裂開，而到了夏天又會溶化，黏於車胎上！在美國這種問題已不會發生。因爲上海所用小石子，過於細小，故天氣熱後，細石屑下沉，柏油上浮，遂有溶化之弊；在美國，他們用較大石子，放在柏油上，那末就不易下沉，又所用的柏油，成份較軟，所以到冬天也不會裂開。然而在中國又不能適用，在夏天用大石子後，黃包車夫首先不能忍耐，所以在實施上亦生困難。

旋到法國轉道日內瓦，再到德國柏林，在柏林留住一月；考察德國用煤氣柏油（ＴＡＲ）築路和石塊鋪路的各種情形。因爲數年來我總是很懷疑煤氣柏油築路是不大可靠的，這一次在柏林參觀結果，才把我的疑團解釋。煤氣柏油的築路方法和柏油（Asphalt）完全相仿；據德國專家告知，煤氣柏油築路的確很好，但是須用熱澆方法，不能用冷澆法。築路者須有相當經驗，否則成績一定不佳，在上海亦用煤氣柏油鋪路，可是都是臨時修補的性質，日久仍須改建。

除柏油路之外。在中國要算石塊路最爲上乘，所以在柏林，也加以相當的注意，因德國的石塊路是很有名，對於我國亦不無小補。我國一向築石塊路，唯一困難在於打成小方石塊的工程最貴，所以我在德先去參觀開山工程；在未去以前，我的理想，覺得那邊一定放下許多最新的機器，用來開山，但是一經到達山中，實情和理想完全不同，原來他們也都是用人工開山，開山的方法，和我國的老法，大同小異；他們唯一的優點，是從大石上打成很整齊的小方塊，不像我們都是另另碎碎的多耗太石塊。他們所鋪的路，非常平坦，在汽車中，一位工程師命我眼閉着，感覺到何時才到達石塊路上；那知駛過石塊路後，我以爲仍在柏油路上，可見這種石塊路的工程是多麼的平坦呢！這一點或者可說是我這次考察的唯一結果，因爲在中國是可以做得到的；所以最近想到蘇州附近觀察各山，以便作爲一種試驗。

由柏林再到波蘭，留了十天再經意大利後到英國，英國因爲煤氣柏油太多，所以極力提倡用煤氣柏油築路，成績也非常好，煤氣柏油築路的規範書也算英國最完備和精密。

以上所說的都是各種路面的工程，尚有一點先決問題亦須加以研究，就是路床的結構；要築最低廉的公路，必須先將路床修築安全。平常建房屋，橋樑等，均非常注意低脚和橋墩下的土質是否可靠，只有築路，都不大注意路床的情形，其實倒很重要；路床不堅，任何路面，均受損壞。在美國是很注重的，各公路機關都有土壤試驗室的設備；有一位美國工程師告我　如泥土問題解決，築路的其他一切問題，都很容易解決可見他們對於土壤研究的一般了。我國對於土壤試驗尚少研究者，所以此次我很留心考察這一點；不過土壤的測驗也須有相當的經驗。

中國現在可說少不了柏油路，只是很少去研究各種方法的；我們需要築的路還是不少，倘不找出適當自給的方法，專門靠外國貨來應用，這一筆損失可不小。所以我希望中國能有一日建築路面，不靠外貨，那末中國的公路發展，才有非常的厚望呢！這次考察經過，看見許多工程專家，還是在埋頭苦幹，在研究更經濟的方法，諺云：「天下無難事，只怕有心人。」他們這樣進步的國家，還是如此的苦幹，我們樣樣落後的中國未免太不上進了！故我有一種理想，中國如能同樣的埋首研究，必有成功的一日，這次考察，因時間不多，物質方面，可以說是沒有多大成績帶回本國，只有上面這些見聞所及的可以貢獻諸君。

灃河橋基礎工作之經過

樊　鼎　琦

灃河橋位在長安之西約三十餘里，離咸陽約四里，北距渭河橋不到一里，（該橋亦正在建造中），全長一六二公尺，共分六孔，每孔二十五公尺，橋面採用托式鋼梁，（槪按 E 50 設計）。該橋自去年八月開工，至今橋台橋墩工作，已將完成，一切護岸及台墩之防護等，尚未開始，而架梁工作尚須數月，今僅將建造基礎工作之經過，詳陳于後，再長安咸陽間早已通車，乃先建木架便橋，暫時通行，以便運輸正橋所用之材料也。

水　堪　全　景

1.　探驗地質及施打探樁

在設計之前，先須探驗地質。鑽驗地質所用之工具，爲普通鑽地機，配有三種鑽頭；一爲圓筒形，用以吃沙者，一爲螺紋鑽，一爲小板鑽，該橋共探驗二點，其一在一二墩之間，探驗結果，知先五‧五公尺爲粗沙，再下一公尺爲夾小石細沙，再下九公寸爲灰膠土，再下四‧四公尺爲細沙，再下一‧一公尺爲夾小石細沙，再下二‧一公尺爲灰小石粗沙。另一點在三四墩之圖，先六·四公尺爲粗沙，下一·六公尺爲灰膠土，再下六·三公尺爲灰細沙，再下七公寸爲夾小石粗沙。由探驗結果，知河底大部爲沙質，故基椿無須如土質之長度也。

於招標之前，尚須施打探椿數支，測驗基椿能下若千尺，並入地之難易，設計者據此而知所定長度承力是否巳夠，包商亦可據此而定打工之標價也。

2.　　　測定中線及十字線

全橋共有橋台二座，橋墩五座，其距離如上圖，第三墩中心，在測量時規定爲公里508+397，今假定A點距西橋台F中心爲三十公尺，則在公里50+51044之路線中心處打一木橛（即A點）再在東岸之路線中心處，打一木橛，（即B點）。如是將經緯儀置於A點及A'A"處即可測定$C_1 C_2 \cdots C_6$及$D_1 D_2 \cdots D_7$，$E_1 E_2 \cdots E_7$各點，AA'及AA"之距離不可過近，以防日後挖土時將$D_1 D_2 \cdots$及$E E_2 \cdots$等木橛挖去也。在測定各點，打下木橛後，用空洋灰鐵皮筒，將木橛圍住，使筒外之水不能流入，筒內倒以混凝土，使木橛不因水冲而有移動（木橛約用圓徑一公寸左右長1·5公尺或二公尺之木杆，）岸上之木橛如A,B等，亦須用混凝土加固。

如河水深，則木橛不能應用，須改打木椿，椿之長度視河水之深度而定，如本路渭河橋則用圓徑2·5公寸長六公尺至八公尺之楊木椿，惟打椿在船上工作不易，每有椿頭歪至中線以外者，則可在椿頭上釘一木板，將小鐵釘釘于板上，以示中點。

各墩基脚地位，既已决定，遂于墓脚週圍，先打長約二公尺左右之木杆，再用柳枝夾雜其間，然後填下裝滿泥土之麻袋（泥土在麻袋內並不溶化，且不滲水故較裝沙為良）再用土填高，填土時用夯打實勿使冲去，土填團畢後，在填上再打中線及十字線木樁，一切須十分準確，（前在水中所打之木樁因水冲，或稍有移動，故打樁時不能應用之）土填之面積宜較大，內能容樁架二個為度。

3.　圍樁工作

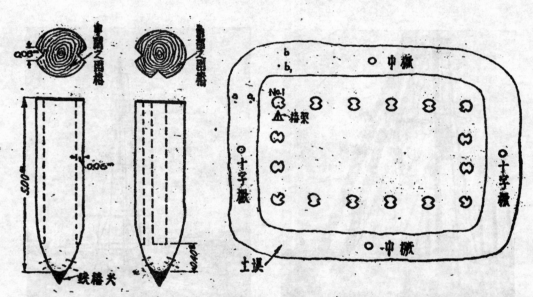

圍樁之形式如上圖，本橋所用者，乃直徑2•5公寸，長5公尺之楡木樁，其槽之長度為4•6公尺。（圍樁之槽，不可全部挖通，以防日後打板樁時，圍樁有裂開之虞）。土填上中樁及十字樁之高度須先測定（B.M.在河邊之樹上，於測量時已定好）以便丈量樁應打下之深度。並從中樁及十字樁上量準各樁之地位，打下二行平行之小木樁，如上右圖，打第一號圍樁時則在a.a,bb,cc,各木樁上，置一線架，使各線錘對準各小樁上之小釘，在a,b,c線架之後，各立一木匠，使彼看準圍樁之地位，如發現該樁稍有左右或前後之移動，或自身之轉動，則用鈎或鐵棍立卽糾正之。

　　　　圍椿須打至水面下一公尺左右，而椿架置于水面之上，故打至近水面時須加頂椿，頂椿下應裝鐵棍三條（如左圖）使圍椿稍有轉動時頂椿亦隨之轉動，而知有所糾正也。圍椿入地應較預定深度高一公寸左右，以備上夾板時鋸去，可免椿頭有上下不齊之弊。

4.　板椿工作

用鐵錘之機器打椿並同時　　　　機器打椿機之裝配（用汽錘者）
用水冲之情形（打基椿）

　　圍椿打畢後，卽將土堰內之水，用汽油抽水機抽去，並挖沙至圍椿頭下五公寸左右，從 B.M. 重看水平，將多餘之椿頭鋸去，並將如下圖之黑色部份鋸去以便裝上夾板。

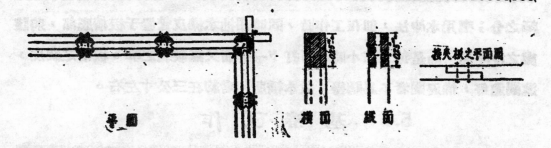

平圖　　　橫面　　級面　　接夾板之平面圖

夾板規定用厚2•5公寸，闊1•5公寸之榆木板，如無整條之材料，則可用二塊接連，惟每根最少須有二孔之長度，以防打板椿時，夾板鬆動也。

板椿規定用長4,5公尺，厚8公分之榆木，椿尖用3/4英分厚之鐵板。其二旁椿尖成刀形，（如下圖甲）各板椿打下時，互相向中擠緊，接縫處可勿滲水，惟如因榆木缺少，而改用洋松，則每有上部擠裂而下部出精者，可改用圖乙之形，此須視情形之不同而隨時更改也。椿錘用重300及500公斤者，落錘約在五六公寸至一公尺左右。蓋如落錘過高則甚易打裂，板椿如打裂少許，則應立即鋸去，換椿箍再打，如裂至一公尺左右，則須用取重機拔出，換板重打。在開始打椿時應先打1,2,兩塊及4,5,兩塊，然後再打中間者，不然有左右歪斜之弊。如見稍有不直，則須立即拉正之。打板椿之椿架，不

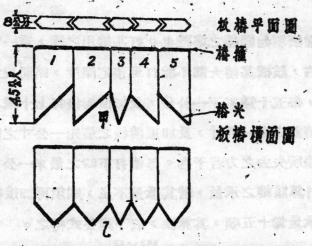

8公分　　板椿平面圖
椿箍
1 2 3 4 5　　4•5公尺
甲　　椿尖
板椿橫面圖
乙

可放置過高，因需用頂椿打下之板椿過長，則椿必前後擺動，而易於斷裂也。故本橋將椿架置于離夾板相近之處，致工作時須日夜抽水，所用汽油約在五千元以上。板椿工作，非常困難，甚有二日夜而不能打下一排者，且因當裂而拔出重打者甚多，其打下之椿又破壞不堪，後率本路第一總段長龔工程

師之令；爾用水冲法，即在工作時，同時用抽水機皮管置于板樁底部，將該處之沙冲開，如是每二三小時即可打下一排而又無破裂之弊。板樁之闊度，愈闊愈好，惟過闊者不易購得，故本橋所用者約在三公寸左右。

5.　基　椿　工　作

基樁規定用圓徑三公寸，長6.5或7.00公尺之檜木樁。橋台各48支，橋墩各三十三支。打樁之前，先將基脚內之稀沙挖至2.25公尺深度，其看線法與圍樁同

鋼　　　板　　　椿

惟無須如圍樁之準確也。打基樁用之錘，重一千公斤，落錘約在1.2公尺左右，該橋基樁大部不能打至預定深度，路局規定錘重一千公斤，落錘一公尺，每五十錘不下一公分，及加頂樁後每七十錘不下一公分者，即勿再打加頂樁前之末一公寸，及加頂樁後之最先一公寸之錘數須記明，於此可知加頂樁後所失去之力若干也。每樁打下時之最末一公寸，亦須記明錘數，蓋依此而計算該樁之承量，若其承量不足，則須再加接樁。該橋設計，乃假定每樁之承量為十五噸，其算法，依下列公式得之。

$$R = \frac{M^2 \times H}{(M+P) \times E \times c}$$

R 為樁之承力，以噸計。

M 為錘重，以噸計。

P 為樁重，以噸計。

E 為最後平均每錘下沉之數，以公尺計。

H 為樁錘舉高之數，以八公寸至1.2公尺為限。

C 為保安系數，等於6至8。

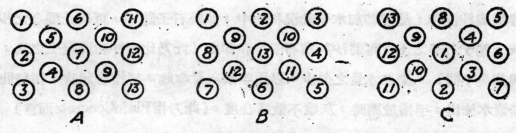

基樁如每支皆能打至預定深度，則可依上圖（A）之次序。如是樁架移動較為方便，工作進行較速也。惟每因沙被板樁圍住，先下之樁，將沙擠緊，樁與沙之表皮摩阻力，及頂與沙尖之抵抗力加大，致後

澧　河　打　基　椿

打者不能打至預定深度。故應先打四週各樁（如上圖B）使四邊入地較均，以防基脚之傾倒（Overturn。）該橋之西橋台基樁即先打四週者。惟本路洪局長見先打四週後，中間各樁，打下過短，故令改從中間打起（如上圖C），使沙往四週散開，則打下之樁可較平均，該橋其餘各基脚，皆從中打起。河底之性質每墩不同，而打下之長度亦各異，如第二墩能大半打至預定深度，而第三墩全部皆不能打至規定深度，且皆餘有一公尺以上也。（其次序相同皆如上圖C）。

6.　基脚混凝土

　　基脚所用之混凝土，其容量比例為，1:3.8:6.3。其拌和之法，乃先將洋灰與沙混和，然後即加水于此混和物中，並將石子舖平，再將此混合之沙灰，舖于石子之上，再將沙灰與石子拌和即成（此乃比法拌和混凝土之法，與英美不同）。應加水量之多少。以用手將灰漿拿起，手指合起時，指縫間無漿水流出，手指放開時，灰漿不散為合度。（此乃指Plain Concrete而言）

　　基脚深度規定為2.25公尺，基樁包于混凝土中者為0.75公尺。基脚挖至預定深度後，即將多餘（未打下者）之沙頭鋸去。並將基脚角上開四公寸之見方之深井一口，深逾混凝土基底約五公寸，週圍護以木板，將抽水機龍頭體放井中，俾在基底抽水。惟河中之沙為流沙，時間稍久，井中因流沙上漲，即須將龍頭漸漸提高，故混凝土打至近井旁時稍有漏漿也。但所漏甚微。混凝土每三公寸打夯一次，各基脚因須加速工作故混凝土倒下時隨倒隨打。迨混凝土打至基面高度（與夾板相平）抽水立即停止，任水上升。（蓋混凝土泡在靜水中凝固，並無損害，且較空氣中凝固為佳也）二三日後，將井中之週圍木板除去，另用特製之木盒一個，內貯容量比例1:

灃河打基脚混凝土之一角

3.1之灰漿，緊繩徐徐垂下，迨達井底，持繩者緊繩，使盒底開啓，灰漿自動瀉下，如是將井填滿，基脚混凝土工作便可完成。

挖土至規定深度時，如板樁有漏水之處，卽用麻辮機填滿。板樁受河中沙之壓力恐向內灣曲，須用木柱支住。

7.　立　面　混　凝　土

基面混凝土完成過二星期後，立門子板（Form）打立面混凝土，其成份亦爲1:3.8:6.3。頂層托樑部，則用1:2.2:3.6。立面混凝土打至水面以上卽停止抽水。中線及十字線樁子，立門子板前須重行料正，至十分準確，務使中點及距離勿稍有錯誤。立面高度打至離頂層約三、四公寸時，應從 B.M. 處再看水平。頂層託樑部所留置鋼條之螺栓孔規定爲圓徑六公分，深4.2公寸。實際所留者，圓徑加大爲八公分，深五公寸，蓋以防日後架樑發生問題也。

樊鼎琦於陝西咸陽。

25. 5. 1.

橋梁接聯的研究　　包大沛

第一章　緒　論

橋梁的建築，所以跨越水道，在歷史上已經有很悠久的時間，但是古代的建築都是很簡單的，他們是沒有應力的計算，也沒有材料的估計，就這樣的壘石作橋，或者支木爲橋，走行人而通運輸，所以負重過大的車輛，便不能在其上行走。

自從近代科學倡明之後，世界各國都視橋梁建築在交通上佔到了極重要的地位，所以就根據了古人的遺法，發明了鋼板橋，架橋，以及拱橋等等。我國的鐵路和公路現在正在萌芽時期，以後若然鐵路和公路事業發達，那末，橋梁的建築是絕對需要的，所以對於橋梁計劃中的各點，都應該細細的把牠研究出來，也許以後可以達到不依賴外人的目的。

現在我們先不把以三和土做的拱橋來討論，我們來研究鋼橋，在現在的中國，鋼鐵的出產是極少，所以鋼橋建築的原料，須購自外國，因了這個緣故，運輸上感到很不方便，同時廠中沒有現成的出品，每段材料的長度和重量，都有相當的限制，所以在一座較長的橋梁中，接聯（splice）是不可免的，以木料爲主體的建築中，只能用鉚釘和接聯板使之聯接，但是以鋼料爲主體的建築中，接聯可以有二種方法，一是以鉚釘接聯（Rivet Splice）；另一種是銲接法（Welding）；對於鉚釘接聯，學識經驗都有顯然的成績，對于銲接發明還不久，可是進步很快，近代對於銲接的用途推行甚廣，將來或可以爲大衆採用，現在我們把這二種接聯法細細的研究一下，並作一比較。

關於鉚釘接聯的研究，在各種鋼架計劃的書籍中，很能普遍的找到，至於銲接，雖然已經有專書著述，但是較之鉚釘接聯究竟尚屬少數。

第二章　鋼板橋的鉚釘接聯

第一節　結構鋼板梁橋的式樣及構造

若然簡單的板梁橋（Beam bridge）不能應用，或者需要很大的材料來

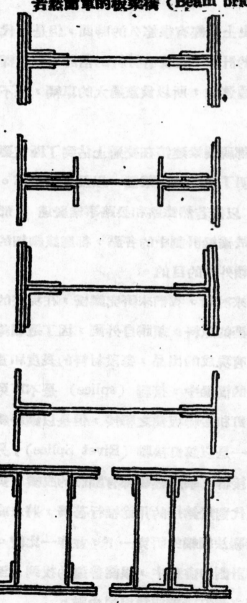

第　一　圖

應承鐵路或者公路上的重量的時候，那末為了增加橋身的高度，同時為維持工字梁形橋（I-beam）材料的經濟起見，一種特製的工字梁形橋是應用了，名之曰結構鋼板梁橋；（Plate girder）普通鋼板梁橋的建築，其寬度大致在二十五英尺以上，一百三十五英尺以下。

結構鋼板梁橋的結構，最簡單的是一塊中心板，（Webplate）在牠的上下二端每端相背的釘二塊角鐵（Angles）稱之曰上綠（Upper flange）下綠，（Lower flange），其上綠常受擠壓力（Compresion）而其下綠則常受牽引力（Tension），但是上下二綠都是用作抵抗撓曲力（Bending stress），中心板則用作抵抗剪割力（Shearing）有時若然這簡單的鋼板橋的兩綠不能應承橋面上所發生的撓曲力的時候，那末，在上下兩綠的頂上和底下

可以添加蓋板，當撓曲力逐漸向橋的兩端減少的時候，蓋板（Cover plate）也可以同時截短，很普通的，當那鋼板橋的橫梁的深度受到了某種情形限制的時候，二塊或者幾塊的中心板可以用來應付這種困難，這種式樣的鋼板梁，普通稱之謂箱形橫梁（Box girder），普通幾種結構鋼板梁橋的式樣，可以就第一圖上見之。

第二節　緣角鐵的接聯

除了一些特別情形，或者遇長的跨度之外，普通一般的鋼板橋，緣的接聯是比較用得很少，因為很長的角鐵在普通是能夠得到的。

在同一的鋼板橋中，上下緣的接聯（Flange Splice）和中心板的接聯（Web Splice）是不能在同一截面之間舉行，同時接聯的地方，最好緣角鐵的面積有多餘的地段——撓曲力比較小一些的地方。

若然上下緣都需要接聯的時候，大致都是就地工作（Field Splice），須

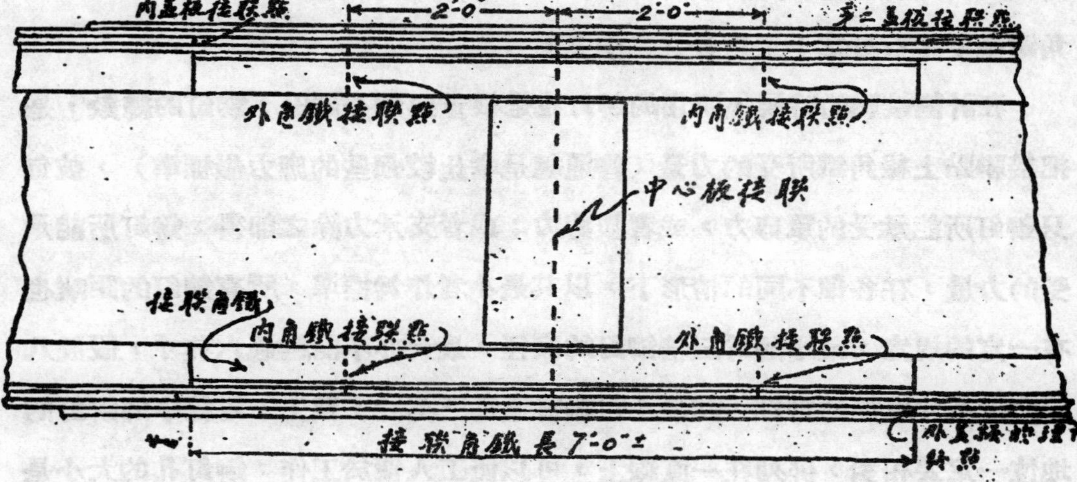

第 二 圖

互相緊接，下圖表示一條鋼板橋上下緣的標準式樣。橋的上下二緣都是二只角鐵和二塊蓋板結構而成，上緣的外角鐵（Angle on the back side of web）

(見第二圖)係在中心板接聯處左方在二尺處聯，但是內角鐵是在右方二英尺的地方以鉚釘接聯，下綠的接聯適巧相反，上下二綠都用二塊同樣長度的接聯角鐵，接角鐵的形狀是做成恰巧填滿綠角鐵的小綠(Fillet)，兩罷是砌成和綠角鐵的邊一樣平，不使牠觸出外面，若然接聯角所有的面積不夠的時候，那末在綠角鐵的另一面，可以添加一塊填板，或者另加一只角鐵。

根據力學上的原理，承受牽引力的材料，其所受力量的總數，總以淨面積(Net section)來計算，所有鉚釘通過的面積，都應該除去，承受擠壓力的材料，可以拿牠的截面面積計算，不必算出牠的淨面積，在計劃接聯的時候，因爲很不容易得到受接聯的角鐵或者鋼板的兩端的全部支承力(Bearing)，所以雖然是承受擠壓力的上綠，在其計劃接聯的時候，其所需要的接聯材料，也必須根據淨面積計算，所以用在接聯上綠和下綠的材料是同樣的，而且大多的規範書(Specification)規定用在接聯的材料，大概比被接聯的角鐵是要多百分之十至百分之二十五。

在計劃接聯的時候，所用的鉚釘也是很重要的一部份，鉚釘的總數，是把接聯點上綠角鐵所受的力量（普通總是拿比較強些的應力做標準），被每只鉚釘所能承受的單剪力，或者複剪力：或者支承力除之卽得，鉚釘所能承受的力量，在各種不同的情形下，以其最小者作爲標準，所有鉚釘的距離也有一定的規定，最小的爲三倍鉚釘的直徑，最大亦不能超過六英寸，假設八分之七英寸直徑的鉚釘，其最小距離普通爲三英寸，至上下兩綠中的鉚釘的地位一定要相對，排列在一直線上，可以使工人便於工作，鉚釘孔的大小是要比所用鉚釘的直徑大十六分之一或者八分之英寸。

第三節. 蓋板的接聯

在計劃一處內蓋板接聯的時候，地點往往是在最近外蓋板的理論終點，(Theoretical end)，這樣可以使外蓋板的長度展長，用來替代接聯蓋板，因爲一座橋梁的撓曲力是逐漸的向兩端減少，　所以蓋板也可以向兩端漸次砌去，但是最靠近上綠的蓋板往往是直伸至橋的兩端，中途不砌斷，以防雨水的浸入綠角鐵的中間而致損壞，利用這種地點的內蓋板接聯，其利益大致是（一）節省鋼板（二）節省鉚釘，若然只利用外蓋板的面積不夠的時候，那末，可以設法零加接聯板，　有時若然所用的接聯板不和所接聯的蓋板相緊，　那末，這種情形的結果，是在接聯中間，需要多用幾只鉚釘。（見第二圖）

最外面蓋板的接聯是只須在上面零加一塊接聯板，再加了相當數目的鉚釘就可以成功了，鉚釘的數目是把　釘所能承受的單剪力（Single shear）除蓋板所承受的力量就可以得到，八分之七英寸直徑的鉚釘，其單剪力爲每平方英寸七二二○磅。

第四節　中心板的接聯

在計劃一座鋼板橋的時候，中心板的接聯是佔據了很重要的一部份，同時也是很重要困難的一部份，雖然在全部的計劃中，不能稱是最困難，可是是有相當的磨煩，除了跨度過短的鋼板橋，不需要接聯外，普通中心板的接聯是不可免的，中心板的接聯板必須承受所接聯的中心板所承受的全部剪力和一部份撓曲力，中心板接聯的地點，最好避免撓曲力最大之處，除非一座鋼板橋只需要一處接聯，那末接聯只能在中途舉行，普通中心板的聯接點總在一對加固角鐵（Stiffener angle）之內，因爲借此可以利用加固角鐵來增加接聯板的力量，同時還可以省去一行鉚釘，若然可能的話，最好中心板的接聯能在一處中心板有多餘材料的地點舉行。

一個比較合理的中心板接聯是這樣的，中心板在接聯點上每部份所受到的剪力和撓曲力，接聯板和鉚釘必須全部充份的承受到，這種的接聯可以用二塊接聯板釘在上下兩綠的中間，　全部蓋住中心板，用作抵抗中心板的剪力，同時在每只綠角鐵的直脛（Vertical leg）上也接聯一塊鐵板，每對鐵板必須很緊合的釘在中心板上，用作抵抗緣角鐵裏面中心板所受的剪力和撓曲力，所有接聯板上的鉚釘必須用全部的力量承受中心板所受的剪割力和撓曲力，但是在實際上這些情形都是不十分可能的，所以我們在計劃一處中心板的接聯的時候，往往是根據這幾點為原則。

在普通的一座鋼板梁橋中，往往中心板是認以為承受全部的剪力和一部份撓曲力，所以在兩緣中間的接聯板是用作抵抗中心板所受的剪力，其接聯板所應該有的面積，係根據在這接聯點上中心板所受的全部剪割力而計劃；在緣角鐵上面的接聯板是用作抵抗在緣角鐵裏面的中心板所受的撓曲力，其接聯板的面積係根據中心板所受的撓曲力而定。

依照這種排列方式的接聯，有一點必須注意著，就是若然用作抵抗緣角鐵裏面的中心板所受撓曲力的接聯板的某一截面是有多餘的面積，同時在另一截面的面積感覺少的時候，那末，結果在緣角鐵邊上的中心板上發生一種平剪力 (Horizontal shear)，但是這種平剪力適巧為上面所說的有多餘的材料抵抗住；更有這種的排列在中心板截斷的地方往往會發生一種直接垂直應力 (Direct vertical stress)，使得一塊緣角受牽引力，而另一塊則受撓壓力。接聯板的尺寸大概在兩緣中間兩塊主要的垂直側板，在和橋梁平行方面的長度是很短，只要足夠安排釘的地位罷，在緣角鐵上面的接聯板是較為狹長。

在計劃一處接聯的時候，接聯板上所發生的撓曲應力是根據和中心軸 (Neutral axis) 的距離而不同的，在中心軸上為零，到緣角鐵的邊上為最大，比如在緣角鐵邊上的單個應力 (Unit stress) 為每平方英寸一四〇〇〇磅，那末，從中心軸起七分之六這個到緣角鐵的時候為 $\frac{6}{7} \times 14,000 = 12,000$ 那末，其結果為每平方英寸一二〇〇〇磅，同樣的理論可以應用在傳送中心板應力經過中心板截面兩端的接聯的鋼板。

每一處的接聯，接聯板必須兩面都放，其寬度大概足夠安排所需要的鉚釘，至少在接縫的每面有二行鉚釘（即使幾只鉚釘就夠了也一定要排在二行）在中心板的裁斷面兩端必須有四分之一至二分之一寸的淨空（Clearance），若然用八分之七英寸直徑的鉚釘，最狹的可用的鋼板是十二英寸或者十三英寸寬的鋼板。

在計劃這種方式的接聯的時候，我們先計算出在緣角鐵裏面中心板所受的撓曲力是多少，然後再算出把中心板的應力傳到緣角鐵上或者接聯板上的總共需要多少鉚釘，在算近支持點（Support）一面，因為這種撓曲力和另外一種平剪力在同一方向上進行，所以釘鉚的間隔（Pitch）——鉚釘的中心至中心——往往是用得比較很近，但是在接聯的另一方面，因為這種撓曲力和平剪力在相對的方向中進行，在計劃的時候，我們假設平剪力等於零，所以鉚釘的間隔可以比另一方面為大，假設八分之一的中心板面積（Gross area）是有效於緣角鐵面積，即中心板的八分之一面積用作抵抗撓曲力，至接聯點上，計算出兩緣所需要的確實面積是多少，受牽引力的緣角鐵應該算牠的淨面積，再在這一點上計算出兩緣所多餘的面積，若然兩緣所多餘的面積足夠抵抗中心板所受的撓曲力，那末在緣角鐵上的接聯板竟然可以省去不用，若然不夠抵抗，那末就用接聯板，除了在鋼板梁中用很厚的中心板之外，普通八分之三英寸厚的接聯板是足夠了，緣角鐵上接聯板其長度至少是需要二英尺六寸。

兩緣中間的主要垂直接聯板，必須這樣的根據了中心板所受的撓曲力和接聯點上的全部最大剪力而計劃，準個撓曲應力（Unit bending stress）在中心板的中心軸上為零，在頂上等於準個擠壓應力（Unit compressive stress），知道了在接聯的上下兩端的力量，然後把接聯板厚度之積和中心板厚度的比例除之，就可以得到接聯板的準個擠壓應力，若然把接聯板的截面積（Gross section)和淨面積（Net section）的比例乘之，就可以得到接聯板的準個牽引應力，假使鉚釘的間隔為三英寸，準個牽引應力大概等於一又二分之一倍的準個擠壓應力；若然我們再知道了假設的接聯板的準個剪割應力（Unit shearing stress）然後可以再計算出準個剪力和牽引力的應力（Unit stress for combined shear and tension）。

在這種接聯板上的鉚釘，所受的力量是每只不同的，在最上排和最低排鉚釘所受的力量比較為最大，近中心板的中心軸處比較為小，往往和中心軸的距離成正比例，在接縫的每面至少有二行以上的鉚釘，普通是有三行，每面的鉚釘必須有這種的効力（一）承受中心板上的撓曲力（二）承受垂直剪力（Vertical shear）(三)傳移剪力從鉚釘堆的中心綫到接聯的中心綫，很低的鋼板梁在接縫的每面用三行鉚釘是不夠的，杭江鐵路金華江橋係採取這種方式的中心板接聯。（第三圖）

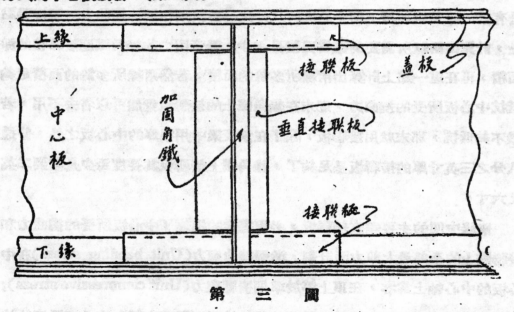

第　三　圖

除了上面這種方式的接聯外，普通用得很多的一種鋼板梁橋的中心板接聯是這樣的，在中心板上，靠近上下綫邊的地位，安置二塊鋼板，稱之關外

接聯板 (Cuter plate)，同時在這二塊鋼板的中間垂直的放了一塊鋼板，稱之謂內接聯板 (Middle Plate)，外鋼板專門用作抵抗中心板所受的全部撓曲力，而內鋼板則用作抵抗全部剪力，這些的內外接聯板必須中心板兩面都放，這種接聯的方法用在較深的鋼板梁中是適當，若然用在較淺的鋼板梁中，也許用作抵抗剪力的內鋼板，其高度感覺到不夠，但是用在深的鋼板梁橋的時候，也有牠的弱點，因為有時或許在內鋼板上承受剪力的鉚釘同時會受到撓曲力，在外鋼板上的鉚釘同時會受到剪割力，但是這種危險很足以為鉚釘的安全率抵抗着。接聯板的厚度可以把接聯板假設的寬度除所需要的淨面積卽得。

現在把這種方式的中心板接聯的全部計劃和詳細情形舉例如下：

設　鋼板梁深度為94½英寸，　中心板截面積為94×½英寸，　緣角鐵為66×½英寸，

再假設　外接聯板的寬度為10英寸，足夠釘三排鉚釘的地位，內接聯板的面積14×62英寸，在接縫的每面可以有足夠的地位釘二行鉚釘：在內接聯板與外接聯板之間和在外接聯板與緣角鐵之間有½英寸的淨空；鋼板梁的有效高度 (Effective depth) 為94½英寸。

在外接聯板中，兩對鋼板所有的抵抗撓幾(Resisting moment)必須至少與中心板的抵抗撓曲力相等，每對鋼板的淨面積乘上下二外接聯板中線對中線的距離必須等於½ Aw 乘橫梁的有效高度(Aw為中心板的截面面積)所以在現在情形之下，一對外接聯板所需要的

$$淨面積 = \frac{\frac{1}{2}\times94\times\frac{1}{2}\times94.5}{72.25} = 6.83 \quad 平方英寸$$

外接聯板垂直面的淨寬度，須視鉚釘怎樣的排列而定，現在假設每塊鋼

板相對的排列三排鉚釘，那末鋼板的淨寬度為

　　10－3＝7英寸，鋼板所需要的厚度可以下法得之，

　　$\dfrac{1}{2} \times \dfrac{6.83}{7} = 0.49$英寸，　　用$\frac{1}{2}$英寸厚的鋼板。

　　在外接聯板上的鉚釘，可以上面所研究到的鉚釘各個不同的準個應力來計算，但是因為所有三排鉚釘的距離比較得是接近，所以我們可以假定全部的鉚釘都在中央一排計算，每只鉚釘都有同樣的結果，所需要的鉚釘總數等於每只鉚釘在中心板上的支持力(Bearing value)除每對鋼板所有的牽引力、

　　若鋼板的準個牽引力為平方英寸16,000磅　$\frac{3}{4}$英寸直徑的鉚釘在$\frac{1}{2}$英寸厚的中心板的支持力為每平方寸10,500磅，若然準個支持力為每平方英寸24,000磅

　　則　鉚釘的總數為 $\dfrac{2 \times 7 \times \times \frac{1}{2} 16,000}{10,500} = 11$

　　為了整個的鋼板梁，各部份必須協力的抵抗外來力量，所以在分子分母中都不能用最大的準個應力，使之受力過大，但是若然把分子中的 16000 和分母中的10,500同時減低一相當的價值，其結果仍舊和這個數目幾乎相等，所以十一只鉚釘可以足夠應用。

　　十英寸寬的鋼板上十一只鉚釘可以這樣的排列成三排，上排和下排每排四只，中排放三只，排和排之間的間隔為三英寸，排至邊的距離為二英寸。

　　在內接聯板，他用作抵抗剪力的面積（Gross sectiou）必須至少與中心板的截面面積相等，鋼板的高度為62英寸，每塊鋼板所需要的厚度為

　　$\dfrac{1}{2} \times \dfrac{94 \times \frac{1}{2}}{62} = 0.38$英寸

為了省用填板，同樣$\frac{1}{2}$英寸厚的鋼板用作抵抗剪力。

若　最大可能的剪力爲238,600磅。

則　接聯縫每面鉚釘的總數爲 $\dfrac{238600}{10500} = 23$

在實際上，接聯板上所用的鉚釘總數往往因加固角鐵的鉚釘數而改變，杭江鐵路江山江鋼板梁橋的接聯係採取這種方式全部的鋼板和鉚釘排列可就下（第四圖）見之

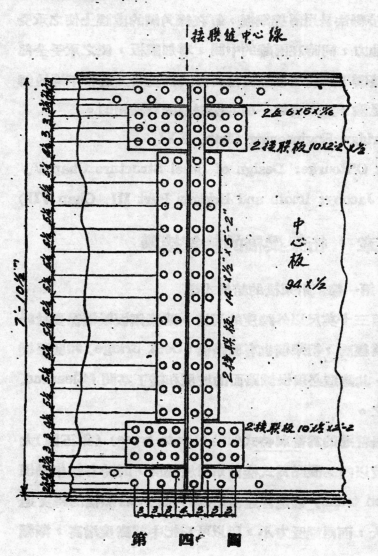

第 四 圖

除了上述的兩種中心板接聯法之外，還有別種的方法，也有在應用的，現在我們還載一種，研究他的建造和強弱點。

往往鋼板梁的建築，緣角鐵總用作抵抗撓曲力的，所以有時中心板的接聯只根據剪割力而計劃，在兩緣的中間只用兩塊鋼板抵抗全部中心板所承受的剪力，所用鉚釘的數量也是只依照剪力而定。

這種接聯方法其最大的弱點，就是鉚釘往往因了受力過大而毀損

壞，(Over stress)，因爲中心板除了剪力之外，還承受一部份的撓曲力，在頂上和底下的鉚釘往往受了過大的應力而致發生危險，因爲緣角鐵所受的撓曲力和中心板所受一部份的撓曲力相差太遠，所以在緣角鐵邊上的中心板往往發生比較大的剪力和直接應力，緣角上的鉚釘不能立刻全部抵抗這種撓曲力，所以接聯板上的鉚釘又有機會使之受力過大，這種情形，在鋼板梁的相近兩端處最容易發生，因爲剪力愈近兩端愈大。

　　再有一種中心板的接聯法是用兩塊鋼板，釘在緣角鐵的直邊上使之承受中心板所承受的全部撓曲力，同時在兩緣的中間，零加鋼板，使之承受全部中心板的剪力，這種的接聯，其弱點也是往往使在接聯板的上端和下端的鉚釘受力過大，而致發生危險，大概與前一種的接聯法的弱點相似。

參考書：Waddell : Bridge Engineering Chap. XXI.

　　　　Urquhart & O'Rourke: Design of Steel Structure Chap V.

　　　　Merriman & Jacoby: Roofs and Bridges Part III. Chap VII)

第三章　桁架梁橋的鉚釘接聯

第一節　桁架橋的結構式樣

　　在一百英尺或者一百三十英尺以外跨度的河流，建築鋼板梁橋需要材料過多，沒有建造桁架橋爲經濟，桁架橋也有面路橋（Deck bridge）和底路橋（Through bridge）二種，其建造必須根據路面的坡度和橋下空間（Clearanc. under bridge）而決定之。

　　桁架橋的最簡單和最普通的爲普刺特式架梁（Pratt truss）（第五圖）大概用在二百五十英尺跨度以內，優點爲式樣簡單材料經濟，同時各部相聯便利。窩倫梁架式（Warren truss）也是普通常用（第六圖），若然橋的跨度過長那末在橋之中部受力大，而兩端受力小，所以可以把中部高度增高，漸漸

向兩端減少，上桁成爲斜形，這種架梁稱之間帕剋式架梁（Paaker truss）（第七圖）

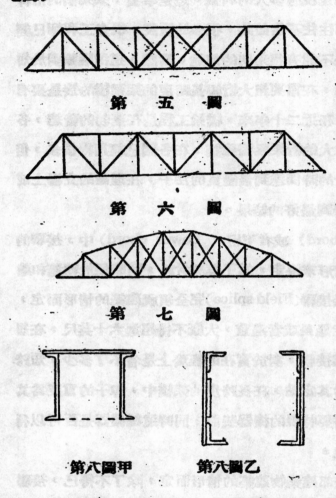

第　五　圖

第　六　圖

第　七　圖

第八圖甲　　　　　第八圖乙

桁架梁橋壓桿的最普通組織是（甲）兩只槽條（Channels），（乙）兩只槽條加一塊或者二塊蓋板，（丙）四只角鐵零加鐵板，若然需要大一些面積的時候，可以在角鐵或者槽條的兩面零加鋼板，截面面積可以把壓桿所受的力量而以安全單位應力除之即得，壓桿的面積須便于結構，並且應該把材料分散四週，以增加最小擺動半經（Least radius of gyration）方爲經濟（第八圖甲）

桁架梁橋拉桿的截面面積，也是把這拉桿所受的力量，而以安全單位應力除之，所供給的面積必須是淨面積，截面只須是便於結構，拉桿最普通的組織是（甲）兩只角鐵，背對背的釘住（乙）四只角鐵在兩面零加鐵板，若然較大的橋梁，那末，可以在兩面零加鋼板，增加截面面積可以增加抵抗力。第八圖乙示普通拉桿的截面。

第二節　尾聯法

在桁架橋梁計劃中，桿條（Members）的接聯是被認爲很重要的一部份，因為對於接聯若然不透澈的研究，和合理的建築，雖然對於應力的計算，桁桿的結構是絕對的留心着，也是沒有多大的利益。這是事實，架梁橋的桁桿可以計劃得很完全，而接聯則往往不能如此，很多的假設，很多工程師已經研究過，但是對於事實上還是不能有很光明的前途。當然，這種議論對於短跨度的架橋是絕對沒有問題的，在需要相大桁桿長跨度的架梁橋的接是要有相當研究。這是沒有疑問的，在近二十年來，橋梁工程是在達勃的發達，各工程專家都注意着，長跨度偉大的桁架梁橋建築，在各國已經用得很多，但是對於接聯和交接上還少充分的時間達到最優良的法子，在理論的立場上或者是實際的建築上，都還沒得到最好的結果。

在架橋的上桁（Upper chord）或者下桁（Lower chord）中，接聯的多少和地位必須根據了各種情形來決定，為了經濟材料，同時便於轉運和建築，接聯的數目應該少，工場接聯（Field splice）完全須視建築的情形而定，為了便於轉運，各種桁桿不能過長或者過重，大槪不得超過六十英尺，在短跨度的架梁橋中，省去了幾處接聯，對於實在的經濟上是省不了多少，短跨度的架橋，可能的轉運長度為其定點，在長跨度的架橋中，桿子的重度為其控制點因為過重的桿子，便需要特製的機器裝設，同時這種機器是否可以得到，和是否有適當的地位建造。

接聯的地點，大致根據全部建築物建築的情形而定，除了不得已，接聯點總竭力使其在交接點（Joint）之外，因為在這個外面接聯是便於安排和計劃，再者對於接聯的本身也可以有較好的成績，這種接聯的最經濟辦法是把大的桁桿充份的伸入另一需要輕的桁桿的架構（Panel），使後者接聯到重大的桁桿上。

接聯板應該在桁桿的接聯上每面都放，這樣所有的應力能夠在一直線上平均傳動，這種排列形成一種平均趨勢，在各方面都覺得很好，這裏最大的利益，就是使所有的釘都受到複剪力，那麼可以減少鉚釘的總數，在短小的桁桿條中，這種計劃是不適用，這種是不經濟，往往在桿子的一面放一塊放接聯板就足夠了。

普桿壓桿的接聯法是用尾聯法（Butt-splice）用尾聯法接聯壓桿是比較經濟，大都的規範中談及尾聯接只能及到原有壓桿的一部份力量，這是顯然的，尾聯是比疊接（Lap-splice）需要較厚的鋼板，所以用在壓桿中尚屬可能，除了這個之外，還有條件是必須注意着去決定接聯的式樣，那一種是最適宜，建造問題是其中最重要的一件，所以計劃全部工作的工程師對於適合於工場工作的各種方法必須熟悉。

在尾聯法裏所有的釘，若然只用一塊接聯板，可以單剪力計算。若然用了幾塊接聯板，可以複剪力計算，也可以根據了鋼板的厚薄受不動的支持力，若然桁桿的腰板互相疊上，他們可以作為接聯板應用 。 在任何的接聯中，鉚釘的間隔愈近，接聯可以愈堅固愈經濟，壓桿的接聯中，鉚釘的間隔大概為規範書所規定的最短距離。

第三節　疊接法

疊接法（Lap splice）的接聯，依照規範書的規定，所有在接聯板上的承受力必須比原來的桁架強百分之十，因為要使這格外的力量很快的到接聯板上，所以在鋼板截斷之前，鉚釘和接聯板都發生這種力量，疊接法普通是用在拉桿中和比較重大面積的桁桿，拉桿的接聯中，同時須注意到其所需要的面積為淨面積，大致是根據接聯板第一行鉚釘而定。把全排最短距離的鉚釘洞都除去了，這是很不經濟的

計劃疊接法，舉列如下，

　設　鋼的準個拉力為每平方英寸16,000磅。　咨英寸直徑釘鉚的單

　　　剪力為每平方英寸 7,220磅。　複剪力為14,430磅。　在咨英寸厚鋼

板上的承受力為每平方英寸11,810磅。　被接聯的拉桿如第九圖

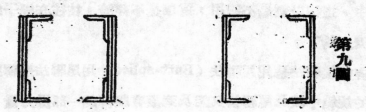

第九圖

　　其較大面積的桁桿係用在受力較大的構架（Panel）中伸入另一受力較小的架桿中而被接聯，小的桁桿的截面淨面積為29.37平方英寸而其力量為16000×29.37＝469,900磅，四面都有接聯板，鉚釘和其排列請參閱第十圖，接聯板的淨面積為

　　頂和底接聯板　　$12 \times \frac{5}{8}'' = 2(12-2)\frac{5}{8} = 7.50$平方寸

　　內接聯板　　　　$13 \times \frac{7}{16}'' = 2(13-2)\frac{7}{16} = 9.62$

　　外接聯板　　　　$20 \times \frac{7}{16}'' = 2(20-4)\frac{7}{16} = 14.00$

　　　總淨面積　　　　　　　　　　　　＝31.12平方寸

頂和底和內接聯板的淨面積是照第十圖甲線上計算，外接聯板是照乙線上計算，現在假定每只鉚釘都受單剪力，那末在頂和底接聯板所需要的鉚釘為

$$\frac{7.5 \times 16,000}{7,220} = 17$$

　　內接聯板上　$\dfrac{9.62 \times 16,000}{7,220} = 22$

　　外接聯板上　$\dfrac{14.0 \times 16,000}{7,220} = 32$

在第十圖上自乙線至戊線內的鉚釘是同時用在內外兩接聯板上，所以不能作單剪力計算，若是不把 $14 \times \frac{1}{2}''$ 填板計算，在 $\frac{7}{16}''$ 厚鋼板上的承受力作為根據。

　　第十一圖中表示單獨一只鉚釘接聯內外接聯板和腰板（Web），在甲甲

線和丙丙線上鉚釘的剪力抵抗力是同時在乙乙線上也有的，通過內外接聯板的釘是十二只，從這些鉚釘上傳至外接聯板的總應力爲 $\frac{12}{20} \times$

$$\frac{14.00 \times 16,000}{2} = 67,500 磅，$$

而傳至內接聯板的爲 $\frac{12}{14} \times$

$$\frac{9.62 \times 16,000}{2} = 68,000 磅，其$$

總數爲 133,500 磅，若然以各鋼板的承受力，總共計算需要

$$\frac{133500}{11810} = 12 只鉚釘，在這情形$$

下，填板除了填滿空間外，不發生任何力量，牠只不過用幾只釘釘在腰板上，在第十一圖中，內接聯板上接縫每面用了四只鉚釘，外接聯板上用了二十只，都比所需要的爲多，但是爲了排列上的關係不能再減少。

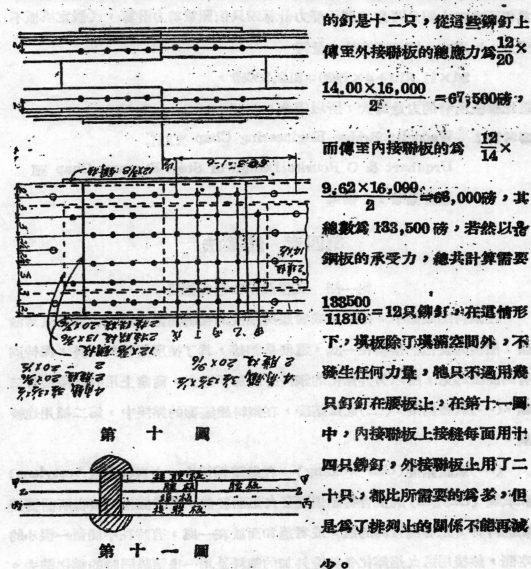

第 十 圖

第 十 一 圖

現在再看到在桁桿上的角鐵和腰板所需要的鉚釘是多少，角鐵所有的力量爲 $10.25 \times 16,000 = 164,000$ 磅，腰板的爲 $19.12 \times 16,000 = 305,900$ 磅，

角鐵上鉚釘係受單剪力，所以需要 $\frac{164,000}{7,220} = 23$ 只，第十圖中，每只角鐵

八只鉚釘總共三十二只，在第十圖上除了釘住角鐵同時釘住腰板的鉚釘，總共每面有二十四只可以依照承受力計算四只依照單剪力計算，（假定填板不受力，）那末，鉚釘所有的力量爲

$$24×11,810+4×7220=312,300磅，$$

這比腰板所有的力量爲大，所以安全。

參考書：　Waddell: Bridge Engineering Chap XXII.

　　　　　Urqahart & O Rourke: Design of Steel Strcture Chap VIII

凌鴻勛著：　橋梁

第四章　鎔接法

第一節　氣體鎔接和電弧鎔接

在鋼料的建築中，把二塊或者幾塊鋼板的接聯面鎔化成軟性或者成爲液體，然後再使他們接聯在一處，這便是鎔接，爲了使所接聯的材料，保持固有的面積起見，所以另外鎔化的鋼料必須加了進去，商業上用的鎔接法有二種，（一）氣體鎔接，（二）電弧鎔接，在鋼料建築物的鎔接中，第二種用途較廣。

（一）氣體鎔接（Gas welding），在氣體鎔接中，由炭輕氣（Acetylene）和氧氣（Oxygen）的混合物燃燒而發火焰而發熱，然後鎔化而接聯所需要接聯的料材，把各塊材料的邊，或者邊和面放在一處，有時在中間留一很小的空間，然後用這火焰鎔化各部份外加的鋼料是用一根鋼棒同時的鎔化進去。

這二種氣——炭輕氣和氧氣是從高壓力的池槽中，經過幾個活塞（Valve），然後在火炬中會合，在這火炬的末端發出這種火焰，這氣的混合，必須使其燃燒完全，但不能用過多的氧氣，各種不同的工作需要各種大小的火焰和不同的鎔接鋼棒。

（二）電弧銹接——這種銹接法中，所得到的熱度是從電弧中（Electic-arc welding）得來，被接聯鋼板中的電火，作爲一個電極（Electrode）另一炭桿作另一電極，鋼桿或者鋼絲也可應用，普通所用的電爲直流電，從七十五至三百恩杯（Amp）在十五至三十福爾（Volts）電力之，根據所銹接材料的性質和大小而定。

在用炭桿作爲一電極的時候，把電星和炭桿放在銹接物中間，銹化接聯物，另外的鋼絲也同時加了進去，若然用鋼桿作了另一電極，那末不必再另加鋼板，作電極的鋼桿本身可以熔而銹在銹接中，在電弧的銹接中，大概超過百分之九十以金屬類作另外的電極。

電弧銹接所需用的器具爲一架能在不易的電壓力下發出不易的電流的發電機，校正機是設備着校正在各種不同的工作下發出不同的電流量和電力，發電機的正極（Positive side）直接或者間接的接在所銹接板上，否極（Negative side）是接在不傳電握執器上（Insulated holder）的銹接桿，電弧所發出的極亮光度往往使人不能看清楚，同時損壞目力，所以必須配製防禦物，往往是一片金屬類在上面開洞，配置顏色玻璃，有足夠的密度可以減低光的強度，這種防禦物同時還可以保護面部，因爲這種銹化的鋼片類很容易飛到工作者的面上；皮製的長手套，帽子，和一襲皮製前掛是用作保證工作者的手顚部和衣服，銹接桿大概是十二至十六英寸長。他的直徑須視各種不同的工作而定。

第二節　電弧銹接的手續

在電弧的銹接法中，接聯板的邊上放了一排金屬類，和接聯板同時銹化而接聯，在安放這金屬類之前，必須先用接銹桿放上去試驗電弧（Arc），若然這銹接絲不是立刻從這上面退了出來往往是會黏在上面，爲了要鬆開這個銹接絲，電弧會往往因此中斷，若然這銹接絲是退太遠了，電弧又會因此斷去，所以其正當的辦法就是當電流通進去之後，把銷接林大概離開工作點八分之一至四分之一英寸遠；確實的遠近，應視鋼林的大小和電流的總量而定，然後把鋼林很均勻地漸漸沿接聯線移動，電弧的長度必須永恆不變。

電弧的長度，對於銷接上有絕大的應響，這個的長度，必定使那銷化的銷接林，可以有充份的時間給空氣中天然的火燄保護着；若然太長了這種天然的火燄要起旋轉，一時在這面，然後又至那面，使這銷接林氧化，結果使這種粒形金屬類成為多孔形態，銷化程度極低。若然太短了，這是很困難避免粘貼上去，一個適當距離的電弧發出一種清脆的聲音和明亮的火星。

電力的強弱也是很重要的一部份，若然電力不足，便不能銷化完全，得到一個不好的結果，若然在薄的接聯板和小的銷接林中，電力太強了，往往會燃燒起來。

第三節　銷接的式樣

在任何一種銷接中，接聯的各面必須很澈底的銷化，然後使之凝結攏來，若然兩接聯面是平行的，在兩端的中間，必須留出相當的空間，使電弧能夠在其中工作，超出四分之一英寸厚的材料至少有一端是需要割斜的，如此兩面的底下部份可以有足夠的地位工作，更厚些的材料，大概超出了二分之一寸的時候，兩面都應該割斜，從每面起完成一半銷接工作，超出八分之三或者十六分之七英寸厚的鋼板，一層銷接不能完成，必須俟第一層很清楚，然後再加第二層上去。第十二圖表示幾種銷接的簡單式樣。

綠角的銷接（Fillet）在鋼料建築物中比較用得最多，在銷接板的兩面都有充份的地位給電弧工作（見第十二圖），所以可以毫無困難的銷化。缺口（Slot）或者洞口（Plug）的銷接往往是疊接法，雖然不能像綠角的接聯這樣滿意，但是也可以得到很足夠的力量，這種接聯中，切去一塊板就足夠了，在厚的鋼板中，洞口必須割斜。

用了正當的器具和有能技的工匠，所鎔接的材料可以有和整個的材料有同樣的力量，假如做成了同等的面積，沒有理由可以說遣鎔接點是全部建築的最弱點，一個有經驗的鎔接工人可以很知道自己所鎔接的材料能受多大力量，若然有了完備的工器具，往往總有一個滿意的結果，一個有經驗的檢查者可以看工匠對於鎔接的手續和步驟而能知道其所能承受的進力。

結構鋼板梁橋或者桁架梁橋計劃中，都可以利用鎔接法替代鉚釘，而有一個很好的結果。

參考書：　Urquhart & O'Rourke: Design of Steel Structure Chap. XII

第五章　結論

在上面我們已經把鉚釘接聯和鎔接的大慨情形略爲都討論過了一下，在這裏我們來有一個結論，順便把兩種方法擇其要的比較一下以爲本文的結束。

第 十 二 圖

根據了經驗和學識，鉚釘接聯是有數十年悠久的歷史，雖然接聯在全部的建築上是被認爲很重要的一部份，但是現在可以大胆的說，對於這部份是沒有危險的機會發生，在計劃，構造和建築都能應用其經驗和學識得到極快極强和極經濟的效果，再從工作的便利而論，很完全很多的設備是現在應用在釘鉚釘和其他鉚釘的建築物上。

至於短生命的，誕生不久的銲接法對於這些問題是根本談不到，只可瞠乎其後，但是銲接法的進步是驚人的，在這樣短的時期中，已經有這樣的成績，若然給以充份的時期，那末對於計劃，構造，和建築上的最好和最經濟的方法一定能夠得到，各種工作上的便利和價值一定會很快的跟着經驗的增加而低下去。

在理論上和實際上銲接可以比鉚釘接聯經濟的幾點總括如下：

(一)所用材料的總數爲經濟。

(二)在拉桿中可以不必除去鉚釘洞面積。

(三)可以不用接聯板，或者可以減少其面積。

(四)鋼板可以配置成形，用作替代角鐵，作加固角鐵。

(五)對於全部建築的重量可以減少，

(六)在計劃和工作時可以減少工作時間。

(七)銲接往往是比鉚釘接聯爲靜。

以上所談的，僅乎是主要的很顯然的幾點，若然借以時日，也許種種優點能跟夠了經驗學識俱進。

流量公式之研究

周　輔　齊

緒　言

欲治河者，必先知其流量之多寡，故測驗流速為治河初步工作之一。惟測得結果，雖較準確，而工作異常繁重，於是有各種流速公式，俾作計算流量之用焉。

但各種流速公式之成立，乃基於其推演之張本，並非可以應用於任一河流。每一公式自有其特優之點；亦各有其相當之限制。故必先對於河流所具之特性，作精密之觀察，而後選擇適當之公式。否則所得結果，必錯誤百出，其危險之大，豈可量哉。

曾經發表之流速公式極多。可大別之為二種：一為引用糙率係數者；一為不引用糙率係數者。本文之目的，即欲取各種公式之理論根據，分析研究，綜合比較，而求一合於實用之公式也。

於流速公式之分析節中，搜集各公式之張本，推演，及其應用範圍之報告，編為系統，俾可充分認識各個公式之特性。

於流速公式之比較節中，就分析之理論，作為比較，孰優孰劣，彰然昭著。糙率係數之有無價值；水坡與激塞係數之有無關係；皆於此討論之。

最後，究竟以何公式為適合於中國河流之用？此問題只須將各公式一較我國河流，如黃河揚子江等之水文，及地質等關係，不難解決也。即根本為中國之河流，各創一適當公式，亦非不可能者，然此為進一步之事矣。

術語與中西名詞對照。

本文所常用之術語解釋之如下：

A 為河床橫截面積。

P 為河床橫截面之濕界綫。

R 為水力半徑等於 $\dfrac{A}{P}$。

B 為水面闊度。

D 為平均深度。

S 為水面坡度，簡稱水坡。

V 為經橫截面之平均流速。

Q 為單位時間內之流量。

U 為經橫截面一部分時之流量。

C 為澈塞 (Chezy) 氏糙率係數。

C'為指數公式內之糙率係數。

n 為萬泰 (Kutter) 氏公式內之粗糙率。

m 為巴清 (Bazin) 氏公式內之粗糙率。

g 為重力之加速率。

本文所常用之名詞如下：

Coeffecient of Roughness　糙率係數

Cross-Section　　　　　　　橫截面

Wetted Perimeter　　　　　濕界綫

（一）流速公式之分析

茲為便於研究各種不同公式之個性起見，就其理論之觀點，大別之為二種：（a）需要糙率係數之公式。（b）不需要糙率係數之公式，由其形式所表示，又可分為如下之四種：

（1）萬泰 (Kutter) 與巴清 (Bazin) 二氏之公式。皆引用澈塞 (Chezy) 氏公式 $V = C\sqrt{RS}$ 之形式者。

（2）經驗公式。凡此種公式皆假定以糙率係數為不必要者。而以橫截面之水面坡度與平均深度校正糙率之影響。

（3）指數形式之公式。亦有與激寒（Chezy）氏係數相同之係數，以計糙率諸條件。

（4）其他公式，如拜耳（Biel）滿甯（Manning）等公式。

今先論葛泰（Kutter）與巴清（Bazin）二氏之公式。

葛泰氏公式　一八六九年，瑞士工程師耿固勒梯（Ganguillet）與葛泰（Kutter）二氏根據激寒氏公式，苦心研究，繼續試驗，創一實驗公式，即著名之葛泰公式是也。小而人造河渠，大而密西西比，皆可應用，其普遍性為人所公認。茲就其來源，推演，及推演所用之張本，漢姆雷司（Humphreys）與亞波梯（Abbot）測量密西西比河之結果，n 之決定，及其應用範圍，一一討論之。

公式之推演　耿固勒梯與葛泰由激寒氏一七七五年所發表之公式

$$V = C\sqrt{RS}$$ 開始研究。以 C 當於巴清氏所擬定之實驗式，如

$$C = \sqrt{\frac{1}{\alpha + \frac{\beta}{R}}}$$ …………(1)。式內 α 與 β 皆為常數，其值依河床之

粗糙等級而定，但二者中間並無一定之相互關係。耿固勒梯與葛泰相信無論粗糙之等級為何，α，β 與 R 之間，必可確定一不變之關係，而以簡單之係數表示之。彼等又以為水坡對於係數之影響，亦不應忽略者。可用以表示 C 之數值之公式如：$$C = \frac{y}{1 + \frac{X}{\sqrt{R}}}$$ ……（2）。 $$C = \frac{y''}{1 + \frac{X''}{R}}$$ ……(3)。或以

y' 代 $1/\alpha$，以 X' 代 β/α 於第（1）式中，得 $$C = \sqrt{\frac{y'}{1 + \frac{X'}{R}}}$$ ……(4)。以上

Table 1. Humphreys and Abbot's Mississippi River Gagings

Location	No. of observation G. &K.	Hydraulic Radius R	Slopelooo S	Mean Velocity V	Ghezy Coef C
		Meters		meters Persecond	
	1	9.497	.02227	1.074	73.9
Vicksbrlrq. Miss.	2	15.886	.03029	1.694	77.2
" "	3	17.484	.04811	1.926	66.4
" "	4	19.538	.06379	2.118	60.0
" "	5	19.666	.04365	2.080	71.0
Columbus, Ky.	6	20.081	.06800	2.121	57.4
Corrollton, La.	7	21.953	.02051	1.807	85.1
" "	8	22.085	.01713	1.794	92.2
" "	9	22.413	.00342	1.229	140.4
" "	10	22.673	.00384	1.212	129.9

Table 2. Possible Errors in slope in Humphreys and Abbots Measurements on the Mississippi River

Location	Numder	Totalfoll in feet	Error in S Per cent
Vicksburg	1	0.24	20.8
"	2	0.32	15.6
"	2	0.51	9.8
"	4	0.67	7.5
"	5	0.46	10.9
Columdns	6	0.09	55.6
Carrollton	7	0.185	27.0
"	8	0.188	26.6
"	9	0.031	161.0
"	10	0.042	119.0

Take Table 1. as a basis on

Which to build the Kutter's

Formula.

三式極相似，觀察結果，決定以第（2）式爲基本公式，此點與巴清氏研究之結果，甚爲符合。如糙率爲已知，則各式內之（X.y）（X",y"）及（X',y'）爲定數，以坐標（$\sqrt{R}$,C）（R,C）及（R,C²）繪成曲線，皆爲等邊雙曲式，其漸近線與軸線平行，其定數同者，其曲線亦同。

　　X與y之關係，先用以下之形式表示之，$y=\dfrac{a}{\sqrt{n}}$，X = ny = a$\sqrt{n}$。與 $y=\dfrac{a}{n}$，X=n²y=an。後經發現以上諸關係中需要條件如下：

$y=a+\dfrac{1}{n}$　X=an=ny－1。a與1爲常數，n爲變數，得一公式爲

$C=a+\dfrac{1}{n} \cdot \Bigg/ 1+\dfrac{an}{\sqrt{R}}$ ……（5）。但此式爲不含水坡關係者。耿岡勒梯

與葛泰二氏決定以水坡一項$\dfrac{m}{s}$，加於y之值內，m爲一常數，得

$y=a+\dfrac{1}{n}+\dfrac{m}{s}$……(6)。代入X=ny－1內，得X=$(a+\dfrac{m}{s})$n……（7）。

於是則得普通公式 $C=\dfrac{a+\dfrac{1}{n}+\dfrac{m}{s}}{1+(a+\dfrac{m}{s})\dfrac{n}{\sqrt{R}}}$……（8）由多次測驗之結果，

當水力半徑爲一公尺時，水坡爲零；小於一公尺時，水坡增加，C亦增加；但大於一公尺時，水坡增加，C反減小，當R爲一公尺時，第（8）式爲

$C=\dfrac{\sqrt{R}}{n} \times \dfrac{(a+\dfrac{m}{s})n+1}{(a+\dfrac{m}{s})n+\sqrt{R}}$……（9），水坡一項爲零，C之值即爲

1/n。上式之第二項分數，乃顯明表示其隨R而變化者也。次復研究常數a與m之數值。耿岡勒梯與葛泰二氏乃取數組測量河流之結果，其糙率爲相同。以坐標1/c與1/$\sqrt{R}$繪下測量各點，並作直線通過之，此直線即符合於公式

$$\frac{1}{c} = \frac{1}{y} + \frac{X}{y} \times \frac{1}{\sqrt{R}} \quad \cdots\cdots (10)$$，此式可直接由公式（2）求得之。$1/y$ 為與 $1/c$ 軸

線之交點。用 S 之數值決定 y，得到各點，可以由公式（6）求得之直線式

$y = y_1 + \dfrac{m}{s} \quad \cdots\cdots (11)$ 表示之。即令 $y_1 = a + \dfrac{I}{n}$，則公式（11）y_1 交於 y 坐標處為

60，此線之坡度 m 為 0.00155，如是 n 之值為 0.027，常數 a 為 23，其普通公式

之米突制單位者為 $C = \dfrac{23 + \dfrac{1}{n} + \dfrac{0.00155}{S}}{1 + (23 + \dfrac{0.00155}{S}) \dfrac{n}{\sqrt{R}}} \quad \cdots\cdots\cdots\cdots (12)$。

如化為英國制為 $C = \dfrac{41.6 + \dfrac{1.811}{n} + \dfrac{0.00281}{S}}{1 + (41.6 + \dfrac{0.00281}{S}) \dfrac{n}{\sqrt{R}}} \quad \cdots\cdots\cdots\cdots (13)$。

以公式（12）C 代入巴秦氏公式內，即得為秦氏流速公式如下：

$$V = \frac{23 + \dfrac{1}{n} + \dfrac{0.00155}{S}}{1 + (23 + \dfrac{0.00155}{S}) \dfrac{n}{\sqrt{R}}} \sqrt{RS} \quad \cdots\cdots (14)。$$

係數 C 根據水力半徑 R，水面坡度 S，與糙率 n 而決定，謂之為糙率係數，茲申述其關係如下：（1）糙率 n 之值增加，則 C 減小，（2）係數 C 隨水力半徑 R 而增加，水力半徑漸大時，C 之增加率則漸小。（3）當水力半徑為一公尺時，係數 C 與水坡無關。（4）當水力半徑小於一公尺時，水坡增加，C 亦增加；當水力半徑大於一公尺時，水坡增加，C 反減小。（5）係數 C 因 S 而變，S 增加 C 則減小，如水坡大於千分之一時，此種變化可略而不計。

推演公式所用之張本　根究推演此公式每步所用之張本來源，及實際測量之紀錄，可得而知者如下：

根據巴清氏八組測驗之結果，始決定以公式（2）為基本公式，決定 X 與之關係，乃由巴清氏之試驗，與在荷蘭之席茵（Seine）賽昂（Saone）威斯

霜(Wear)諸河流之測量，研究而得者。—

在大河流中，水坡增加，C則減小之關係，完全根據漢姆雷斯（Humphreys）與亞波梯（Abbot）測量密西西比河之結果。（見附表一）

在小河流中，水坡增加，C亦增加之現象，由巴清氏精審之試驗證明之。

葛泰公式所引用之張本，雖時混用各種不同之測量結果，而其主要者爲根據巴清氏與漢姆雷斯亞波梯二氏之報告，則至明顯也。巴清氏測驗工作之精密詳盡，無人能懷疑而改正之；吾人曾見有批評巴清氏推演公式之論據爲不完善者，但從無有人指摘巴清氏之測驗爲不正確者。故今不復研究巴清氏之工作，只取漢姆雷斯與亞波梯二氏之報告討論之。

漢姆雷斯與亞波梯之測量 漢姆雷斯與亞波梯二氏，於一八五〇、一八六〇二年之間，作測量於密西西比河之下游（由澳海澳(Ohio)河口，至厭利安司 (Orleans) 以下。）其測量之結果，載於「密西西比之水力及其性質之報告」一文中。耿同勒梯與葛泰二氏所引用之紀載，卽由此報告中選出者。（見附表一）其單位爲米突制。以下將就其報告詳細研究之，考其是否可作張本之用也。

報告中謂在哥倫布地方所求之河流平均面積，與平均水力半徑，乃根據四橫截面，而此四橫截面嘗作於下部河槽，於此以量水面坡度，在維克斯堡 (Vicksburg) 之平均面積，與平均水力半徑，則根據於平均分配之八橫截面；在卡柔爾登 (Corrollton) 亦用分配甚均之二十七橫截面，以定平均面積，與平均水力半徑。

可見哥倫布 (Columbus) 地方之水坡尚不可靠。容或遇有兩橫截面間之闊度驟變，灣曲，等情形，混雜不清。則四橫截面之佈置，實不足以斷定之也。且報告所載於卡柔爾登處之水坡，約爲每英里0.1呎弱。卽在地面之測量,一英里距離,其高度之錯,或有如此之大;而況於與波逐浪之水中乎! 是故其所測坡度之正確與否,實亦疑問也。由於水準測量錯而生之 S 錯誤, 見附表二。總之漢姆雷斯與亞波梯二氏之測量,雖有其價值,但用之以推演 公式,則不適宜也。

　　n 之決定　n 隨地而異,公式內之係數 C 亦隨之而變,此爲極複雜之問 題也。河床質料對於流量所生之阻力,情形極不一致。如河床之面爲漂石, 當水位低時,漂石不動,其阻力小;當水勢大時,石塊隨水衝動,則阻力 大;且河流之大部能力,用於攜帶石塊前進,故糙率較前一種情形,增加甚 速也。

　　河流之灣曲,亦足使糙率增加,而減小其流速;卽使河道正直,而水分 子中間之黏集力,常能引起側面流動,或上下震盪,卽使在同一橫截面內, 測得之糙率,亦不能相同。n 所包括之條件,尙有因河床地形之崎嶇,而阻 滯水流。與水中所含泥沙之成分等,皆有極大關係。我國黃河挾沙量之 富,爲世界諸河流冠,其糙率 n 於流量在 1000 秒立方公尺以上時,約爲 0.0165;在流量較小時,則較此數爲大。普通約爲 0.0175。黃河兩岸爲黃 壤,雖迂曲而整潔,底爲滾沙,極細緻而堅實,滑性如油,故糙率係數甚小 也。

　　如河床之性質相同,深度或平均水力,半徑增加,則 n 必減小;如 R 爲 無限大,n 卽等於零矣。在平整之河道中,無灣曲及其他阻礙物,水坡增 大,n 則減小;但在粗糙而不規律之河道中,n 常隨水坡而增加。因水流混 亂,極不易得平行於河槽之等速流動也。無論如何,在同一河流中,n 之決 定,不能完全根據河床濕界之粗糙等級,而略去其餘諸條件也。

　　決定 n 之條件　有一河流,欲決定其 n 之數值,所應注意之條件如下:
　　　　(1)河道濕界之材料性質。

（2）河床與河岸之參差。

（3）橫截面之不規律。

（4）冲刷與淤積之情形。

（5）河床之灣曲。

（6）草木。

（7）河內阻礙物。

（8）河床之大小。

河道濕界材料之性質　在普通水力學中，皆以構成濕界綫之材料之粗糙等級，爲選擇糙率係數之唯一條件，但必須河床穩定，不受橫截面參差之影響，無草木等阻礙物，否則不正確矣。

河床與河岸之參差　此爲決定 n 最重要之一項。凡高低不平，與多孔之河流濕界，當然較整齊平滑者粗糙無疑也。

橫截面之不規律　橫截面之形狀與大小之變更，其影響與參差之濕界同。水流總面積之增減，或不至變更其糙率。而橫截面之忽大忽小，則 n 之值必大也。

冲刷與淤積之情形　遇有冲刷或淤積諸情形，極足改變河道濕界之形狀。冲刷可使整齊之河道，變爲參差；而淤積則可使不規律之河道，變爲一律。濕界爲泥土者，極易被水冲刷浸蝕，而成爲不規律之形狀，糙率亦隨之而大。如使流速保持很低，不致發生冲刷現象，則糙率必小矣。石子砂礫之屬，雖在高流速下，亦不易被冲刷浸蝕，常能保持完整，而糙率亦不變大。故淤積或冲刷對於糙率之影響，須視構成河道濕界之材料之性質而定也。

河流之灣曲　河身不直，亦極重要之問題也。如一河流遇有灣曲，n 之增加數，乃依據灣曲之多寡，灣曲半徑之大小，與是否有忽然反轉方向之灣曲以爲定。水流出入於此河槽，因灣曲所生之混亂流動，亦可使 n 之數值增加也。

草木　河中與兩岸所生長之草木，常能減少流量。因其能吸收水分，與阻滯水流，n 之數值有顯然之增加也。所生植物之性質，分佈面積之大小，與生長之疏密狀況，皆須加以詳細之觀察。

河內阻礙物　如河內有橋墩，木樁，或其他建築物時，n 亦增加，其理與生長草木之影響同。其增加之多少，則視阻礙物之性質，數目，與其如何佈置而定。

河床之大小　n 因 R 而變，前已言之。普通河床增大，糙率亦大。但此並非完全根據水力半徑 R 之增減，而與溼界內之材料是否一律，形狀是否平整，有無阻礙物體，皆有相互關係，不容分述者也。

n 之決定　以上八條件，皆經觀察與研究之後，n 之數值，即可定出。凡河流溼界為砂礫者，復平滑正直，無一切阻礙物者，其 n 之值，約為0.025；如溼界不整齊一律，而有草木等阻礙物者，則增百分之二十；遇有灣曲，則加百分之十。當設計一新河槽時，選擇 n 之數，必須注意冲刷與淤積。如設計者為一泥七河槽，冲刷必不可免，結果自有淤積，用 n 須大於 0.030。如溼界材料為砂礫者，幾不受冲刷影響，則用 n 之值可較小。實則決定糙率係數，須靠工程師之經驗耳。

葛泰公式之應用　葛泰氏公式以 RS 與 n 表明 C 之數值。實際應用時，則以之代入激塞氏公式 $V = C\sqrt{RS}$ 內。如 V，R，S，n，C，五項中，有三項為已知，則其餘二者即可算得矣。

唯於應用時，尚有一困難，即如選擇 n 時有百分之幾為錯誤，則所估計流量之錯誤將如何也。思考德（Schoder）氏對此問題研究之結論如下：(1) 如水力半徑 R 大於一呎，水坡 S 隨 n^2 而變。因按激塞氏公式變換之，為 $S = \dfrac{V^2}{C^2 R}$。如 R 與 V 為固定數，則 $S \propto \dfrac{1}{C^2}$，$\dfrac{1}{C^2} = n$。(2) 流速 V 之變化，與 n

成反比例。當R爲二呎時，尤爲明顯。

　依上所述之關係知因 n 之不正確而引起之條件如下：（A）將固定流量所須水坡之差誤百分數二倍之。（B）水坡固定，流速內差誤之百分數與（A）同，唯假定之水坡必大於0.0001。

　例如選擇 n 之錯誤介於 0.017 與 0.020 之間，與此二數之平均值約上下8％，如此則流速之錯誤爲8％，水坡之錯誤爲16％。

　葛泰氏公式爲今日最通用之流速公式，決定糙率係數，雖極困難，而其便利正確之處，亦正在此。應用公式，不能呆板，必先研究河流之特性，事後又須觀察測量與計算所得之結果，能否符合，如有錯誤，則必求其錯誤之來源而改正之，如此自能得一滿意之答案也。

　茲譯買勒曼（Merriman）關於葛泰公式之批評，以見其價值，於買勒曼著之，「A treatise on Hydraulics」九版 P.288 中謂：「葛泰氏公式因其應用範圍之廣闊，極爲人所樂用，咸認其爲設計河流或溝渠必不可少之公式，尤其於美國爲甚。在溝渠工程所用 n 之數值約爲0.015云」

　巴清氏公式　法國著名水力學家，巴清（Bazin）氏經一八五五至一八六二數年之試驗，創一流速公式。因其試驗之精確，故其推演之公式，亦爲人所信任，實與葛泰氏公式有同等之價值也。

　巴清氏公式用米突制單位之形式爲

$$V = \frac{87\sqrt{RS}}{1 + \dfrac{m}{\sqrt{R}}}。$$

　用英制單位則爲

$$V = \frac{87\sqrt{RS}}{0.552 + \dfrac{m}{\sqrt{R}}}。\quad m 之值與米突制同。$$

　自巴清與大賽（Darcy）二氏之試驗成功後，亦有人取其紀載，推演各種公式，但不能完全適合。蓋涇界之性質各異，不能盡以數字表達之。譬如一適合於已知測驗結果之公式爲可能，然施之於其他情形，則未必正確，此當然之理也。故比較其溼界之性質，極爲重要。切不可以他人所試驗者，而直接取用，危險極大也。

巴清氏最初研究之公式爲 $R^m S^n = CV_p$。R爲水力半徑；S爲水坡；V爲平均流速；C爲係數；mn與p爲常指數。

後又擬定一簡單之公式爲 $A = a + \dfrac{B}{R}$ ……(15)。式內之A等於RS/V^2與a與B皆爲常數。此爲大賽氏於一八五〇年試驗之結果。此式應用於水管尚稱合適，因其橫截面一律而固定，且係數B之值亦甚小也。但應用於天然河流，則不適宜，蓋其橫截面與溼界之性質，變化無定，使a與B之變化限度，過於寬泛，難以決定也。

此式尚有二明顯之缺點：第一，a與B之間無相當之關係。B隨溼界之糙率而增加甚速。第二，如水力半徑R無限止增加，則A之限度將隨河床性質之不同而變更。與吾人所希望之目的相反，卽河床之大小如無限增加，其性質仍不變，糙率作用應漸消失，最後，所有A之數值，應歸一共同之限度是也。

a與B中間之關係，可由以A與R之平方根代A與R之方法求得之，卽

$$\sqrt{A} = a + \dfrac{B}{\sqrt{R}} \quad ……(16)$$

假定a爲常數，最後無論糙率之等級如何，所有A之數值之限度皆爲a，係數B爲表示河床之糙率者。

一八六九年耿固勒梯與葛泰二氏，推演一與公式（16）相當之公式，爲

$$V = a\left[1 - \dfrac{b}{b + \sqrt{R}}\right]\sqrt{RS}$$

假定a爲1〇0；b之數值由0.12至2.44；後又依漢姆雷斯與亞波梯測量密西西比之結過，加入水坡S一項成爲以前所論

之葛泰氏公式 $V = \dfrac{23 + \dfrac{0.00155}{S} + \dfrac{1}{n}}{1 + (23 + \dfrac{0.00155}{S}) \dfrac{n}{\sqrt{R}}} \sqrt{RS}$ 。

令 $23 + \dfrac{0.00155}{S} = K$ 則上式可寫爲如下之形式：

$$\frac{\sqrt{A}}{n} - 1 = \frac{Kn}{1+Kn}\left(\frac{1}{\sqrt{R}} - 1\right) \cdots\cdots (17)$$ 。在此式內，如R等於

一米，$\sqrt{A}$ 即等於 n，而與水坡無關係。括弧一項之符號，視R大於或小於一米而定。水坡之影響，只能於大河流而水坡極小時有之。如S超過0.001，則 $\dfrac{0.00155}{S}$ 一項與 $Kn/(1+Kn)$ 之值，無大影響，與其本來之限度

$\dfrac{23n}{(1+23n)}$ 所差甚微，可以略去之也。由公式（15）分別計算四種河床如下：

1. 最光滑之河槽　　　$A = 0.00015\left(1 + \dfrac{0.03}{R;}\right)$

2. 光滑河槽　　　　　$A = 0.00019\left(1 + \dfrac{0.07}{R;}\right)$

3. 較粗河槽　　　　　$A = 0.00024\left(1 + \dfrac{0.25}{R;}\right)$

4. 泥土河槽　　　　　$A = 0.00028\left(1 + \dfrac{1.25}{R;}\right)$

巴清氏公式爲一力求簡單之實驗公式 $V = \dfrac{87\sqrt{RS}}{1 + \dfrac{}{\sqrt{R}}} \cdots\cdots\cdots\cdots (18)$

m爲糙率係數巴清氏將不同性質之河槽分類而決定m之數值有六種如下：

1. 最光滑之面（水泥或刨光之木板）　m = 0.06.

2. 光滑面（磚石塊或板）　　　　　　" = 0.16.

3. 碎石砌成　　　　　　　　　　　　" = 0.46.

4. 七槽面鋪以石塊 ” = 0.85.

5. 七槽 ” = 1.30.

6. 不平整之七槽 ” = 1.75.

決定m時，並不計入水坡影響，巴清氏以其無重要之關係也。如人造河渠爲前二種情形，更一於木板斜槽內所作之試驗比較之，則確知水坡S降低，係數A卽增加；但河床之抵抗力大者，所得結果則適相反。

漢姆雷斯與亞波梯二氏之觀察，證明水坡增加，同時A卽減小。在歐洲之大河流中，又有人證明其不然，是水坡對於糙率係數之作用究爲如何，尙須繼續研究也。

德國公式　此種公式，皆無糙率係數。所包括者有：薛達克（Siedek），葛魯根（Groger），海司爾（Hessle），克勒司登（Christen），赫瑪克（Hermanek），馬特寺（Matakiewicz），林伯（Linboe），陶貝特（Teubert-），哈代（Harder），哈根與高克來（Hagen & Gaukler）等公式，哈根與高克來之公式，尙無人證明其能合於實用；哈代氏公式與海司爾氏公式極相似，故以下不復詳論矣。

薛達克氏公式　薛達克氏公式之推演，乃根據一新觀點，反乎往日巴清葛泰等之假設，不主張引用糙率係數，於流率公式之內；而以影響於糙率之條件，於求河流之平均深度與平均水面坡度時注意之，其理論極足代表此一派別。頗值吾人之參考與比較也。

薛達克氏以爲選擇糙率係數，太費研究，非經驗多者，不易準確；且葛泰巴清等公式，皆注意於河流橫截面之形狀，性質，與水坡；不無缺點也。普通習以水力半徑 R，表示橫截面之大小，形狀，然水力半徑實不能充分表示橫截面之狀況。如一三公尺深，四公尺闊之長方形橫截面，與一二公尺深，六公尺闊者之糙率相同，水坡相同，在此二情形下，其水力半徑 R 亦相同（$R = \dfrac{A}{P}$），則用蒿秦氏公式所求得之流速，亦必相同矣。在平整之河床中，其垂直面之流速，因深度之固定指數而變更。$\dfrac{V_1}{V_2} = \left(\dfrac{D_1}{D_2}\right)^n$ 證明垂直邊之影響，並不重要，故水力半徑 R 不足以說明橫截面之特性也。

在大河流中，即同一橫截面內之糙率，亦不能一律，如其形狀複雜，或與洪水氾濫之面積混合時，則結果之錯誤，不可臆測矣。

如欲得一完善之流速公式，必須假定河水爲等流速。但水流因河床阻力不同，而激盪無定，實際並無等速流動之可能。吾人所求得者只爲其平均値而巳。河床阻力與流速之關係，可以下二定律說明之：（1）如河床之材料與其阻力皆爲一律，阻力影響於低流速較高流速爲大。（2）橫截面粗糙，則流速減低，如一河床之流量與水坡不變，其糙率減小，則流速必增，而橫截面積與深度亦須減少，方爲合理；如假定流量與深度不變，水坡之作用，使糙率減低。糙率對於平均深度與水坡皆有關係，至爲明顯。故薛達克公式雖無糙率係數，而其本身則足說明糙率之關係者也。

由上述諸理論觀之流速 V 爲水坡 S，闊度 B，深度 D，之涵數。
$$V = KS^m B^n D^o \quad\cdots\cdots\cdots(19)\text{。}$$
式中之 K 爲常數，m、n 與 o 各示水坡，闊度，與平均深度之固定指數。次卽由測驗方法，以定各指數之數值。得式
$$V = CB^2 D\sqrt{S} \quad\cdots\cdots(20)\text{。}$$
C 在相同闊度，與水坡差別甚微之橫截面內，變更甚小。將多次測量之結果，繪於坐標紙上，以 B 之值爲縱坐標，以 C 爲橫坐標，作成之曲線，可以下式表示之
$$C = \dfrac{1}{B^2 \sqrt[20]{0.001}} \quad\cdots\cdots\cdots(21)\text{。}$$

以 C 代入式（20）內，得
$$V = \dfrac{D\sqrt{S}}{\sqrt[20]{B}\,\sqrt{0.001}} \quad\cdots(22)\text{。}$$
此式能適合於普通之天然河流，故又寫爲
$$V = \dfrac{Dn\sqrt{Sn}}{\sqrt[20]{B}\,\sqrt{0.001}} \quad\cdots\cdots\cdots\cdots(23)\text{。}$$

Dn 與 Sn 乃特指巳知闊度之普通河流之平均深度，與水坡者，而以闊度爲基本條件也。

在合於薛達克氏公式之標準河流中，測驗闊度與深度，及闊度與水坡之關係，得二式如下：

$$D_n = \sqrt{0.0175B - 0.0125} \quad \cdots\cdots\cdots\cdots (24)。$$

$$S_n = 0.0010222 - 0.00000222B \cdots\cdots\cdots (25)。$$

應用以上諸公式時，範圍甚小，Dn 與 Sn 皆不能出規定之限度。水面闊度之最低限度爲10公尺，以之代入公式(24)與(25)內，則得 Dn 爲0.403公尺，Sn爲0.00I。

公式(22)爲薛達克氏之基本公式。如D與S等於 Dn與Sn時，則此橫截面之性質，自合於標準者矣。爲求應用之正確普通起見，復加入三項，故得一普通之公式如下：

$$V = V' + \frac{D - D_n}{a} + \frac{S - S_n}{b(S + S_n)} + V' \frac{D_n - D}{C} \quad \cdots\cdots (26)。$$

式內之D與S爲須觀察之平均深度與水坡；Dn與 Sn爲標準橫截面內之平均深度與水坡；a，b，c，皆依平均深度與水坡而決定之係數；V'即代表薛達克氏之基本公式(22)者。

後加之三項爲用以矯正深度，水坡，與流量本身之變化者。當水坡與平均深度相當於標準橫截面之條件時，則此三項即取消，只餘基本公式足矣。當水面闊度小於深度十五倍時，由公式(26)求得之流速太大，此蓋由於水流受橫截面之壓迫之故。乃於公式(26)內，加橫截面積矯正項(Dn—D)/$\sqrt{B}$ 如B之值小於一公尺，則Dn必須小於D；如 B 小於深度之十五倍，則橫截面一項，恆爲負數；與深度矯正項之符號正相反也。其式如下：

$$V = V' + \frac{D - D_n}{a} + \frac{S - S_n}{b(S + S_n)} + V' \frac{D_n - D}{C} + \frac{D_n - D}{\sqrt{B}} \cdots (27)。$$

　　總之，薛達克氏公式內之各項皆由水面闊度，平均深度，與水坡三要素決定之，此即其特點也。其便利之處，爲不僅可應用於簡單之橫截面內，卽複雜者，或氾濫之面積內，亦可適用。且可省去割分橫截面之勞煩工作。

　　唯於應用之先，必須對於水面闊度，平均深度，及水坡三者，作極精確之觀察與測驗。否則，失之毫釐，差之千里，其錯誤之大，不可想像矣。

　　萬魯根氏公氏　萬魯根氏之公式，形式簡單，應用便利，頗爲一般水利工程師所注意，其推演之公式，乃專爲計算天然河流之流速而設；其推演之張本，根據於一九一二年澳大利水利局測量之結果；測量河流之標準，定水面闊度之最低限度爲十公尺，平均深度爲二十公分與二公尺之間，蓋小河流橫截面內之流速，易受闊度之影響，但於大河流中則無此現象矣。

　　根據不同之水坡與平均深度，將測量之結果，分爲若干類，繪於對數紙上。以平均深度示橫坐標；以流速爲縱坐標；水坡相同，平均深度增加，流速亦增，所得之圖形，皆爲互相平行之直線。其關係可以下式表示之：

$$V = K_D \, m_S \, n \quad \cdots\cdots\cdots\cdots\cdots\cdots (28)$$

　　D與S之指數爲常數，K，m，與n三未知數，可以最小自乘方之法，於測量結果中，擇合於標準者計算之。得下三式：

$$+154.00 \, \log K - 5.900m - 488.314n + 16.416 = 0$$

$$-5.901 \log K + 8.837m + 14.506n - 5.387 = 0$$

$$-488.314 \log K + 14.506m + 1579.171n - 62.954 = 0$$

　　解之，得　K=23.781；　　m=0.776；　n=0.458。代入公式(28)內，

爲　　$$V = 23.781 D^{0.776} S^{0.458} \quad \cdots\cdots\cdots\cdots\cdots\cdots (29)。$$

　　但上式之應用範圍，乃不能超過標準深度二公尺者，後經觀察由二公尺以上至四公尺之變化，結果得另式如下：

$$V = 22.11 D^{0.58} S^{0.43} \quad \cdots\cdots\cdots\cdots (30)。$$

葛魯根氏公式(29)與(30)，皆用於水面闊度B大於十公尺之河流；其水坡不能大於5%或26.4駅/哩。公式(29)用於平均深度在二十公分與二公尺之間；公式(30)則用於平均深度超過二公尺以上之河流者也。

海司爾氏公式 海司爾氏之天然河流流速公式，爲

$$V = K (1+n\sqrt{R}) \sqrt{RS} \quad\text{............(31)。}$$

$25(1+1\tfrac{1}{2}\sqrt{R})$部分，即相當於激襄氏係數 C，但與河床之粗糙無關，只因水力半徑 R 而變者。

經多次之試驗，決定n 之數值爲0.5；K爲25；故公式(31)可寫爲

$$V = 25 (1+\tfrac{1}{2}\sqrt{R}) \sqrt{RS} \quad\text{............(32)。}$$

克勒司登氏公式 克勒司登研究巴清氏之木板河槽試驗，發現流速與流量與水坡之積QS之立方根，成正比例；與闊度之四次根，成反比例；如計算時用水面闊度之半，則得一公式如下：

$$V = \frac{K\sqrt[3]{QS}}{\sqrt[4]{\dfrac{B}{2}}} = \sqrt{2K3}\ \sqrt{DS}\ \sqrt[8]{\dfrac{B}{2}}\ \text{ 或 } V = m\sqrt{DS}\sqrt[8]{\dfrac{B}{2}} \quad(33).$$

式內 K 與 m 爲常數，其值以河床之糙率決定之。克勒司登以爲河流愈往下游，則河床之表面愈平滑。細碎砂礫，於大水時冲動；於低水位時則沈積；於流速較緩時，砂礫易於停留，久之則河床自平滑一律也。砂礫河床之糙率，可以下式計算之 $m = \dfrac{6.31}{\sqrt[6]{DS}}$。代入(33)式內，得普通公式於下：

$$V = 6.31 \ \sqrt[3]{DS} \ \sqrt[8]{B2} \quad\text{............(34)。}$$

唯上式內之 B 增加時，V 之增加，並無限度，縱使其理論爲屬實，而於實際應用時，則無價值。故B之八次根一項，尚有考慮之必要也。

赫瑪克氏公式 赫瑪克氏爲力求用公式能符合於實際情形起見，依照不同之水深，列爲各種數字係數，以免選擇糙率係數之困難。其基本公式爲

$V = C\sqrt{DS}$。用於天然河流之公式有三：

1. $D < 1.5m$，　　$V = 30.7\sqrt{D}\sqrt{DS}$ ……(35)

2. $D > 1.5 < 6m$，　$V = 34A\sqrt{D}\sqrt{DS}$ ……(36)

3. $D 76m$，　　$V = (50.2 + \frac{D}{2})\sqrt{DS}$ …(37)

馬特寺氏公式　其基本公式爲 $V = C'S^m D^n$。根據於萊姆堡 (Lemberg) 水利局之測量結果，以最小白乘方之法計算之，得： $C' = 33.92$，$m = 0.48$，$n = 0.923$. 如此則得 $V = 33.92 S^{0.48} D^{0.923}$ ……………(38)。以上式計算之流速，如情形變換，則其錯誤恆爲 30 %。蓋由於固定指數，必不能符合於任何河流之故也。於是成立一普通公式如下：

$$V = 34 S^m D^n \cdots\cdots\cdots(39)。$$

m 與 n 之數值可由下選擇之：

水坡爲　0.0020　　　　　　　$m = 0.50$

"　"　"　0.0025　　　　　　$m = 0.51$

"　"　"　0.0035　　　　　　$m = 0.52$

D 小於一米　　　　　　　　$n = 1 - D$

D 大於一米　　　　　　　　$n = 0.75$

經多次之研究，馬特寺推演成功一合於任何水坡，與深度之公式：

$$V = \frac{116 S^{(0.493 + 10S)}}{2.2 = D^{(2/3 + 0.15/D^2)}} D \cdots\cdots\cdots(40)。$$

式內之未知數，僅水坡 S，與平均深度 D 二者而已。

林伯氏公式　林伯氏研究流速公式之目的，在求能確立水面闊度，水坡與平均深度間之關係；而不須引用糙率係數。與薛達克氏之理論相似。彼以爲流速 V 不僅爲水坡，與平均深度之涵數，而且含有 D/B 之關係。故其最初之形式爲：

$$V = K\alpha\left(\frac{D}{B}\right) f(D)\beta(S)\cdots\cdots(41)。$$

K爲常數，$\alpha(D/B)$，與$\beta(S)$，諸涵數須詳細決定之。$\alpha(D/B)$並須能表示，如B無限制增加時，此涵數當有一限度。於是得$\alpha(D/B) = m + q\left(\frac{D}{B}\right)^p$。介$f(D) Dn$；$B(S) = Sr$；則公式(41)可寫爲

$$V = K\left[m + q\left(\frac{D}{B}\right)^p\right] D^n S^r \cdots\cdots(42)。$$

以最小自乘方計算各未知數，得p之值爲1。故得

$$V = K\left[m + q\left(\frac{D}{B}\right)\right] D^n S^r. 或 V = K\left[m_1 + \frac{D}{B}\right] D^n S^r。$$

又D/B之符號常寫負。得

$$V = K_1\left[m_1 - \frac{D}{B}\right] D^n S^r \cdots\cdots(43)。$$

n，r，與m之值，乃依測量之深度，水坡，與D/B之關係而定者。故有十二不同之公式如下：

平均深度m.

$S < 0.0006$

D/B<0.028　　　　　　　　　　D/B>0.028

$D < 1.12$

$$V = 23.37\left(0.822 - \frac{D}{B}\right)D^{0.9}S^{0.42}$$

$$V = 8.19\left(2.293 - \frac{D}{B}\right)D^{0.9}S^{0.42}$$

$1.12 < 3.65V$

$$V = 24.11\left(0.822 - \frac{D}{B}\right)D^{0.63}S^{0.42}$$

$$V = 8.45\left(2.293 - \frac{D}{B}\right)D^{0.63}S^{0.42}$$

$D > 3.65$

$$V = 27.45\left(0.822 - \frac{D}{B}\right)D^{0.53}S^{0.42}$$

$$V = 9.62\left(2.293 - \frac{D}{B}\right)D^{0.53}S^{0.42}$$

平均深度m.

$S > 0.0006 < 0.005$

D/B<0.028　　　　　　　　　　D/B>0.028

$D < 1.12$

$$V = 35.86\left(0.822 - \frac{D}{B}\right)D^{0.9}S^{0.47}$$

$$V = 11.86\left(22.98 - \frac{D}{B}\right)D^{0.9}S^{0.47}$$

$1.12 < 3.65V$

$$V = 34.94\left(0.822 - \frac{D}{B}\right)D^{0.63}S^{0.47}$$

$$V = 12.24\left(2.293 - \frac{D}{B}\right)D^{0.63}S^{0.47}$$

$D > 3.65$

$$V = 39.77\left(0.822 - \frac{D}{B}\right)D^{0.53}S^{0.47}$$

$$V = 13.94\left(2.293 - \frac{D}{B}\right)D^{0.53}S^{0.47}$$

应用范围(最小之 B，10m。
{最大之 S，0.5%。
{最大之 D/B，0.1。

陶貝特氏公式　其基本公式為 $V=C'S^m D^n$，後由測量之結果，推算各未知數，得 $V=46.91S^{0.5037}D^{0.3346}$......(44)。式內之二指數，實際乃等於 1/2，與 1/3，其普通公式為

$$V=46.91\sqrt{S}\ \sqrt[3]{D} \dots\dots(45)。$$

指數公式　此種公式之基本形式為 $V=C'R^x S^y$，x 與 y 之值由試驗決定之。無論河床濕界之性質如何，其值不變。C' 為相當於激賽氏係數 C 之係數，因河床之大小，形狀，水坡，深度，與糙率而變，屬於此種公式者有巴侖斯(Barnes)威廉士與哈進(Williams & Hagen)等公式。

巴侖斯氏公式　一九一六年英國水利工程師巴侖斯於工程雜誌中，提出一新流速公式，其基本形式為 V。後經多次試驗，將其結果繪於對數坐標紙上，以定出 C'，a，與 β 之數值。其應用於泥土河床之公式，為

$$V=58.4R^{0.694}S^{0.496}\dots\dots(46)。$$

如計算流速，所須要之準確程度不大時，則可用較簡單之公式

$$V=60R^{.70}S^{.50}\dots\dots(47)。$$

威廉士與哈進二氏之公式　其普通之公式為

$$V=C'R^{0.63}S^{0.54}0.001^{-0.04}\dots\dots(48)。$$

C' 與激賽氏係數 C 差別甚小，引用 $0.001^{-0.04}$ 一項之目的，為當 R 為 1，與 S 為 0.001 時，C' 即等於 C 也。

其他公式　以上已分析三種公式；今將拜耳 (Biel) 與滿甯 (Manning) 二氏之公式，列入此類討論之。

拜耳氏公式　其公式為

$$V^2=\dfrac{8381Rs}{0.12+\dfrac{1.811f}{\sqrt{R}}+\dfrac{14.85K}{(100f+2)V\sqrt{R}}}\dots\dots(49)$$

f 爲粗糙率，K爲黏集力係數，當水溫度 23°F., 時，K爲 0.0179 當溫度 86°F., 時，K爲0.0100 。由上式計算之結果，溫度增加。則流速愈大也。

滿寧氏公式　滿寧氏在一八九五年之「愛爾蘭土木工程學會會刊」中，提出之流速公式爲

$$V = C_1 \sqrt{Sg} \left[\sqrt{R} + \frac{0.22}{\sqrt{m}} (R - 0.15m) \right] 。$$

C 爲因河床性質而變之係數；S爲水面斜度之正弦；g 因地心吸力而生之加速度；m爲水銀柱平衡大氣壓力之高度。

滿寧氏應用固定水坡0.0001。以激塞(Chezy)，德標梯 (Dubuat)，巴清(Bazin)，維司把持(Weisbach)，非難梯(St. Venant)，葛泰(Kutter)，與尼弗來 (Neville) 七家之公式，計算不同R 之流速，平均得一公式如下：

$$V = 32 \overline{\sqrt{RS \left(1 + R^{\frac{1}{3}} \right)}} 。後決定S之指數爲 1/2，又決定R之指數。$$

得　　$$V = 46 \sqrt{S} R^{4/7} 。爲求符合於巴清氏之試驗，乃又推論之如下$$

$$V = C_2 \sqrt{S} R^{2/3} \cdots\cdots (50) 。爲省卻求立方根之煩，故推演爲$$

$$V = C_3 \sqrt{Sg} \left(\sqrt{R} + (f)R \right) \cdots\cdots (51) 由此即得$$

$$V = C_1 \sqrt{Sg} \left[\sqrt{R} + \frac{0.02}{\sqrt{m}} (R - 0.15m) \right] \cdots\cdots\cdots (52) 。$$

流速公式之比較

研究分析之結果。吾人以爲德國公式，不引用糙率係數，實不妥當。蓋天然河流之性質，所以不同者，與河床地質，大有關係，豈容忽視。國德國公式，皆以水坡，與平均深度爲主要條件，而測量時不易確切，尤以水坡測量爲甚。倘以不正確之根據，用於公式內，則計算結果，無甚價值矣。唯其於大河流中測量之不可靠，且無以形容橫截面之特性，故覺一糙率係數爲必

要也。

據美國密西西比河計算流量之報告，謂此種公式，無一準確；且用薛達克氏公式所得之結果，大於實測之流速二倍，由此可知，其應用範圍亦不普遍也。

指數公式內之C'不似C之可以變更，於已知之糙率爲定數，此爲其不適用於天然河流關鍵也。就形式上研究之，知激塞氏係數，爲隨水力半徑而增加者。於指數公式內，只須使R之指數較大於0.50，即可不須改變C'之數值矣。但此種情形，只能於小河流，且橫截面平整光滑者用之。於大河流內，則不可用，至爲明顯也。

拜且氏公式注意於溫度之影響，溫度對於流量，誠然有關係，但於河流內，則大可不必顧慮也。其矯正溫度一項，即其公式之分母中最後一項，

$$\frac{14.85K}{(100+2)\bigvee \sqrt{R}}$$ 當此項與整個分母之比例數最大時，其影響於流速

之結果亦最大。即當

$$\frac{\dfrac{14.85K}{(100f+2)\bigvee \sqrt{R}}}{.12+\dfrac{1.811f}{\sqrt{R}}+\dfrac{14.85K}{(100f+2)\bigvee \sqrt{R}}}$$ 化之爲

$$\frac{14.85K}{.12(100f+2)\bigvee \sqrt{R}+1.811f(100f+2)\bigvee +14.85K}$$

此式於R與∨爲零時，其值爲最大，即此分數等於1也。

總之，溫度對於天然河流流速之影響甚小，如以之置入流速公式，則反易致錯也。

滿甯氏公式，應用於普通情形之河流，其結果之優美，與葛泰氏公式不相上下；但遇非常情形時，則不如葛泰氏公式；實則此二公式，有同等之價值也。普通當R小於1公尺時，用葛泰氏公式求得C之值，較高於滿甯氏公

式所求者。當R大於 1 公尺時，此二公式互有上下，然極相接近也。

葛泰與巴清二氏之公式，皆爲今日所最通用者，此不同之點，爲葛泰氏

公式多水坡一項，而巴清氏公式則無之，二氏皆以基本公式 $C=\dfrac{y}{1+\dfrac{X}{\sqrt{R}}}$

爲研究之出發點，故此二公式乃有相互之關係，而推演成功者也。

m n 與S 之關係　巴清氏之公式爲 $C=\dfrac{157.6}{1+\dfrac{m}{0.552\sqrt{R}}}$ 以0.552．

同時除分母分子，則與葛泰氏公式相似 $C=\dfrac{\dfrac{1.811}{n}+41.6+\dfrac{0.00281}{S}}{1+(41.6+\dfrac{0.00281}{S})\dfrac{n}{\sqrt{R}}}$

令二式之分母分子各相等，卽

$$\frac{1.811}{n}+41.6+\frac{0.00281}{S}=157.6\ ;\ 與 n(41.6+\frac{0.00281}{S})=\frac{m}{.552}．$$

前一式又可化爲 $S=\dfrac{0.00281}{116-\dfrac{1.811}{n}}$。如 n=0.0156．則上式之分母

爲零，而S 爲無限大；如 n 小於 0.0156．則 S 爲負數；故 n 之值，必大於

0.0156，此二公式所求之係數，始能相同也。

至於水坡對係數C，究竟有無影響之問題，討論已久。巴清氏以爲水坡

應與係數C 無關。攷 $\dfrac{0.00281}{S}$ 一項之加入，因欲使此公式符合於漢姆雷斯

與亞波梯測量密西西比之結果。但於流速公式之分折節中，已說明此測量尙

不可靠，且此水坡一項之加入，C 並不受甚大之影響。故S 增加，則 C 減小

之現象，只合於水坡甚微之大河流中有之，其錯誤極小，可不計也。

　　m與n皆隨R與∨而變更。在平滑之河床內，葛泰氏係數n較巴清氏係數m之變更為甚。於粗糙凹凸之河床內則相反。平均比較，以m之變更較n為甚，此或因巴清氏公式內無水坡一項之故歟？

　　葛泰氏公式比較為最適用於天然之大河流。雖水坡一項應有限制，但認其為式公內所不可少者。

<h1 style="text-align:center">結　　論</h1>

　　由以上分折比較所得之結論如下：

　　（1）錢國公式不用率糙係數，並不合於普通之用。

　　（2）指數公式為應用範圍最小之公式。

　　（3）如井溫度對於流量之影響較拜耳氏所假定者為嚴重，可決定不必加入於流速公式內。

　　（4）滿甯氏公式應用於普通河流中，與葛泰氏公式並美；但於大河流中，則稍欠準確。滿甯氏公式形式簡單，為其優點。

　　（5）在小河流中，水坡S與澈襄氏係數C無關係。

　　（6）水坡S增加，C即減小之關係，只合於水坡極小之大河流。

　　（7）m之固定性較n為小，故葛泰氏公式較巴清氏公式為優。

　　（8）葛泰氏公式為最適用於天然河流之公式。

雨量與流量之研究

龐國弦

第一節　緒　言

　　合水溝渠 (Combined Sewer) 及暴雨水溝管 (Storm-water drain) 之尺寸，以雨水降率 (Intensity of Preciptation) 及溝渠斜坡而定，是以工程師在溝渠設計時期，不可忽略雨量 (rainfall) 及流量 (run-off)——從各種形狀、斜坡、與表面性質之面積之流量——之研究也。第一九一〇年，工程師有信任各種流量公式之趨勢，而引用於市政工程中，經專家之研討後，對於雨量及流量，須有完備與切實之學識，以爲計算溝渠大小之基礎。

　　許多雨水統計中，僅紀錄逐日或每次暴雨之總雨量。然此種統計於暴雨水流量之研究無甚價值，而每分鐘造成最大流量之雨水降率爲最重要也。故雨水降率之測驗，須賴自動量雨器 (Self-recording gage) 測驗之，以每分鐘最大之雨量，爲斷定合水溝渠或暴雨水溝管之尺度。

第二節　雨　量

　　雨量者，乃假定降落之雨，或雪雹所融化之水，毫無蒸發與滲透或其他損失，而於一定時間內，所積之雨水高度也，凡雨水降於地上，除一部分損失於蒸發與滲透外，多瀉入溝渠，實爲溝渠水量之主要來源，是以測驗雨量，爲溝渠設計之初步。

　　每月每季每年之雨量，因氣候、溫度、及位置之影響，各地亦復不同，熱帶之地，空氣較濕，雨量較多；若地勢越高，離海岸越近，雨量亦越富，

第一圖為美國包爾的摩（Baltimore）城每年之雨量比較。第一表係依據徐家匯天文台之報告，摘錄國內重要城市之雨量也。

第 三 節　氣 雨 量

雨量之測驗，通常用標準式量雨器（Standard rain gage）器之構造，分為三部：一為直徑八时之受雨漏斗，一為直徑二、五三时之積雨瓶，一為長二之呎外罩，均以鋅板製之，受雨漏斗之底端，插於積雨瓶內，圍以外罩，便落於漏斗之雨，全流入積雨瓶內，不受蒸發、滲透、或其他損失，以期精確也。

然標準式量雨器，祇可用以測驗二十四小時內之雨量，若測驗短時間之暴雨，應用自動量雨器測驗之，器之構造，係雨水先由受雨漏斗一流入雨瓶二，瓶內有浮塞，可隨雨水之高低而昇降，浮塞之上，繫以黑針三，直接在紙筒四上畫出雨水之高度。紙筒由機件轉動，每二十四小時自轉一次，雨瓶乘滿時，雨水自動由雨瓶經虹吸管（Siphon）五流入積雨瓶六內，是以觀察紙上之曲線，可明瞭每分鐘雨水降落之情形矣。

第 四 節　雨 量 之 差 異

雨量既隨地而差異，則首須分地設站，始得雨量分布之詳情。蓋山巔之降雨，與谷中不同；樹林之降雨，與曠野不同；城中之降雨，與郊外不同；甚至設量雨器一具於屋頂，又設一具於鄰近街道中，兩具測得結果，又大不相同。由此觀之，外力之變遷（如風力、房屋、樹木、蔽幪等，）影響量雨器之得數極大，故在愈大愈高愈空曠之處，安設量雨器，較為合宜。若在城市中，宜安置於平坦之屋頂也。

如遇降雨之時，忽落雪雹，應速將積雨瓶蓋塞，另以他器收容雪雹。每

地名	測驗年限	正月	二月	三月	四月	五月	六月	七月	八月	九月	十月	十一月	十二月	全年共總數 12.1.2	冬季	春季 3.4.5	夏季 6.7.8	秋季 9.10.11
哈爾濱		4.1	5.9	8.4	23.5	40.7	104.8	147.6	104	53.9	8.4	5.8	15.3	536.6		72.6	356.4	92.3
吉林		0	0	2.8	28.1	87.4	187.7	208.4	180.9	87.8	35	2.5	0	669.6		117.8	477	74.8
瀋陽	1906-1924	4.2	6.4	19.3	27.6	57.1	85.7	159.1	156	83.7	40.3	26.7	16.7	677.2		106.2	377.6	150.7
牛莊	1902-1924	5.5	4.9	26.2	26.8	53.2	64.1	157.5	156	74.8	39.2	24.5	6.3	639		104	400.8	158.5
秦皇島	1908-1924	2.9	3	15.8	15.3	61.3	71.3	198.1	187.7	114.9	26.7	18.6	2.1	673		92.9	453.1	120
大連		1.9	8	20	26.7	46.6	49.7	160.7	156	79.7	26.2	9.5	16.7	628.1		93.3	333.6	120
大同		10.9	4.9	7.3	16.5	35.9	46.3	111.3	92.3	30.7	22.5	30.7	26.2	371.1		55.5	249.9	59.7
銀家口		0.7	4.1	5.5	3.5	44.1	60.2	139.6	92	30.1	15.7	2.5	1.6	385.7		85.1	277.9	45.8
北平	1916-1924	1.2	2.1	7.2	6.1	32.2	267.1	140.6	156.1	43.5	19.5	10.3	3.9	569.9		45.5	467.9	73.8
天津		3.5	2.4	10.3	17	27.3	64.2	173.9	183.3	48.4	16	9.8	8.1	609.2		54.6	371.4	74.3
保定		0.5	6.2	10.5	8.4	27.2	19.2	162.7	109	30	5.3	1.1	1.3	381.4		46.1	230.9	36.4
濟南		6.7	10.8	11.1	18.2	42.1	84.1	156.1	156.1	68.9	15	8.2	5	631.1		71.4	445.6	92.1
青島	1898-1924	10.6	9.8	20.2	38	41.1	85	205.4	147	88.5	38.2	20.6	16	660.5		99.3	387.5	17.8
開封		7	13.4	16.2	19.1	27.2	53.4	270.5	118.7	66.1	25.8	5.8	8	631.2		62.5	442.6	97.1
成都		8.4	10.5	12.2	48	56	113	203.2	262.6	108.8	47.8	14.9	4.5	880		116.5	568.8	171.2
重慶	1891-1924	16.5	20	35.2	102	140.6	161.4	142.7	130.5	147.3	114.8	49.6	22	1102.6		277.8	454.6	231.7
宜昌	1882-1924	19.5	29.1	53.6	100.6	122.6	154.8	210.8	169.5	160.4	84	35.8	19.1	1094.8		276.3	535.1	202.3
沙市	1924	31.4	42.1	86.7	127.8	133.9	176	203.4	161.6	86.9	94.7	64.2	19.1	1227.8	92.6	348.4	541	245.8

汉口 1880 1924	44.? 49.2	95.7	?52	166	242.8	181.2	97.3	72.8	82.8	48	27	1258.5	120.9	413.7	521.8	202.5
九江 1885 1924	62.3 82.7	160.9	181.2	173.9	242.7	148.4	131.4	88.6	68.1	43.8		1465.7	188.5	506	517.5	253.1
芜湖 1880 1924	54.4 68	104.1	130.1	211.7	164.2	121.1	3.4	97	84	29.8		1318.6	146.4	369.9	497	215.3
南京 1905-1924	41.1 50.2	75.1	101	81.9	182.7	207	115.7	93.6	49.7	41.2	29.8	1069	121.1	258	505.4	184.5
镇江 1886-1924	40.4 44.2	74.7	92	90.7	177.7	185.9	123.8	97.5	47.8	41.2	25.2	1039.6	109.8	257.6	495.9	186.6
上海 1873-1924	49.8 59.6	87.4	93.9	92	157.6	149.7	144.1	120.3	51	33.5		1147.9	142.7	273.3	481.4	250.5
	61.7 84.8	136.6	146.3	110.5	248.7	151.6	176	184.6	107.3	82.2		1500.6	206.8	393.4	576.8	294.1
杭州		88.1	118.2	112	190.1	126	176.5	177.4	109.1	62.9	47.9	1386.4	204.3	380.1	402.6	349.4
宁波 1868 1924	68.3	96.2	145.8	198.8	221.8	131.1	85.1	89.2	57.2	40.4		1412.4	185.2	499.4	474.5	258.3
长沙 1909-1924	46.6 98.8	122.7	149.7	179.9	264.8	198.5	204.2	93.5	41.4			1699.4	180.8	455.6	698.1	354.9
淮州 1883 1924	45	115	153	208.1	121.7	131.1	214.8	50.9	41.4	47.2		1427.7	190.5	386.5	551.1	306.6
汉 1880 1924 47	77.3	89	125.7	177.4	133.9	167.7	109.5	49.3	31.6	31.8		1182.5	141.5	372.3	478.3	190.4
福 1924 33.4	35.3 62.5	79.9	143.5	229.5	266.6	197.8	212.2	188.5	39.4	38.1		1516.3	135.9	452.9	676.6	250.9
汕头 1880 1924	18.1 44.2	28.1	85.7	298.8	280.7	269	104.6	73	25.5	15.1		1332.8	158	848.5	264.4	
南 1909-1924	18	75.7	148.5	254.2	264.7	271.3	134.6	63.2	44.4	35.5		1699.2	160.9	478.6	818.5	249.2
梅州 1938-1924	49	86.7	171	202.6	196.3	166.9	98.9	5.9	43.9	38.2		1258.5	117.6	460.3	542	178.7
汉南	29.5 22.5	85.1	165.7	164.5	247.9	87.6	164.5	113.4	45.1	15.4		1169	67.4	278.6	500	328
贵阳 1924.6 75																
广州 1884-1924 32.7	18.4 12.9	18.7	18.3	93.6	154.8	258.8	156.3	44.2	15.4	27.8		1040.8	41.7	600.2	272.8	
香港 1884-1924 32.7	44.5	68	134.9	304.2	402.5	371.9	247	392.3	44.2	27.8		1761.2	99.5	494.3	857.3	340.8
澳门 1910 1924 22.1	30.8 51	64.7	121.8	207.7	323.6	253	172.9	112.6	54.7	26.4		2169.8	118.5	354.3	1802.3	399.1
北海 1885 1924 33	33.1	76	107.2	171.1	292.8	603	506.6	272.5	81.2	45.4	48.4	1647.3	110.2	340.3		531.0
琼州 1912 1924 25.2 25		72.2	94.1	174.6	209.8	247.2	207.2	258.2	190.6	83.1	63					

应用地点	公 式	补充公式者	备 考
费勒得费亚圆 (Philadelphia)	$i = 12/t^{0.6}$	韦斯特 (Wester)	
苏仓山	$i = 7/\sqrt{t}$	陇 脆 (Le Conte)	降雨时间由一小时至五小时
纽约中央公园	$i = 200÷(t+20)$	爱 仑 (Allen)	
罗芝士特 (Rochester)	$i = 3.78-0.0506t$	兑拉林 (Kuiehling)	每大暴雨
罗芝士特	$i = 0.99-0.002t$	兑拉林	普通暴雨
美国东部	$i = 360÷(t+80)$	泰尔白 (Talbot)	最大暴雨
理腰具城	$i = 105÷(t+15)$	泰尔白	最大暴雨
美国东部	$i = 360/t$	尼 布	普通暴雨
纽 士 町	$i = 150÷(t+80)$	多 集 (Dorr)	较普所用
纽 士 町	$i = 106÷(t+18)$	兑拉林	较普所用
纽 士 町	$i = 120÷(t+20)$	兑拉林	较普所用
纽 士 町	$i = 33.6÷t^{0.687}$	宣 门 (Sherman)	较普所用
纽 士 町	$i = 25.12÷t^{0.687}$	宣 门	较普所用 (较大暴雨)
蜜全山	$i = 15.6+t^{0.5}$	兑卡夫 (Metcolf Eddy)	较普所用 (较大暴雨)
纽约伦伯来区	$i = 27+t^{0.5}$	〃	较普所用
〃	$i = 18+t^{0.5}$	〃	最大暴雨
〃	$i = 9+t^{0.5}$	〃	大暴雨

地名	公式	研究者	備註
包爾的摩	$i = 300 \div (t+25)$	亨得里克 (Hendrich)	暴雨
〃	$i = 105 \div (t+10)$		觀大暴雨
〃	$i = 191 \div (t+19)$	北黎因·可士 (Bruyin-Kops)	設計所用
沙云那 (Savannah)	$i = 163 \div (t+19)$		觀大暴雨
〃	$i = 141 \div (t+27)$	黑爾 (Hill)	二年一次
支加哥	$i = 120 \div (t+16)$	梅卡夫與愛迪	一年一次
〃	$i = 14 \div t^{0.5}$		
勞易士威爾 (Louisville)	$i = 19 \div t^{0.5}$		
新奧爾蘭 (New Orleans)	$i = 56 \div (t+5)^{0.85}$	哈那 (Horner)	
丹佛 (Denver)	$i = 84 \div (t+4)$	梅卡夫與愛迪	
聖金山	$i = 3.68 \div \left[\dfrac{2t}{t+60} + t^{0.4}\right]$	布倫士碁 (Grunsky)	
〃	$i = 5 \div t^{0.5}$	梅卡夫與愛迪	
〃	$i = 23.92 \div (t+2.15) + 0.164$	白海兒裏波 (Bioeken-bury)	
斯波堪 (Spokane)	$i = \dfrac{25.6}{t} + 0.61$	梅卡夫與愛迪	
柏林	$i = 32 \div t^{0.8}$	格利加萊 (Oregory)	
〃	$i = 10 \div t^{0.5}$	〃	
〃	$i = 8 \div t^{0.5}$	〃	
普通公式	$i = 12 \div t^{0.5}$	納夫 (Knauff)	
〃	$i = 15 \div t^{0.5}$	〃	

1010

日測驗雨水，多在上午七時舉行。若遇大雨，可於每日上午時七及下午七時測驗兩次，然降雨之際，容量較大，往往須每日測驗數次也。

測驗雨量爲氣象學之一種，由天文台掌管之。我國北平天文台南京氣象台，各地海關，及黃河長江等水利局，均有雨量枕計，將所得之雨量，組成報告公佈之。

第 五 節　　雨 水 降 率

通常雨水降率與落雨時間成反比。換言之，大雨之降落時間，必不長久；卽長期降雨之雨水降率，其雨量必定緩慢也。雨水降率之單位，以每小時時數表示例如三十分鐘間，降雨一吋半，則其雨水降率爲每小時三吋。最初研究此問題者，爲美國尼弗 (F. E. Nipher) 教授，其公式：

$$i = \frac{360}{t}$$

式中爲 i 雨水降率(每小時吋數，)t 爲時間、分鐘，)

尼氏後四年 (一八八九年，) 究迄林 (E. Kuichling) 從觀察羅芝墨特士 (Rochester) 城之雨量，推出下列二公式；

若降雨時間少於一小時　　　　　　　　$i = 3.73 - 0.0506\,t$

若降雨時間自一小時至五小時　　　　　$i = 0.99 - 0.002\,t$

尼氏公式適用於聖路易 (St. Louis) 城，究氏公式適用於羅芝士特城，因各地氣候、溫度、位置、及雨水分布，均各差異，降雨公式，亦因之而不同、降雨公式之形式常寫成

$$i = \frac{A}{t+B} \qquad 或 \qquad i = \frac{A}{t^n}$$

式中A、B爲一常數，由經驗或實驗決定之；n爲一適當指數。普通降雨公式，均列入第二表，第四圖爲雨量之散布情形。

工程師所注意者，爲造成最大流量之雨水降率，而對全日降雨量並不重視也。一八六九年十月美國大水災時。弗蘭士（J.B.Francis）統計之最高雨量如下：

下 雨 時 數	積 雨 时 數	下 雨 面 積（方哩）	積 雨 时 數
2	4	24.431	6—7
3	4.27	9.602	7—8
18.5	5.86	1.824	8—9
24	7.15	1.046	9—10
30	8.9	519	10—11

第 一 圖 雨 量 之 散 布

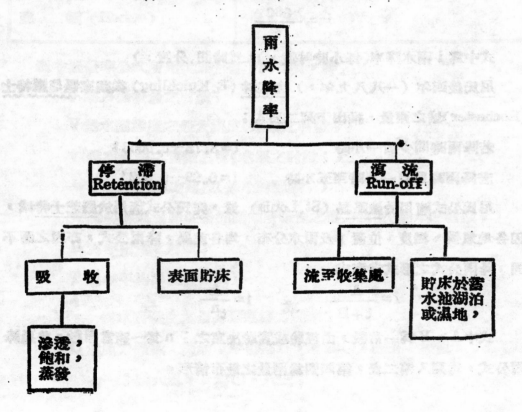

第 六 節　蒸　發

蒸發不論於何時何地，恆依物理（如位置、表面性質、及底層組合等）與氣象（如溫度、濕度、及風力等）情況而變遷。蒸發可分為水面及地面二種；湖沼之儲水池及河渠之流水量，可由水面蒸發率計算，然地面蒸發率，因土質之堅鬆及草木之稀密而異，故計算較難精確。據實測之結果，得水面之年蒸發量，為年降雨量之四分三；地面為三分之二；樹葉上為二分一至五分一，因樹林之疏密及樹木之種類而不同。

水面蒸發　水面蒸發，其因有二：（一）水面溫度之高低：氣候熱則蒸發多，冷則蒸發少；空曠之地，日光晒者多，陰涼之地，日光晒者少，凡此均足改變其蒸發率。（二）水面空氣中所含水分之多少：空氣中之水分多則蒸發少，少則蒸發大。美國飛子格羅（Fitz-gerald）就波士頓城自來水廠之舊水池測得蒸發率如第三表。第四表為各工程師所推得之水面蒸發率公式。

第 三 表　水面每月蒸發量

月　份	蒸發量（吋數）	年蒸發量百分率	月　份	蒸發量（吋數）	年蒸發量百分率
1	0.96	2.4	7	5.98	15.2
2	1.05	2.7	8	5.50	14.0
3	1.70	4.3	9	4.12	10.4
4	2.97	7.6	10	3.16	8.1
5	4.46	11.4	11	2.25	5.7
6	5.54	14.2	12	1.51	3.9

全年總數＝39.20吋　　　　平均溫度＝48°.6華氏

第四表　水面蒸發率公式

計 定 公 式 者	公　　　　式
飛子格羅 (Fitzgerold)	$e = 12(V-v)\left(1+\dfrac{w}{2}\right)$
梅　　野 (Meyer)	$e = 15(V-v)\left(1+\dfrac{w'}{10}\right)$
畢芝羅 (Bigelow)	$e = 75.8\left(\dfrac{V}{v}\right)\dfrac{dV}{dT}\left(1+\dfrac{w'}{10}\right)$
凡乃爾 (Vermunele)	$e = (0.00417T - 0.223)(15.5 + 0.16R)$
達爾頓 (Dalton)	$e = 1300cV\left(\dfrac{1-b}{d}\right)$
亞　頓 (Horton)	$e = 29o(c_1 - v)V$

表中蒸發率公式所用代譯，有下列各項，即

　　　e 爲月蒸發量之吋數；

　　V 爲水面溫度之最大溫度（水銀之吋數；）

　　v 爲空氣中之實際溫度（水銀之吋數；）

　　w 爲水面之風力速度（每小時哩數；）

　　w'爲美國氣象局從最近測站所報告之風力速度（每小時哩數；）

　　R 爲年雨量之吋數；

　　T 爲年平均溫度（華氏）

　$\dfrac{dV}{dT}$ 爲水面溫度之最高蒸氣壓力變率；

　C 爲風力係數，例如：平靜空氣，c 爲〇‧五五；微風，c 爲〇‧

　　　七一；或大風，c 爲〇‧八三；

d 為大氣中之濕溫度 (relotive humidity；)

b 為氣壓計之水銀吋數；

c_1 為風力係數。例如：無風，c_1 為一；風速每小時十哩，c_1 為一、
八六；風速每小時二十哩、c_1 為一、九八；風速每小時三十哩、
c_1 為二；

地面蒸發　飽含水分之地面，蒸發之量有等於水面蒸發量之三倍者，然
平常土壤蒸發之量，則遠遜於水面之蒸發，大概蒸發之量，與地面本身所含
之水分，地面之溫度，空氣之濕度，地面之風力，地面及底層之組合，洩水
面積之斜度，及地面草木吸收之水分有關。而其中以溫度、濕度、及風力之
影響最大。雨水之蒸發，與空氣間溫度及風力成正比，與濕度及斜坡成反比
，而與空氣之流盪，亦有相當關係。大雨之後，蒸發較多；種植草木之地，
較水面之蒸發為富；森林之蒸發，較多於空曠平原也。

第 七 節　滲　　透

滲透者，則雨水滲入地中也。其滲透率之大小，全以土質之堅鬆。地勢
之平坡，地面之草木，及氣候之情形而異，粗糙之沙層，供滲透既多且速；
若為細密之黏土，滲透較少；平坦之地，水流極慢，滲透較多；傾斜之地，
水流甚急，滲透較少，英人格里弗 (Greaves) 檢一有草之泥地，及一有草之
沙地，測得泥地滲透之百分率為二九·四七，蒸發之百分率為七〇·五三；
沙地滲透之百分率為八三·二四，蒸發之百分率為一六·七六，由此可知蒸
發及滲透之情形矣。

第 八 節　流　　量

地面流量之隨土質之滲透性，草木之盛衰，地面之平坡，及降雨之疏密

久暫而異。

沙土較黏土吸水爲多。岩石質地雖堅，然因常有罅隙裂縫，故能容水流過，石灰岩尤甚。在沙土上，同一疎密久暫之雨，當夏季時，可全被吸收；當冬末初春，則或散流而去，此因土壤凍結，不能吸水故也。

樹林中落葉腐化，覆蔽地面，極能蓄水；多種草本之根，蔓延地下，大有以阻地水之流通，使其停於腐植物之內，與池沼之蓄水無殊。

地面之平坡，足以增減土壤吸水飽和之程度，坡地較平地蓄水爲少，因地面傾斜，則地面水流之速，隨之增加故也。

每次降雨，若非疎微短促，總有一時降雨之速，超過土壤吸水之速，於是餘水不下滲，而在地面漫流矣。

地面之雪，常減少流量之得數，因水分極易吸收也。反之，若溫雨降於凍結地面之雪上，則流量增加極大。

第　九　節　理　論　方　法

估計流量之任何方法，須恃工程師之判斷。若二工程師各自計算雨水溝渠，在經濟時期 (Economic Period) 內應佈置至何處，洩水區域之雨水降率，及溝渠之雨水流入量，常不能得一致之結果。故計算流量之法，須注意土質之滲透性，地面草木之盛衰，地面傾斜之緩急，降雨之驟緩，及洩水面積之大小等項。雨降於地，除草木吸收、蒸發、滲透及床於凹處外，餘均流經地面而達溝渠，故溝渠設計時，工程師務須分析地方環境及情狀，以決斷各項選用之數值也。

今所謂理論方法者，即下列公式之應用也。

$$Q = CiA$$

式中Q爲暴雨水流量，以每秒鐘立方呎計；C爲流量係數或難透度係數；i為雨水降率，以每畝每秒鐘立方呎計；A為洩水面積，以畝計。

　　凡以此公式計算者，面積A可直接量得。此外須決定（一）水流集合時間，（二）水流集合時間內之最大雨水降率；及（三）流量係數。流量係數以土質、坡度V及表面性質而定。

　　集合時間　由洩水面積內，最遠之一滴雨水，流至出口處所需之時間，謂之水流集合時間（Time of Concentration。）然集合時間可分為二：（一）雨水由地面流至溝渠所需之時間，及（二）雨水在溝渠內流出之時間。第一項最好由觀察判定，其時間約自三分鐘至二十分鐘不等。亞芮由於切實之觀察，得結論如下：凡優良街道，其斜坡自百分之$\frac{1}{2}$至5者，則雨水由街道，行人道或屋頂流至溝渠之時間，自二分鐘至五分鐘，若於草地，其速度極慢，一百呎之距離，暴雨亦需十分鐘至二十分鐘也。至第二項如降雨情形，水量多寡，溝渠尺寸，及坡度均已確定，可依水力學之法計算之，若水管中沿邊異常粗糙，則水流較慢；由實驗可知同一截面各質點之流速互異，中部較速，而沿邊運緩也。

　　設有某地降雨，其地面坡度相等而全不透水，雨水降率又始終平均，則在出口處之水流，漸漸增加至最遠之一滴雨水亦達到出口處時為止，其後水流成為一定量。然實際上之雨水降率，高低不一，則一定洩水面積內，於集合時間所得之水流，必為最大。

　　一地集合時間之測定，即觀察最初降雨時至出口處水流最大時之時間為標準。設V為地面水流速度（每分鐘呎數，）I為地面難透度（百分數，）及S為地面斜坡，則尋常地面之水流速度，可用

$$V=2,000\sqrt{S}$$

約計之。地面上築有洩水明溝（Drainage channel），溝內流速，當另行計算。

流量係數　流量係數 (Coeffient of run-off) 亦稱爲難透度係數，其測定甚難精確。雨水降於屋面及路面上，一部分被吸收，或蒸發，或停留於參差之表面，其係數難爲一，然不透水之混凝土屋面或瀝青路面，其係數常爲一，倘暴雨降於溶解之雪或冰上，則其係數又大於一。

雨水初降，地面乾鬆，水分吸收與蒸發極富；數分鐘後，地面浸濕，吸收甚少，流量漸增，混凝土屋面或瀝青路面之雨水，因表面光潤，吸收極少，幾使全部流入溝渠，碎石或泥沙道路，及草地之屬，吸收極多，常依其坡度大小，以定流量之多寡也。茲將各種表面之難透度 (Relative imperviousness) 列舉於下：

不透水屋面 　　　　　　　　　　　○‧七〇——○‧九五

完善瀝青路 　　　　　　　　　　　○‧八五——○‧九〇

有水泥膠縫之磚石木塊砌路 　　　　○‧七五——○‧八五

無膠縫之磚石木塊砌路 　　　　　　○‧五〇——○‧七〇

次等砌路 　　　　　　　　　　　　○‧四〇——○‧五〇

碎石路 　　　　　　　　　　　　　○‧二五——○‧六〇

卵石路及行人道 　　　　　　　　　○‧一五——○‧三〇

沙土空地或鐵路車場 　　　　　　　○‧一〇——○‧三〇

公園、花園、草地(依表面坡度及底層泥質)○‧〇五——○‧二五

又有工程師不用上述詳細數目，而擇簡略者如次：

市屋密接之區 　　　　　　　　　　○‧七〇——○‧九〇

房屋毗連之區 　　　　　　　　　　○‧五〇——○‧七〇

房屋分隔之上等住宅區 　　　　　　○‧二五——○‧五〇

鄉間房屋稀少之區 　　　　　　　　○‧一〇——○‧二五

由此可得任何混合地區之難透度：例如某地區屋面佔全地區面積百分之

十五，其難透度爲〇·九五；路面佔百分之三十，難透度爲〇·九〇；草地佔百分之四十，難透度爲〇·一五；花園佔百分之十五，難透度爲〇·一〇；則全地區之混合難透度爲〇·四九七五，或取整數〇·五〇·

如降雨之時間越長，流量亦越增，設 c 爲不透水面積之流量百分率；t 爲水流集合時間之分鐘；及 T 爲暴雨時間之分鐘。則

當 T 小於 t 時　　　　$C = 0.175 t^{\frac{1}{3}}$

當 T 大於 t 時　　　　$C = \dfrac{0.175}{t}\left[T^{\frac{1}{3}} - (T-t)^{\frac{1}{3}} \right]$

由第一式，

若 t 爲

	3	5	10	15	20	30	45	60	90	120	180	186
則 C 爲	.25	.3	.38	.43	.48	55	.62	.68	.79	.86	.99	1.00

德人研究雨量及流量之結果，測得影響於流量之三係數：(一)雨量分布 (distribution) 係數；(二)停滯 (retention) 係數；及(三)減速 (retardation) 係數，茲分舉於後：

雨量分布係數　暴雨降於一定之面積上，若離降雨中心越遠，則雨量亦越少，福路靈 (Fruhling) 觀察伯里士羅 (Breslau) 城之結果，測得：離降雨中心三千公尺(一萬呎)之雨水降率，僅得降雨中心之最大降率之半數，其雨量之減少，係沿抛物線而變遷，設 D 爲離降雨中心 L 公尺之雨水降率，而降雨中心又在洩水面積中心內，則以公式

$$D = 1 - 0.005 \sqrt{L}$$

計算之·若 L 以英呎計，其公式可化爲

$$D = 1 - 0.0028 \sqrt{L}$$

凡以此二公式計算時，應假定雨水降率爲零，降雨面積爲直徑十五英哩·

依馬士頓 (Marston) 之研究，若洩水面積少於一千畝，降雨時間爲一

小時、則其係數常爲一；面積一千畝，係數爲〇•九五；面積二千五百畝係數爲〇•九〇；面積五千畝，係數爲〇•八五。

停滯係數　雨水初降，因表面乾燥，損失於潤濕地面、蒸發、阻留凹處、及滲入地下之雨水極富，幾無雨水流入溝渠，數分鐘後，流量漸增，停滯係數係依氣候之情形而定，即使同一洩水面積，亦難得其常數也，新興之城市，其屋面與街道逐漸改良爲不透水，雨水吸收漸減故常以較大之數值設計也。

據福路靈之研究，測得停滯係數（假定路面已被雨水潤濕）如下：

金屬、光滑瓦面、或石板屋面	〇•九五
普通瓦面或屋頂材料紙	〇•九〇
瀝青路成平坦稠密路	〇•八五——〇•九〇
膠鋪緊密之木塊或石塊砌路	〇•八〇——〇•八五
次等砌等路	〇•五〇——〇•七〇
圓石子路 (Cobble Stone)	〇•四〇——〇•五〇
碎石路	〇•二五——〇•四五
卵石路	〇•一五——〇•三〇

不用上述詳細數目，依面積大小，房屋多寡，擇簡略者如次：

城市中心密接之區	〇•七〇——〇•九〇
密接之住宅區	〇•五〇——七•〇
非密接之住宅區	〇•二五——〇•五〇
公園或曠地	〇•一〇——〇•三〇
草地或耕種地（依表面坡度及底層泥質）	〇•〇五——〇二•五
樹林地域	〇•一〇——〇•二〇

減速係數　若暴雨降落時間少於由洩水面積內最遠之雨水流至出口處所需時間，則其最大排洩量，當在總洩水面積之水量流至出口處之前，雨

水分布面積之一部與總洩水面積之比，謂之減速係數。

由此可知，始終平均之雨水降率若能保持至無定限之時間，則洩水面積內最遠之雨水流至出口處時，其排泄量為最大，若降雨之時間甚短，洩水面積之形式又不規則，則洩水面積內一部分之雨水流至出口處亦得最大排泄量，若降落之雨立即流至出口處，中間並不停留，則其係數常為一也。

溝渠設計時，德國工程師多先測驗暴雨之最長時間，次為雨水降率及減速係數，然美國工程師對於減速係數，並不重視也。

依區域原理（Zone Principle）之平均流量係數 若將洩水面積分為數區，同一區域內之雨水流至入口處之時間相等，則任何區域內之一滴雨水，流至入口處之時間亦可求得。列如乙區界於甲區及丙區之間，若甲區之雨水流至入口處需十分鐘，丙區需四分鐘，則乙區需七分鐘也。

因表面不規則，及表面斜坡與入口處位置之影響，故相等時間（Time Contour） 之區域其時間似有差參，故實際上均假定總洩水面積近乎規則之幾何形狀——正方形、長方形：三角形或扇形（Sector）——若等速度之雨水流經扇形面積上，出口處在中心時，其流量係數最小，因較大之面積離出口處最遠也。若出口處在三角形最短之一邊，則其流量係數為最大，因其最大面積離出口處最近也。

若出口處在正方形一邊之中心，或長方形短邊之中心，則其係數界於扇形及三角形之間。

第 十 節 經 驗 公 式

降落之雨，既非完全流入溝渠，故估計此確實量流之法，久經工程師之研討，工程師設計地下洩水溝渠時，應審察當地雨量之多寡，路旁水溝或明溝之大小，及洩水區域之面積、形狀、坡度或性質，以推定經驗公式，而決定清渠之尺寸，因各地之情形互異，不能以同一經驗公式估計各地之流量也，茲將化為同一記號之最著名經驗公式列舉如下：

柯克士萊(Hawksley)（倫敦，一八五七)氏公式

$$Q = ACi \sqrt[4]{\frac{S}{Ai}}$$

本式C為〇‧七，i為一，故 $Q = 3.946A \sqrt[4]{\frac{S}{A}}$ （因S= $\frac{S}{1,000}$

蟹克力‧稷革勒 (Burkli-Ziegler)（蘇利士 Zurich，一八八〇)氏公式

$$Q = ACi \sqrt[4]{\frac{S}{A}}$$

本式C為〇‧七至〇‧九，i為一至三。

愛丹(Adams)（柏格克連 Brooklyn ，一八八〇) 氏公式

$$Q = ACi \sqrt[12]{\frac{S}{A^{2.2}}}$$

本式C為一‧八三七，i為一。

麥克麥斯(McMach)（聖路易城，一八八七)氏公式

$$Q = ACi \sqrt[5]{\frac{S}{A}}$$

本式C為〇‧七五，i為二‧七五。

赫靈 (Hering)（紐約，一八八九)氏公式

$$Q = CiA^{0.65}S^{0.27} \text{ 或 } Q = Acs \sqrt[6]{\frac{S^{1.62}}{A}} = CiA^{0.833}S^{0.27}$$

本式Ci自一‧〇二至一‧　四，此二公式之結果恆不相同也。

柏姆萊 (Parmley)（吉利弗倫 Cleveland，一八九八)氏公式

$$Q = ACi \sqrt[6]{\frac{S^{15}}{A}}$$

第五表 各種橋梁公式之流量比較

公式	每平方英哩之集雨域(或)洪水面積(呎)	平坦地 S=4				平坦地 S=10				中坡度 S=50				陡峭坡度 S=250			
		10	100	1000	5000	10	100	1000	5000	10	100	1000	5000	10	100	1000	5000
河安士萊氏(C=0.7,i=2)		9.4	58	296	990	13	66	372	1247	18	99	557	1862	26	148	832	2784
龍克力·費春動氏(Ci=2.7)		21.5	131	679	2281	27	152	854	2855	40	227	1278	4270	60	340	1909	6384
麥亞氏(C=1.83,i=1)		14.1	96	652	2493	15	103	705	2691	17	118	805	3078	20	135	920	3519
麥克連斯氏(C=0.75,i=2.75)		17.2	108	683	2474	21	130	820	2972	28	179	1131	4100	39	247	1561	5659
非禮氏(A) (Ci=1.6)		16.5	117	825	3240	21	149	1057	4150	33	231	1632	6411	50	356	2521	9902
非禮氏(B) (Ci=1.6)		15.8	108	734	2790	20	138	942	3602	31	213	1451	5548	48	329	2242	8565
格利加萊氏(Ci=1.6)		26.3	190	1378	5499	31	226	1634	6520	42	304	2204	8793	57	410	2963	11867
柏磨萊氏(C=0.8,i=4)		30.8	210	1431	5472	39	264	1800	6880	58	395	2692	10300	87	591	4024	15390

流量(以每秒鐘立方呎計)

1023

流水面积（以呎计）

公式	平坡度 S=4				平坡度 S=10				中坡度 S=50				峻峭坡度 S=250			
蒋渠之直径	12"	24"	4'	8'	12"	24"	4'	8'	12"	24"	4'	8'	12"	24"	4'	8'
蒋渠之坡度	.005	.002	.001	.0005	.005	.002	.001	.0005	.005	.002	.001	.0005	.005	.002	.001	.0005
柯克士莱氏(C=0.7,i=2)	1.3	8.9	67	515	.94	6.5	49.3	380	.59	3.8	28.9	222	.32	2.3	16.9	130
蚕克力·晚革勒氏(Ci=2.7)	.42	3	22	165	.31	2	16.3	122	.18	1.3	9.6	71	.11	.7	5.6	42
麦卑氏(C=1.887,i=1)	.96	5.5	34	208	.88	5.1	31.1	188	.75	4.3	26.4	161	.64	3.7	22.5	137
麦克逶斯氏(C=0.75,i=2.75)	.68	4.2	28	184	.41	3.4	22.2	146	.36	2.2	15	98	.24	1.5	9.9	65
蒋墨氏(A) $\{Ci=1.6$	.84	4.7	28	162	.63	3.5	20.5	121	.38	2.1	12.3	73	.23	1.3	7.4	57
蒋墨氏(B)	.83	4.8	29	181	.62	3.6	21.8	133	.37	2.1	12.9	80	.22	1.3	7.9	47
格雷氏(Ci=2.8)	.5	2.7	16.	91	.41	2.2	13	75	.29	1.6	9.2	53	.21	1.1	6.5	37
柏和加莱氏(C=0.8,i=4)	.38	2.2	13	81	.28	1.6	10.1	61	.18	1.	6.2	38	.11	.6	3.8	23

本式C之值最大為一，i為四。

格利加萊（紐約，一九〇七）氏公式

$$Q = \frac{ACiS^{0.186}}{A^{0.14}}$$

若為不滲水表面，本式Ci為二‧八。

上述諸公式中所用代語，有下列各項，即

Q為最大溝渠排洩量，以每秒鐘立方呎計；

i為最大雨水降率，以每小時时數計，或以每噉每秒鐘立方呎計（每小時一时等於每时每秒鐘一‧〇〇八立方呎；）

A為洩水面積，以噉計；

S為地面平均坡度，以每千呎距離之呎數計；

C為地面係數或難透度。

以上述諸經驗公式估計流量，其值恆不相同，可參考第五表。

柯克士萊氏公式　一八五三年至一八五六年，柯氏於倫敦觀察雨水排洩量之情形，與溝渠直徑，坡度及洩水面積關係，推得其公式之最初形式為

$$\log d = \frac{3\log A + \log N + 6.8}{10}$$

式內　d示圓形溝渠之直徑（时數，）能流瀉每小時一时之暴雨水者；

A示洩水面積（噉數；）

N示溝渠每降一呎之長度（呎數。）設 s 為溝渠坡度之正弦，則 N 等於 $\frac{1}{s}$，上述對數形式可化為

$$d^{10} = 6,809,574 A^3 s$$

若直徑以呎數計，則 d = 12D，故

$$D^{10} = 0.0001019 \frac{A^3}{S} = \frac{A^3}{9813.23s}$$

若以雨水降率 i 引入公式中，Ai 示面積上之雨量（以每秒鐘立方呎計，）則

$$D^{10}=0.0001019\frac{A^{3/3}}{S}$$

依圓管流滿時之基本公式（車斯氏 Chezy 公式 C＝100，）則

$$V=100\sqrt{\frac{Ds}{4}}=50\sqrt{Ds}\quad（以每秒鐘呎數計，）及$$

$$Q=\frac{\Pi D^2V}{A}\quad（以每秒鐘立方呎計，）得$$

$$Q=39.27\sqrt{D^5s}\quad 或 \quad D^{10}=\left(\frac{Q}{39.27}\right)^4\frac{1}{S^2}$$

前述 D 之數值應彼此相等，則

$$\left(\frac{Q}{39.27}\right)^4\frac{1}{S^2}=0.0001019\frac{A^{3/3}}{S}$$

解之，則得柯氏公式：

$$Q=3.946Ai\sqrt{\frac{S}{Ai}}$$

　　盤克力·稷革勒氏公式　在盤氏之「城市溝渠之最大排降量」（The Greatest Discharge of Municipal Sewers）報告中，依柯克士萊之說明，盤氏演出下列公式：

$$'q=cr'\sqrt{\frac{S}{A}}$$

式中　q 為洩水面積每公頃（hectare）內每秒鐘流至溝渠之暴雨水體積（以公升計；）

　　　c 為經驗係數（依表面性質；）

　　　r 為最大降雨時間之平均雨量（以每公頃每秒鐘公升計；）

　　S為普通坡度，或每千呎距離之面積降下數目；

　　A為洩水面積（以公頃計。）

　　從各種測驗中得 c 之值自〇‧二五（郊外區）至〇‧六〇（人口密集都市區，）平均值為‧〇五〇；r 之值自一二五呎二〇〇（以每公頃每秒鐘公升計。）然每公頃每秒鐘一公升等於每畝每秒鐘〇‧〇一四三立方呎，故 r 之值亦符合每畝每秒鐘一‧七九立方呎至二‧八六立方呎，或符合每小時一‧七九吋至二‧八六吋之雨水降率，若體積 q 與 r 以每畝每秒鐘立方呎計，面積A 以畝計，及以普通坡度之正弦 s 代每千呎距離之坡度 S（S=1,000s），則

$$q = cr\sqrt[4]{\frac{S}{A}}$$

式中 c 之值自一‧七六至四‧二二，平均值為三‧五二；若以總排泄量Q代每畝之排泄量 q，及雨水降率 i（每小時吋數）代 r，得 Q = A q，盤氏公式可寫為：

$$Q = cAi\sqrt[4]{\frac{S}{A}} = ACi\sqrt[4]{\frac{S}{A}}$$

　　愛母氏公式　在愛氏之人烟稠密區域之溝渠與溝管 （Sewers and Drains For Populous Districts） 一書中，依圓管流滿時之基本說明，推得公式：

$$D^5 = \left(\frac{Q}{39.27}\right)^2 \frac{1}{S} = \frac{Q^2}{1542S}$$

　　若改D 之指數5為6，假定雨量（i為每小時一吋）之半數流至溝渠，及以會代Q，則

$$D^6 = \frac{A^2}{6168S} \quad 或 \quad D = \sqrt[6]{\frac{A^2}{6168S}}$$

因欲得較大之流量Q，故改變D之指數也。

俏i之值爲一，以 $\dfrac{iA}{2}$ 代Q，則

$$D=\sqrt[6]{\dfrac{A^2i^2}{6168\ S}}$$

從水管內之流量亦得

$$D=\sqrt[5]{\dfrac{Q^2}{1542\ S}}$$

D之數值應相等則

$$\sqrt[6]{\dfrac{A^2i^2}{6168\ S}}=\sqrt[5]{\dfrac{Q^2}{1542\ S}}$$

解之，則得愛氏公式：

$$Q=1.035Ai\sqrt[12]{\dfrac{i\ S}{A^2i^2}}$$

麥克麥斯氏公式　麥氏依聖路易城情况，一八八七年發表其公式於美國工程師學會年刊 (Trans. Am. Soc. C. E.) 上，除以 S（每千呎距離之呎數）代 S 外，其起初形式如上述，其公式係觀察許多已知溝渠之尺寸之水流深度，及水淺面積之斜坡以測定，然對於估計排泄量時之最大雨水降率，或最大水流時流至溝渠之一部分雨水，並不切實研究也。若以縱距 (Ordinates) 示排泄量，橫距 (Abscissas) 示淺水面積，從所定之點，畫一曲線，可求得方程式如下：

$$Q=p\sqrt[5]{A^4}$$

若以表面平均坡度，雨水降率（以每小時时數計，）及表面流瀉之一部分雨水 e（因影響係數 b）引入公式中，得

$$Q = ei \sqrt[5]{SA^4} = eAi \sqrt[5]{\frac{S}{A}}$$

本式中麥氏設 e 爲〇・五七，i 爲二・七五，及 S 爲一五，若以坡度之正弦（S）代替每千呎距離之降下呎數（S），則 $S = 1,000S$，令

$$C = e \sqrt[5]{1,000} 得$$

$$Q = CAi \sqrt[5]{\frac{S}{A}}$$

若假定其爲頭等都市區，則 e 爲〇・七五，C 之值變爲二・九八六；若爲郊外區（一部分之雨水 e 流至溝渠較少，）則 e 爲〇・三一，C 變爲一・二三四・麥氏公式在美國溝渠設計時應用頗廣，即 C、i、S 等數值變更後，仍可代入公式中也。

赫靈氏公式　一八八九年赫氏曾製得紐約城之流量圖表，一八九七年赫氏與吉梨（S. M. Gray）氏依此圖表，推出公式：

$$Q = CiA^{0.85}S^{0.27}$$

此公式於歐格登（Ogden）氏之溝渠設計（Sewer Design）一書中亦被引用，一九〇七年格利加萊又依同一圖表演出公式：

$$Q = CiA^{0.833}S^{0.27}$$

此二公式所得之結果不同，約差百分之十五。

柏姆萊氏公式　柏氏研究吉利弗倫城之情狀，求得公式：

$$Q = Ci \sqrt{S} A^{5/6}$$

柏氏斷定雨水降率 i 爲每小時四吋。

格利加萊氏公式　格氏公式除比較各種方法及假設外，還依理論公式 $Q = CiA$ 而決定之，格氏斷定若依水流集合時間 t，則係數 C 爲變數，凡全

不透水面積，則 $C = 0.175t^{1/3}$

格氏又求得兩水降率 $i = 32/t^{5/6}$ 設 l 示明溝內雨水從一端流至排泄面積之最大長度，及 V 示水流之平均速度（以每分鐘呎數計，）則 $t = \dfrac{l}{V}$ 若將 l 及 V 化為 A 及 S，其地面又全不透水，格氏公式為

$$Q = 2.8 A^{0.84} S^{0.187}$$

廣大洩水面積之洪流公式　排泄面積在一千畝內，前述諸經驗公式可適用於溝渠設計、若面積大於一千畝，應另以公式估計其流量也。

(一)兗迄林氏公式　兗氏依各種最大流量之記錄，推出下列二公式式：

普通洪水　　　$Q = \dfrac{44,000}{M + 170} + 20$

稀薄洪水……　$Q = \dfrac{127,000}{M + 370} + 7.4$

式中 M 為洩水面積（以平方哩計，）若洩水面積大於一百平方哩，兗氏稀薄洪水公式可適用之，若面積小於一百平方哩，兗氏再求得公式

$$Q = \dfrac{35,000}{M + 32} + 10$$

兗氏三公式均可適用於山嶺區域或似黏土之地面。

(二)麥飛利 (Murphy) 氏公式

$$Q = \dfrac{46,790}{M + 320} + 15$$

(三)梅卡夫與愛迪二氏公式

$$Q = \dfrac{440}{M^{0.2688}} \quad 或 \quad Q = \dfrac{440}{M^{0.27}}$$

若面積自一百至二百五十平方哩，則梅愛二氏公式及麥飛利公

式之結果極為接近。

(四)福勒 (Fuller) 氏公式　　福氏公式所用代號，有下列各項，即

Q 為 T 年時期內二十四小時之最大流量(以每秒鐘立方呎計；

Q max. 為最大洪水時之最大排洩量(以每秒鐘立方呎計；)

Q Av. 為歷年平均二十四小時之洪水(以每秒鐘立方呎計；)

T 為年數；

M 為洩水面積之平方哩；

C 為係數。

則福氏公式為

$$Q_{Av.} = CM^{0.8}$$

$$Q = Q_{Av.}(1+0.8\log T) = CM^{0.8}(1+0.8\log T)$$

$$Q_{Max.} = Q\left(1+\frac{2}{M^{0.3}}\right) CM^{0.8}(1+0.8\log T)\left(1+\frac{2}{M^{0.3}}\right)$$

洪水公式之比較　　以各種洪流公式計算各種大小不同之洩水面積之洪水排洩量，可於第六表比較之。

其他公式　　除上述公式外，茲列舉各工程師所推得之公式於下，以為參考，然此公式適合美國與否，尚未確信，僅幫助於研究洪水排洩量而已。設

Q 為總排洩量，以每秒鐘立方呎計；

M 為洩水面積，以平方哩計；

L 為流域之最大長度，以哩計；

B 為流域之平均闊度，以哩計；

C 為係數。則

(一)方甯 (Fanning) 氏公式

$$Q = 200M^{\frac{5}{6}}$$

此公式曾載於方氏之自來水工程（Treatise On Water Supply Engineering）一書中。

（二）泰爾白氏公式

$$Q = 500M^{\frac{4}{5}}$$

面積在二百平方哩以上。

（三）古萊（Cooley）氏公式

$$Q = CM^{\frac{5}{8}}$$

本式C自一八〇至二〇〇。

（四）美國芝百魁鐵路（The Chicago, Burlington and Quincy Rarood）涵洞公式

$$Q = 3,000M \Big/ (3 + 2\sqrt{M})$$

面積大於一千畝。

此公式適用芝百魁鐵路涵洞之水量。

（五）頓（Dun）氏圖表　若面積以平方哩計，及排洩量以每平方哩每秒鐘立方呎計，則

面積	1	5	10	50	100	500	1,000	5,000	10,000
排洩量	1,000	910	679	302	212	92	64	27	18

（六）柯那氏涵洞公式

$$Q = 271A^{\frac{2}{3}}S^{\frac{1}{4}} \Big/ L^{\frac{2}{3}}$$

本式S示河流之平均坡度，及A示面積之畝數。

（七）迪更斯（Dickens）氏公式

$$Q = CM^{3/4}$$

此公式印度工程師常用之，C之值自一百五十至一千，然通常以C為八百二十五。

第 六 表——各公式之洪水排洩量比較 （以每平方哩每秒鐘立方呎計）

公　　　式	洩水面積之平方哩							
	1	5	10	50	100	500	1000	10,000
兗范林氏（普通洪水） $q = \dfrac{44,000}{M+170} + 20$	277	272	264	220	183	86	58	24
兗范林氏（稀薄洪氏） $q = \dfrac{127,000}{M+370} + 7.4$ 洩水面積大於一百平方哩	......	......	......	......	277	153	100	19
$q = \dfrac{35,000}{M+32} + 10$ 洩水面積小於一百平方哩	1070	956	844	437	......	......		
麥飛氏 $q = \dfrac{46,790}{M+320} + 15$	161	159	157	141	126	72	51	20
梅卡夫與愛迪二氏 $q = \dfrac{440}{M^{0.27}}$	440	286	237	154	127	82	68	37
麥克麥斯氏（C=0.75, i=2.75） $Q = CiA\sqrt{\dfrac{S}{A}} \quad S=10$	574	416	362	262	229	165	144	91
盤克力·稷革勒氏：（C=0.9, i=3） $Q = CiA\sqrt{\dfrac{S}{A}} \quad S=10$	611	408	344	230	193	129	109	61
爾勒氏；$Q_{max.} = CM^{0.5}(1+0.8\log T)\left(1+\dfrac{2}{M^{0.3}}\right)$								
C = 70, T = 50	495	268	209	122	99	62	52	30
C = 70, T = 100	546	294	230	135	109	69	57	33
C = 100, T = 1000	1020	550	430	252	204	129	107	61
C = 250, T = 1000	2550	1375	1070	629	509	322	267	152

（八）柰弗士（Ryves）氏公式

$$Q = CM^{2/3}$$

此公式適用於印度海岸內十五哩，C之值為四五〇；海島內自十五哩至一百哩，C為五六三；近山之面積，C為六七五。

（九）得利得支（Dredge）氏公式

$$Q = \frac{CM}{L^{\frac{2}{3}}}$$

C之值常為一三〇〇。此公式係研究印度之河流而決定者。

（十）亞康奈爾（O'Connell）氏公式

$$Q = -45.796 + \sqrt{2097.28 + (457.96M \times 640)}$$

此公式於一八六八年求得，係研究歐洲、印度及美國之河流而決定者。

（十一）格里（Craig）氏公式

$$Q = 440BN \, hyp. \, 10g \left(\frac{8L^2}{B} \right)$$

本式N自〇・三七至一・九五。此公式適用於印度。

（十二）加芝利特（Ganguillet）氏公式

$$Q = \frac{1421M}{(3.11 + \sqrt{M})}$$

此公式適用於瑞士之河流。

（十三）意大利公式

$$Q = \frac{CM}{0.311 + \sqrt{M}}$$

在北意大利，若為河流，C為一八一九；若為溪澗，C為二六〇〇。

（十四）波生特（Possenti）氏公式　若C之平均值爲一〇一〇，則

$$Q = \frac{CR}{L}\left(M_1 + \frac{M_2}{3}\right)$$

式中R示每二十四小時之雨水深度（以吋數計），M_1示山嶺之面積，及M_2示流域之一部分平坦面積。

（十五）格里麥（Cramer）氏公式

$$Q = \frac{CR'mMS^{\frac{1}{3}}}{9 + (0.0658mR'M)^{\frac{1}{3}}}$$

若天然洩水面積，式中C自一八六（粗糙地面）至六九八（平滑地面）。

R'爲每年平均雨量之吋數。

S爲從河流之水源至觀察點之平均坡度。

m爲一因數，依MR'及平坦面積F而定。

平坦面積平均散布於流域時，則

$$m = 1 - Sin\left(tan^{-1}\frac{709F}{MR'}\right)$$

若平坦面積集中於最低處時，則

$$m = 1 - Sin\left(tan^{-1}\frac{1418F}{MR'}\right)$$

（十六）羅特百（Louterburg）氏公式

$$Q = M\left(\frac{615}{6 + 0.00259M} + 0.53\right)$$

此公式係依據連續降雨三四日，及平均降率爲每日二吋之洪流結果推求而得。

第十一節 結論

雨雪與流量之關係　雪降於地，既不滲入地下，亦不立即在地面流散，雪當初積時，極輕鬆，受風所吹，乃成堆而加密實，若有微雨降於雪上，再遇極冷天氣，則雪面結冰而成不透水之硬殼矣。

雪受日光曬照，化水外洩甚緩，與泉水出山相似，然如忽遇溫雨和風，則雪層先吸水浸透，繼之驟然融解，流瀉之勢甚急，地面凍結，防止水之下滲，復又增加地面流水之作用，如在山地，先當初冬時，地面受雨水浸濕，結冰未化，繼之積雪甚厚，終至春季，遇有大雨，雪水一時融解，奔流而下，最足漲溢溝渠也。

地形與流量之關係　水由地面流入溝渠，隨處緩急不同，如由山坡瀉下者，流勢極急；由低窪之地放洩者，流勢極緩，故欲將洩水面積中，各處同時流入溝渠之水量，分別其來源地點，而判定其比量之多寡，實為極繁難之問題。盤克力·稷革勒氏公式，及相類之公式，均係從一洩水面積中之平均情形推求而得，用以計算洩水管及污水管之尺度，頗為便利也。

推算流量之困難　推算流量，困難亦多，就洩水面積中行地質調查，固可得各地土壤透水之情形，然此種情形，實乃常時變化，如經乾旱以後，所降之雨，可全為土壤所吸收；反是，在土壤已經潤溼之後，再有雨水降下，則大部分將由地面流去，而不滲入土內，降雨之後，如天有陰霧，則地面蒸發之水少；如日烈風弦，則地面蒸發之水多，凡此皆足以影響於流量之多寡也。

經驗公式之缺點。關於計算流量之最著名公式，有柯克士萊氏公式，盤克力·稷革勒氏公式，愛母氏均式，麥克麥斯氏公式，赫鹽氏公式，柏姆萊氏公式，及格利加萊氏公式等，均係周詳試驗之結果，公式所附係數，乃由實驗推算而得，惟此種公式，既屬實驗公式性質，自亦有一切實驗公式同具之缺點，即使用公式時，如實地情形及實驗時情形不同，必須十分審慎焉也。此種公式未必適合於中國，因中國與各公式所適合之區域之情形互有差異，惟供參考比較而已。

全國大學獨立學院與專科學校之設有土木系者

校 院 名 稱	所在地	校 院 名 稱	所在地
國立中央大學工學院	南 京	國立中山大學工學院	廣 州
國立交通大學	上 海	廣東省立勤勤大學工學院	廣 州
國立同濟大學工學院	上 海	私立廣東國民大學工學院	廣 州
中法國立工學院	上 海	國立交通大學唐山工程學院	唐 山
私立復旦大學理學院	上 海	國立山東大學工學院	青 島
私立震旦大學理學院	上 海	私立焦作工學院	焦 作
私立光華大學理學院	上 海	國立武漢大學工學院	武 昌
私立大夏大學理學院	上 海	湖南省立湖南大學工學院	長 沙
國立浙江大學工學院	杭 州	廣西省立廣西大學工學院	梧 州
私立之江文理學院	杭 州	雲南省立雲南大學理工學院	昆 明
國立清華大學工學院	北 平	國立西北農西專科學校（水利）	武 功
國立東北大學理工學院	北 平	河南水利專科工程學校（水利）	開 封
國立北洋工學院	天 津	江西省立江西工業專科學校	南 昌
河北省立工業學院	天 津		
私立工商學院	天 津		
山西省立山西大工學院	太 原		

共　計　二十九院校

1039

編　　後

　　本期會刊，承諸位敎授，校友，及在校同學，惠賜鴻文，得以充實內容，編者深以爲幸，惟因工作繁重，而課餘時間，又極缺乏，以致不能早日出版，實深抱歉。

　　本期所有稿子蒙金通尹，裵冠西，孫繩曾，孫祥萌，馬地泰諸位先生詳加校閱，又承張民政君攝製封面照片，夏宗暉君精製封面字樣，齊雲先生介紹大批廣告，謹此誌謝。

　　茲後惠稿，如有圖樣，請用墨筆白紙繪就正稿後，一併寄來，以便製版。

　　本刊歡迎校友惠賜關于在外工作經過，及所遇困難等之文字，俾在校同學有所參攷。

　　畢業同學調查表，希各畢業同學于收到後當卽塡寄本會爲盼。

　　歡迎指正校對錯誤之處。

歷屆畢業同學近況

姓名	字	籍貫	現任職務	通信地址
吳梓煥	華甫	江蘇上海	福建公路局總工程師	福州福建建設廳
吳鋆之		浙江吳興		
王葉祺		浙江諸暨	淞江省公路管理處	杭州浙江省建設廳
侯景文	郁伯	河北南皮		漢口舊德租界六合路永盛里22號
陳慶澍	聯民	廣東新會	廣西建設廳技正兼廣西公路管理局柳江區工程師	桂林廣西建設廳
楊哲明	億禪	安徽宣城	江蘇建設廳指導工程師	鎮江江蘇建設廳
董芝眉		浙江吳興	上海工部局工務處建築科設計工程師	上海工部局工務處建築科
王光釗	冕東	江蘇泰縣	大夏大學教授	南京張府園六十六號
周仰山	鑄生	湖南瀏陽	湖南省公路局段工程師	長沙湖南公路局
施景元	明一	江蘇崇明	啟東中學	崇明橋鎮東河沿大慶典當
孫穗曾	季武	江蘇寶應	本校教授	上海蓬萊路安樂坊九十三號　本校
徐文台	禪于	浙江臨海	留學美國	81 W 3rd. St. New York
湯日新	又蕭	江西廣豐	黃巖縣縣長	浙江黃巖縣政府
謝槐珍	紀瑮	湖南東安	湖北漢宜公路	湖北當陽漢宜路工程處
劉德謙	克讓	四川安岳	四川省公路局成渝路工程師	四川省公路局
潘文植		廣東南海	北寧鐵路管理局	天津北寧鐵路管理局
何昭明		江蘇金山	浙江建設廳航政股主任	杭州浙江建設廳
王傳爵	晉蕃	江蘇崑山	浙贛路玉南段第十分段段長	杭州浙贛鐵路局
陳設	序安	江蘇泰縣	南京市工務局技士	南京市工務局
滑建山	卓亭	河南偃師	山東建設廳技士	濟南山東建設廳

吳　韶	庶諧	江西吉安		上海天津路新昌源顧茂莊
蔣　炆	煥周	安徽霍邱	全國經濟委員會公路處	同前
劉際興	會可	江西吉安	湖北省第四中學	江西吉安永吉巷吉豐油棧
錢宗賢	惠昌	浙江平湖		
林孝富	文博	安徽和縣	全國經濟委員會公路處	南京全國經濟委員會
許其昌		江蘇青浦	青浦縣政府	青浦大西門內
陳鴻鼎	禹九	福建長樂	南京市工務局技士	南京市工務局
徐　琳	振聲	浙江平湖	浙江建設廳技正	杭州江浙建設廳
徐以枋	取華	浙江平湖	全國經濟委員會	南京鐵湯池經濟委員會
汪德新		四川墊江	湖北建設廳老隄段工程處	武昌牙釐局街25
沈禰溪	夢連	江蘇啓東	上海市工務局技士	上海工務局
陸仕岩	傅侯	江蘇啓東	上海市工務局技佐	上海工務局
胡　劍	洪劍	安徽績谿	參謀本部技正	上海河南路471號老胡開文墨莊
賓希參		湖南東安	湖南省公路局桃晃工程處	湖南省公路局杭晃段工程司
余澤新	希周	湖南長沙		漢口平漢鐵路局
周書濤	觀海	江蘇嘉定	上海市工務局技士	上海市工務局
何棟材		廣西梧州	廣西自來水廠經理	廣西梧州自來水廠
馬樹成	大成	江蘇溧水	西安建設廳	西安通濟北坊十號
徐仲銘		江蘇松江	江蘇建設廳副工程師	鎮江江蘇建設廳
余西萬		湖南長沙	粵漢鐵路工程師	長沙劉正街五十三號余宅轉交
陳家瑞	肖峯	安徽太湖		安徽安慶公路局
葉　森	思存	江蘇松江	上海市工務局技佐	上海市工務局
蔡鳳圻	仲橋	江蘇崇明	崇明教行女子初級中學	崇明教行女子初級中學
張文奇		廣西	廣西省政府技術室技士	廣西省政府技術室

孟光靖	守厚	湖南衡山	棉紡紗廠實驗館	蒲石路杜美新邨十四號
潘煥明	欽安	浙江平湖	首都電廠	南京首電廠
林華煜	君曙	廣東新會	廣東南海縣技士	廣州惠靈路南海縣政府
姚昌煃	昌煃	江蘇金山	河南建設廳技士	開封河南建設廳
郎烈升	培鳳	浙江奉化		
王　斌	友韓	江蘇崇明	華西興業公司工程師	重慶華西興業公司
汪和笙	幼山	浙江慈谿	華西興業公司工程師	重慶道門口華西興業公司
倪寶琛	珍加	浙江永康	梁揚家渡玉南段第十五分段幫工程師	杭州浙贛鐵路局
沈舜健	景曉	江蘇海門	揚子江水利委員會	南京
殷　霓	乘鳳	江蘇武進	江蘇海州中學	
王鴻志	鶴侯	江蘇泰縣	上海市工務局技佐	上海市工務局
姜達鑑	寶深	江西鄱陽	上海市工務局技士	上海市工務局
甘觀濤	少泉	江蘇吳江	東方鋼窗公司經理大寶建築公司經理	廣州廣東山百子路四十七號
沈元良	安仁	江蘇海門		海門三星鎮裕隆布號
伍朝卓	自覺	廣東新會	廣東省府順德糖廠工程師	廣州南關迴龍下街九號
劉海通		河北沙河	河北建設廳技士	邢台河北省立中學
葉貽堯	永順	浙江鎮海	上海市工務局技佐	虹口公平路公平里八百號
孫乃騄	騄生	浙江吳興	山東建坨委員會工務處	青島陸縣支路二號
梁泳照		廣東東莞	廣東市工務局技士	廣州市文明路一百九十四號三樓
湯邦偉		廣東台山	廣西公路管理局邕鎮區工程師	南甯廣西公路管理局
韓春第		河北天津	山東建設廳	山東兗平第七區行政督察專員公署第三科
李育英	樹人	安徽懷邱		上海辣斐德路一二三五弄一三號
丘乘敏	英士	廣東梅縣	廣汕路工程師	廣州東山犀牛路五號
包甘德		江蘇上海	青島工務局	青島工務局

高朝珍		安徽合肥	京建路皖段段工程師	安徽省公路局
孫斐然	赤圖	安徽桐城		
王智升	子亭	河北唐山	玉南路第十六分段幫工程司	杭州浙贛路局
馬熙鵬		河北天津	財政部山東建坦委員會助理工程師	青島陵縣支路二號山東建坦工程處
趙承偉	渭澗	江蘇上海	浙江省公路局峽峯路工程員	浙江省公路局
徐祖源	澤深	江蘇宜興	江蘇土地局	
栗陽	少松	湖南寶慶	湖南建設廳	
暇兆秦		河北灤縣		北甯路唐山庶務局
孫祥萌		浙江紹興	上海市工務局技正	上海市工務局
把若愚		江蘇泗陽		
吳厚湜	季餘	福建閩侯	福建學院附中教員	福州格致中學
何照芬	仲芳	浙江平湖	河南建設廳第三水利局技術主任	洛陽第三水利局
張文田	必芷	江蘇丹徒		
范穉溁	權容	浙江嘉善	山東膠濟路局	嘉善城內中和里卅號或青島
沈克明	本徳	江蘇海門	上海四行儲蓄會建築部	上海靜安寺路派克路四行儲蓄會建築部
李達助		廣東南海	廣州市建築師	廣州惠吉三十一號之一
李壽彭		江蘇上海	定中工程事務所工程師	上海愛多亞路中匯大樓五二一號定中工程事務所
傅錦華	立盧	浙江蕭山	湘川鐵路工程選工程司	湖南乾城所里湘川路第四段
陳豪	重英	江蘇青浦	青浦縣政府	青浦城內公堂街下塘
李秉成	集之	浙江富陽	留學美國	130 Dryden Rd. Ithaca, N. Y.
關毓謨	禹昌	安徽合肥	南京軍政部軍需署營造司	
葉彬	壯蔚	廣西容縣	廣西自來水廠南寧分廠經理	廣西南寧自來水廠
朱鴻炳	光烈	江蘇無錫	成基建築公司工程師	蘇州大貞柳巷二七號
鄒棻	光烈	江蘇無錫	福建建設廳技士	福州福建建設廳

王茂奐		山東牟平		
蔡體青		江蘇常熟	江蘇省公路局	常熟北大橄樹明
張景文		廣東開平	平漢鐵路工務處技術科	湖北花園平漢路花園東站橋工區
張寶山	秀峯	山東文登	威海衞公立第一中學校長	威海衞公立第一中學
何孝相		福建閩侯	浙贛路助工程司	杭州
鄧麗成	維一	江蘇江陰	如皐縣土地局	同前
朱祖莊	荇畊	浙江鄞縣	江蘇建設廳劃工程師	鎮江江南水利工程處
曾越奇	尤進	廣東焦嶺	南京軍事委員會交通研究所	
羅石齋		江西南昌	美國密西根大學	
徐信孚		浙江慈谿	江蘇校浦建坮委員會	同前
沈其醒	輔仲	湖南長沙	湖南省公路局	湖南長沙興漢路三十八號
湯　詮	襄其	浙江諸暨	浙江建設廳副工程師	杭州浙江建設廳轉
徐匯潘	伯川	山東益都	黃河水利委員會助理工程師	開封黃河水利委員會
萱曉聲	開遠	山東萊陽	山東建築廳	青島城武路48號
殷天擇		江蘇武進		常州索橋
梁曙光		湖南安化	杭州虎林中學校長	杭州虎林中學
駱　允	劍銘	江蘇海鋒	浙贛路玉南段第十分段工務員	杭州浙贛鐵路局轉
俞浩鳴		浙江奉化	留學美國	
張增康		廣東梅縣	廣東梅縣學藝中學	廣州文德路陶園
張坤生		福建廈門	坤泰工程公司	廈門中山路一七八號
何書沅	善侯	廣東鶴會	廣東省政府廣州區第一蔗糖廠工程師	廣州市三府新橫街一號精華公司
戚克中	履道	江蘇武進	上海縣政府	上海縣政府
楊　溱		福建仙遊		福建
馬典午	國憲	廣東順德	廣州勷勤大學講師	廣州東山眲崗四馬路十八號

譚弗崇	小如	湖南湘鄉	湖南公路局洪零段工程處	祁陽湖南公路局零洪段工程處
楊克觀		湖南長沙	武昌湖北省審計處	
王志千	軼風	浙江奉化	華啓工程師	江西路三六八號
霍慕蘭		廣東南海	南京政府工務局技正	南京市政府工務局
王　進	往盒	江蘇海門	杭州市政府工務科	杭州市政府
黄　傑	鼎才	浙江平湖	上海工務局技佐	上海市工務局
胡宗海	稚心	江蘇上海	軍政部技士	江陰北門大街茂豐北號
朱鳴吾	誠鸞	江蘇寶應		寶應古朱家巷二十六號
眠紫闓	石渠	江蘇啓東	浙贛路玉南段第八分段工務員	江西貴溪杭州贛路局
郁功達	石渠	江蘇松江	上海市土地局	上海市土地局
程　鑄	光傑	安徽歙縣	京貴鐵路	徽州京貴鐵路駐歙辦事處
金七奇	七職	浙江溫嶺	浙贛鐵路局玉南段工務員	杭州裏西湖浙贛鐵路局玉南段工務組
朱能一		江蘇松江	上海市土地局	同前
陳理民		廣東羅定	廣東防城縣立中學	廣東防城縣立中學
牟鴻恂		四川巴縣	江寧縣政府建設科	南京夫子廟平江府街二十四號
范本良		江蘇啓東	江蘇建設廳	
王雄飛		浙江奉化	南京振華營造廠經理	南京鹽倉橋東街十七號
吳擧基	錫年	浙江杭縣	陝西漢甯公路第五段	陝西甯羌縣寬川舖漢甯路第三段第二分段
李昌蓮	國祥	廣東東莞	南京工兵學校建設組	南京工兵學校建設組
陳桂春	味秋	江蘇泰縣	江蘇建設廳工程員	鎮江口岸大泗莊
戴中潞		江蘇嘉定	江蘇建設廳技佐	鎮江江蘇建廳
唐嘉袞	叔華	廣東中山	浙贛鐵路玉南段第二段	江西上饒浙江鐵路玉南段工務第二分分段
沈榮沛	澤民	浙江嘉興	浙贛路玉南段第三分段	嘉興北門下塘街158號　江西上饒
劉齊芳		江蘇上海	津浦線良王莊工程處	仝前

程進田	漢陽	江蘇儀徵	軍政部軍需署營造司	南京軍政部營造司
丁顧震	遠存	江蘇淮陰	南京市之職業學校教員	仝前
李次珊		河南阜縣		
竇正華		江蘇豐縣	軍政部軍需署技士	豐縣劉元集
蔣　璜	伯泉	江蘇宜興	兵工署	株洲兵工署駐株辦事處
干　霖	澤民	浙江甯海	嘉興縣政府技術主任	仝前
鮑德冠		浙江紹興		海甯路天寶里十五號
曾振熹		浙江紹興		杭州運月河下九一號
李　球	積中	江西蓮花	江西省公路局	南昌江西省公路局
鄭彤文	筱安	江蘇淮安	安徽省公路局助理工程師	安徽省公路局或江蘇淮安鳳谷村
周　唐	顧蓀	江蘇淮陰	全國經濟委員會工程員	南京廣藝街七號
王鐘志	季雅	江蘇崑山	江蘇銅山縣技術員	仝前
王元壽		浙江臨海	軍政部工程處	南京國府路軍政部工程處
曹敬康	伯平	浙江海甯	留學美國	美國
俞恩炳	韞淵	浙江平湖	安徽南陵蕪青路工程處	安徽安徽省公安局
俞恩炘	嗣源	浙江平湖	安徽公路局安景路工程處	和縣和蕪路
邱世昌		江蘇啓東	南京湯山砲兵學校	
丁同文		江蘇東台	陝西漢甯公路工程師	陝西甯羌縣寬川舖漢甯路第三路第二分段
陶振銘	滌新	浙江嘉興	安慶安徽省水利會副工程師	仝前
徐亨道		浙江象山	中南營造廠	淮陰亞東旅社中南營造廠
姜汝璩		江蘇井陽	安徽公路局	單縣合軍路工程處
唐慕堯			廣西省政府技術室技士	仝前
汪自省			鄭州	鄭州隴海路工程局
黃載邦			南京鐵道部	

馬德鎔			鶴山縣政府	同前
林希成	里桐	廣東潮安	香港民生書院教員	香港九龍民生書院
劉大燊	幹生	湖北大冶	鄂北老隄段作務處	武昌貫院街五十號
龜　建	子堅	浙江瑞安	全國經濟委員會公路處技佐	南京經濟委員會或溫州瑞安小沙堤
張捨林	星圃	山東膠縣	濟南山東汽車路管理局	仝前
季　偉		江蘇海門	河南建設廳	河南宜陽韓城路面工程處
馮邦搖		浙西北流	柳州第四集團軍總司令部航空處技士	廣西容縣西山圩廣芝堂轉
王效之	旭心	湖南湘鄉		湖南湘鄉溈水郵局送十五都坪上馮鶴山別墅
胡嘉誼	正平	江西豐城	江西公路處玉南段第十三分段工務員	江西進賢
盧　堅		福建閩侯	福建廈門特種公安局工務處工務員	福州錫巷八號
朱德璈		浙江嘉興		嘉興北門朱聚元號
章麟祥		江蘇武進		戚墅右恆大號
金善礦		江蘇吳江	中南公司工程處	淮陰亞東旅社中南營造廠
吳蓀生	石	江蘇鹽城	全國經濟委員會水利委員會	南京鐵湯他經濟委員會水利委員會
王壯飛		浙江奉化	華西興業公司	重慶華西興業公司
王家棟	孝禹	江蘇吳縣	泰康行工程師	上海新閘路廣慶里B44號
曹家傑		江蘇上海	浙江建設廳副工程師	上海老北門外恆磁米號
陸時甯		陝西柞水	南京陸軍砲兵學校	南京湯山砲兵學校工程處
周說禮		江蘇常熟		新嘉坡
馬地春		浙江鄞縣	本校土木系助教	本校
般增鎬		湖南醴陵		
周志昌	合光	江蘇江都	南京市工務局	仝前
李廉域	壽慈	浙江鄞縣	南京利濟巷軍政部營造司	南京
陳篤銘	澤棟	廣東台山		

盧瀚光			廣西省政府技術室技士	
李之俊		江蘇海門	中央軍校土木訓練班教官	成都中央軍校分校
葛繼垣		浙江平湖	南京新路建設委員會	南京鐵道部
沙伯賢		江蘇海門	山東建設廳	山東勝縣縣政府第四科
陳嘉生		江蘇宜興	中央軍校土木訓練班教官	成都中央軍校分校
陳順德	祖焜	浙江餘杭	上海濬浦局	上海濬浦總局
劉灝初		廣東南海	廣州市工務局技佐	廣州市西關蓬萊正街26號
王長祿		山東濟南	山東建設廳水利專員	高密縣政府第三科
龔承杰		江蘇嘉定	西安市政工程處	南翔御駕橋李源和第一支店
朱之剛		浙江平湖	江蘇省建設廳工程員	江蘇建設廳
張立韶	敬韶	江蘇南邊	中央銀行秘書	上海拉都路永安別墅二號
王紹文		江蘇泰縣	上海濬浦局	上海濬浦局
許壽詁		江蘇無錫		天津市政府
毛宗陸	襄佩	浙江奉化	杭州莧橋防空學校設計股	鄞縣段塘機場工程處
蔡寶昌	大僑	江蘇上海	江蘇建設廳	上閘北中興路四六六號
余德杰		廣東文昌	河南建設廳	開封河南建設廳
周頌文		江蘇吳江	大夏中學教員	大夏中學
許秉淵		江蘇青浦		
王明達		浙江鎮海	江陰要塞工程處	同前
魏文泉		河北天津	江蘇板浦建垵委員會	同前
譚奕安		廣東蘄會	上海市工務局技佐	上海市工務局
蔣德翬		江蘇崑山	錢塘江橋工程處	杭州錢塘江橋工程處
程延昆		江蘇	全國經濟委員會公路處	福建古田顧田路工程處
王遠明		四川		

張壽昌	江蘇	連雲港	隴海路港務工程處
張紹戴	江西	安義縣政府	
張宗安	浙江	杭州錢塘江工橋處	同前
胡嗣道	江西海陽	杭州錢塘江橋工處	杭州錢塘江橋工程處
黎儲材	廣西貴縣	廣西大學助教	梧州廣西大學
陳　璞	浙江紹興	河南建設廳豫西築路辦事處	洛陽炮坊街十三號
路　纂	四川		
俞禮彬	浙江紹興	湘黔鐵路	
樊鼎琦	江蘇海門		西安隴海鉄路第一分段
蔡惟勛	浙江鄞縣	浙江建設廳	
唐允文	江蘇江都	南京參謀本部	
翁禮柔	福建福州	南京軍政部兵工署	
徐鳶然	浙江平湖	浙贛鐵路局	
楊祝孫		重慶行營工程處	
蔡君瓌	福建	軍政部兵工署	南京上海路卅四號

已故同學

余灼輕		廣東新會
許　光	伯明	江蘇江寧
湯士聰	典若	江蘇啓東
夏育德		江蘇常熟
陳式琦		浙江定海
桃邦華	伯渠	四川重慶
馬奮飛		廣東順德
徐釡籲		
張有績	熙若	浙江鄞縣

畢業同學調查表

　　本會爲明瞭本系畢業同學狀況，並備將來續寄本刊起見，特製此表。敬祈本系畢業同學，詳細填明，寄交本會出版委員爲荷。

土木工程學會啓

姓　　名	字	
籍　　貫		
離　校　年　期		
現　任　職　務		
最　近　通　信　處		
永　久　通　信　處		
備　　註		

　　　年　　　月　　　日　填寄

復旦土木工程學會

出 版 委 員 會

顧 問

金通尹先生　　義冠西先生　　孫繩曾先生

孫祥萌先生　　馬地泰先生　　齊　雲先生

總 編 輯

郵 烈 佐

編 輯

黃錫根　　　夏宗暉　　　沈羲康

欽關淦　　　潘維糧　　　余裕昌

龔之康　　　鄒祖蔭　　　奚好奇

民國二十五年八月一日

復旦木土工程學會會刊

第 七 期

每冊定價大洋四角

上海復旦大學

土木工程學會

出版委員會